Hubert Ngoumou Mbarga

La gestion communautaire des forêts à Djoum au Sud Cameroun

Hubert Ngoumou Mbarga

La gestion communautaire des forêts à Djoum au Sud Cameroun

De l"espoir à l'illusion

Presses Académiques Francophones

Impressum / Mentions légales

Bibliografische Information der Deutschen Nationalbibliothek: Die Deutsche Nationalbibliothek verzeichnet diese Publikation in der Deutschen Nationalbibliografie; detaillierte bibliografische Daten sind im Internet über http://dnb.d-nb.de abrufbar.

Alle in diesem Buch genannten Marken und Produktnamen unterliegen warenzeichen-, marken- oder patentrechtlichem Schutz bzw. sind Warenzeichen oder eingetragene Warenzeichen der jeweiligen Inhaber. Die Wiedergabe von Marken, Produktnamen, Gebrauchsnamen, Handelsnamen, Warenbezeichnungen u.s.w. in diesem Werk berechtigt auch ohne besondere Kennzeichnung nicht zu der Annahme, dass solche Namen im Sinne der Warenzeichen- und Markenschutzgesetzgebung als frei zu betrachten wären und daher von jedermann benutzt werden dürften.

Information bibliographique publiée par la Deutsche Nationalbibliothek: La Deutsche Nationalbibliothek inscrit cette publication à la Deutsche Nationalbibliografie; des données bibliographiques détaillées sont disponibles sur internet à l'adresse http://dnb.d-nb.de.

Toutes marques et noms de produits mentionnés dans ce livre demeurent sous la protection des marques, des marques déposées et des brevets, et sont des marques ou des marques déposées de leurs détenteurs respectifs. L'utilisation des marques, noms de produits, noms communs, noms commerciaux, descriptions de produits, etc, même sans qu'ils soient mentionnés de façon particulière dans ce livre ne signifie en aucune façon que ces noms peuvent être utilisés sans restriction à l'égard de la législation pour la protection des marques et des marques déposées et pourraient donc être utilisés par quiconque.

Coverbild / Photo de couverture: www.ingimage.com

Verlag / Editeur:
Presses Académiques Francophones
ist ein Imprint der / est une marque déposée de
OmniScriptum GmbH & Co. KG
Heinrich-Böcking-Str. 6-8, 66121 Saarbrücken, Deutschland / Allemagne
Email: info@presses-academiques.com

Herstellung: siehe letzte Seite /
Impression: voir la dernière page
ISBN: 978-3-8416-3618-8

Zugl. / Agréé par: Pessac, Université de Bordeaux Montaigne, 2014

Copyright / Droit d'auteur © 2015 OmniScriptum GmbH & Co. KG
Alle Rechte vorbehalten. / Tous droits réservés. Saarbrücken 2015

Résumé

La recherche porte sur l'action collective locale et la gestion des forêts communautaires à Djoum au Sud Cameroun. Elle analyse l'approche gouvernementale d'octroi et de gestion communautaire des ressources forestières, afin de responsabiliser et d'autonomiser les communautés villageoises dans la prise en charge des activités de production économique pour réduire la pauvreté, améliorer les conditions de vie et assurer le développement local. L'objectif est de rendre compte de la capacité des forêts communautaires à fournir des avantages économiques pour répondre à ce défi. C'est aussi pour rendre compte des territoires villageois, vus comme l'échelle de référence pour la gouvernance des forêts communautaires et de l'influence de l'identité spatiale sur l'organisation communautaire de cette gestion. La méthodologie mise en œuvre est pluridisciplinaire.

Dans un premier temps nous avons fait le tour de quelques défis mondiaux se rapportant à la question du développement pour analyser les raisons de ses échecs et ses difficultés dans les sociétés locales, en Afrique subsaharienne en particulier. Cette analyse met en évidence la relation d'interdépendance entre les pays du monde et les interactions d'échelles spatiales qui en résultent, lesquelles justifient le débat international qui s'est construit. Les nouvelles formes de régulation sociopolitique et économique proposées à cette échelle ont ainsi abouti à la reconnaissance des communautés locales, comme des acteurs sérieux. Ceux-ci sont alors appelés à prendre en main leur destin pour s'autodéterminer économiquement et modifier leurs relations avec les instances économique et politique supra locales. C'est dans cet environnement que la décentralisation de la gestion des ressources forestières intervient au Cameroun. Celle-ci, dans son itinéraire qui donne la possibilité aux communautés, de demander et d'obtenir une forêt communautaire, est la chance offerte à ces dernières de s'exprimer, de se positionner, de s'organiser collectivement et de mettre en œuvre des actions en tant qu'acteurs formellement reconnus. Mais ont-elles réellement saisi cette opportunité offerte ?

Après avoir revisité très succinctement la notion d'action collective et la gestion des ressources communes, ainsi que les notions de communauté, de territoire et de territorialité qui lui sont liées, nous avons présenté le portrait socioéconomique de la commune de Djoum. Il apparaît que la forêt est sans conteste, la dominante de son paysage et la principale pourvoyeuse de ses ressources économiques et financières. Toutefois, Djoum présente les indices d'une dévitalisation prononcée avec un manque d'eau courante et potable, un niveau de chômage élevé, une couverture sanitaire insuffisante, un niveau d'enclavement poussé...

Les résultats de notre étude montrent plusieurs faiblesses structurelles. Il apparait d'abord que les forêts communautaires étudiées sont des espaces spécialisés en plusieurs zones, correspondant chacune à des usages particuliers. Cette perspective exclue l'exploitation du bois d'œuvre sur toute la surface de l'espace forestier. Pourtant toutes les forêts communautaires sont divisées en secteurs quinquennaux, eux-mêmes divisés en parcelles annuelles iso surfaces d'exploitation de bois d'œuvre. Ensuite, ces forêts ont été fortement perturbées dans le passé, un indicateur qui devrait les destiner davantage à la conservation qu'à l'exploitation. Mais ce n'est pas le cas, toutes les communautés ou presque, ayant opté pour leur exploitation. De même, les volumes de bois exploités dans ces forêts sont très faibles, ce qui atteste clairement que les possibilités qu'on leur attribue dans les PSG sont fausses. Au plan des réalisations socioéconomiques et des emplois créés, le bilan est très loin des espoirs engendrés. Les quelques emplois créés sont de type temporaire, précaires et non qualifiés. Par ailleurs, l'exploitation du bois d'œuvre n'a généré jusqu'ici, aucune infrastructure ni réalisation socioéconomique collectives (excepté le groupe électrogène acheté à crédit par la communauté Oyo Momo), puisque les revenus ex post générés restent largement inférieurs aux prévisions financières ex ante de l'exploitation du bois d'œuvre. Pire, la trésorerie de certaines communautés est déficitaire, rendant l'activité discontinue, car celles-ci sont dans l'incapacité d'assumer les coûts et charges d'investissement. Enfin, ces forêts sont assises sur des espaces appropriés. Cette situation soulève des équivoques sur leur statut supposé de biens communs et pose la question du partage de leurs retombées économiques.

D'autres faiblesses dites conjoncturelles existent et expliquent la léthargie dans laquelle sombre l'organisation communautaire de la gestion des forêts. Nos résultats montrent que certaines prérogatives et/ou pouvoirs telles que la position généalogique, les ressources financières, la force du discours ou l'art oratoire dont sont détenteurs certains membres des entités de gestion donnent à ces derniers un contrôle sur la gestion des FC. Par conséquent, le fonctionnement des entités de gestion ne repose pas très clairement sur les principes et règles démocratiques édictés dans leurs statuts, contrairement aux apparences qui peuvent laisser croire le contraire. Il apparait de même que, si l'individualisme et l'absence de solidarité sont formellement dénoncés par les communautés comme les causes explicatives de la crise de la gestion des forêts communautaires ici, il est cependant vrai qu'ils sont plutôt la conséquence des pratiques sociales qui ne se sont pas transformées du tout, ou alors qui se transforment en restant les mêmes, tout en se croyant innovatrices et reproduisent de vieux modèles. Le mécanisme opérant ici est la vie communautaire vue comme l'ensemble des acquis (sociaux, culturels, matériels, symboliques, ...) tirés de l'usage de la dimension spatiale d'une communauté donnée, et qui la différencie des autres.

Enfin, il apparait que le concept de développement, en tant que coalition des dynamiques d'action et des moyens mettant en œuvre une production économique et sociale dont chacun se sent réellement bénéficiaire, reste très loin de l'horizon vers lequel tendent aujourd'hui les communautés attributaires des forêts de Djoum. Cette prédisposition est l'aboutissement d'un long processus qui, au fil du temps, a favorisé une mauvaise appropriation de ce concept, en le réduisant à sa seule donne économique, précisément à la possession d'argent. Les forêts communautaires, produisant peu ou pas d'argent, fournissent alors une clé de lecture permettant d'expliquer le sens de la démobilisation collective ici. L'étude s'achève avec les perspectives à envisager pour faire de l'action collective locale l'outil sans lequel l'atteinte des objectifs d'amélioration des conditions de vie, de réduction de la pauvreté et les perspectives de développement local, n'est pas envisageable.

Mots clés

Action collective locale, organisation communautaire, forêts communautaires, gouvernance des forêts, développement local, communautés villageoises, territoires villageois, Djoum, Cameroun.

Abstract

The research focuses on local collective action and management of community forests in southern Cameroon, at Djoum. It analyzes the government's approach for granting and community management of forest resources, in order to empower and empowering village communities in the management of economic production activities to reduce poverty, improve living conditions and ensure local development. The objective is to realize the capacity of community forests to provide economic benefits to meet this challenge. It is also to account for village territories, seen as the reference scale for the governance of community forests and the influence of the spatial identity on community organization of this management. The implementation methodology is multidisciplinary.

First, we toured some global challenges related to the development issue, to analyze the reasons for its failures and difficulties in local societies, in particular in sub-Saharan Africa. This analysis highlights the relationship of interdependence between the world countries and the interactions of spatial scales resulting therefrom, which justify the international debate that is built. New forms of socio-political and economic regulation proposed on this scale have thus led to the recognition of local communities, as serious actors. These are then called to take in hand their destiny to become economically self-determination and change their relationships with the economic and political supra local authorities. It is in this environment that the decentralization of natural resources occurs in Cameroon. This, in its route which gives the possibility to the communities, to request and obtain a community forest, is the opportunity for them to express themselves, to position themselves, to organize themselves collectively and implement actions as formally recognized actors. But do they really seized this opportunity?

After very briefly revisited the concept of collective action and the management of common resources, as well as the notions of community, territory and territoriality that are related, we presented the socio-economic profile of the municipality of Djoum. It appears that the forest is undoubtedly the dominant of its landscape and the main purveyor of its economic and financial resources. However, Djoum shows signs of decay with a pronounced lack of clean running water, a high level of unemployment, insufficient health coverage, a pushed isolation level...

The results of our study show several structural weaknesses. First, it appears that the studied community forests are spaces specialized in several areas, each corresponding to particular uses. This perspective excludes timber exploitation on the entire surface of forest area. Yet all Community forests are divided into five-year sectors, themselves divided into equal-annual surfaces of timber exploitation. Then, these forests have been heavily disturbed in the past, an indicator that should send these more to conservation than the exploitation. But this is not the case, all communities or almost, having opted for their exploitation. Similarly, the volumes of wood exploited in these forests are very low, which clearly demonstrates that the possibilities that ascribed to them in the management simple plan are false. In terms of socio-economic achievements and jobs created, the balance sheet is very far from begotten hopes. The few jobs created are temporary, precarious and unqualified. Moreover, the exploitation of timber has generated so far here, neither infrastructure nor collective socio-economic achievement (except the generator bought on credit by Oyo Momo community), since ex post generated incomes remain far below ex-ante financial forecast of timber exploitation. Worse, the Treasury of some communities is deficit, making it discontinuous activity, because they are unable to assume the costs and loads of investment. Finally, these forests are sitting on appropriate spaces. This raises ambiguities about their supposed status of common goods and raises the question of sharing of their benefits.

Other so-called cyclical weaknesses exist and explain the lethargy into which lies community organization of forest management. Our results show that certain prerogatives or powers such as the genealogical position, financial resources, the strength of speech or art of oratory, which holders are certain members of management entities, give them control over the FC management. Therefore, the functioning of the management entities do not clearly based on democratic principles and rules established in their statutes, contrary to appearances that may suggest otherwise. It appears though, if individualism and lack of solidarity are formally denounced by the communities as explanatory causes of the crisis management of community forests here, it is however true that they are rather the consequence of social practices that did not transformed at all or that are transformed in staying the same, while believing themselves innovative and reproduce old models. The operating mechanism here is community life, seen as all acquired (social, cultural, physical, symbolic ...) derived from the use of the spatial dimension of a given community, and that differentiates it from others.

Finally, it appears that the concept of development, as a coalition of the dynamics action and means implementing an economic and social production which everyone feels really beneficial, remains far from the horizon towards which today tend communities forests assignees of Djoum. This predisposition is the culmination of a long process which, over time, has favored an improper appropriation of this concept, reducing it only to its economic situation, precisely to the possession of money. Community forests, producing little or no money, then provide a reading key to explain the meaning of collective demobilization here. The study ends with the perspective to consider making the local collective action the tool without which the achievement of the objectives of improving the living conditions, poverty reduction and the prospects for local development, is not possible.

Keys words

Local collective action, community organization, community forests, forest governance, local development, village communities, village territories, Djoum, Cameroon.

Remerciements

L'aboutissement de ce livre, version améliorée de ma thèse de doctorat, est le moment pour moi de rappeler l'itinéraire d'un cheminement personnel, parsemé de difficultés et de déboires mais aussi et surtout de succès.

Après une licence en biologie des organismes végétaux, obtenue en 1997 à l'Université de Yaoundé I au Cameroun, mon rêve de poursuivre des études doctorales nait en 1998, avec mon inscription en DESS de Sciences forestières dans la même université. L'obtention de ce diplôme en juillet 2000, grâce au financement de l'Organisation Internationale des Bois Tropicaux (OIBT) et les difficultés à trouver un emploi m'ont déterminé à poursuivre mes études. Mais la réalisation de ce rêve passait par la sortie du Cameroun, l'Université de Yaoundé I n'offrant aucune formation doctorale dans ce domaine. Un financement était alors l'unique alternative pour espérer réaliser mon rêve. Sur ce, j'ai dû déposer plusieurs demandes de bourse de coopération au ministère de l'enseignement supérieur du Cameroun sans succès. Une fois encore, c'est l'OIBT (que je remercie infiniment) qui m'a accordé un deuxième financement pour un Programme d'études supérieures en Sciences forestières à l'Université Laval à Québec au Canada en 2003. Malheureusement les autorités consulaires du Canada au Cameroun m'ont refusé le visa, ce qui, avec l'accord de l'OIBT, m'a permis de réorienter ce financement vers un Programme de Master de Sciences et Technologie en Agronomie et Agro-Alimentaire de l'École Nationale du Génie Rural (ENGREF) de Montpellier en France. Je suis arrivé à L'ENGREF en septembre 2004 où j'ai eu l'occasion d'aborder, sous l'encadrement de Guillaume LESCUYER (CIRAD Montpellier, campus de Baillaguet) et Patrice BIGOMBÉ LOGO (CERAD Cameroun), les questions sur la gouvernance multi-niveaux des ressources forestières au Cameroun, dans les régions de l'Est et du Sud. C'est au terme de ce programme que, mon intérêt sur les enjeux de la gestion communautaire des ressources est renforcé. J'obtiens alors un Master en Foresterie Rurale et Tropicale en 2005.

Après ce parcours, je m'inscris successivement à l'Université de Montpellier I en 2006 et 2007 où j'ai obtenu deux Diplômes universitaires en Management des Organisations et en Création et Maintenance des sites Internet, puis à l'université de Paul Valéry en 2008, où j'obtiens un Master de recherche en Géographie sous l'encadrement du professeur Jean-Claude BRUNEAU.

Mon inscription en thèse à l'université de Bordeaux Montaigne se réalise en 2009, sous la direction du Professeur Jean-Claude BRUNEAU.

La réalisation de cette thèse a été possible grâce au concours de plusieurs personnes qui l'ont académiquement, matériellement et moralement soutenu. Je voudrais remercier toutes ces personnes.

Mes remerciements sont prioritairement adressés au professeur Jean-Claude BRUNEAU, qui a accepté la direction de ce travail et, m'a ainsi permis de participer à la réflexion sur la gouvernance communautaires des ressources forestières et le développement des communautés rurales au Cameroun. Merci infiniment Professeur pour toute l'aide multidimensionnelle que vous m'avez apportée. Une fois, vous m'avez transporté dans votre véhicule de Montpellier à Bordeaux. Plusieurs fois vous m'avez hébergé chez vous pendant mes séjours à Bordeaux pour des raisons administratives. Toutes les invitations offertes pour un repas chez vous chaque fois que l'occasion se présentait. Pour toutes ces marques d'affection et de bienveillance, je vous dis infiniment merci professeur, et merci à Tina votre bienveillante épouse.

Je remercie également Madame Bénédicte THIBAUD qui a accepté de poursuivre la direction de cette thèse. Merci infiniment professeure, vous nous avez redonné espoir au moment où le doute commençait à entamer notre confiance.

Je remercie les professeurs Jean Louis CHALÉARD et Laurien UWIZEYIMANA d'avoir accepté d'évaluer ce travail en tant que rapporteurs. Merci aussi à tous les membres du jury de soutenance pour le temps consacré.

Je remercie également toute l'équipe de l'école doctorale et particulièrement M Frédéric DOUCET pour sa grande disponibilité à faciliter nos démarches administratives.

Je remercie avant de finir, toutes les autorités administratives et municipales et les personnes ressources rencontrées au Cameroun. Je dis aussi particulièrement merci à toutes les populations des villages enquêtés (Amvam, Efoulan, Minko'o, Nkoleyeng, Yen,...) avec qui j'ai partagé des moments d'échange inoubliables et surtout pour qui je symbolisais par cette étude, l'espoir, celui d'un changement positif sur la problématique de la gouvernance communautaire des forêts. Puisse cette étude contribuer à cela.

Je pense enfin à tous mes amis si nombreux, chez qui j'ai toujours puisé le réconfort inconditionnel, lorsque le désespoir avait l'air de me détourner de mon objectif. Je n'oublie pas au passage toute ma famille si aimable et particulièrement mes oncles Gérard NGUEMA MBARGA et Mgr Jean MBARGA qui m'ont beaucoup soutenu dans mon itinéraire personnel de vie et ont représenté un modèle pour moi.

Je dédie ce livre à : ma feue maman MBONO Bar bine, mon feu père EYEYA Philippe, ma feue grand-mère OBOUNOU Suzanne.

Table des matières

Introduction générale

Contexte général

L'inquiétude soulevée par les crises à l'échelle planétaire (l'environnement, l'extrême pauvreté, l'explosion démographique, l'insécurité alimentaire, le secteur financier international, les conflits, les extrémismes, les phénomènes migratoires, la santé…) de la fin du 20ᵉ et du début du 21ᵉ siècle, a participé à la prise de conscience du caractère systémique de celles-ci et, de l'incapacité des seules nations à y faire face. Par conséquent, un débat international, surpassant le cadre des politiques nationales de développement, s'est progressivement mis en place, pour élaborer des normes juridiques, des politiques macroéconomiques et des directives mondiales, prônant la mise en place de dispositifs de régulation sociale et des politiques qui seraient plus vertueux en matière de « développement durable ». Pour citer un exemple, les politiques forestières des pays du Sud ont été reconnues inaptes à résoudre les problèmes énormes de déforestation et d'environnement auxquelles elles sont confrontées. Les États concernés doivent alors être réformés et s'adapter à l'innovation des normes d'évaluation et à la définition de nouvelles politiques forestières. Dans ce cadre, « l'Agenda 21 », adopté lors du sommet de la Terre, à Rio de Janeiro, en 1992, recommande aux États de baser leurs politiques nationales sur la promotion d'une gestion durable des forêts et d'une gouvernance multi-niveaux en associant le savoir-faire des communautés locales. Mais que peut ce savoir-faire local face à l'enjeu planétaire de la maitrise de l'environnement ?

Aux lendemains du Sommet de Rio, le Cameroun entreprend de grandes réformes dans son secteur forestier. Ces réformes s'ajoutent à la suite :

- des Programmes d'Ajustement Structurel (PAS), nommés aussi « Consensus de Washington » (Stiglitz, 2002), imposés pendant vingt ans (1980-2000) par les institutions financières internationales (FMI et Banque Mondiale, principalement) aux pays du Sud endettés ;

– et de la crise économique qui survient au Cameroun en 1987, suite au contrechoc pétrolier et aux fortes fluctuations du dollar qui ont entrainé la chute des cours du prix du cacao.

À partir de là, le Cameroun s'engage dans une réforme de l'État qui le conduit à se désengager du rôle d'animateur de l'appareil de la vie économique, et particulièrement de son rôle de soutien au secteur rural. L'État s'oriente alors vers une politique qui accorde plus d'espaces d'action au secteur privé, avec pour fil conducteur le principe de subsidiarité. Présentées comme le fer de lance d'un développement libéral nouvelle manière, ces réformes avaient pour objectif le transfert par l'État de tous ou partie de ses pouvoirs, aux acteurs situés à sa périphérie. Ce contexte du « moins d'État et plus de marché» devait permettre de créer des espaces de liberté dans lesquels des acteurs non étatiques, et particulièrement les communautés villageoises, pouvaient valoriser leurs capacités d'action dans le développement économique. La volonté gouvernementale d'octroi et de gestion communautaire des ressources forestières prend source dans cette mouvance de réformes. Cette approche se fonde sur le principe de la responsabilisation et de l'autonomisation des communautés dans la prise en charge des activités de production économique pour réduire la pauvreté, améliorer les conditions de vie et assurer le développement local. Cette expérience est concrètement traduite par la possibilité pour les communautés de solliciter et d'acquérir des espaces forestiers leur offrant l'opportunité de bénéficier de tous les avantages qu'elles peuvent en tirer.

Problématique et objectifs de la recherche

Les objectifs qui ont sous-tendu la mise en œuvre de ce processus au Cameroun, étaient fondés sur deux hypothèses. La première se fonde sur l'idée d'une forte corrélation entre action collective communautaire, gestion des forêts communautaires et développement socioéconomique et, la deuxième s'appuie sur l'idée que le village constitue l'échelle forte de référence pour la gouvernance communautaire des ressources naturelles, puisqu'il serait le lieu d'élaboration des stratégies collectives prenant en compte les solidarités existantes et valorisant l'intérêt général. Depuis sa mise en place, le nombre de sollicitation et d'acquisition de forêts communautaires est fortement à la hausse au Cameroun. Ce fait majeur traduit clairement l'adhésion massive des communautés à cette initiative et surtout leurs capacités et volonté à braver les obstacles pour atteindre leur objectif d'obtenir et de gérer une forêt communautaire.

Cependant, si nous considérons les quinze années de pratique de la foresterie communautaire au Cameroun sous l'unique aspect de l'évolution quantitative du nombre de conventions de gestion signées, on peut penser que les communautés forestières sont entrées dans une phase organisationnelle susceptible de leur donner des capacités de s'autodéterminer économiquement. Toutefois, si l'intérêt pour la foresterie communautaire a fortement progressé auprès des communautés villageoises camerounaises, avec un nombre de sollicitation et d'acquisition de forêts continuellement à la hausse, on ne peut pas en dire autant des résultats obtenus, quinze années après leur mise en œuvre au Cameroun. Objet d'une importante attention de la communauté internationale, d'une pléthore de réunions officielles et d'une littérature aussi abondante que variée, les forêts communautaires présentent au contraire un bilan sur le terrain plus qu'inquiétant et, suscitent des interrogations qui nécessitent des investigations. Nous nous demandons premièrement si les forêts communautaires qui ont un statut supposé de biens communs, peuvent soutenir une production économique capable d'enclencher le développement rural et d'éradiquer la pauvreté, sans compromettre les objectifs de conservation ? Deuxièmement, le choix organisationnel et institutionnel de la gestion des forêts communautaires adopte la mise en place des entités de gestion créées par les villageois avec l'appui des acteurs du développement. Nous nous posons alors la question de savoir si demander simplement aux communautés villageoises de se constituer en entités de gestion est suffisant pour faire de celles-ci le lieu d'élaboration des stratégies collectives prenant en compte les solidarités existantes et valorisant l'intérêt général ? Troisièmement, est-ce-que l'action collective communautaire, dans le cadre de la gestion des forêts communautaires, peut être le levier du développement local ? En d'autres termes, les organisations communautaires formellement recommandées et reconnues par les pouvoirs publiques pour la gestion des forêts communautaires, peuvent-elles être le support d'une action collective capable d'enclencher le développement local ?

Les forêts communautaires au Cameroun représentent un nouveau lieu de rencontre entre acteurs. Cet espace de rencontre requiert une mise en commun des idées et des actions concertées pour leur gestion collective. Leur gestion constitue le cadre institutionnel qui rassemble les communautés autour d'une grande finalité socioéconomique d'exploitation et d'utilisation des ressources communes et de développement rural. Cette gestion requiert la participation de tous les membres de la communauté, chacun à un degré différent, c'est-à-dire propre aux ressources et capacités dont chacun est détenteur. La gestion des forêts communautaires constitue donc le lieu des interactions des acteurs en présence. Elle est construite et déterminée par un processus complexe de négociations. La formalisation de ces négociations par l'établissement d'un cadre où les acteurs sont appelés à échanger et, éventuellement à coopérer pour définir les objectifs communs et particuliers à atteindre, est l'institution. La construction de cette institution implique une organisation au rayon souvent élargi de conséquences, de défis, et de situations conflictuelles nécessitant des processus de négociation à propos de ressources d'allocation et d'autorité (Giddens, 1987).

En nous appuyant sur une approche pluridisciplinaire qui emprunte à la géographie, l'histoire, l'économie, la sociologie, l'anthropologie, l'écologie…, notre recherche se propose, pour apporter des réponses aux questions soulevées ci-dessus, d'analyser au regard du géographe, l'action collective appliquée à la gestion communautaire des ressources forestières à Djoum au sud du Cameroun, pour rendre compte :

– de la capacité des forêts communautaires à répondre à l'objectif du gouvernement camerounais, d'améliorer la participation des populations à la conservation et à la gestion des ressources forestières, afin que celles-ci contribuent à réduire leur état de pauvreté et élèvent leur niveau de vie ;

– de la question des territoires villageois comme échelle de référence pour la gouvernance des forêts communautaires ;

– et de l'influence de l'identité spatiale, c'est-à-dire ce que les acteurs villageois ont acquis par leurs pratiques spatiales, leurs connaissances et leur appropriation des lieux habités, sur l'organisation communautaire de la gestion des espaces forestiers.

Le Cameroun rural regorge d'une multitude de petites communautés locales qui se sont maintenues et ont chacune des caractéristiques particulières. Outre le fait qu'elles se ressemblent sur plusieurs plans, le quotidien vécu des unes et des autres diffère, de même que leurs façons de transformer collectivement leur territoire. Puisque certaines communautés se mobilisent et d'autres pas, nous nous penchons sur le sens que renferment les projets de gestion communautaire des forêts, portés par les communautés villageoises réunies. En plus de posséder un ensemble de savoirs construits, les communautés locales ont aussi leur propre approche et une dynamique fondées sur des systèmes propres de construction de leur réalité. C'est ce que nous tentons de mieux cerner à travers cette recherche.

Site de recherche

Le site de notre recherche est l'arrondissement de Djoum. Il est situé dans la région du Sud, département du Dja et Lobo (Carte 1) et, est compris entre :

- 2°13' et 3°3' de latitude Nord ;
- et 12°18' et 13°14' de longitude Est.

Il couvre une superficie de 5 607 km², pour un périmètre total de 408,2 km. Administrativement, il est limité (Carte 2) :

- au nord par le fleuve Dja, qui le sépare des arrondissements de Bengbis et de Lomié ;
- au nord-ouest par l'arrondissement de Meyomessala ;
- à l'ouest par l'arrondissement de Meyomessi ;
- au sud-ouest par l'arrondissement d'Oveng ;
- au sud par le Gabon ;
- à l'est par l'arrondissement de Mintom.

Carte 1 : L'arrondissement de Djoum dans la région du Sud Cameroun.

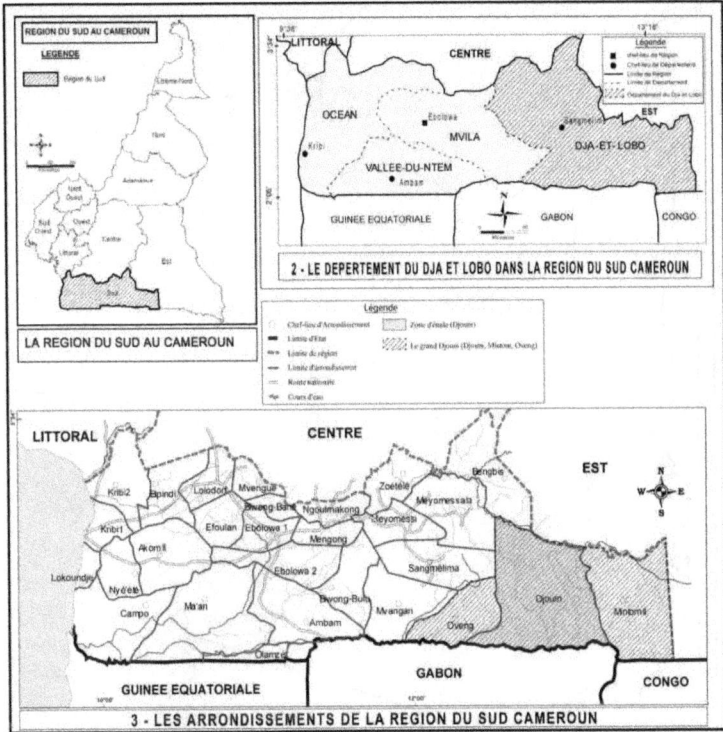

Source : carte topographique de l'INC au 1/200 000e et carte administrative du Cameroun 1996.

Carte 2 : Limites administratives de l'arrondissement de Djoum.

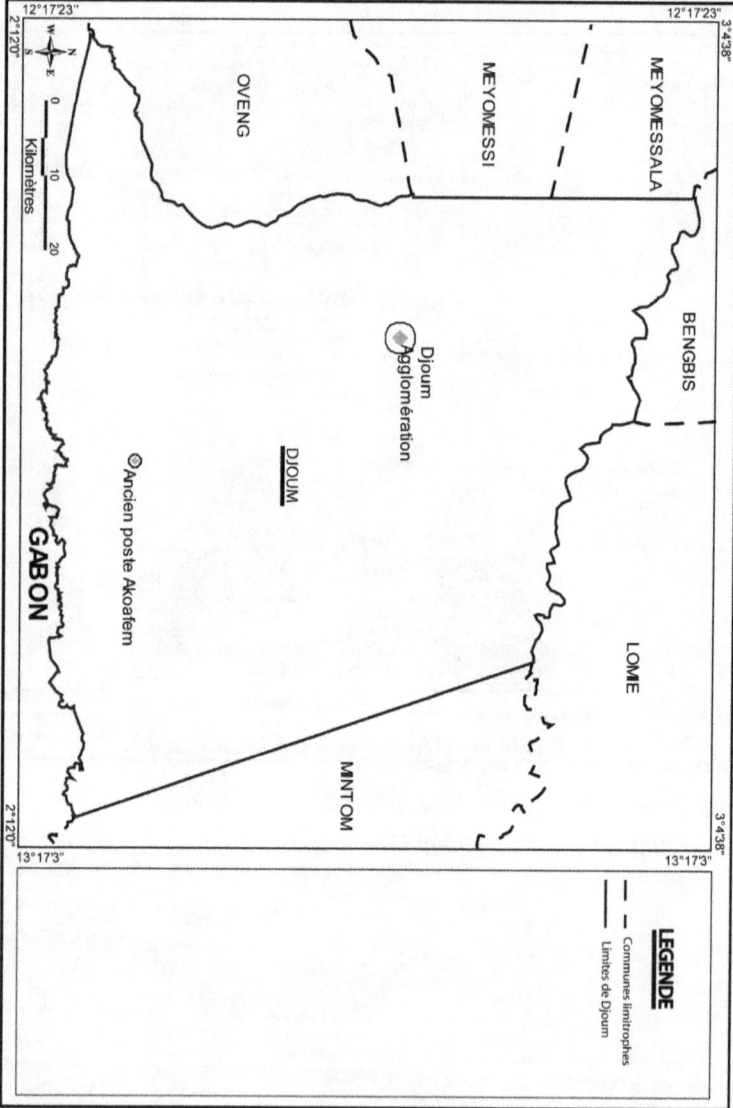

Le choix de la commune de Djoum est lié en partie à notre connaissance du site à travers des recherches antérieures (Ngoumou Mbarga, 2005). En effet pour bien cerner la problématique de l'action collective locale et la gestion des forêts communautaires, il était primordial de nous assurer d'une intégration facilitée, aussi bien dans les villages, qu'auprès des autorités administratives et traditionnelles. Il fallait aussi nous assurer de la disponibilité des populations à coopérer et à collaborer pour la conduite de l'étude. Les démarches établies avec les autorités administratives et traditionnelles locales lors des recherches antérieures ont contribué pour beaucoup à ce double objectif.

Par ailleurs, Djoum est une commune forestière qui compte dans son giron six forêts communautaires, dont deux au moins sont en activité au moment de la recherche. Une dernière raison est que le processus des forêts communautaires est ici mis en œuvre depuis quelques années, puisque la forêt communautaire AMOTA est l'une des toutes premières mises en œuvre au Cameroun.

La démarche méthodologique et le déroulement de la recherche

La méthodologie utilisée pour traiter de l'action collective locale et de la gouvernance des forêts communautaires à Djoum procède d'une approche pluridisciplinaire qui s'appuie sur deux familles sources de données : la revue de la littérature et les enquêtes de terrain.

La revue de la littérature a consisté en une veille bibliographique qui s'est faite tout au long de la recherche, de la conception du projet de thèse à sa soutenance. La première année a été consacrée à la recherche plus poussée de la bibliographie sur la problématique de l'initiative gouvernementale d'octroi et de gestion communautaire des forêts et l'action collective locale dans le Cameroun rural en général et la commune de Djoum en particulier. Cette revue bibliographique nous a permis de faire un état des lieux sur le contexte et l'évolution de la mise en œuvre du processus de la foresterie communautaire au Cameroun. Les résultats obtenus nous ont permis, au regard de ce qui était déjà dit, de réorienter notre recherche sur l'hypothèse de la corrélation supposée entre action collective locale, forêts communautaires et développement socioéconomique qui a sous-tendu la mise en place du processus de foresterie communautaire au Cameroun.

Au terme de l'étude bibliographique qui nous a permis d'avoir un aperçu plus affiné de la problématique de notre étude, et d'avancer les pré-solutions, voire la solution principale à la question posée, un plan pour la rédaction de la thèse a alors été élaboré, puis validé par notre directeur de recherche.

Après cette étape préliminaire, la suite de notre travail a été consacrée à des activités préparant la collecte des données à Djoum au Cameroun que nous présentons ci-dessous. Pour ce faire nous avons d'abord recensé les différents acteurs (Tableau 1) susceptibles de nous apporter des informations que nous recherchions et avons élaboré des questionnaires appropriés. Des fiches de collecte ont été créées, ainsi qu'une base de données avec le logiciel Microsoft Access. Nous avons également réfléchi sur l'analyse ultérieure des données à collecter.

Tableau 1 : Acteurs interviewés sur le terrain au Cameroun

CATÉGORIES D'ACTEURS	ENTRETIEN DE GROUPE	ENTRETIEN INDIVIDUEL
Administration forestière	-	3
Collectivités territoriales décentralisées (Commune de Djoum)	-	3
Populations locales (chefs de cantons et de villages, entités gestionnaires des forêts communautaires, travailleurs, autres membres des communautés villageoises)	4	30
ONG locales et internationales	-	6
Compagnies forestières, Opérateurs économiques (SFID, CAMINEX-Sarl)	-	3
Organisme de recherche (CIFOR)	-	1
Universitaires (géographie)	-	1
Autres (PNDP, élites intérieures, extérieures)	-	4
Échantillon total	**4**	**51**

La collecte des données à Djoum

Notre étude prend en compte trois dimensions principales qui sont la localisation et le portrait de la commune d'étude, l'activité de la foresterie communautaire et l'action collective communautaire que nous expliquons au chapitre IV. Le voyage au Cameroun s'est déroulé de fin novembre 2010 à mai 2011. Pour analyser l'action collective locale appliquée à la gouvernance des forêts communautaires à Djoum, nous avons mobilisé quatre formes de collecte des données :

- l'observation participante, avec une insertion prolongée dans le milieu de vie des communautés sélectionnées pour notre étude ;
- l'entretien, ou les interactions discursives délibérément suscitées ;
- les procédés de recension, avec le recours à la cartographie et l'élaboration d'une base de données avec Microsoft Access permettant des investigations pour l'analyse sociale ;
- le recueil de sources écrites.

L'observation participante

L'observation participante est

> une méthode de recherche qualitative par laquelle le chercheur recueille des données de nature descriptive, en participant à la vie quotidienne du groupe, de l'organisation ou de la personne qu'il étudie » (Mayer & Ouellet, 1991).

Par ce procédé, nous avons effectué des séjours prolongés, pour une bonne immersion dans les villages retenus pour l'enquête. Ceci dans le but de nous frotter avec la réalité à observer. Ces observations ont été multipliées et ont été consignées sous la forme de descriptions écrites, de photos ou de vidéos réalisées pour un dépouillement ultérieur.

Les visites de terrain et les enquêtes

La phase de terrain a duré 5 mois, dont 3 mois de séjour dans les villages sélectionnés pour l'étude. Ces visites ont été organisées en trois phases, en lien avec les trois dimensions d'investigation mentionnées plus haut. À chaque phase de la recherche, nous avons utilisé la même méthode de collecte de données, procédant de trois sources combinées d'information :

- la documentation : la littérature savante (géographie, sociologie, histoire, économie, écologie etc.) portant sur la commune de Djoum et ses trois cantons constitutifs la « littérature grise » (rapports, évaluations, mémoires...) ; la presse ; les archives ; les productions écrites locales portant sur les forêts communautaires étudiées (Plans simples de gestion, Statuts, etc.) ;

- l'entrevue semi-structurée à questions ouvertes – qui est la plus appropriée dans le cadre de cette recherche : « Ce type d'entrevue se prête bien aux recherches visant à circonscrire les perceptions qu'a le répondant de l'objet étudié, les comportements qu'il adopte, les attitudes qu'il manifeste » (Mayer, Ouellet, Saint-Jacques, & Turcotte, 2000) – a été conduite individuellement et/ou en groupe auprès des communautés concernées (figure 1) ;

- l'observation participante.

Il faut signaler que la collecte des données a été opérée à trois échelles spatiales :

- l'échelle locale des communautés de base : ici les villages et les cantons visés par notre recherche. Les entretiens dans les villages ont visé diverses catégories de personnes : les membres des entités de gestion des forêts communautaires, leurs rapports et leur collaboration avec les autorités administratives, ou avec les responsables des ONG, ou encore avec tout autre acteur en développement, les élites intérieures, et une frange de personnes indépendantes (les jeunes, les femmes), pour recueillir les informations sur l'organisation paysanne, la réalisation et la coordination des activités villageoises de gestion et d'exploitation de la forêt communautaire, les revenus générés et les usages faits de ces revenus... ;

- l'échelle communale (collectivité locale de Djoum) : nous avons également mené des entretiens avec les autorités municipales, administratives et forestières ainsi que les exploitants forestiers opérant dans la zone ;

- l'échelle nationale (structures représentatives de l'État, les ONG internationales). Il a surtout été question de rencontrer des personnes ressources plus ou moins impliquées (chercheurs, universitaires, observateurs ou acteurs, pourvoyeurs de fonds ou de services techniques...) dans la foresterie communautaire.

Les séjours sur le terrain

Deux types de séjours ont été adoptés pour la collecte des données :

- les séjours locaux, de collecte de données auprès des communautés de base et de la commune de Djoum. Ce choix s'explique par des raisons pratiques de proximité spatiale entre les communautés et la municipalité. Pendant ces séjours, nous avons opéré une immersion dans les communautés villageoises concernées par notre étude. Nous avons aussi organisé des rencontres avec les responsables municipaux, et aussi les représentants locaux des ONG ;

Figure 1 : Méthodes mobilisées pour la collecte des données chez les communautés locales

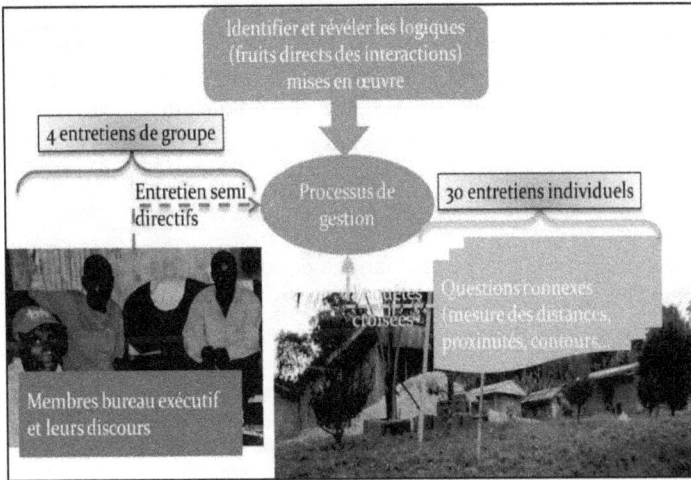

– les séjours nationaux, de collecte de données auprès de divers intervenants, concentrés pour la plupart à Yaoundé ou à Sangmélima ; des responsables du PNDP ; des responsables nationaux et internationaux des ONG en activité dans la zone d'étude ou y ayant travaillé ; le quotidien *Cameroon Tribune* et différents autres journaux comme *la Voix du Paysan*, ou le *Messager*.

Pendant cette phase de terrain et dans le souci d'appréhender la dynamique organisationnelle et fonctionnelle des communautés villageoises dans le temps et dans l'espace, l'approche systémique, seule à même de prendre en compte la multiplicité des facteurs qui rentrent en jeu et la complexité de leurs interactions, a été la démarche privilégiée de la recherche. Un guide d'entretien a été élaboré pour répondre aux objectifs visés par la recherche.

La cartographie

Toutes les cartes ont été réalisées par l'auteur, à partir de divers ensembles de données sources. Les éléments cartographiques de base ont été numérisés à partir des sources répertoriées dans le Tableau 2. Les données ont été numérisées sous MapInfo Professional 7.5. Les cartes réalisées sous MapInfo ont ensuite été exportées sous le format WMF[1] (.wmf), puis reprises avec le logiciel Adobe Illustrator CS 11.0.0 pour leur finalisation et la mise en page.

Tableau 2 : Ensemble des données et sources des cartes réalisées

ÉLÉMENTS CARTOGRAPHIQUES DE BASE	SOURCE DES DONNÉES
Les limites de la commune Les communes limitrophes	Données d'origines créées par l'Agence Allemande de Coopération Technique (GTZ)
Les cours d'eau Les lieux habités	Cartes topographiques du Cameroun provenant de l'IGN à 1/200000. Feuillets : NA-33-XIII DJOUM, NA-33-XIV MINTOM, NA-33-XIX AKONOLINGA, NA-33-XX ABONG MBANG (IGN, 1972).
Les routes et pistes forestières ; Le zonage forestier (UFA, forêts communautaires, forêt communale, aire protégées…)	Atlas forestier interactif du Cameroun version 3.0 de Global Forest Watch en collaboration avec le Ministère des Forêts et de la Faune du Cameroun
Les infrastructures	Données relevées par l'auteur
Les forêts communautaires	Les Plan simples de Gestion et

---

1 Il s'agit d'un format vectoriel propre à Microsoft

Le choix des forêts communautaires étudiées

Quatre forêts communautaires sur six répertoriées à Djoum ont été retenues dans le cadre de notre recherche. Ce sont :

- la forêt communautaire AFHAN qui a pour entité de gestion l'association du même nom (AFHAN ou Association des Femmes, Hommes et Amis de Nkoleyeng). Constituée du seul village de Nkoleyeng, elle est localisée entre 12°34'38'' et 12°36'5'' de longitude est et entre 2°25'56'' et 2°28'53'' de latitude nord. Elle couvre une superficie totale de 1022 ha (Carte 17). Elle partage ses limites avec l'UFA 09-012 ;

- la forêt communautaire AMOTA qui a pour entité de gestion le groupe d'initiative commune (GIC) AMOTA (Amvam, Otong-Mbong, Akonétché et Avobengon). Constituée par les villages AMOTA, elle est localisée entre 12°49'1,41'' et 12°54'19,68'' de longitude Est et 2°35'51,71'' et 2°40'17,94'' de latitude Nord. Elle couvre une superficie de 4323 hectares. Elle partage sa limite sud nord-est avec l'UFA 09 005b (Carte 18).

- la forêt communautaire MAD qui a pour entité de gestion le groupe d'initiative commune (GIC) MAD (Minko'o, Akongntangan et Djop). Constituée par les villages MAD, elle est localisée entre 12°36'49'' et 12°40'7'' de longitude Est et 2°35'41'' et 2°38'53'' de latitude Nord. Elle couvre une superficie de 2462 hectares. Elle partage sa limite est avec la D36 et sa limite nord avec l'hippodrome de Djoum (

- Carte 16) ;
- La forêt communautaire Oyo Momo ou GIC Oyo Momo. Constituée par le village Yen et le hameau Kobi, elle est localisée entre 12°37'11'' et 12°42'14'' de longitude Est et 2°19'50'' et 2°24'57'' de latitude Nord. Elle couvre une superficie de 4873 hectares. Elle partage sa limite ouest avec le sanctuaire à gorilles de Memgamé, et ses limites sud et est avec l'UFA 09 004b (Carte 15).

Les forêts communautaires Avenir de Nkan et ADPD de Djouzé n'ont pas été retenues en raison de leur état de vie organisationnelle et d'activité d'exploitation quasi inexistants. En effet, il nous a été impossible, malgré notre bonne volonté, de rencontrer les entités de gestion de ces deux forêts. Les populations rencontrées dans ces deux villages parlent de ces forêts comme d'un souvenir déjà très lointain, en dépit de leur existence légale et officielle. Pour les quatre autres concernées dans cette étude, seules deux, les forêts communautaires MAD et Oyo Momo étaient dans la phase d'exploitation « active ».

Carte 3 : Localisation géographique des quatre forêts
communautaires étudiées

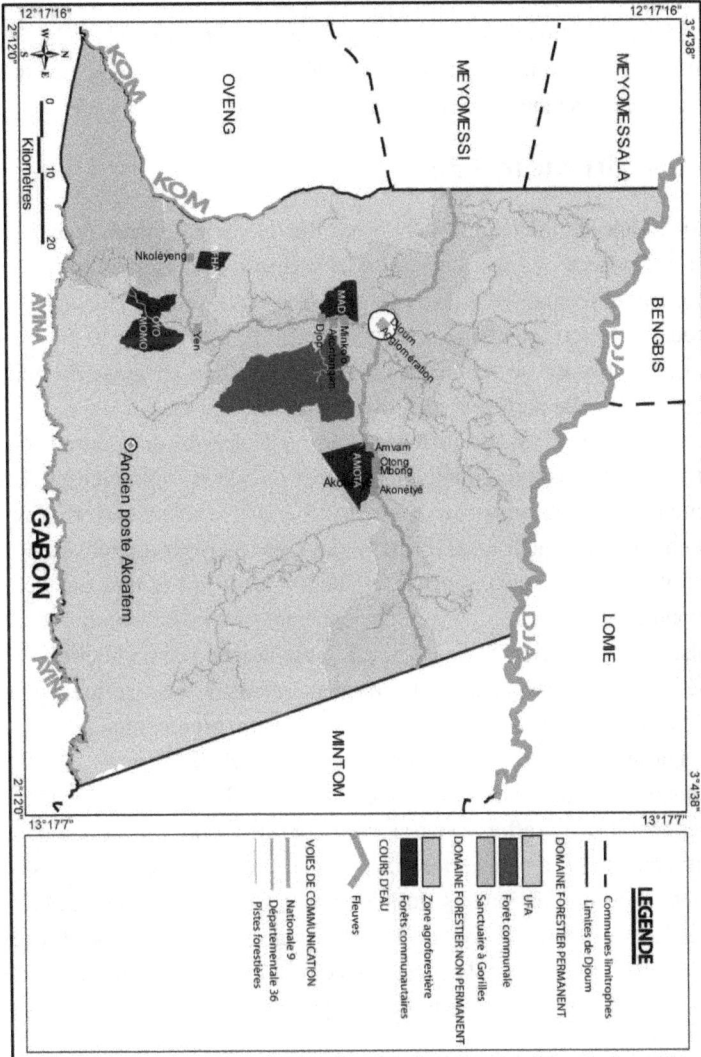

La rédaction des travaux

Le retour en France a été consacré d'abord au dépouillement et à l'analyse des données collectées au Cameroun et, enfin à la rédaction ci-dessous de notre mémoire, ponctuée de temps en temps par une recherche documentaire spécifique.

Plan du mémoire

Après une introduction générale qui fixe le cadre général, énonce la problématique et les objectifs de recherche, présente le terrain d'étude et expose les techniques utilisées et les procédures réalisées pour collecter les données, notre recherche est structurée en trois parties, chacune se terminant par une conclusion en guise de bilan partiel. Chaque partie est organisée en trois chapitres.

Le chapitre I est un état de l'art qui dresse un portrait des transformations en cours à l'échelle mondiale en précisant les interrelations qui se nouent entre les différents échelons de territoire : mondial, national et local. Dans le cadre de ces rapports transformés, la situation des acteurs locaux est impactée. Il fait le tour des défis mondiaux de l'heure liés au développement socio-économique de la planète toute entière et de l'Afrique subsaharienne en particulier. Ces défis, aux conséquences diversement désastreuses, surtout pour l'Afrique subsaharienne, sont à l'origine du procès intenté par la majorité des analystes contemporains (Perret & Roustang, 1993; Dionne, 1996; Dionne & Tremblay, 1999) contre l'économie néolibérale. En effet, ceux-ci récusent la vision qui subordonne strictement la dimension sociale à l'économie, vue comme seul facteur de production. Ils questionnent « l'économie sans société » qu'ils contestent et en guise de réponses, des corpus d'idées nouvelles et des approches renouvelées ont été développés.

Le chapitre II fait le tour des corpus méthodologiques proposés depuis bientôt trois décennies, visant à répondre aux défis du développement. C'est ainsi que tour à tour :

- les démarches participatives, dont le principe d'action consiste à établir un dialogue constructif entre les différents praticiens du développement (encadrement technique, recherche, administration, politiques, ONG...) et les acteurs locaux ;

- les approches de développement local avec diverses déclinaisons (développement économique communautaire, développement participatif, développement régional, développement par le bas, développement endogène, développement territorial, développement intégré, gestion des territoires...), qui visent surtout les aspects socioéconomiques du développement ;

- et les notions de décentralisation et de désengagement de l'État, qui mettent l'accent sur le territoire et les institutions,

sont revisitées comme des corpus d'idées nouvelles sur le développement. Cependant, s'il est certain qu'il y a eu des avancées considérables vers une meilleure prise en compte des facteurs territoriaux et sociaux comme éléments clés dans la construction du bien-être pour et par les populations concernées, la question du développement des petites communautés reste insoluble.

Le chapitre III fait l'état des lieux des évolutions méthodologiques de soutien au développement local mis en place par le Cameroun depuis plus d'une décennie. Son objectif est de mieux cerner la problématique en s'appuyant sur le questionnement et les hypothèses qui ont guidé notre démarche de recherche. Ce questionnement se décline en deux dimensions. La première dimension interroge la capacité de production en bois d'œuvre des forêts communautaires pour répondre à l'objectif socioéconomique d'amélioration du niveau de vie et de réduction de la pauvreté. La deuxième dimension interroge par contre la capacité de l'action collective communautaire à travers les entités de gestion formellement adoptées et mises en place par les pouvoir publics, à faire face aux défis de la lutte contre la pauvreté et du développement rural. Cette démarche s'appuie sur l'hypothèse que les forêts communautaires seront pleinement au service du développement rural et de la lutte contre la pauvreté, si elles sont à la hauteur d'une production économique soutenue et durable d'une part et, si l'action collective communautaire permet leur gestion idoine d'autre part. Cela implique que les acteurs locaux élaborent ensemble des actions en référence à leur espace de vie partagée (sociale, culturelle, économique et environnementale), comme aux façons d'être et aux manières de faire qu'ils ont su construire avec le temps, et que cela débouche sur des stratégies spécifiques de construction de leur mieux-être. En conséquence, nous terminons ce chapitre en définissant les objectifs de notre étude.

La problématique de la gestion des forêts communautaires dans le cadre de Djoum, pose la question importante de l'approche de l'action collective communautaire en matière de gestion des ressources communes d'une part et de la relation particulière de l'être humain à son territoire de vie d'autre part. Transformer son territoire c'est agir collectivement à travers des institutions de participation fondées sur des relations sociales mettant au centre le rôle de la communauté. Dans ce cadre, le chapitre IV revisite les notions : (i) d'action collective appliquée à la gestion des ressources ; (ii) de communautés, si utilisée dans le contexte camerounais de la foresterie communautaire, mais jamais définie ; et enfin (iii) de territoire. Cette démarche est indispensable pour analyser et comprendre certains mécanismes et processus liés à la gestion des forêts communautaires, comme il apparaîtra plus loin (chapitre VIII) dans notre recherche. Ce chapitre se poursuit avec la présentation des techniques utilisées et des procédures réalisées pour collecter des données significatives et pertinentes par rapport à notre problématique de recherche. Cette partie prend en compte trois dimensions principales qui sont la localisation et le portrait de la commune d'étude, l'activité de la foresterie communautaire et l'action collective communautaire. Le choix de ces trois dimensions s'inscrit dans une démarche de recherche structurée.

Le chapitre V s'ouvre par une présentation générale du Cameroun avant de s'appesantir sur la description géographique, l'histoire et les groupes humains de l'arrondissement de Djoum. Ce choix obéit, au regard du géographe, à une démarche visant à rendre compte de faits particuliers (la commune de Djoum) enchâssés (localisés) dans un contexte général (le Cameroun). C'est dans cette optique qu'il présente au lecteur, une vue panoramique du Cameroun, pays-transect de l'Afrique tropicale tantôt qualifiée d'« Afrique en miniature » (Bruneau, 2003), sous trois plans : physique, démographique et administratif. Cette étape conduit sans transition à la localisation géographique de de la zone d'étude avec tour à tour la présentation du milieu naturel, l'histoire et l'évolution administrative de l'arrondissement, et s'achève avec l'histoire du peuplement des groupes humains qui y vivent.

Le chapitre VI décrit le portrait de l'arrondissement sous plusieurs angles. D'abord, une perspective géomophologique caractérise les ressources naturelles et les usages qui en sont faits et permet de saisir en un clin d'œil l'ensemble du territoire et d'établir un premier contact avec ceux qui l'occupent. Un deuxième angle dresse le profil socio-économique de Djoum en rapport avec la dynamique territoriale. Certains indices statistiques y sont présentés. Le dernier angle procède à une analyse de la fiscalité municipale. Des indices sur le suivi de la gestion des revenus provenant de l'exploitation des ressources forestières et fauniques, destinés à la commune et aux communautés villageoises riveraines, permettent d'identifier et d'évaluer la richesse sur le territoire et de mieux comprendre comment se fait la répartition de cette richesse. Cet angle d'analyse vise à soulever la question de la ressource forestière omniprésente sur le territoire, et l'absence de retombées générées (c'est-à-dire des infrastructures collectives visibles et confortables) en termes de développement.

Le chapitre VII examine la cohérence de la volonté gouvernementale d'octroi et de gestion communautaire des ressources forestières afin que les communautés contribuent à réduire leur état de pauvreté et élèvent leur niveau de vie et le potentiel desdites ressources à procurer des avantages économiques aux populations. Pour ce faire, il explore d'abord les plans simples des forêts communautaires étudiées pour ressortir des paramètres qualitatifs permettant de se faire un aperçu de leur physionomie. Il analyse ensuite les méthodes d'estimation de la ressource disponible et les confronte à différents scénarii d'inventaires appliqués dans une étude bibliographique afin d'apprécier la qualité des estimations dans les plans simples de gestion. Il fait le bilan économique des activités d'exploitation réalisées dans lesdites forêts communautaires depuis leur création ainsi que leur progression dans le temps. Il répertorie les commandes reçues, les volumes de bois produits et les ventes réalisées. Il scrute enfin les avantages économiques procurés en termes d'infrastructures socioéconomiques réalisées et d'emplois créés.

Le chapitre VIII se propose de tester l'hypothèse des territoires villageois vus l'échelle de référence pour la gouvernance communautaire des ressources naturelles, puisqu'ils seraient l'unité spatiale pertinente d'élaboration des stratégies de mobilisation participative qui s'appuient sur les solidarités existantes et qui valorisent l'intérêt général. L'objectif est d'analyser l'espace d'interaction créé par la cohabitation des acteurs villageois en situation de gestion communautaire des forêts pour mieux cerner les logiques qui brident un fonctionnement participatif effectif de cette gestion et de tenter de cerner l'influence de l'ancrage au territoire villageois sur l'organisation communautaire instituée autour de cette gestion. Il dresse le portrait des parties prenantes qui interagissent dans le processus des forêts communautaires étudiées ainsi que leurs objectifs poursuivis. Il analyse les entités villageoises de gestion en tant qu'organisations et explore les formes locales de participation – dont la prise en compte dans la mise en œuvre d'un projet de développement participatif est particulièrement recommandée dans les discours – et leur impact sur le processus de gestion et l'atteinte des objectifs poursuivis. Il explore l'espace villageois pour tenter de cerner le poids de la production symbolique sur la dynamique communautaire et l'influence de l'identité spatiale, c'est-à-dire ce que les acteurs villageois ont acquis par leurs pratiques spatiales, leurs connaissances et leur appropriation des lieux habités, sur l'organisation communautaire de la gestion des espaces forestiers.

Le chapitre IX explore la sphère des mutations culturelles et socioéconomiques qui ont contribué à façonner chez les communautés, une appropriation erronée du concept de développement, en le réduisant à sa seule dimension économique. Cette exploration se poursuit à travers la dénonciation d'une approche du processus fondé sur le gain d'argent que les promoteurs ont consolidé chez les communautés rencontrées. Son objectif ici est de tenter de montrer que l'échec des initiatives de gestion collective des espaces forestiers par les communautés villageoises est aussi en partie fondé sur le fait que celles-ci sont non porteuses d'une pédagogie du développement humain (surtout personnel) et du vivre ensemble. Il s'achève avec un retour aux hypothèses de départ afin de dégager les principaux éléments de dysfonctionnement que l'étude a permis de relever avant de proposer des réponses en guise de recommandations.

Notre recherche se termine par une conclusion générale en guise de bilan.

Première partie

Les défis mondiaux du développement, un défi pour les communautés locales.

Chapitre I

Des enjeux mondiaux du développement social et économique au procès de l'économie sans société

Les crises, à l'échelle mondiale, qui accompagnent ce début du 21ème siècle, nous rappellent que la mondialisation ne peut se faire sans une préoccupation de valeurs morales comme la solidarité, l'équité, et que les conflits, les extrémismes et les phénomènes migratoires ont des causes profondes dans le mal-développement (Lazarev & Arab, 2002; Stiglitz, 2009). Le développement des pays du Sud devient, dans ce contexte de conjoncture générée par la mondialisation néolibérale, un impératif incontournable. Cependant, le contexte dans lequel sont formulés les politiques de développement rural a connu de très profondes transformations, lesquelles déterminent toutes les réflexions sur les nouvelles problématiques du changement social et économique. Les deux dernières décennies ont été marquées par l'apparition de quatre grands défis de développement social et économique.

I. La question environnementale

Le premier défi le plus lourd de conséquences est celui de l'environnement et la situation écologique qui en découle. Il peut se résumer en ces termes : « La planète est jugée littéralement en état de survie, écologiquement parlant » (Favreau, 2000). Cette situation, qui est reconnue et admise par de nombreux mouvements et de grandes organisations internationales (organisations non gouvernementales de développement, sommet de Rio en 1992[2], grandes conférences internationales de l'ONU…), est attestée par l'existence de conventions internationales (Lazarev & Arab, 2002) :

- la convention sur le changement climatique, qui traduit les inquiétudes à l'égard du réchauffement de la planète ;
- la convention sur la diversité biologique, qui souligne le risque d'extinction des espèces et ses conséquences sur la résilience des écosystèmes ;
- la convention sur la lutte contre la désertification, qui manifeste une prise de conscience des problèmes posés, dans 110 pays, par la destruction des couverts végétaux et par l'aridification.

Ce constat sur les risques réels qui pèsent sur notre environnement biophysique a contribué à remettre en question de façon radicale les modèles contemporains de gestion et de consommation des ressources naturelles.

L'inquiétude soulevée par le problème de l'environnement et, relayée par la tenue de grands sommets internationaux a provoqué un débat international sur la question du développement durable[3] et l'utilisation des ressources naturelles. Progressivement, le débat sur les questions de l'environnement a dépassé le cadre des politiques nationales pour se mondialiser, depuis la production en 1987 du rapport de la Commission Brundtland[4], qui traite la question de la

---

2 Le sommet mondial de Rio de Janeiro (Brésil) en 1992 a marqué une étape importante de l'évolution d'un consensus international sur les liens entre la population, le développement et l'environnement, basé sur la notion de développement durable formulée quelques années auparavant par la Commission mondiale sur l'environnement et le développement.

3 La Commission mondiale sur l'environnement et le développement avait défini le développement durable comme un développement qui satisfait les besoins du moment sans compromettre la possibilité pour les générations futures de répondre à leurs propres besoins (Commission mondiale sur l'environnement et le développement, 1987, aperçu général intitulé « From one earth to one world » sect. I, p. 8).

4 Commission Mondiale sur l'Environnement et le Développement des Nations Unies que présidait l'ancienne première ministre de Norvège

relation entre développement et Environnement (Buttoud, 2001). Ce débat international a en retour transformé et enrichi les discours sur les politiques nationales de développement, au point d'en changer radicalement les enjeux et les concepts. Ce qui a entrainé la reconnaissance du « local », à la fois pour ses responsabilités dans la gestion des ressources renouvelables (article 8j de la Convention sur la Diversité Biologique)[5] ou plus globalement dans le développement (Dolfus, Grataloup, & Lévy, 1999).

La prise de conscience que le maintien de bonnes conditions économiques et sociales de vie des populations locales passe par une meilleure gestion des ressources naturelles, est l'idée qui, à l'origine, a soutenu la conciliation des notions de développement et d'environnement, autour d'un compromis qui permet la réalisation de l'un, tout en préservant le maintien des capacités sur le long terme de l'autre[6]. Cette reconnaissance du local, dont les fondements s'appuient sur le concept de « développement durable » (Lazarev, PNUD, de Kalbermatten, & Michel, 1993) a permis, non seulement de réaffirmer le rôle important des populations « locales » dans la gestion durable des ressources naturelles et la conservation de la diversité biologique sur leurs « territoires », mais aussi, de reconnaître que leurs modes de vie, leurs systèmes de pensées, leurs savoirs et savoir-faire traditionnels devraient faire l'objet du même

---

5 Cet article stipule que chaque partie contractante, dans la mesure du possible et selon qu'il conviendra et sous réserve des dispositions de sa législation nationale, respecte, préserve et maintient les connaissances, innovations et pratiques des communautés autochtones et locales qui incarnent des modes de vie traditionnels présentant un intérêt pour la conservation et l'utilisation durable de la diversité biologique et en favorise l'application sur une plus grande échelle, avec l'accord et la participation des dépositaires de ces connaissances, innovations et pratiques et encourage le partage équitable des avantages découlant de l'utilisation de ces connaissances, innovations et pratiques.

6 Tout développement global et réel ne peut s'obtenir que si l'ensemble des capacités sont maintenues, y compris celles écologiques qui garantissent la reproduction de l'environnement. Un tel développement, appelé « développement durable », est non seulement nécessaire, mais encore subordonné complètement à la défense de l'environnement. D'antinomiques, les deux notions sont devenues ainsi complémentaires (Buttoud, 2001).

respect que toute autre forme de savoir scientifique ou de modèles
venus de l'extérieur.

> Le développement ne peut être durable que s'il est effectivement pris en charge
> par les populations qu'il concerne, ce qui suppose une certaine libéralisation
> politique et une pratique effective de la démocratisation à la base. Il ne peut y
> avoir de développement durable si celui-ci se fait au détriment de notre
> environnement ; ce constat s'applique à la bonne gestion des ressources
> naturelles sur laquelle se fonde la plus grande partie des activités humaines,
> mais aussi, de façon plus générale, à la sauvegarde des équilibres écologiques
> qui assurent la continuité des conditions de vie actuelles sur la terre ; il implique
> donc une notion de responsabilisation collective (Lazarev, PNUD, de
> Kalbermatten, & Michel, 1993).

L'impact des enjeux planétaires liés aux défis environnementaux a
abouti à la création des ONG de défense de l'environnement. Les
plus radicales (WWF, Greenpeace, the Rainforest Alliance...)
considèrent la récolte et le commerce des bois tropicaux comme les
causes essentielles de dégradation de la forêt. Elles prônent le boycott
sur le marché international de l'achat des bois tropicaux issus des
forêts non éco-certifiées. En réaction à leurs discours très alarmistes,
les forestiers des pays du Sud et la FAO dénoncent les pratiques
paysannes, dans lesquelles ils voient la cause première de la
dégradation forestière dans le Sud. Le débat international, quant à lui,
a mis en relief l'incapacité des politiques forestières au Sud, à
résoudre les problèmes énormes auxquels elles sont confrontées, en
soulignant particulièrement le rôle de l'État à la fois omniprésent et
impuissant. L'État doit donc être réformé pour être mieux outillé à
affronter les problèmes de l'environnement et, s'adapter aux
changements conceptuels qui renouvelle les normes d'évaluation et la
définition de nouvelles politiques forestières.

La question de la redéfinition du rôle de l'État ne fait pas l'unanimité
des opinions. Un premier courant de pensée, porté par la FAO et la
coopération française, fait de l'État l'institution clé de la gestion
forestière, et s'attache à en maintenir et consolider l'importance. Ce
courant soutient que, si l'État est inefficace, c'est faute de moyens
nécessaires à son action.

La forêt est rarement perçue du point de vue national comme une priorité, et l'administration chargée de sa mise en valeur manque singulièrement de cadres. Par ailleurs les politiques étatiques telles que définies au préalable sont bonnes, leur inefficacité tenant juste à ce qu'elles ne sont pas appliquées, faute de moyens administratifs suffisants (Buttoud, 2001).

À l'opposé de celui-ci, un second courant de pensée porté par le courant libéral, cherche à diminuer le rôle de l'État en transférant ses responsabilités aux acteurs locaux et aux ONG qui les représentent. La Banque Mondiale et les ONG de défense de l'environnement, qui le caricaturent le mieux, soutiennent qu'il est inutile de consolider l'État dans ses rôles et structures actuels, car cela ne répondrait pas de toute façon à l'ampleur du problème à résoudre, et cela accroitrait probablement la corruption administrative.

Il faut changer les fonctions, et ensuite les structures de ce même État qui doit jouer un rôle social différent. De gestionnaire, l'État est appelé à devenir un simple arbitre, et même le conseiller des acteurs locaux qu'il convient de responsabiliser le plus possible (Buttoud, 2001).

C'est alors qu'apparaît progressivement l'idée de la nécessité d'un compromis entre ces diverses positions très antagonistes pour porter un développement négocié. Le débat international a abouti à l'élaboration d'une série de normes juridiques, de politiques macro-économiques et de directives mondiales, visant à atteindre un certain nombre d'objectifs globaux en matière de « développement durable ». L'un des textes produits à cette échelle se rapporte à la gestion forestière dans les pays du Sud : « l'Agenda 21 », qui recommande aux États de baser leurs politiques nationales sur la promotion d'une gestion durable des forêts, appréciée au moyen de critères et indicateurs établis à cette fin[7]. Une question s'impose alors de manière incontournable : le savoir-faire local peut-il contribuer efficacement à faire face à cet enjeu majeur de notre planète, celui de

---

7 L'Agenda 21 a été adopté lors du « Sommet Planète-Terre » à Rio de Janeiro en 1992. Cette norme, qui est le fruit des discussions des ministres des pays européens (conférence d'Helsinki, à la suite de celle de Strasbourg en 1990) définit de façon plus précise, la gestion durable des forêts tropicales sur la base des critères et indicateurs identifiés et mesurables.

la maîtrise de l'environnement ? Cette question repose sur l'hypothèse que les acteurs locaux ont de longue date gérer les ressources renouvelables de manière durable et qu'elles ont développé pour ce faire des savoirs et des pratiques idoines (Gregersen, Draper, & Elz, 1989; Posey, 1999; Edmunds & Wollenberg, 2003).

II. La lutte contre la pauvreté

Le deuxième grand défi auquel notre planète est confrontée en ce 21ème siècle est la situation d'extrême pauvreté dans laquelle se trouvent la plupart des pays du Sud. Il peut se résumer en ces termes : « il y a d'un côté 500 millions de riches, et de l'autre, 5 milliards de pauvres » (Favreau, 2000). Si à l'aube des années 1990, la mondialisation apparaissait comme un outil qui allait permettre la production des richesses, la croissance économique, l'élévation du niveau de vie, l'augmentation des échanges marchands, et la réduction des inégalités entre le Nord et le Sud, deux décennies plus tard, le bilan montre qu'elle a plutôt entraîné une montée de l'exclusion et de la précarité [celles des communautés qui ne répondent pas aux critères de performance de l'économie néolibérale] et, une expansion en force de l'économie informelle, en particulier, en Afrique subsaharienne (Figueiredo & de Haan, 1998; Lautier, 1994; Stiglitz, 2009).

> En un sens il est clair que les pratiques des pays développés ont aggravés le chômage dans les pays pauvres. Et les dernières négociations commerciales internationales ont révélé ceci : alors que les pays développés allaient beaucoup mieux, la situation des pays les plus pauvres avait empiré (Stiglitz, 2009).

Si les accords commerciaux internationaux ont abouti à l'élimination des barrières douanières, pour permettre l'accès des pays du sud au marché international, il reste que, sans ports, ni réseau de communications fiables, ni marchés régionaux compétitifs, ni produits à vendre sur le marché international, ces accords n'apportent rien ou presque, à la plupart des pays subsahariens. Au contraire, les subventions agricoles du Nord ont fait augmenter le chômage et baisser les prix des produits agricoles dans les pays les plus pauvres où environ 70% de la population dépend de l'agriculture.

En effet, 60 à 80% des travailleurs des pays en développement (Graphique 1), évoluent dans une économie populaire dont la dynamique principale est celle de la survie, contrairement à ceux des sociétés salariales (à 85 % et plus) des pays développés qui disposent d'une protection sociale universelle et de régimes de retraite (Favreau, 2005). Au Sud, la plupart des emplois sont précaires, peu qualifiés, sous-rémunérés, et se recrutent essentiellement dans l'auto-emploi ou l'emploi familial. Le travail ici sert principalement à assurer la survie des ménages, d'où la quasi-absence de pratique de l'épargne et de constitution d'un patrimoine, notions bien intégrées socialement et économiquement dans les pays du Nord. Dans cet univers de travail où l'économie populaire prévaut pour 60 à 70%, voire 80% des gens, la précarité est forte et l'avenir imprévisible. On vit au jour le jour, comme c'était le cas dans les pays du Nord à d'autres époques, aux 16ème, 17ème ou 18ème siècle (Castel, 1995). Nous nous posons la question de savoir si, ce secteur de l'économie [informelle], fortement criminalisée ici, n'est pas le moteur qui pourrait permettre le développement véritable des pays du Sud ?

Graphique 1 : Proportion de travailleurs à leur propre compte et de travailleurs familiaux non rémunérés dans l'effectif total des femmes et des hommes (2007), par grande région du monde

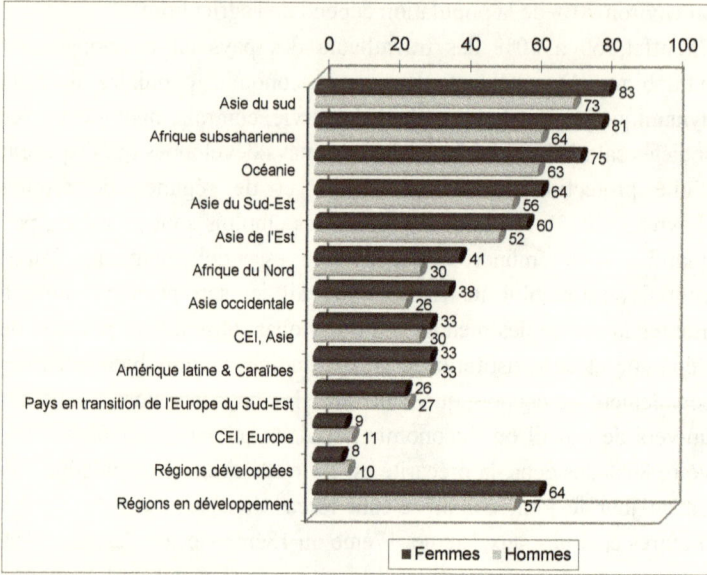

Source : Organisation des Nations Unies, 2008

Dans ce contexte de forte précarité, le thème de « la lutte contre la pauvreté », a subverti celui sur le développement de naguère, pour devenir le thème dominant des politiques de développement des deux dernières décennies. Ce thème est relayé au niveau international par l'ONU à travers un vaste programme : « les Objectifs du millénaire pour le développement ». Si, pour l'ONU, la priorité de contrer l'extrême pauvreté dans de nombreux pays en Afrique subsaharienne fait référence aux exigences de développement humain, force est de reconnaitre qu'elle se fonde aussi sur l'argument qu'il n'y a pas de développement possible sans éradication de la pauvreté (Lazarev & Arab, 2002; Favreau, 2000; Stiglitz, 2009). Les projets en conséquence situent leurs objectifs en termes de « groupes cible », déterminés par rapport à des seuils de pauvreté (Graphique 2). C'est dans ce cadre que les Objectifs du Millénaire pour le Développement[8] (OMD) constituent aux yeux de l'ONU un important levier international pour arriver à des politiques publiques dites de «lutte contre la pauvreté» à l'échelle de la planète. Le premier objectif de l'ONU, à l'horizon 2015, est d'en finir avec l'extrême pauvreté, notamment par la réduction substantielle du nombre de personnes vivant avec moins d'un dollar par jour.

Cependant, le bilan de vingt années de programme et de projet de lutte contre la pauvreté déployé par les Nations Unies semble maigre et les résultats peu significatifs. La pauvreté ne se réduit pas et, au contraire, les écarts semblent s'aggraver avec l'enrichissement d'une minorité favorisée par la libéralisation économique (Favreau, 2000; Lazarev & Arab, 2002; Stiglitz, 2009). Cette pauvreté persistante et même croissante au Sud, est de plus en plus vécue comme une marginalisation sociale, puisque les pauvres n'ont que très peu accès aux services publics.

---

8 (1). Éliminer l'extrême pauvreté et la faim (2). Assurer l'éducation primaire pour tous (3). Promouvoir l'égalité et l'autonomisation des femmes (4). Réduire la mortalité infantile (5). Améliorer la santé maternelle (6). Combattre le VIH/sida, le paludisme et d'autres maladies (7). Assurer un environnement durable (8). Mettre en place un partenariat mondial pour le développement.

Graphique 2 : Proportion de chômeurs vivant avec moins de 1 dollar par jour, (1997 et 2007), par grande région du monde

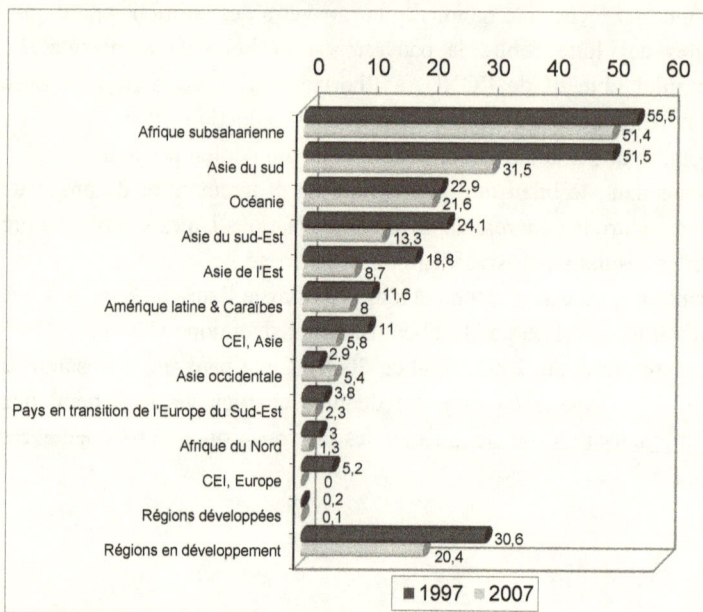

Source : Données extraites de la base de l'Organisation des Nations Unies, 2008

III. L'explosion démographique et ses incidences multidimensionnelles

Le troisième grand défi de ce siècle est la croissance démographique mondiale et, particulièrement celle de l'Afrique subsaharienne. La transition démographique[9] de l'Afrique subsaharienne est récente, de

---

9 La transition démographique se définit comme le passage d'un état de forte mortalité et de forte natalité à un état de faible mortalité et de faible natalité (Cour, 2007).

forte amplitude (3 à 3,5% voire 4% d'accroissement)[10] et inachevée. Les projections des Nations Unies s'appuyant sur l'hypothèse d'une croissance démographique de 2,8 % en moyenne par an, prévoient une stabilisation générale de la population en Afrique subsaharienne à l'horizon 2050 (ONU, 2009). Un grand soulagement certes au regard des inquiétudes soulevées par cette vigueur démographique. Pourtant le sujet ne manque pas d'inquiétudes car la population, estimée selon les trois hypothèses basse, moyenne et haute, passera à un effectif respectif de 1 518 000 000, 1 761 000 000, 2 022 000 000 (Graphique 3).

Graphique 3 : Évolution depuis 1950 et projection à l'horizon 2050 de la population en Afrique au sud du Sahara selon les hypothèses basse, moyenne, haute (x1000)

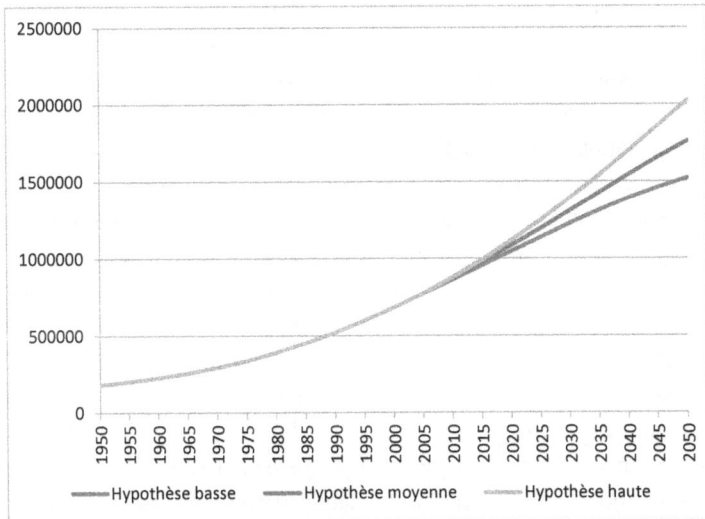

Source : (FAO, 2013; ONU, 2012)

---

10 L'Afrique subsaharienne est ainsi la région du monde où la croissance démographique est la plus forte et décroit le plus lentement (Cour, 2007).

Autrement dit, comparée à l'effectif de 2005, la population de l'Afrique au sud du Sahara va doubler, voire tripler en l'espace de 45 ans. Cette croissance démographique entraîne une montée des densités de population qui passeront de 7,4 en 1950 à 34 en 2008 et 72,4 habitants au km² en 2050. Ces scénarii prévoient (Lazarev & Arab, 2002) : une aggravation de la pression sur l'environnement [une accentuation des prélèvements des ressources naturelles sans véritable changement des systèmes d'exploitation et des modes de gestion ; une densification de l'habitat avec une incidence sur les superficies agricoles disponibles ; un déboisement intensif, une surexploitation des sols et des parcours pastoraux générant un appauvrissement de la biodiversité, des risques érosifs graves], d'inévitables mouvements de population entre pays et une très forte croissance de la population urbaine par rapport à la population rurale, et une aggravation de la pauvreté (et sa féminisation croissante) par une diminution croissante des approvisionnements alimentaires. Cette dimension reste sans nul doute à l'arrière-plan de toutes les problématiques de développement.

L'accroissement démographique en Afrique subsaharienne engendre un certain nombre de corollaires. L'un des corollaires le plus souvent évoqué dans les politiques de développement a trait à la répartition spatiale de la population entre la campagne et la ville. Si nous admettons que la population tend à se concentrer dans les régions les mieux dotées en ressources et les mieux connectées aux marchés (Cour, 2007), l'urbanisation ici apparaît alors comme un facteur déterminant dans la redistribution du peuplement. Selon les projections de la Division de la statistique de la FAO (révision 2008), la migration[11] massive de la population rurale vers les villes est en marche en Afrique au sud du Sahara. Si pendant les années 1961, plus de 64% de la population résident encore en zone rurale, on constate qu'en dépit du rythme accéléré de l'urbanisation, la

---

11 On ne peut encore parler d'exode rural car le peuplement rural se poursuit en se restructurant.

population rurale augmente encore et devrait continuer à augmenter dans la plupart des pays, pour égaler la population urbaine en 2030 (Graphique 4). À partir de cette date, la tendance va s'infléchir et la population rurale passera en dessous de la population urbaine. Par conséquent, sur une courte période, la région accueillera un nombre important de personnes dans les villes, avec tous les problèmes que cela posera dans les domaines du logement, de la santé, du transport, de l'alimentation. Pendant ce temps, sous l'effet cumulé de la croissance démographique et de l'exode rural, les campagnes continueront à se vider dans la sous-région, à cause du mirage que constitue la ville au niveau culturel, économique et politique. Ce qui probablement aura de lourdes conséquences sur la charge démographique agricole (le nombre de bouches à nourrir sous la charge d'un actif agricole).

Graphique 4 : Évolution depuis 1961 et projection à l'horizon 2050 de la population rurale et urbaine (x1000) en Afrique subsaharienne

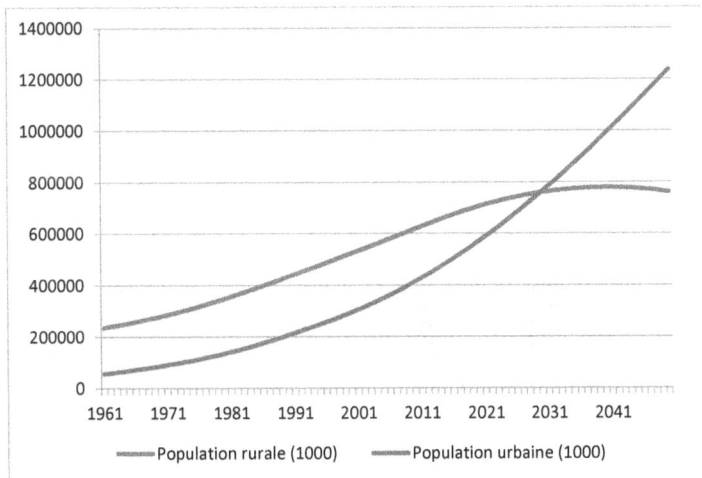

Source : (FAO, 2013)

L'autre corollaire qu'on peut souligner est la sécurité alimentaire[12], qui découle de la corrélation entre la croissance démographique et la disponibilité des ressources alimentaires[13]. Le défi consiste alors à accroitre impérativement la production vivrière pour répondre aux besoins d'une population en croissance. La sécurité alimentaire a été et reste un thème central des politiques de développement rural. Ce thème part du constat de la sous nutrition qui affecte une part considérable de la population mondiale et met en avant également – comme cela a été fait lors de la conférence pour l'alimentation en 1996 – les risques de pénurie au cours de prochaines décennies. La FAO estime à 1,02 milliard le nombre de personnes sous-alimentées dans le monde en 2009. Cela représente plus d'affamés que jamais depuis 1970 et une accentuation des tendances défavorables qui étaient enregistrées avant même la crise économique. L'augmentation de l'insécurité alimentaire n'est pas due à de mauvaises récoltes, mais a l'envolée des prix alimentaires nationaux, à la baisse des revenus et à une augmentation du chômage, qui ont réduit l'accès des populations des pays du Sud à la nourriture. En d'autres termes, tous les avantages liés à la chute des cours mondiaux des céréales ont été largement annulés par le ralentissement économique mondial (FAO, 2009).

Pour faire face au fardeau de ces crises alimentaire et économique consécutives[14], les populations réduisent la diversité de leur régime

---

12 La sécurité alimentaire est concrétisée lorsque tous les êtres humains ont, à tout moment, un accès physique et économique à une nourriture suffisante, saine et nutritive leur permettant de satisfaire leurs besoins énergétiques et leurs préférences alimentaires pour mener une vie saine et active. La sécurité alimentaire des ménages correspond à l'application de ce concept au niveau de la famille, les individus qui composent le ménage étant au centre de l'attention (FAO, 2009)

13 Le chapitre V d'Action 21 (ONU, 1993a, résolution 1, annexe II), intitulé « Dynamique démographique et durabilité » précisait que « la croissance de la population et de la production mondiales, jointe à des modes de consommation non viables, impose des contraintes de plus en plus lourdes aux capacités nourricières de notre planète »

14 La crise actuelle est absolument sans précédent, plusieurs facteurs concourant à la rendre particulièrement préjudiciable aux personnes menacées d'insécurité alimentaire. Tout d'abord, elle s'ajoute à une crise alimentaire qui dans la période 2006-2008 a placé les prix des denrées de base hors de la portée de millions d'individus pauvres. Et, bien qu'ils aient reculé après les pics atteints à la mi-2008, les cours mondiaux des produits

alimentaire, ainsi que leurs dépenses sur des besoins essentiels comme l'éducation et les soins de santé. Ces mécanismes de parade ont été mis à rude épreuve pendant la crise alimentaire, et les personnes menacées d'insécurité alimentaire vont maintenant être contraints de puiser encore plus dans leurs maigres avoirs, enclenchant ainsi un cercle vicieux de la pauvreté et avec un retentissement négatif à plus long terme sur la sécurité alimentaire. La mortalité infantile augmentera, et les filles seront plus touchées que les garçons.

IV. La mondialisation néolibérale et le contrôle géopolitique et géoéconomique des pays du Sud

La mondialisation insère l'Afrique subsaharienne dans des systèmes économiques, financiers et productifs caractérisés par deux grandes ruptures qualitatives (Carroué, 2002) :

– la première est la substitution des traditionnels accords entre États par des organismes multilatéraux supranationaux, dotés d'une relative autonomie et négociant à l'échelle mondiale les conditions[15].

---

alimentaires restent élevés au regard des tendances historiques récentes et instables. En outre, le fléchissement des prix sur les marches intérieurs a été plus lent. Fin 2008, les prix des denrées alimentaires de base sur les marches intérieurs étaient encore supérieurs de 17 pour cent en moyenne en termes réels à ceux enregistres deux ans auparavant. L'envolée des prix a contraint de nombreuses familles pauvres à vendre des biens ou à faire des sacrifices sur les soins de santé, l'éducation ou l'alimentation uniquement pour rester à flot (FAO, 2009)

15 La création de l'OMC en 1995 formalise une transformation radicale de l'ordre économique mondial. Elle remplace en effet le GATT (Accord général sur les tarifs douaniers et le commerce), qui était un simple forum de négociation où les États avaient le statut de parties contractantes, par une organisation internationale de plus de 130 membres disposant d'un arsenal de règles contraignantes, de sanctions et de mécanismes obligatoires d'arbitrage. Ces pouvoirs sont utilisés pour promouvoir le commerce international par la déréglementation et la dérégulation des échanges au détriment du respect des droits humains, sanitaires, environnementaux ou culturels (Carroué, 2002)

- la deuxième est l'idéologie libérale qui fait de la loi du marché, de la concurrence et de la mobilité des capitaux un principe essentiel de l'organisation des territoires. Elle s'est diffusée ces dernières décennies très largement au-delà de sa sphère géographique initiale. Elle imprègne une grande partie des cadres politiques nationaux, du fait de l'effondrement du système socialiste en URSS et en Europe de l'Est et du reflux des revendications tiers-mondistes au Sud. Enfin, ses nouvelles logiques hégémoniques touchent l'ensemble de l'espace planétaire.

Dominées par les États-Unis et les grands pays développés, ces organismes multilatéraux supranationaux (l'OCDE à Paris, l'OMC à Genève, le FMI à Washington) sont des organisations internationales à vocation économique et monétaire créés par les pays du Nord qui les financent et les contrôlent. Ils disposent d'énormes pouvoirs alors que les agences de l'ONU (PNUD, CNUCED, OIT) reflétant les exigences de développement des pays du Sud ou défendant les salariés sont marginalisées. C'est à ce titre que le Fonds monétaire international et la Banque Mondiale, créés en 1944 à la suite des accords de Bretton Woods, ont historiquement toujours conditionné leurs interventions financières à des critères géopolitiques et géoéconomiques.

À partir des années 1970/1980, la faillite des pays du Sud, puis des pays de l'Est en transition leur a permis d'imposer des mesures dites d'ajustement structurel qui diffusent géographiquement les normes libérales : ouverture extérieure (commerce et taux de change), maîtrise des finances et structures publiques (privatisation, suppression des subventions aux produits de première nécessité, coupes claires dans les budgets d'éducation et de santé...) (Carroué, 2002; Stiglitz, 2009). Ces stratégies totalement inadaptées aux conditions politiques, économiques (capitaux spéculatifs, fuite des capitaux, appauvrissement, destruction des industries locales par la concurrence) et culturelles locales se sont avérées très catastrophiques comme en témoigne la crise des pays émergents d'Asie en 1997 ou de l'Argentine en 2001. Car ces choix ont renforcé la dépendance (« tout à l'exportation ») et l'instabilité (crises politiques), voire comme dans une partie de l'Afrique, la criminalisation de certains États (trafic de drogue, corruption, racket militaire, policier ou douanier…).

IV.1. Les politiques d'ajustement structurel et leur échec social dans les pays en développement

Les Programmes d'Ajustement Structurel (PAS), nommés aussi « Consensus de Washington » (Stiglitz, 2009), ont été imposés pendant vingt ans (1980-2000) par les institutions financières internationales (FMI et Banque Mondiale, principalement) aux pays du Sud endettés. Présentées comme le fer de lance d'un «développement» libéral nouvelle manière (Comeliau, 2000), ces politiques ont eu pour objectif principal le remboursement de la dette externe - contractée généralement dans de conditions inégales et bien souvent odieuses - comme condition sine qua non aux pays dits « en développement » qui désiraient continuer à recevoir des prêts, afin de promouvoir leur croissance économique, et de pouvoir rembourser les prêts antérieurs (Angulo Sánchez, 2008).

La dette externe des pays en développement correspond principalement aux prêts qu'ils ont reçus des institutions financières internationales et des pays les plus industrialisés pour des projets de développement faisant l'objet d'investissements de la part des entreprises transnationales.

Les politiques d'ajustement structurel du FMI et de la Banque mondiale peuvent se résumer de la façon suivante (Favreau, 2005; Angulo Sánchez, 2008; Stiglitz, 2009) :

- Le gel des salaires ;
- L'abandon des subventions aux produits et services de première nécessité, tels que le pain, le riz, le lait, le sucre, le

combustible pour se chauffer et cuisiner, le tout au préjudice des plus vulnérables ;

– La réduction drastique des dépenses publiques, surtout dans le domaine social (éducation, santé, logement, etc.)[16] ;

– La dévaluation de la monnaie locale, pour réduire les prix des produits d'exportation et devenir plus « compétitif » sur le marché mondial par rapport aux autres pays qui exportent les mêmes produits ;

– L'augmentation des taux d'intérêts pour accroître la rémunération des capitaux étrangers[17] ;

– L'augmentation des impôts indirects, donc ceux sur la consommation et surtout sur des biens de première nécessité qui concernent l'ensemble de la population ;

– La privatisation des entreprises du secteur public.

À terme, les objectifs réels des PAS dans les pays en développement ont été : (i) la libéralisation des marchés de ces pays, pour que les capitaux provenant des pays industrialisés et des paradis fiscaux puissent circuler sans entraves à l'échelle mondiale, c'est à dire, là où ils sont plus « rentables » à court terme, sans contrainte de durée minimale et pour pouvoir facilement rapatrier les bénéfices obtenus ; (ii) privatiser les entreprises de caractère public, et libéraliser les prix ; (iii) réduire les dépenses sociales (éducation, santé, habitation, etc.).

Les PAS sont aujourd'hui déconsidérés, tant leur échec social a été flagrant : les signes d'implosion (en Afrique) ou même d'explosion (émeutes en Amérique latine) se sont en effet multipliés. Selon Favreau (2005), nombre d'États ont tellement été affaiblis et discrédités que l'idée même d'intérêt général est devenue caduque

---

16 Dans ce cas, les seules dépenses en augmentation sont les dépenses policières et militaires destinées à la répression d'éventuels soulèvements résultant de la dégradation constante de la situation sociale des plus pauvres.

17 Tout cela entraîne également l'augmentation du coût du crédit pour les petits producteurs locaux ce qui a pour conséquence une dépression du marché local jusqu'à son effondrement (Angulo Sánchez, 2008).

aux yeux des populations qui ne s'en remettent désormais qu'à elles-mêmes. De là provient, pour l'essentiel, la montée en puissance des « stratégies de la débrouille » que l'on qualifie aujourd'hui d'économies populaires.

Le paiement du service de la dette (capital plus intérêts) constitue le phénomène clé pour expliquer l'aggravation du sous-développement, de la pauvreté et de l'inégalité dans les pays en développement. Angulo Sánchez (op. cit.) évoque ainsi :

> *le transfert constant de richesses des classes et des peuples les plus pauvres du Sud ou Périphérie, vers les plus riches du Nord, aussi appelé Centre ou Triade (États-Unis, Union européenne et Japon).*

Ce même auteur donne une idée du montant de ces flux de capitaux : entre 1980 et 2006, l'ensemble des pays en développement ou à « marché émergent » a versé un montant cumulé de 7 673,7 milliards de dollars états-uniens au titre du service de la dette extérieure [contre 5 000 milliards de dollars injectés par le G20 pour la relance de l'économie mondiale contemporaine, lors du sommet consacré à la régulation financière internationale, tenu à Londres en avril 2009].

Il faut ajouter que pendant ce temps, l'aide au développement des États les plus riches a diminué constamment : alors qu'elle avait représenté en moyenne 0,33% de leur PNB dans les années 1990 (proportion déjà très inférieure à celle de 0,7%, à laquelle les pays de l'OCDE s'étaient engagés dans le cadre des Nations Unies), cette aide est tombée à 0,22% en 2001 – les seules exceptions étant les pays scandinaves, le Luxembourg et les Pays-Bas (Favreau, 2005; Angulo Sánchez, 2008).

En définitive, nous dirons que les PAS, présentés par le FMI et la Banque Mondiale comme des politiques de développement pour le Sud entre 1980 et 2000, ont été au plan social, porteurs d'effets dévastateurs. Ces politiques ont littéralement provoqué, dans de nombreux pays, un laminage des infrastructures de base en matière d'éducation, de santé, de services sociaux et d'habitat, d'où le qualificatif qui leur est généralement appliqué aujourd'hui d'«États fragiles», voire d'« États en déroute » (Favreau, 2005).

IV.2. De l'économie d'endettement des États-Unis...

L'économie d'endettement se traduit par le fait qu'en vingt ans, la dette nationale des États-Unis a été multipliée par 10,5 en passant, d'après les statistiques de la FED[18], de 4 513,6 Md$ à 47 704 Md$ au 1er trimestre 2008. À titre de comparaison pour bien comprendre les équilibres financiers mondiaux en jeu, la seule dette fédérale des États-Unis est presque équivalente à la dette cumulée des pays émergents, 5 476 Md$ géographiquement partagée entre l'Asie (59 %), l'Amérique latine (25%), l'Europe (13 %) et l'Afrique + Moyen-Orient (3 %) contre 5 244,5 Md$ pour Washington (Carroué, 2008).

En effet, les acteurs financiers à la recherche d'une rentabilité optimale, se sont tournés vers les familles peu ou non solvables en leur proposant dans des conditions souvent immorales, des prêts hypothécaires à risque (les subprimes) à taux d'intérêt élevés et variables et courant sur une longue durée d'endettement. Une innovation financière a consisté à vendre par des courtiers, à l'échelle locale d'abord, ces crédits subprimes moyennant une commission en pourcentage sur chaque transaction. Ceux-ci étaient ensuite collectés et transformés par les banques et les assurances en produits financiers opaques sous forme de titres de dette négociables (titrisation). Ils étaient ensuite fragmentés et intégrés à des paquets de titres eux-mêmes revendus à des centaines de milliards de dollars auprès d'investisseurs du monde entier (banques, assureurs, fonds d'investissement, fonds de pension...) qui pouvaient à leur tour les adosser à d'autres titres et les mettre sur le marché.

C'est dans ce contexte que l'explosion du secteur financier aux États-Unis, dopée par son caractère rentier et spéculatif, va voir son endettement se multiplier par 27,5 en vingt ans pour atteindre 15 945,7 Md$ (Carroué, 2008). Sa vigueur et son dynamisme sont

---

18 Federal Reserve System (Réserve Fédérales des États-Unis)

principalement entretenus par l'explosion de l'endettement des ménages, lequel a été multiplié par dix en vingt ans, en passant de 90 % à 160 % du PIB entre 1970 et 2006. Au même moment, a contrario, le taux d'épargne tombait à moins de 1 % des revenus des ménages. L'endettement est donc devenu le principal levier de soutien de la consommation intérieure des ménages, face à la stagnation globale des revenus des couches moyennes salariées et au recul des revenus des plus pauvres (Carroué, 2008). Ainsi, on estime à 915 milliards de dollars le montant des crédits des ménages consentis sur les cartes bancaires dont une partie croissante n'est plus remboursée par des ménages pris à la gorge et qui privilégient le remboursement de leur dettes immobilières afin de ne pas se retrouver à la rue. Car la constitution d'un patrimoine immobilier est une garantie pour l'ensemble des salariés, puisque ce dernier peut être hypothéqué et mis en gage auprès des banques ou des assurances lors d'une grave opération médicale, ou pour l'achat d'une voiture, ou encore pendant une période de chômage ou même pour payer les études des enfants etc.

Lorsqu'en 2007, les premiers défauts de paiement de la dette apparaissent ainsi que l'échec de sauvetage de deux hedge funds adossés à des créances subprimes, le marché immobilier va s'ébranler, les taux d'intérêts réels servis aux clients remontent. La bulle spéculative crève, le marché de l'immobilier connaît son plus grave recul (31 %) et surtout la valeur financière des transactions recule de 18 % en un an. Pour huit millions de ménages, la valeur de la maison est déjà inférieure au volume de la dette contractée pour son achat et ce mouvement se généralise.

IV.3. ...À la crise des subprimes et la banqueroute du système financier international

La crise des subprimes dégénère en crise financière puis économique dès le printemps 2008 avec les premiers indices de réduction de la

consommation des ménages (achats automobiles, biens durables…),
le recul des ventes et de mise en chantier des maisons (-29 % en
janvier 2008, -54 % entre janvier 2006 et février 2008) qui touche le
bâtiment, qui en retour licencie massivement. La crise devient
systémique en s'étendant à l'ensemble des segments des marchés
financiers du fait de la perte totale de confiance dans leur solvabilité.
La crise américaine se diffuse largement à l'ensemble du secteur
financier mondial à l'hiver 2007-2008. Le vecteur de cette diffusion
est l'architecture financière internationale, qui est le reflet à la fois
des équilibres géoéconomiques et géopolitiques mondiaux et des
liens transcontinentaux privilégiés, tissés entre pôles dominants dans
le cadre de la mondialisation, à partir du rôle nodal joué jusqu'ici par
les États-Unis.

IV.4. Les interactions d'échelles spatiales et la géographie de la crise

L'intérêt géographique de cette analyse sur les interactions d'échelles
spatiales intervenues lors de cette crise réside dans la caractérisation
de ce qu'on peut alors appeler la géographie de la crise, puisqu'elle
souligne la profonde interdépendance entre les pays du monde. Ce
qui démontre clairement qu'il n'y a plus de communauté humaine
coupée ou protégée des transformations qui se produisent aux
échelles nationale et supranationale. Il est important de rappeler
comment toute réflexion sur le phénomène de développement, peut
difficilement faire fi des conditionnements macro et micro
économiques ou sociologiques et l'impact sur le local. C'est cette
relation d'interdépendance que nous avons voulu souligner dans ce
chapitre, car pour Dionne et Mukakayumba (1998) parler de
développement local ou communautaire,

> c'est s'attacher à un développement mieux approprié, ajusté, durable,
> permanent sur un territoire donné, un développement qui n'est pas soumis au
> ballottage constant des subjectivités entrepreneuriales principalement attentives

aux conjonctures du marché, mais qui répond à des finalités sociales et
collectives précise (Dionne & Mukakayumba, 1998).

La reconfiguration spatiale qui en résulte débouche sur une géographie des territoires où les uns sont favorisés, et les autres (cas général en Afrique au sud du Sahara) sont marginalisés puisqu'ils ne répondent pas aux critères de performance associés aux nouveaux systèmes économiques, financiers et productifs.

V. Les conséquences de la crise dans les pays du Sud

V.1. L'explosion de la dette des pays du Sud

Cette crise financière, puis économique, a entrainé l'explosion de la dette des pays du Sud entre 1970 et 2000 (World Bank, 2013), laquelle a été multipliée par un facteur de 40,40 (Graphique 5), avec l'odieux constat qu'une large partie des emprunts a servi à l'enrichissement des classes aux pouvoirs et aux investissements improductifs au détriment du développement économique et social à long terme (Carroué, 2002).

Graphique 5 : Explosion de la dette des pays du Sud de 1970 à 2000

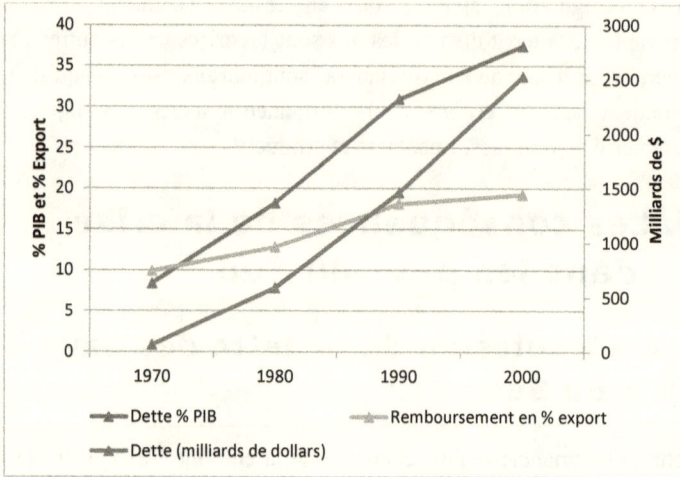

Source : (World Bank, 2013)

V.2. Le Sud finance le Nord

Une autre caractérisation de cette géographie de la crise est l'usure qui aboutit à un paradoxe : le Sud finance le Nord. En effet, l'endettement du Sud, sa faible efficacité et la logique d'usure rentière se traduisent par un transfert financier structurel net vers le système bancaire du Nord : la dette du Sud passe de 600 à 2500 milliards de dollars entre 1980 et 2000 alors qu'il rembourse 3000 milliards de dollars (Angulo Sánchez, 2008; Carroué, 2008). En 2000, le paiement de la dette représente 40 % des revenus de l'État en Zambie, 25 à 35 % au Cameroun, en Guinée, au Sénégal ou au Malawi, et plus globalement, en Afrique subsaharienne, le poste budgétaire du remboursement de sa dette est quatre fois plus important que les postes santé et éducation.

Le facteur explicatif de cette usure résulte du fait que la solvabilité de l'emprunteur définit une échelle de risques qui détermine les taux d'intérêt des emprunts. Plus un État est pauvre et fragile, plus l'accès au crédit coûte cher et stérilise ses ressources financières. Si les pays développés sont de très loin les plus endettés, leur solvabilité et leur capacité à rembourser reposent sur leur puissance politique et économique, tout autant que sur la capacité d'intervention des États à éviter toute banqueroute et toute crise systémique. À l'opposé, l'explosion de la dette des pays du Sud, entre 1980 et 2000, les place dans une situation structurelle très fragile qui les emprisonne dans un terrible cercle vicieux : moins ils peuvent rembourser, plus cela leur coûte cher, puisqu'une taxe de risque leur est appliquée.

VI. Le procès de l'économie sans société

Sans avoir la prétention d'avoir fait le tour des défis qui se rapportent à la question du développement, nous avons simplement voulu en présenter ci-dessus quelques-uns, pour montrer le caractère systémique du sujet et analyser les raisons des échecs et des difficultés du développement dans les sociétés locales, en Afrique subsaharienne en particulier. Face aux défis générés par la mondialisation néolibérale, plusieurs auteurs ramènent sur l'avant-scène la nécessité de réaffirmer la primauté de la société sur l'économie, et donc l'importance de s'attaquer à l'exclusion sociale, au problème de l'emploi pour tous, à celui de nouvelles formes de régulation sociopolitique et économique à créer (Perret & Roustang, 1993; Dionne & Tremblay, 1999; Dionne & Beaudry, 1996; Favreau, 2005; Stiglitz, 2009). Cette approche récuse la vision qui subordonne strictement la dimension sociale à l'économie, vue comme seul facteur de production. Ce qu'elle questionne, c'est « l'économie sans société », contestée par la majorité des analystes contemporains (Perret & Roustang, 1993; Dionne, 1996; Dionne & Tremblay, 1999). Pour ces auteurs, la situation de crise que nous connaissons traduit la fin de la synergie entre l'économique et le social qui permettait jusque-là de considérer la croissance économique comme la condition essentielle des progrès de la société toute entière.

Un tel procès de l'économie n'est pas nouveau. Il rejoint de nombreuses critiques qui, depuis la naissance de la science économique, dénoncent le caractère réducteur de ses analyses et, plus récemment, le fétichisme du PNB (Perret & Roustang, 1993). Mais il est largement renouvelé et actualisé et prend un relief nouveau avec l'évidence des exclusions. C'est dans ce contexte que Favreau (2005) a résumé la pensée actuelle sur le développement de la façon suivante :

- le social doit être au poste de commande ;
- l'économie doit être considérée pour ce qu'elle est, un instrument de développement non une fin ;
- l'environnement doit constituer une conditionnalité nouvelle dans les choix économiques qui s'opèrent ;
- la poursuite simultanée de quelques grandes priorités s'imposent notamment l'emploi, la construction d'institutions démocratiques et le partage de la richesse.

En ce moment où l'espace s'est mondialisé, il est facilement admis au Nord comme au Sud que le développement social est indissociable de la démocratie, que le respect des droits de l'homme implique la participation de la société civile, notamment par le dialogue entre partenaire sociaux, qu'il est nécessaire que des actions structurelles aux échelles nationales et mondiales aient leur place au sein des politiques économiques pour assurer la durabilité de la croissance et prévenir la formation d'inégalités trop grandes.

Si la libéralisation économique, aujourd'hui accomplie dans la plupart des économies qui étaient soumises à un fort dirigisme étatique, a incontestablement catalysé de nombreuses activités, il n'en reste pas moins qu'elle a aussi provoqué de profonds déséquilibres sociaux, rendant son bilan très contrasté. En effet, les politiques de prix, les barrières tarifaires (douanières), les subventions, les déficits budgétaires et l'endettement de l'État, ne sont plus les instruments dominants de la politique économique. Le coût social des ajustements de ces instruments est souvent lourd et fâcheux, et il n'est pas démontré qu'une économie de marché sans régulation puisse contribuer à une réduction sérieuse de la pauvreté (Lazarev & Arab, 2002; Stiglitz, 2009). La situation de libéralisation du marché crée de profondes mutations, lesquelles en retour façonnent progressivement une autre mondialisation, celle-là solidaire (Favreau, Frechette, & Larose, 2002). De fait, les crises provoquées ont entraîné des problèmes amplifiés en matière d'emploi, de pauvreté et d'exclusion.

La mission sociale de l'État a dû être repensée en fonction de la faible disponibilité des finances publiques et des nouveaux besoins des populations, en regard des effets catastrophiques des nouveaux systèmes économiques, financiers et productifs au sein des communautés du Sud. Face à l'État en redéfinition, et dans un contexte - économique, financier et productif mondial transformé - les acteurs des communautés locales sont appelés à se repositionner, du moins à modifier leurs relations avec les différentes instances économique et politique supra-locales.

Mais après tant d'échecs, quelles réponses nouvelles peut-on apporter ? Le concept de développement durable a été mis en avant comme la seule stratégie pour lutter contre la pauvreté, la malnutrition, la dégradation de la biosphère. La prise en main de leur destin par les populations pauvres du globe apparaît comme l'indispensable levier de cette nouvelle dynamique. Mais où en est-on dans la pratique ? Comment engage-t-on un processus de développement (durable) dans des milieux démunis, peu éduqués et concernés par la seule préoccupation de leur survie ? Comment suscite-on la participation et comment peut-on en faire le moteur d'une gestion efficace ?

VII. Les réponses au questionnement sus-évoqué sur le développement

Les praticiens du développement se sont attachés à répondre aux interrogations ci-dessus en apportant des corpus d'idées nouvelles et des approches renouvelées : les démarches participatives, dont le principe d'action consiste à établir un dialogue constructif entre les différents praticiens du développement (encadrement technique, recherche, administration, politiques, ONG...) et les acteurs locaux ; les approches de développement local avec diverses déclinaisons (développement économique communautaire, développement participatif, développement régional, développement par le bas, développement endogène, développement territorial, développement intégré, gestion des territoires...), qui visent surtout les aspects socioéconomiques du développement ; la décentralisation et la notion de désengagement de l'État, qui mettent l'accent sur le territoire et les institutions, font aussi partie du corpus des idées nouvelles sur le développement. Toutes ces idées nouvelles sur le thème du développement local, ont une idéologie implicite commune, celle de l'émergence d'une autonomie locale responsable.

Ces notions, sur lesquelles nous reviendrons plus en détail dans le chapitre II, sont mises en avant depuis plus de deux décennies. Elles ne sont cependant que très lentement mise en pratique, du fait, principalement, de la résistance des pouvoirs publics et des administrations qui pendant longtemps ont tiré de cette situation, l'essentiel de leurs privilèges (Lazarev & Arab, 2002), mais aussi du fait de la méfiance vis-à-vis de toute influence institutionnelle ou politique, dont font souvent preuve, les défenseurs d'une approche locale[19] (Aquino (d'), 2002). Les aspirations qui se manifestent pour

---

19 Ce qui a sérieusement limité les possibilités de diffusion et d'échanges avec des niveaux plus englobant (Aquino (d'), 2002)

une participation plus effective apparaissent comme une sorte de corollaire des effets de la libéralisation, de la démocratisation formelle et des manifestations de désengagement de l'État. Il ne fait par ailleurs pas de doute que certains thèmes politiques ont fait leur chemin. Le thème de la gouvernance, comme expression du bon gouvernement, sert aujourd'hui de concept fondateur à de nombreux projets d'aide internationale. Pareillement, le thème de la décentralisation[20] est en marche un peu partout, mais trop souvent encore, elle ne correspond pas à un réel transfert de pouvoir aux échelons locaux de la représentation sociale. Il n'empêche que ce concept politique constitue aujourd'hui une obligation incontournable des stratégies de développement.

---

20 Voir paragraphe 2.4

Chapitre II

Le développement rural.
Approches renouvelées des
problématiques

I. La participation

Le concept de participation tire ses origines d'une volonté certaine de prendre en compte le local dans les faits du développement (Uphoff, Chen, & Goldsmith, 1979; Whyte, 1981; Chambers & Belshaw, 1973), et renvoie à une idée de partage entre deux groupes : les intervenant extérieurs et les locaux. L'agent extérieur étant vu ici comme le facilitateur qui va permettre selon les cas et les approches, de concrétiser ou d'intégrer l'action des acteurs locaux dans le processus du développement (Aquino (d'), 2002). Ce concept va prendre une ampleur considérable au début de la décennie 1990, du fait d'une nouvelle perception des problèmes de développement. Celle-ci est caractérisée par la manifestation d'une prise de conscience généralisée des problèmes posés par le « développement humain », la démocratisation, la libéralisation économique, la lutte contre la pauvreté, le contrôle de la croissance démographique, la sécurité et la protection de la biosphère (Lazarev, PNUD, de Kalbermatten, & Michel, 1993). Pour affronter ces problèmes, plusieurs agences de développement ont proposé diverses stratégies s'appuyant sur le concept de « développement durable », et recommandent à tous une prise en compte des préoccupations environnementales et l'implication de tous les partenaires, spécifiquement dans la gestion des forêts. La réalisation des objectifs de gestion des écosystèmes forestiers suppose par conséquent un changement de perspective. Le « modèle participatif », proposé comme l'antithèse des thèses centralistes, est présenté comme l'approche qui peut faire émerger de nouvelles régulations[21] s'appuyant sur des dynamiques de concertation, de codécisions, de cogestion, etc. C'est dans ce contexte qu'il n'a été diffusé que tout récemment dans les interventions portant sur la gestion des forêts denses d'Afrique centrale (Nguinguiri, 1998). Sur ce plan, son application porte sur quatre domaines :

– Les forêts communautaires : les réformes institutionnelles initiées dans les pays d'Afrique centrale ont introduit des dispositions relatives à la création des forêts communautaires pour répondre à la volonté de décentraliser la gestion des ressources forestières. Cette disposition apparaît parfois comme la seule forme, juridiquement valable, de la participation des populations à la gestion des forêts ;

– Les aires protégées : l'aménagement des aires protégées dans les pays d'Afrique centrale obéit à une évolution récente du contexte institutionnel international sur les préoccupations environnementales. Il est assuré par des institutions d'horizons divers (consortium d'agences de développement, agence de développement, structure gouvernementale, ONG internationale, ONG nationale...)[22].

---

21 La conservation des ressources forestières au moyen de pratiques qui visent à exclure les populations s'est révélée non efficace ; ces pratiques, condamnées unanimement, sont accusées d'être à l'origine de beaucoup d'incompréhensions et de conflits liés aux sentiments de confiscation des ressources forestières par l'État (Nguinguiri, 1998). L'approche "réglementariste" a montré ses limites ; il n'y a pas de dispositif réglementaire qui n'ait pas été contourné (Karsenty & Maitre, 1994).

22 Exemples : l'Union Mondiale pour la Nature (UICN), le Fonds Mondiale pour la Nature (WWF) et le Wildlife Conservation Society (WCS) qui, dans le cadre de leurs activités, identifient des sites prioritaires et proposent leur classement en aires protégées. Le projet CUREF (Conservation et Utilisation Durable des Écosystèmes Forestiers en Guinée Équatoriale), financé par l'Union Européenne, vient d'être chargé d'exécuter cette tâche en Guinée Équatoriale. Le programme ECOFAC est le principal programme régional qui s'appuie sur un processus de coordination et de concertation entre des équipes travaillant dans un réseau d'aires protégées dans six pays (Cameroun, Congo Brazzaville, Gabon, Guinée Équatoriale, République Centrafricaine et Sao Tomé et Principe). Il est financé par la Communauté Européenne. Il privilégie une approche régionale de conservation et d'exploitation durable des écosystèmes forestiers d'Afrique centrale.

Le respect des modes de vie des populations locales et leur association aux activités d'aménagement, font partie des axes prioritaires partagés par les projets chargés de l'aménagement et de la gestion d'aires protégées, dans le but de concilier la conservation des écosystèmes forestiers et le développement. D'une façon générale, ces projets n'entendent pas mener une politique de conservation qui se fait contre les populations vivant sur les territoires concernés ;

– L'aménagement forestier à des fins de production du bois : si les nouvelles dispositions légales recommandent la rédaction d'un plan d'aménagement, avant toute mise en exploitation d'un massif forestier, elles insistent aussi sur l'implication des populations riveraines des massifs à exploiter, dans le but de garantir et préserver leurs droits ;

– Les processus de planification : différents pays de l'Afrique centrale ont initié des Programmes d'Action Forestiers (PAFT/PAFN) et des Plans de Gestion ou d'Action Environnementale (PNGE/PNAE) à partir des années 1985, en vue de se doter de politiques et de programmes d'utilisation durable de leurs ressources forestières. L'approche participative n'a pas été prise en compte dans les PAFT de la première génération. Il est donc envisagé de les réviser pendant la décennie 1990, pour les adapter aux orientations actuelles et d'accorder une priorité accrue à la décentralisation et à la participation effective de l'ensemble des acteurs concernés (Keita, 1996).

Cependant, si l'histoire des idées sur le développement révèle un balancement incessant, depuis l'époque coloniale, entre les formes participatives et les formes directives de développement rural (Chauveau, 1994), force est de reconnaitre que les démarches participatives ont acquis un droit international de cité ces dernières décennies, aussi bien dans les institutions internationales[23] de développement (Lazarev, PNUD, de Kalbermatten, & Michel, 1993), que dans le milieu des praticiens du développement et celui de la recherche (Aquino (d'), 2002). L'échec des approches et des pratiques de développement rural élaborées et mises en œuvre au cours des années 1960 et au début des années 1970 a amené les décideurs à remettre en cause le privilège accordé jusque-là aux « grands projets », aux structures de vulgarisation jugées lourdes et aux politiques productivistes et technocratiques (Nguinguiri, 1998). Cette remise en question des formes anciennes du « modèle participatif », va conduire à l'émergence de la forme contemporaine, qui est la conception alternative aux orientations antérieures de développement rural. Cette nouvelle approche accorde un accent particulier aux "petits projets", au développement à la base, à la décentralisation et à l'autopromotion.

I.1. Du mérite de la mise en place d'un processus théorique...

La participation comme concept est à l'origine de la plupart des méthodes et outil mis au point ces dernières décennies pour l'appui au développement (recherche-action, développement local, gestion des ressources naturelles, …), qu'ils s'en réclament expressément ou pas. Initialement simples méthodes de collecte d'informations auprès des populations locales, les approches participatives ont évolué pour

---

23 Ainsi pour l'OCDE, le développement participatif est le moyen d'une participation de la population aux activités de production avec un partage équitable du fruit de ces activités. Pour le PNUD, le développement participatif est associé au concept plus large de développement humain, processus permettant aux individus d'élargir leur possibilités de choix et leurs opportunités d'action, et implique ici de permettre aux populations de prendre la responsabilité de leur propre développement et d'influencer les changements de leur propre société. La Banque Mondiale a de son côté défini ce concept comme un processus grâce auquel les populations influencent les décisions qui les affectent (empowerment, approximativement traduit en français par autogouvernement), c'est-à-dire une démocratisation.

toucher simultanément le monde du développement, particulièrement celui de la vulgarisation agricole, et le monde de la recherche. Dans les deux cas, il s'agissait d'améliorer les pratiques des intervenants pour qu'ils prennent mieux en compte les savoirs, savoir-faire, et les besoins des acteurs locaux (Lazarev, PNUD, de Kalbermatten, & Michel, 1993; Nguinguiri, 1998; Aquino (d'), 2002). L'approche met surtout l'accent sur les aspects communicationnels et son principe consiste alors à établir un dialogue entre les intervenants extérieurs et les populations locales au moyens des méthodes GRAAP (Groupe de Recherche et d'Appui pour l'Autopromotion Paysanne) et MARP (Méthode Active de Recherche Participative) :

> *En ce qui concerne les populations rurales, on cherche d'abord à les "écouter" pour s'imprégner de leurs "problèmes", de leurs "besoins" et des potentialités existantes (Nguinguiri, 1998).*

Ces méthodes dites de diagnostic participatif rapide sont constituées par un certain nombre d'outils méthodologiques simplifiés. À titre d'exemples, on peut citer le « dialogue participatif », qui puise dans les enquêtes socio-anthropologiques en les simplifiant (Nguinguiri, 1998) ; les méthodes « à dire d'acteurs », qui associent diagnostic participatif, outils de représentation de l'espace[24] et diffusion de l'information technique, ont été progressivement mises au point (Brunet, 1987; GRAAP, 1987; Leach, 1991; Clouet, 1993; Leurs, 1993; Caron & Mota, 1996; ICRA, 1996; Tonneau, Caron, & Clouet, 1998). Elles sont couramment utilisées dans les projets de conservation des aires protégées.

Dans le cadre du développement, les approches participatives vont très vite dépasser le cadre du diagnostic, pour devenir une méthode de concertation avec les populations pour l'intervention[25,] jusqu'à

---

24 Le support cartographique, utilisé comme outil de représentation de l'espace pour exprimer, comprendre et discuter apparait comme un élément clé pour le dialogue social.

25 Cf. PRA : Participatory Rural Appraisal (Anonyme, 1990; Ellsworth, Diamé, Diop, & Thieba, 1992), transformé ensuite en milieu francophone en Méthode Accélérée de Recherche et de Planification Participative (MARPP).

aboutir à de multiples outils de planification locale du développement (Bedu, et al., 1987; Buijsrogge, 1989; Ellsworth, Diamé, Diop, & Thieba, 1992; Collectif, 1993; Berthomé & Mercoiret, 1993; Leurs, 1993; Scoones & Thomson, 1994 ; Pretty, Guit, & Scoones, 1995; Aquino (d'), 2002). La plus récente orientation se situant dans la lignée des approches participatives itératives[26], est constituée par le Développement Participatif des Technologies (DPT), méthode de planification itérative où l'évaluation régulière par les acteurs mène à un processus régulier de re-planification, d'action et de réflexion (Reijntjes, Haverkort, & Watter-Bayer, 1995; Aquino (d'), 2002).

Du côté de la recherche, la participation a permis la reconnaissance et l'implication des acteurs locaux dans le processus de recherche : recherche-action (Saint-Martin, 1981; Avenier, 1992; Hochet & Aliba, 1995; Resweber, 1995; Albaladejo & Casabianca, 1997; Lémery, Barbier, & Chia, 1997), puis recherche-développement en milieu rural (CIRAD, 1994; Reijntjes, Haverkort, & Watter-Bayer, 1995), recherche interactive[27] (Girin, 1987) et enfin plus récemment recherche-intervention[28] (Savall & Zardet, 1995; Lémery, Barbier, & Chia, 1997; Barbier, 1998; Plane, 1999).

Vu sur leurs aspects théoriques, les approches participatives doivent leur réussite dans la reconnaissance et l'incitation de la participation des populations aux actions les concernant. En effet, ces approches manifestent la volonté de remplacer la relation d'assistance entre les intervenants extérieurs et les populations par une relation de

---

26 PAR (cf. supra), DELTA, GRAAP : l'approche DELTA (Development Education and Leadership Teams in Action), issue de la PAR (Partipatory Action Research), veut organiser une planification autonome des populations. Les agents extérieurs y jouent un simple rôle d'animateur de réunions, de catalyseur et de facilitateur (Chambers, 1993). La méthode DELTA, initiée en Afrique de l'Est (Hope, et al., 1984), et la méthode GRAAP (Groupe de Recherche et d'Appui pour l'Autopromotion Paysanne) du Burkina Faso visent toujours les processus endogènes de conscientisation et de planification, mais spécifient la méthode et le rôle de l'animateur, qui est alors essentiellement chargé d'encourager l'expression collective des conflits de la communauté, en particulier par l'image et le dessin (GRAAP, 1987; Leach, 1991).

27 Les acteurs sont partenaires à part entière dans le processus de construction du sujet et de l'objet de la recherche.

28 Le chercheur participe directement aux changements dans les organisations étudiées pour mieux en comprendre les mécanismes.

partenariat, basée sur une reconnaissance des savoirs, des perceptions et de la légitimité des acteurs locaux (Olivier de Sardan & Paquot, 1991; Leach, 1991; Hope & Timmel, 1984; Reijntjes, Haverkort, & Watter-Bayer, 1995). Leur mise au point a été suivie de formations à grande échelle d'animateurs capables de les utiliser dans leur appui au monde rural. Des réseaux de formations et d'échanges se sont créés et ont permis d'améliorer et de diffuser ces méthodes. L'émergence d'une nouvelle culture professionnelle, en vue d'assurer une réelle reconversion des personnels des Eaux et Forêts - héritiers d'une tradition de répression faisant de tout rural un délinquant potentiel (Nguinguiri, 1998) – doit son existence à ces approches. Pareillement, le démarrage de projets de renforcement des capacités institutionnelles, à travers des séminaires, des formations qualifiantes et d'adaptation, la diffusion de textes, etc., se fait partout dans les pays d'Afrique centrale[29].

I.2. ...au mythe de la création d'une autonomie villageoise de gestion des ressources

Toutefois, malgré ces avancées considérables, ces démarches soulèvent encore plusieurs critiques. La première critique porte sur la réalité effective des démarches participatives sur le terrain. La méthode « participative », telle qu'employée sur le terrain, se réduit trop souvent à de simples dialogues « participatifs », échanges ritualisés où les acteurs locaux ne font que valider, au mieux alimenter, les analyses et les choix faits par les agents extérieurs (Okali, Sumberg, & Farrington, 1994; Pretty, Guit, & Scoones, 1995; Pijnenburg & cavane, 1997; Nguinguiri, 1998; Vabi, 1998).

---

29 Le Programme service conseil pour la gestion des ressources naturelles et de l'environnement (SECOGERNE), par exemple, a déjà organisé une série de formations en approche participative à l'intention des cadres centraux et régionaux du Ministère des Eaux et Forêts en République Centrafricaine (Nguinguiri, 1998).

La mise en œuvre de diagnostics participatifs réalisés en commun avec les acteurs locaux lors d'ateliers de travail, en est souvent l'une des illustrations les plus navrantes. La connaissance et le point de vue locaux peuvent être réduits à quelques documents issus de ce diagnostic initial, qui ambitionnent d'avoir synthétisé en quelques mois, voire en quelques jours, la perception et la connaissance locale (Aquino (d'), 2002).

Après avoir écouté les populations, il faut :

qu'elles soient informées et ensuite convaincues des avantages que la collectivité rurale peut tirer de ce type d'interventions. Il est question de faire prendre conscience, de séduire, de persuader, d'inciter, de susciter, en un mot de sensibiliser (Duhem, 1996).

La mise à contribution des ONG nationales pour assurer un lien avec les populations locales est déterminante et constitue une pratique courante. C'est le cas par exemple de l'ONG Enviro-Protect qui s'est occupée de l'adhésion des « populations » aux innovations offertes par le projet de soutien au développement durable dans la zone de Lomié au Cameroun. La participation de cette ONG locale s'inscrivait dans le cadre d'un partenariat avec l'Organisation Néerlandaise de Développement (SNV), et se réduisait à un rôle d'animation. Ce rôle d'animation est central dans les démarches participatives. Il influe, et souvent guide, le processus de concertation (Schoonmaker Freudenberger, 1994; Scoones & Thomson, 1994). L'intervenant amène-t-il alors les acteurs locaux à réfléchir et décider eux-mêmes des options politiques fondamentales qui sous-tendent chaque choix technique de développement ? L'animateur pratique-t-il de façon à évacuer sa propre perception, son propre choix de développement, souvent d'origine disciplinaire, afin d'aider la société à choisir d'elle-même son avenir ?

L'autonomie des acteurs locaux est en fait loin d'être conséquente, que ce soit dans la formulation des problèmes, dans le choix des priorités ou dans les prises de décision (Aquino (d'), 2002). Mieux faire respecter les diagnostics et les décisions prises par les intervenants extérieurs reste la seule responsabilité des représentants locaux. Il s'en suit un dialogue de sourds entre ces derniers qui tentent de convaincre leurs « mandants » avec des termes techniques dont eux-mêmes ne se sont pas appropriés et les populations qui n'en ont fondamentalement pas besoin.

Dans le domaine du développement comme dans celui de l'environnement, les actions engagées se heurtent souvent et très vite à des difficultés de tous ordres. On lie aisément les contraintes à l'incompréhension ou à la mauvaise foi des "autres". Ceux-ci nous apparaissent comme étant des gens qui ne comprennent rien à ce que nous sommes, à ce que nous voulons ou que nous faisons. Ils ignorent même que nous faisons tout cela pour le bien ! Que faire donc?(...) (Ngoufo, 1996).

L'analyse ci-dessus nous amène à dire que les démarches participatives ne constituent pas un cadre conceptuel adapté à l'émergence d'une dynamique locale autonome de décision[30], dont elles sont pourtant la base implicite. Si le principe de la participation suppose la mise en place d'un environnement démocratique c'est-à-dire un dialogue égalitaire, une analyse partagée et des décisions concertées, il est illusoire de penser à une participation authentique qui ne serait pas détournée par les acteurs ou groupes d'acteurs. Pour tout le domaine de la gestion communautaire des ressources naturelles, où la dimension technique n'est souvent pas fondamentale, cela constitue une limite, inhérente au principe de participation.

Outre les obstacles ci-dessus relevés, un défi spécifique aux communautés rurales dans leur effort de participation au développement économique est à souligner. A l'inverse des autres acteurs ou groupe d'acteurs, elles n'ont pas souvent le temps, l'autonomisation ou l'accès requis pour articuler leurs intérêts. Elles dépensent leurs ressources pour satisfaire leurs besoins fondamentaux de nourriture, d'abri et d'habillement. Elles passent leur temps à rechercher l'accès aux biens et services que les autres obtiennent bien plus aisément, comme l'éducation, le crédit, les services de santé, le droit à la sécurité physique et à la propriété. Pour

---

30 (Pretty, Guit, & Scoones, 1995) Soulignent d'ailleurs que tout ce qui a été écrit sur les approches participatives semble renforcer la notion faible et sociologiquement naïve de communauté

beaucoup d'entre elles, l'opportunité et l'autonomisation à participer au processus de développement sont davantage limitées par un manque de ressources fondamentales et d'informations pertinentes.

Par ailleurs, la mise en place des initiatives participatives ne tient pas souvent compte du fait que tout projet interfère nécessairement avec le système de relations, de perception et de comportement des acteurs locaux entre eux. En proposant, d'une part, des ressources nouvelles (tant économiques qu'organisationnelles ou symboliques) et en imposant, d'autre part, des contraintes nouvelles (comme par exemple une nouvelle organisation du travail, des itinéraires techniques nouveaux ou un système d'évaluation et de sanction étranger au système local), les projets sollicitent, volontairement ou à leur insu, le réaménagement des systèmes d'interaction préexistants (Chauveau, 1995). Ceux-ci ne peuvent en aucun cas ne pas être affectés par, ou rester indifférents aux effets et changements induits par le projet. Les ressources et contraintes nouvelles apportées dans le cadre des projets sont aussi des ressources et des contraintes nouvelles dans le cadre des interactions ordinaires dans et hors projet. Par conséquent la connaissance fine des dynamiques sociales et les clivages locaux qui préexistent au projet est le travail préalable à entreprendre pour minimiser les écarts souvent importants entre les effets recherchés et les résultats obtenus.

II. Le développement local

Le concept de développement local est apparu aux États-Unis et plus largement en Amérique du Nord, au début des années 1960 (Dahl, 1971; Rémy, 1988; Katz, 1993; Aquino (d'), 2002). Ici, on parle plutôt[31] de « neigbourhood development » ou de « community based

---

31 Aux USA, le terme « local development » n'a qu'une connotation spatiale, il ne se rapporte pas à des initiatives de gens de la place et fait presque toujours référence aux actions d'un gouvernement municipal, par opposition à l'État et au fédéral (Duvernay, 1989).

development », traduit en français par « développement économique communautaire » (DEC). Le DEC désigne des activités initiées par des citoyens dans le but de revitaliser les communautés marginales[32] (Duvernay, 1989). Cette notion arrive en France, dans les années 1970[33], de la prise de conscience que les politiques d'aménagement du territoire, mises en œuvre pour corriger les grands déséquilibres géographiques et socio-économiques, ne pouvaient trouver leur pleine efficacité qu'en s'appuyant sur une structuration des populations locales, propice à une mise en mouvement de la société civile (Auton, 2000; Deberre, 2007). Les mutations économiques et le développement des pôles industriels et urbains de l'époque, ont accentué l'exclusion sur les plans économique, démographique et social de certaines régions défavorisées. Parallèlement, c'est pour lutter contre le retrait brutal de l'État, que les collectivités locales au Québec, se mobilisent au début des années 1990 (Vachon, 1993). Enfin, dans les pays en voie de développement, le développement local est le plus souvent agité pour s'opposer aux macro-politiques imposées de croissance déshumanisée et à la libéralisation trop brusque des économies (Berthomé & Mercoiret, 1993; Clouet, 1993; Reijntjes, Haverkort, & Watter-Bayer, 1995).

Historiquement, les idées du développement local ont donc des racines fortement idéologiques[34] et se sont toujours construites par opposition à des politiques englobantes et aux tenants d'un macro-

---

32 Depuis le début des années soixante, les États-Unis ont connu trois générations de DEC : initiés dans les années soixante à partir du mouvement des droits civiques et des droits fondamentaux, ils ont évolués dans les années soixante-dix vers des actions d'aménagement des quartiers plutôt que sur l'ancienne justice sociale, pour se transformer dans les années quatre-vingt en cadres de partenariat de la population locale avec secteur privé (Duvernay, 1989).

33 Cette période correspond à la montée du régionalisme en France, puis aux réactions contre les égarements d'une décentralisation mal conduite (Pecqueur, 1989; Calame, 1994; Houée, 1996; Aquino (d'), 2002).

34 "construction of a better society, where better is defined by the people who are part of it and who become consciously and actively involved in helping to bring this better society about" (Vachon, 1993); "Une nouvelle mentalité, une nouvelle culture s'inscrit dans un changement lent et en profondeur des mentalités, des modes de raisonnement, des représentations au niveau de l'ensemble de la société".

développement tout économique[35] (Aquino (d'), 2002). Inspirées de la conception américaine du community power, les approches du développement local ont pour fondement de base, un militantisme anti-institutionnel et antipolitique, qui cherche autant à contourner les institutions et les responsables politiques locaux que les effets pervers de la mondialisation. Ce type de revendication, d'abord initiée dans des zones défavorisées, a ensuite acquis sa légitimité sur tous les territoires (Duvernay, 1989; Benko & Lipietz, 1992; Veltz, 1997; Calame, 1994; Houée, 1996). En France, à une époque où les collectivités locales étaient plus qu'aujourd'hui sous la tutelle de l'État, elles ont été portées par des tenants de l'évolution d'une idée de territoire qui ne soit plus essentiellement assise sur les découpages administratifs existants. Au Sud, elles se sont développées en opposition aux projets de développement décidés et imposés par des administrations centralisées, sans concertation avec les populations. Pour avoir surgi en réaction au pouvoir central, le développement local apparait, dans un contexte politique « ouvert », comme un processus qui peut produire de la cohésion sociale en raison de la négociation qu'il suppose et du débat public qu'il suscite.

C'est dans ce contexte de rejet des approches exclusivement globales, que plusieurs mouvements associatifs ou coopératifs, vont pour la première fois ressentir la nécessité de définir une autre forme de développement que celle de la croissance économique ou de l'aménagement planifié. Les adeptes de cette approche s'appuient d'une part sur l'importance des particularités locales et d'autre part, sur l'efficacité des relations « non exclusivement marchandes » (Pecqueur, 1989) pour l'installation des dynamiques localisées de développement (Commere, 1989; Duvernay, 1989; Mengin, 1989; Pecqueur, 1989; Vachon, 1993; Veltz, 1994).

---

35 « Les phénomènes du développement local rendent compte de la capacité de groupes localisé à s'adapter aux contraintes de l'internationalisation de la concurrence à partir de potentiels d'organisation qui leur sont propres » (Pecqueur, 1989).

Le développement local n'est pas la croissance, c'est un mouvement culturel, économique, social qui tend à augmenter le bien-être d'une société. Il doit commencer au niveau local et se propager au niveau supérieur. Il doit valoriser les ressources d'un territoire par et pour les groupes qui occupent ce territoire. Il doit être global et multidimensionnel, recomposant ainsi les logiques sectorielles[36].

Il s'agit donc d'un mouvement aux dimensions culturelle, économique et sociale, qui cherche à augmenter le bien-être d'une société, à valoriser les ressources d'un territoire par et pour les groupes qui l'occupent. Au développement venu « d'en haut », ce mouvement oppose donc le développement par « le bas » ; aux logiques a-territoriales de l'économie capitaliste, il promeut l'intérêt local ; à une logique du profit qui apparaît destructrice, il revendique la volonté de satisfaire les besoins des consommateurs comme des travailleurs, quitte pour cela, à recourir à des formes de productions alternatives (Auton, 2000).

Le développement local vu sous cet angle, se rapproche alors des démarches participatives, avec la nuance qu'il est plus axé sur le développement socio-économique. Cette vision rejoint un courant international d'analyse qui, partant du développement local, aboutit à des déclinaisons diverses : services de proximité, économie solidaire et économie sociale (Ion, 1990; Defourny, 1994; Laville, 1994 et 2000; Defourny, Favreau, & Laville, 1998), développement économique communautaire (Vidal, 1993; Rock, 1995; Favreau & Lévesque, 1996 et 1999), développement participatif, développement régional, développement « par le bas » (Richardson, 1977; Stöhr, 1978; Guigou, 1983), développement endogène, développement intégré, agropolitan developement (Friedmann & Douglass, 1998), gestion de terroir, développement territorial (INRA, 2000), solidarité d'acteurs locaux organisés comme partenaires de la revitalisation des communautés en difficulté (Pecqueur, 1989; Benko & Lipietz, 1992).

---

36 Actes des états généraux des pays, Mâcon, juin 1982, supplément au n°231 de Correspondance Municipale.

Ces déclinaisons diverses ont pour base commune la dimension territoriale de l'approche, son caractère communautaire et sa force mobilisatrice. C'est dans un espace bien précis - naturel, culturel, social et économique - que le développement s'incarne et prend sa source. Si l'approche est endogène, elle est aussi communautaire et démocratique, car elle incite la participation de la population au développement global du milieu. L'approche conjugue quatre éléments essentiels : la dimension économique, qui est la production et la vente de services et de produits ; la dimension locale, qu'exprime la mise en valeur des ressources locales par le partenariat de différents secteurs d'activités ; la dimension sociale, avec la revitalisation économique et sociale d'un territoire par la prise de pouvoir (empowerment) de la population face à son propre développement ; enfin la dimension communautaire comme point de départ et d'arrivée, dans l'espace du « vivre ensemble » (Favreau & Lévesque, 1996 et 1999).

II.1. Pour l'émergence d'une dynamique locale autonome et responsable

Les approches diverses du développement local reposent sur un mobile commun, celui d'une autonomie nécessaire des acteurs locaux dans leur propre développement socio-économique. Elles prônent l'émancipation des populations locales et leur participation active aux politiques de développement de leur région. Les concepteurs et défenseurs de ces approches soutiennent que :

> le défi historique du développement local est la démocratisation de l'acte d'entreprendre, enjeu fondamental à la fois économique, culturel et politique (Duvernay, 1989).

Prendre conscience de sa situation, inventorier ses forces et ses faiblesses, agir pour répondre à ses propres besoins, déterminer de quoi sera fait son avenir, ... : le développement local est vu comme un exercice collectif qui conduit la collectivité à induire et soutenir un processus de développement à long terme (Vachon, 1993). Par essence, ces approches sont transitoires et sont appelées à disparaître à terme, leur vocation étant d'accompagner les populations vers une autonomie d'action collective.

Si l'autonomisation des acteurs locaux reste le but ultime des tenants de ces approches, il est indéniable que l'objectif de l'organisation d'une planification locale ou territoriale participative reste un choix clairement affiché. La planification locale participative est une méthode qui promeut le choix par les acteurs locaux de leur programme propre d'actions. Elle est fondée sur une analyse comparée entre une combinaison de facteurs du sous-développement d'une zone donnée et de ses potentialités, pour définir un ensemble d'actions à exécuter d'une façon chronologique afin d'atteindre le développement. Elle doit aider les acteurs locaux à comprendre les mécanismes internes et externes qui freinent le développement de la société, à apprécier les marges de progrès possibles dans les domaines technique et économique, à fixer les principaux objectifs de développement et à les traduire en projets et en modes d'organisation en tenant compte des potentialités et des moyens mobilisables (Berthomé & Mercoiret, 1993). C'est à la suite de cette « conscientisation » (Mengin, 1989; Collectif, 1993) que l'acteur local découvrira qu'il serait plus judicieux de mettre en œuvre une planification locale. Les chercheurs qui s'inscrivent dans ce paradigme postulent que :

> Une meilleure connaissance ou une évaluation systématique des problèmes et des solutions est la clef de voûte pour que les technocrates et les élus soient en mesure de prendre des décisions plus rationnelles et mieux éclairées au profit de la communauté et de son environnement (Gagnon, 1995).

Autrement dit, le premier obstacle au développement local est dans le déficit d'analyse qu'ont les acteurs locaux sur le monde qui les entoure (Mengin, 1989; Pecqueur, 1989; Berthomé & Mercoiret, 1993; Clouet, 1993). L'une des méthodes privilégiées par l'approche planificatrice du développement local est l'évaluation environnementale, car celle-ci permettrait aux décideurs d'éviter des impacts sociaux négatifs incalculables ou encore des incidences environnementales irréparables ou fort coûteuses (Gariépy, Ouellet, Domon, & Phaneuf, 1986). L'idée sous-jacente est d'amener les populations locales à un niveau de connaissance et de conscience équivalent à celui des acteurs extérieurs afin de permettre leur maîtrise des méthodes d'analyse et de réflexion sur les conditions de leur développement. Ils pourront par conséquent influencer les décisions et les actions en fonction de leurs aspirations.

II.2. Critiques d'une approche fortement normative

Cette approche est fortement normative et vise davantage à identifier les moyens et les mécanismes pour améliorer les politiques et le processus décisionnel dans le cadre d'une gestion environnementale intégrée. On lui reproche le risque de la systématisation d'une procédure formelle centralisée d'évaluation d'impacts ou de consultation, qui pourrait conduire à un renforcement de la technocratie et une multiplication des experts, à une « technicisation » de la prise de décision et une banalisation de la participation des communautés locales. On lui reproche également l'expression des problèmes socio-environnementaux en termes de dysfonctionnements qui peuvent facilement être corrigés par le biais, entre autres, d'une évaluation, voire d'une réglementation adéquate, bref d'une régulation étatique. Ceci peut s'apparenter à une stratégie de cas par cas où les problèmes ne sont pas resitués et traités par rapport à un ensemble complexe (Gagnon, 1995). Enfin, l'insistance sur le besoin d'une analyse locale de l'environnement socio-économique est en contradiction avec l'un des principes fondateurs du développement local : le besoin ne vient pas du terrain, il est lourdement suggéré de l'extérieur (Fernandez, Mascarenhas, & Ramachandran, 1991; Grandin, 1992; Mosse, 1993; Collectif, 1993; Water-Bayer & Bayer, 1995), en l'occurrence l'auteur de l'ouvrage. Cette ambiguïté va s'accentuer avec ceux qui vont chercher à construire des supports pour la réalisation pratique de cette planification locale. Certains vont élaborer tout un corpus méthodologique et pratique[37] pour que des animateurs locaux puissent mettre en œuvre ce nouveau type d'appui (Bates, 1987; Berthomé & Mercoiret, 1993; Clouet, 1993; Leurs, 1993; Water-Bayer & Bayer, 1995).

En dépit de ses apparences courtoises (proposer des actions), la planification impose de manière autoritaire, des procédés à suivre. Elle débute le plus souvent par une analyse globale et poussée de la problématique de développement de la région, car il est considéré fondamental d'aider les acteurs locaux à effectuer un diagnostic fin de la situation de leur territoire. Elle impose ensuite la réalisation d'un outil aussi riche que complet, comme feuille de route des actions à exécuter de manière chronologique : « le plan de développement local ». Enfin elle implique l'organisation d'une sensibilisation massive pour expliquer aux populations, l'intérêt de ce que l'on veut leur apporter et ce que l'on attend d'elles. Elle apparait dans ce contexte comme un besoin non spontané ressenti par les populations, mais lourdement suggéré par les acteurs extérieurs[38]. Ce ne sont pas les responsables locaux qui sollicitent une intervention, mais un acteur parmi d'autres, au mieux local, au pire extérieur. De plus, la plupart du temps, cet acteur lui-même ne sollicite l'intervention que pour un problème beaucoup plus concret et ciblé qu'une planification globale (Aquino (d'), 2002).

---

37 L'approche DELTA (Development Education and Leadership Teams in Action) (Hope & Timmel, 1984), la méthode GRAAP (Groupe de Recherche et d'Appui pour l'Autopromotion Paysanne) du Burkina Faso (GRAAP, 1987; Leach, 1991), la Méthode Accélérée de Recherche et de Planification Participative (MARPP) Source spécifiée non valide., le Plan de Développement Local (PDL) (Berthomé & Mercoiret, 1993), le plan de Gestion de Terroir Villageois (GTV) (Clouet, 1993), le Développement participatif de Technologies (DPT) (Reijntjes, Haverkort, & Watter-Bayer, 1995).

38 Il faut noter qu'on évoque paradoxalement très peu dans ce type d'approche les besoins que peuvent exprimer d'eux-mêmes, dès les premiers contacts, les acteurs locaux (Vabi, 1998), ce qui accentue fortement la première dérive constatée ci-dessus. Le besoin de planification est en effet quasiment toujours externe (Fernandez, Mascarenhas, & Ramachandran, 1991; Grandin, 1992; Mosse, 1993; Collectif, 1993; Water-Bayer & Bayer, 1995)

La planification locale participative signifie alors malheureusement pour les populations, de débuter une démarche « participative » par, au mieux l'intériorisation, au pire l'acceptation, d'abord d'un « besoin », le diagnostic exhaustif de leurs problèmes de développement, ensuite d'une action prioritaire le plan de développement local, enfin d'un « point de vue », l'analyse externe effectuée le plus souvent au préalable par des animateurs, parfois reprise dans un diagnostic participatif (Berthomé & Mercoiret, 1993; Clouet, 1993; Water-Bayer & Bayer, 1995). Cette absence d'initiative réellement locale biaise toute la suite de l'intervention et l'enlise dans un contexte interventionniste, voire « dirigiste », où tout le processus est porté par des animateurs ruraux, souvent ainsi mis en difficulté (Collectif, 1993). Ce sont ainsi les animateurs, au lieu des acteurs locaux, qui sont obligés de solliciter des appuis techniques et de traduire les demandes paysannes (Nguinguiri, 1998). On est alors très loin des mobiles originels de la planification locale participative : l'émergence d'une dynamique locale d'action collective autonome et responsable. Il s'agit là d'une déviation de la nécessaire et progressive construction sociale, qui seule peut produire un engagement collectif sur le long terme, seul garant d'un développement durable.

III. La décentralisation en marche, mais souvent hybridée

Dans son principe, la décentralisation est un projet politique visant à mieux associer les administrés à la gestion du pouvoir et des affaires publiques et aux prises de décision les concernant. C'est un concept qui se prête peu à une définition consensuelle. En général, elle se rapporte à tout acte par lequel, le gouvernement central cède des pouvoirs aux acteurs et aux institutions, aux niveaux plus bas dans une hiérarchie politique administrative et territoriale (Agrawal & Ribot, 1999; Ribot, 2002; Ribot, 2004).

Processus de délégation de pouvoir, la décentralisation peut être l'objet de plusieurs lectures différentes[39] mais formant souvent un tout (Bourdin, 1990). Beaucoup d'auteurs dans le champ du développement économique distinguent entre la décentralisation, la déconcentration et la délégation (Ebel, 1998; BIRD, 2000; USAID, 2000; Ribot, 2004), et définissent ces concepts dans un contexte de ressources naturelles, forestières principalement (Yuliani 2004). Dans ce contexte, la problématique de la décentralisation pour gérer les ressources naturelles et l'environnement est centrale. Son émergence tire ses origines de deux interprétations différentes : la gestion des ressources communes (Common Pool Resources) d'une part, et le processus d'évolution des politiques d'aide au développement d'autre part.

III.1. La contestation du monopole de l'État sur la terre et les ressources naturelles

La justification de la décentralisation repose, selon une première interprétation, sur la contestation du bien-fondé du monopole de l'État sur la terre et les ressources naturelles, courant de pensée issue de l'école du Public Choice[40] et aujourd'hui relayé par les ONG environnementales et la Banque mondiale.

L'État (surtout en Afrique subsaharienne) s'est pendant longtemps présenté comme propriétaire et gestionnaire exclusif des terres et ressources naturelles (forestières en l'occurrence). Autour de lui

---

39 Plusieurs types de décentralisation existent : la décentralisation politique, la décentralisation administrative, la décentralisation des finances et la décentralisation du marché. Il y a un chevauchement de sens de ces termes, mais les définitions précises importent moins qu'une approche globale de la question. Ces différents types de décentralisation peuvent revêtir plusieurs formes dans différents pays, au sein d'un même pays ou d'un même secteur. La décentralisation administrative qui est la forme qui nous intéresse se distingue en trois sous-types : la déconcentration, la délégation et la dévolution, chacun ayant des caractéristiques différentes.

40 Buchanan J., Tullock B., (1962). The Calculus of Consent. Ann Arbor, University of Michigan Press

gravitaient les exploitants forestiers et autres élites qui accumulaient des richesses au détriment de l'État et surtout des populations locales qui s'appauvrissent de plus en plus. Certains auteurs avancent que les communautés participent à la gestion et à la préservation des ressources naturelles depuis des millénaires, mais n'ont jamais été récompensées, parce qu'elles ont toujours été reléguées au simple rôle de figurants et non de partenaires. L'une des conclusions de la conférence de Rio, était que la gestion publique de l'écosystème, malgré tous les moyens et techniques mis à contribution, n'a jamais donné les résultats attendus, parce que les populations qui habitaient ces espaces étaient tenues en marge de la gestion réelle de leurs habitats traditionnels. On a assisté, au contraire, à une gestion « calamiteuse » des ressources forestières caractérisée par une exploitation de type minier, une attribution incontrôlée des titres d'exploitation, une exploitation illégale généralisée, etc. Sur le site de la Banque Mondiale, on peut lire une déclaration de Maurice Strong, secrétaire général de la conférence des Nations-Unies sur l'environnement et le développement en 1992, soulignant avec force que la transition impérative vers le développement durable ne peut se faire qu'avec le support complet des communautés et la participation des personnes ordinaires au niveau local. Aussi fallait-il, toujours selon les recommandations de la conférence, associer systématiquement les communautés locales ou autochtones, dans une démarche participative, à la gestion des écosystèmes naturels.

Ce courant libéral de pensée, fortement soutenu par la Banque Mondiale et les ONG[41] de défense de l'environnement, soutient que l'État ayant montré son inefficacité, l'intérêt d'une gestion collective et décentralisée est la solution la plus idoine. La « gestion

---

41 Elles valorisent la participation des populations locales. L'organisation de certification des forêts Forest Stewardship Council (FSC) annonce par exemple que son objectif est de promouvoir une gestion responsable des forêts au point de vue environnemental, socialement bénéfique et économiquement viable. Sur les 10 principes de certification mis en avant, plusieurs points concernent les communautés locales.

décentralisée des ressources naturelles » est alors proposée pour remplacer la traditionnelle « participation ».

Les travaux d'Elionor Ostrom, (1990; 1998) qui ont contribué à remettre en cause l'idée classique selon laquelle, la propriété commune est nécessairement mal gérée et doit être prise en main par les autorités publiques ou privatisée, vont nourrir un nouveau paradigme dans le champ du développement durable, celui du transfert de la gestion, voire de la propriété, des ressources naturelles aux communautés locales. Les références à la foresterie communautaire se bousculent dans les documents de la FAO, de la Banque Mondiale, des coopérations bilatérales, et trouvent leur traductions institutionnelles dans les nouveaux codes forestiers de plusieurs pays, et spécifiquement la législation forestière de 1994 au Cameroun.

La décentralisation de la gestion des ressources naturelles ici est essentiellement abordée sous l'angle « communautaire » et s'inscrit comme une alternative aux modes de gestion privée et publique, voire même comme une réflexion en termes d'accès aux ressources et de droits d'usage et non plus seulement en termes de propriété.

Cette décentralisation suppose l'existence d'une communauté locale d'intérêts entre les populations, pour des affaires locales ou la défense d'un point de vue local à l'extérieur. Elle doit permettre d'assurer l'existence de libertés et d'autonomies locales qui feront contrepoids aux pouvoirs de l'État. On y lit les prémices d'une reconnaissance étatique et administrative du besoin d'autonomie des acteurs locaux (Aquino (d'), 2002), et la justification de l'action collective communautaire, comme processus moteur dans la gestion des ressources naturelles.

III.2. Les macros politiques visant à instaurer la structure du « bon État » comme gage de la bonne gouvernance

La seconde interprétation replace la décentralisation dans une perspective historique et macroscopique, relevant de l'évolution des politiques d'aide au développement. Parfois comprise comme le résultat du désengagement de l'État issu des politiques menées durant les années 1980, la décentralisation est aujourd'hui portée par de nouvelles orientations apparues au milieu des années 1990 (Froger & Meral, 2008). En effet, les stratégies de globalisation associent étroitement la mondialisation technologique à la mondialisation de la « démocratie et du marché ». Ce qui a déclenché un débat sur les thèmes de la réforme de l'État, de la démocratisation, de la gouvernance et de la décentralisation dans les pays du Sud, dans la perspective d'une remise en question du rôle central de l'État dans le développement. Cette réflexion sur le rôle de l'État a d'abord été suscitée par le renforcement des conditionnalités économiques de l'aide au développement, à travers la mise en œuvre des PAS dans les années 1980 (paragraphe I.1.4.1), puis elle a évolué vers un renforcement des conditionnalités politiques à la fin de cette décennie (Laurent & Peemans, 2003).

C'est dans cette optique que Hyden et Bratton (1992) ont trouvé une liaison étroite entre les paradigmes de la réforme de l'État, de la décentralisation, de la consolidation de la société civile, de la démocratie et de la promotion du marché à travers le concept de gouvernance. De même, établir des liens entre l'économie, le social et le politique passe par une gouvernance locale (Favreau & Lévesque, 1996 et 1999). Celle-ci est définie comme :

> ...une délégation vers le bas de capacités légitimes à produire et à négocier des règles dont l'objet est de gérer l'agrégation d'intérêt divers et de définir les axes d'évolution d'un groupe social donné (Lallement, 1999).

La décentralisation peut alors être comprise comme une composante de la rhétorique sur la bonne gouvernance, à travers, notamment, la transparence dans la gestion publique, et la redevabilité[42] vis-à-vis de la population. C'est la raison pour laquelle plusieurs auteurs rendent indissociables la décentralisation de la gestion des ressources forestières et la démocratisation (Ribot, 2007). La question de la décentralisation n'est donc pas dissociable d'un certain contexte d'ensemble qui cherche à imposer une certaine conception de la structure du « bon État »[43] à des États en crise, et de plus en plus dépendants financièrement de l'assistance ou de la bonne volonté des bailleurs de fonds.

Dans ce contexte, la décentralisation est vue comme un moyen d'assurer une gestion plus efficace des services publics, capable de réduire les coûts tout en s'adaptant mieux aux demandes des utilisateurs. La décentralisation est vue également comme un moyen de réduire le déficit des finances publiques, en transférant à la fois certaines recettes et certaines dépenses vers les collectivités locales. Cette dévolution est supposée permettre une réduction des gaspillages liés aux coûts d'une centralisation administrative excessive. Elle est censée également permettre un meilleur équilibre entre recettes et dépenses, grâce à une meilleure visibilité de l'utilisation des ressources, à une plus grande exigence de

---

[42] Au sens étroit, la redevabilité se définit comme « le moyen par lequel des individus ou des organisations rendent compte de leurs actes à une (ou des) autorité(s) reconnues et sont tenues pour responsables de ceux-ci » (Edwards et Hulme 1996, cité par Mulgan en 2000). Plusieurs notions sous-tendent cette définition : l'intervention d'une tierce partie : « rendent compte à une autorité extérieure » ; un échange et une interaction sociale : « devoir répondre de ses actes devant quelqu'un et accepter des sanctions » ; une relation d'autorité : « demander à quelqu'un de rendre des comptes, obtenir des réponses et imposer des sanctions ».

Au sens le plus largement répandu, la redevabilité désigne la relation entre un détenteur de droits ou une revendication légitime (un bien public, par exemple) et les personnes ou organismes (porteurs de responsabilités) censés matérialiser ou respecter ce droit en effectuant ou en n'effectuant plus certains actes. En langage fondé sur les droits, la redevabilité correspond à la réactivité des « porteurs de responsabilité » et à la capacité des « détenteurs de droits » à faire entendre leur voix, c.-à-d. à exprimer leurs besoins et à revendiquer leurs droits (Theisohn, 2007).

[43] C'est dans ce contexte qu'apparaissent les concepts de « gouvernance locale » (World-Bank, 1992).

responsabilité, et à une moins grande capacité de résistance à la pression fiscale au niveau local. Enfin la décentralisation est aussi approchée comme un ensemble de moyens visant à limiter les désordres où le pouvoir est redistribué à travers des arrangements entre acteurs privés et publics. C'est l'ordre social et organisationnel qui est constamment négocié (Juillet & Andrew, 1999).

III.3. Centralisation ou décentralisation : quelle alternative ?

En définitive, Quel que soit l'angle d'approche pour justifier la décentralisation, celle-ci est souvent considérée comme plus efficace et plus juste que la centralisation, et ce pour plusieurs raisons. Les autorités locales sont supposées (i) mieux connaître les besoins de la population ; (ii) avoir plus de temps pour gérer les ressources ; (iii) être plus réactives par leur proximité ; (iv) être plus engagées en raison de leur responsabilité vis-à-vis de la population. La gestion des ressources naturelles est donc supposée plus efficace, en raison des coûts de transaction plus faibles (information, proximité), et de bénéfices perçus directement par les autorités et les populations locales. Elle est également censée améliorer l'équité, compte tenu de la responsabilité des décideurs vis-à-vis de la population, et de l'appropriation des décisions locales par l'ensemble des acteurs. Enfin, elle est censée contribuer à la protection de l'environnement en orientant les comportements vers des pratiques plus durables (Ngoumou Mbarga, 2009).

Toutefois, plusieurs critiques ressortent du constat actuel tiré des expériences de décentralisation. Certains expliquent les écueils de la décentralisation par l'apparition d'une « corruption décentralisée » (Véron, Williams, Corbridge, & Srivastava, 2006) qui la renvoie à l'un de ses principaux objectifs : rendre transparente la gestion publique, considérée comme opaque et corrompue au niveau central. Car il semble que les dynamiques de corruption décentralisée renforcent les phénomènes de courtage en développement, et les stratégies de captage de rente (Bierschenk, Chauveau, & Olivier de Sardan, 2000).

À côté de ces critiques, que l'on peut qualifier de fondamentales, d'autres analystes émettent des réserves conjoncturelles ou exogènes. Selon Batterbury et Fernando (2006), la décentralisation a été souvent menée trop rapidement et de manière incomplète, laissant place à des formes hybrides plus proches de la déconcentration. Parmi les autres réserves avancées figurent également (Ribot, Agrawal, & Larson, 2006) :

- l'absence de pouvoirs réellement transférés, de mécanismes de responsabilité attribués à la population locale, de ressources financières associées à la prise de décision ;
- les freins à une politique de décentralisation provenant des États eux-mêmes, des politiciens soucieux de conserver leurs prérogatives, voire des ONG de conservation de la nature qui stigmatisent la lenteur avec laquelle les populations locales réduisent leur pression sur les ressources.

Oyono et Diaw (2001) ont souligné que les constructions organisationnelles légales du « bas » (celles qui représentent les communautés villageoises), nées de la gestion décentralisée des forêts camerounaises, ont subverti la décentralisation démocratique et ont opéré un déplacement vers le « haut » évoluant ainsi du point de vue de la base, en « cavaliers solitaires ».

> Les constructions organisationnelles [légalement reconnues] nées la gestion décentralisée des forêts camerounaises présentent un déficit d'interactivité avec les communautés villageoises dont elles sont représentatives. L'on y dénote une insuffisance de réédition des comptes et elles ne se posent pas en capital social capable d'offrir une ingénierie et des capacités probantes dans la gestion locale des forêts communautaires, des forêts communales et des redevances forestières.

Finalement, la décentralisation apparaît comme un processus difficile à réaliser, car le transfert partiel des pouvoirs peut avoir des

« gagnants » et des « perdants » apparents, et peut générer des conflits d'intérêts à cause du risque d'être approprié par des sources inattendues.

III.3.1. La décentralisation forestière comme option politique du Cameroun pour autonomiser les communautés locales...

La décentralisation forestière au Cameroun apparait comme un axe fondamental pour promouvoir le développement, la démocratie et la bonne gouvernance au niveau local. Le processus de décentralisation forestière en cours au Cameroun, sans être un remède miracle, offre un cadre favorable à la libération d'une dynamique locale d'action collective, par l'émergence et l'expression de nouvelles dynamiques sociales et économiques basées sur des initiatives ayant un fort ancrage dans le territoire. Elle traduit une volonté politique visant à créer une proximité entre les échelons territoriaux décentralisés favorisant les liens de solidarité et de cohésion sociale. Cette proximité doit permettre de mieux connaître les besoins véritables des populations, de mieux détecter, apprécier, conjuguer et mobiliser les moyens de les satisfaire, et de mettre en œuvre des projets locaux de développement répondant aux souhaits de tous.

La décentralisation forestière au Cameroun ambitionne de réduire la pauvreté via l'action collective communautaire à travers la gestion responsable et durable des espaces forestiers qui leur sont alloués et l'appropriation des actions du développement au service de leur propre épanouissement. Cette appropriation de la gestion des forêts communautaires et des actions de développement par les acteurs locaux devrait permettre de les responsabiliser, de les autonomiser et de produire plus de richesses qui leur sont directement profitables. Cela va sans dire que pour y parvenir, la communauté doit s'organiser pour gérer ses ressources. Le besoin de s'organiser présuppose la constitution d'un groupe dont les membres ont choisi d'agir de façon collective en se fixant des objectifs communs : c'est tout le processus de l'action collective communautaire qui est ainsi mis en œuvre.

III.3.2. Vers l'appropriation d'un processus qui libère l'autonomie : la foresterie communautaire et son institutionnalisation

La notion de foresterie communautaire est née des stratégies établies en 1979 par le Programme d'action de la Conférence mondiale sur la réforme agraire et le développement rural organisée par la FAO et va connaître un développement marqué. En effet, suite à un enchainement de faits environnementaux[44] durant la décennie 1970, la prise de conscience des liens entre les activités forestières et les besoins fondamentaux tels que la nutrition, la sécurité alimentaire, les emplois non-agricoles, l'énergie et l'intégration des arbres dans la gestion des ressources par les populations rurales, a constitué l'élément fondamental de la promotion de la foresterie communautaire. La foresterie communautaire était censée englober trois éléments principaux (FAO, 1991) :

– la fourniture de « combustible et autres matériaux indispensables à la satisfaction des besoins fondamentaux des familles et des collectivités rurales » ;

– la fourniture « d'aliments et la stabilité de l'environnement nécessaire à une production vivrière continue » ;

– enfin, la création de « revenus et d'emplois dans la collectivité rurale ».

---

44 Pendant la décennie 1970, la crise énergétique et la sécheresse au Sahel mettent en évidence la dépendance des populations rurales vis-à-vis du bois de feu et autres produits ligneux. La sécheresse en Afrique et les inondations en Asie soulignent les effets de la déforestation et de la dégradation du couvert forestier. La FAO et l'ASDI convoquent le groupe d'experts sur la Foresterie et le développement des communautés locales afin de tirer les expériences provenant d'initiatives diverses: Inde (foresterie sociale), Corée (parcelles boisées), Thaïlande (bois de village), Tanzanie (reboisement villageois), et ailleurs. (FAO, 1978)

Ce triple objectif de la foresterie communautaire prenait en compte la dépendance des populations vis-à-vis des forêts et soulignait l'importance capitale de la foresterie communautaire dans le développement rural, dont le principe fondateur est :

> d'aider les ruraux défavorisés à compter sur leurs propres efforts... La foresterie au service du développement communautaire doit donc être une foresterie qui s'adresse à la population et l'associe à ses activités. Il doit s'agir d'une foresterie qui parte de la base (FAO, 1978)

Dès le début donc, la foresterie communautaire a été considérée, par définition, comme fondée sur la participation et orientée vers les besoins des ruraux, en particulier, les plus pauvres d'entre eux. En conséquence, les premiers projets et programmes d'appui à la foresterie communautaire ont été caractérisés par la tentative de faire appel à la participation active de la population, l'assistance extérieure n'ayant qu'un rôle de soutien et non de gestion (FAO, 1991).

Cette compréhension nouvelle et la perception que les approches en résultant étaient efficaces eurent une influence décisive au-delà des programmes et projets portant la dénomination de foresterie communautaire. Elles sont à la base des besoins perçus d'une réforme importante des politiques et stratégies forestières traditionnelles et de remise en ordre des objectifs conventionnels en matière de développement forestier.

La réforme de 1994, conduite dans ce contexte de recomposition du paysage politique au Cameroun, a pour la première fois formalisée la participation des populations à l'aménagement des forêts par le biais des forêts communautaires introduites dans les textes régissant les forêts, suite à une redéfinition de tout le domaine forestier camerounais (Encadré 1). Il s'agit d'un instrument juridique qui délègue les responsabilités aux communautés locales. Le Cameroun, caractérisé par une multitude d'ethnies et de cultures, s'est résolument engagé sur cette voie nouvelle et inconnue. Il fait aujourd'hui figure de leader parmi les pays de la sous-région qui n'hésitent pas de prendre en compte ses expériences pour préparer les textes législatifs sur la foresterie communautaire.

En somme, nous avons abordé ci-dessus, trois angles d'analyse qui correspondent à autant de stratégies mises en œuvre pour libéraliser l'autonomie des acteurs locaux dans la construction de leur bien-être. La première approche porte sur la participation et met l'accent sur un échange constructif entre les acteurs extérieurs et les populations locales. Ici, la sortie de crise du développement des communautés rurales est abordée en terme communicationnel, à travers un partage des idées entre décideurs et locaux. Le deuxième angle d'analyse porte sur le développement local comme modèle de régulation qui interroge sur la planification à mettre en place pour que le développement prenne la route de l'implication des populations concernées. Même si cette approche met l'accent sur le projet socio-économique, elle reste cependant très normative et considère que le premier obstacle au développement local est dans le déficit d'analyse qu'ont les acteurs locaux sur le monde qui les entoure (Mengin, 1989; Pecqueur, 1989; Berthomé & Mercoiret, 1993; Clouet, 1993). Le troisième angle d'analyse est un projet politique et non une pratique sociale, qui met l'accent sur les institutions locales et sur le territoire. Il aborde la question de la revitalisation des communautés rurales en termes de rapprochement entre les institutions et les populations concernées.

Deux décennies après la conceptualisation et le développement de ces approches, force est de reconnaître qu'il y a eu des avancées considérables vers une meilleure prise en compte des facteurs territoriaux et sociaux comme éléments clés dans la construction du bien-être pour et par les populations concernées. La question de la légitimité des populations locales comme partenaire fatal dans la construction durable de leur bien-être culturel, social et économique est renforcée.

Pourtant cette question reste d'actualité, puisque les évolutions méthodologiques de ces dernières décennies ne permettent pas de la solder d'une manière tranchée. Certes les approches participatives ont élaboré de remarquables supports méthodologiques pour la réussite d'un échange constructif entre les acteurs extérieurs et les populations ; certes les théories et les expériences du développement local ont pour leur part démontré l'efficacité économique, sociale et politique des dynamiques locales de développement ; certes la décentralisation a posé les prémices d'un transfert de la gestion, voire de la propriété, des ressources naturelles aux communautés locales, mais toutes ces démarches n'ont pas toujours permis de créer une dynamique autonome d'auto-détermination, d'éradiquer la pauvreté et de réaliser le bien-être socioéconomique des communautés concernées.

Chapitre III

Mouvance idéologique et politique de la gouvernance multi-niveaux des ressources forestières au Cameroun

Au lendemain du Sommet de Rio, le Cameroun entreprend de grandes réformes dans son secteur forestier. Ces réformes concernent tant le cadre institutionnel, législatif que réglementaire et s'accompagnent d'une nouvelle configuration territoriale du paysage forestier. Celles-ci viennent s'ajouter à la suite des réformes suscitées par les bailleurs de fonds, sous la pression conjointe de la baisse des revenus d'exportation du pétrole, du café et du cacao, d'une crise économique émergente, d'exigences politiques nouvelles, et des PAS. À partir de là, le Cameroun s'engage dans une réforme de l'État qui le conduit à se désengager du rôle d'animateur de l'appareil de la vie économique et à s'orienter vers une politique qui accorde plus d'espaces d'action au secteur privé, qui dans une économie de marché est capable d'apporter un souffle nouveau à la vie économique en générale. La finalité était d'aboutir à une réforme de l'État qui transfert tous ou partie de ses pouvoirs, conformément à la philosophie néolibérale selon laquelle les acteurs les plus performants et dynamiques sont ceux situés à sa périphérie (Oyono, 2001). Ce contexte du « moins d'État et plus de marché» (Courade, 1989) permet de créer des espaces de liberté dans lesquels des acteurs non étatiques peuvent valoriser leurs capacités d'action dans le développement économique. Dès lors, le développement économique a revêtu une dimension participative au Cameroun (Elong, 2005), puisqu'il interpelle désormais tous les acteurs non étatiques, et particulièrement les communautés villageoises. L'approche consiste à faire prendre conscience aux communautés paysannes des responsabilités qui leur incombent désormais de prendre elles-mêmes en charge les activités de production économique leur assurant la survie. Pour ce faire, l'État décide de fournir à ces acteurs les ressources nécessaires. La décentralisation de la gestion des forêts camerounaises participe de cette mouvance idéologique et politique.

La réforme de la politique forestière engagée par le Cameroun pendant la décennie 1990 a signé la volonté du gouvernement :

- à se conformer aux recommandations de la Conférence des Nations unies sur l'environnement et le développement (CNUED) de Rio en 1992 ;

- et à faire figure de bon élève vis-à-vis des bailleurs de fonds et des Agences de développement.

Cette volonté s'est traduite à travers la loi forestière n° 94/01 du 20 Janvier 1994 et son Décret d'application N° 95/531/PM du 23 août 1995, qui constituent les principaux instruments juridiques de la mise en application de la nouvelle politique forestière, avec comme objectif principal, la protection de l'environnement et la conservation des ressources naturelles.

La gestion communautaire des ressources forestières, qui est au centre de notre réflexion, a été stimulée au plan national par ce contexte de décentralisation de la gestion des ressources forestières. Elle est formulée dans le deuxième objectif de la nouvelle politique forestière qui est

> d'améliorer la participation des populations à la conservation et à la gestion des ressources forestières, afin que celles-ci contribuent à élever leur niveau de vie.

Cette orientation nouvelle de la politique économique du Cameroun met en évidence les stratégies gouvernementales visant à renforcer la contribution du secteur forestier au développement socioéconomique, grâce à l'implication des Organisations non gouvernementales, des Agents économiques et des populations locales.

Dans la pratique, cette approche se fonde sur le principe de la responsabilisation et de l'autonomisation des communautés dans la prise en charge des activités de production économique pour réduire la pauvreté, améliorer les conditions de vie et assurer le développement local. Cette expérience est concrètement traduite par la possibilité pour les communautés de solliciter et d'acquérir des espaces forestiers leur offrant l'opportunité de bénéficier de tous les avantages qu'elles peuvent en tirer.

I. Du monopole au partage de la gestion des ressources forestières entre l'État et les acteurs non-étatiques

La mise sur pieds par la communauté internationale de plusieurs conventions environnementales préconisant l'institutionnalisation des politiques de décentralisation, et de promotion de la justice environnementale, a entraîné une refonte de la politique de gestion des ressources naturelles au Cameroun. La législation forestière du Cameroun après les indépendances se caractérise par un monopole de l'État dans la gestion de l'espace et des ressources forestières (Bigombe Logo, 1996; Muan Chi, 1999; CARFAD, 2006). Cette approche dite « gestionnaire », fortement influencée par les thèses centralistes de développement visait deux objectifs :

- la réduction de la déforestation ;
- et l'accroissement de la contribution du secteur forestier au développement économique et social.

La réforme forestière de 1994 et les lois de finances ultérieures ont apporté une innovation majeure, laquelle a valu au Cameroun d'être considéré comme pionnier dans la sous-région d'Afrique centrale, en matière de réforme forestière (Mertens, Steil, Ayenika Nsoyuni, Neba Shu, & Minnemeyer, 2007). À juste titre ! Car ce n'est que très récemment que le Gabon et la République Démocratique du Congo ont engagé leurs réformes forestières, sur la copie de l'expérience pilote du Cameroun. L'innovation audacieuse de la réforme forestière de 1994 a été la consécration et l'institutionnalisation du concept de décentralisation de la gestion des ressources forestières en rendant possible la prescription dans la loi de :

- l'allocation d'une redevance forestière annuelle[45] aux populations riveraines d'une concession forestière exploitée (articles 67 et 68) ;
- la création des forêts communales (articles 30 à 33) ;
- et la création des forêts communautaires et des territoires de chasse communautaires (articles 37 et 38).

La décentralisation des ressources forestières apparait donc ici comme un axe fondamental pour promouvoir le développement, la démocratie et la bonne gouvernance tant au niveau national que local. Un de ses objectifs est de promouvoir le développement rural en permettant aux communautés de la base de demander et d'acquérir des espaces forestiers. L'instauration des forêts communales et communautaires et la redistribution partielle des redevances forestières annuelles sont des outils qui offrent les ressources (moyens) nécessaires pour y parvenir (Ngoumou Mbarga, 2005).

II. Structure de la décentralisation de la gestion des ressources forestières au Cameroun

Le modèle de décentralisation de la gestion des ressources forestières en vigueur au Cameroun depuis l'avènement de la loi forestière de 1994, a conduit à la création de quatre composantes essentielles : la redevance forestière annuelle, les forêts communales, les forêts communautaires et les zones d'intérêts cynégétiques à gestion communautaire (ZICGC). Les politiques et législation forestières en

---

45 la redevance forestière annuelle est désormais répartie entre l'État (50%), les communes (40%) et les communautés villageoises riveraines (10%)

vigueur au Cameroun mettent l'accent sur la promotion de la participation des populations locales à la gestion des ressources forestières et fauniques, notamment à travers les forêts communautaires. Celles-ci sont des formations forestières naturelles et/ou artificielles dans lesquelles une gestion durable des ressources floristiques et fauniques existantes est mise en œuvre.

II.1. Les redevances forestières annuelles

La redevance forestière annuelle (RFA), est définie par la loi forestière n°94/01 du 20 janvier 1994 et le décret n°95/531 du 23 août 95 fixant les modalités d'application du régime des forêts. Elle est la contrepartie monétaire du droit d'accès à la ressource et, à ce titre, est payée par tout détenteur d'une concession forestière au Cameroun. Son taux plancher est de 1000 Fcfa par hectare depuis 2000, mais son niveau est en fait fixé par l'entreprise « mieux disante » lors de l'appel d'offres publics lancés par la Direction des Forêts pour chaque concession forestière. Dans certains cas, la RFA peut ainsi monter jusqu'à 7 000 F.CFA par hectare (Ngoumou Mbarga, 2005; Lescuyer, Ngoumou Mbarga, & Bigombé Logo, 2008).

Le produit de la RFA est réparti entre l'État à hauteur de 50%, la ou les communes où la concession est implantée pour 40%, et les villages riverains de la concession pour 10%. Pour ce faire, chaque exploitant émet des chèques de 50%, 40% et 10% qu'il dépose au Programme de Sécurisation des Recettes Forestières (PSRF) du Ministère des Finances. Le PSRF procède ensuite à la rétrocession des chèques aux communes concernées à la fois pour la part communale (40%) et la part villageoise (10%), les villages n'ayant pas de personnalité juridique.

Les modalités de distribution et d'utilisation des 10% de la RFA par les villages sont précisées dans l'arrêté n°122/MINEFI/MINAT du 29/04/1998. Trois conditions majeures :

- les communautés pouvant bénéficier de la RFA sont celles habitant à proximité de la forêt faisant l'objet d'une exploitation forestière à but lucratif ;
- la RFA communautaire est gérée par un Comité de Gestion (CG) créé auprès de chacune des communautés bénéficiaires. Il est constitué au minimum de 8 membres statutaires dont : le maire ou son représentant, six représentants de la communauté villageoise et le chef de poste Forestier ;
- la RFA communautaire vise à promouvoir le développement local de la communauté et, à ce titre, ne peut être utilisée que pour cinq catégories d'investissement : (1) adduction d'eau ou électrification ; (2) construction et entretien de routes, de ponts, d'ouvrages d'art ou d'équipements sportifs ; (3) construction ou entretien d'établissements scolaires et de santé ; (4) acquisition des médicaments ; (5) toute autre réalisation d'intérêt communautaire décidée par la communauté elle-même.

II.2. Les forêts communales

Selon l'article 30 de la loi de 1994 relative au régime des forêts, de la faune et de la pêche, une forêt communale est toute forêt ayant fait l'objet d'un acte de classement pour le compte d'une commune particulière, ou qui a été plantée par celle-ci. La commune quant à elle, est définie par la loi de 1974 portant organisation communale, comme une collectivité publique décentralisée et une personne morale de droit public. Ces dernières dispositions ont été confirmées par la réforme constitutionnelle de 1996, et font désormais de la commune l'une des deux institutions de la décentralisation politique et administrative du pays (l'autre étant la région). La décentralisation de la gestion des ressources forestières a consisté à allouer des espaces forestiers du domaine permanent (Encadré 1) de l'État à des communes dites rurales : ces espaces forestiers à l'origine inclus dans le macro-patrimoine étatique, deviennent chacun le micro-patrimoine d'une collectivité publique locale (Assembe Mvondo et Sangkwa, 2005).

II.3. Les zones d'intérêt cynégétique à gestion communautaire (ZICGC)

Selon les termes du Décret n°95/466/PM du 20 juillet 1995 fixant les modalités d'application du régime de la faune, une ZICGC ou territoire de chasse communautaire est un territoire de chasse du domaine forestier non permanent faisant l'objet d'une convention de gestion entre une communauté riveraine et l'Administration chargée de la faune. Le processus de création et de gestion des territoires de chasse (superficie maximale de 5000 hectares) par les communautés villageoises reflète à plusieurs égards le processus de création et de gestion des forêts communautaires et constitue également une autre forme d'appropriation des territoires forestiers par les populations riveraines. Ces deux instruments visent à encadrer de manière formelle la pleine participation des populations à la gestion et l'exploitation durables des produits forestiers, fauniques ou halieutiques.

Encadré 1 : Zonage du domaine forestier national et affectation des usages au Cameroun

L'organigramme ci-dessous décrit l'architecture du système de zonage des forêts au Cameroun, comme stipulé dans le code forestier. L'article 22 du code forestier exige que le domaine forestier permanent couvre au moins 30% du territoire national, représente la diversité écologique et soit géré d'une manière durable selon des plans de gestion approuvés par les autorités administratives compétentes. Le domaine forestier non permanent — comprenant les forêts du domaine national, les forêts communautaires et les forêts privées — est réparti en zones à d'autres fins et usages.

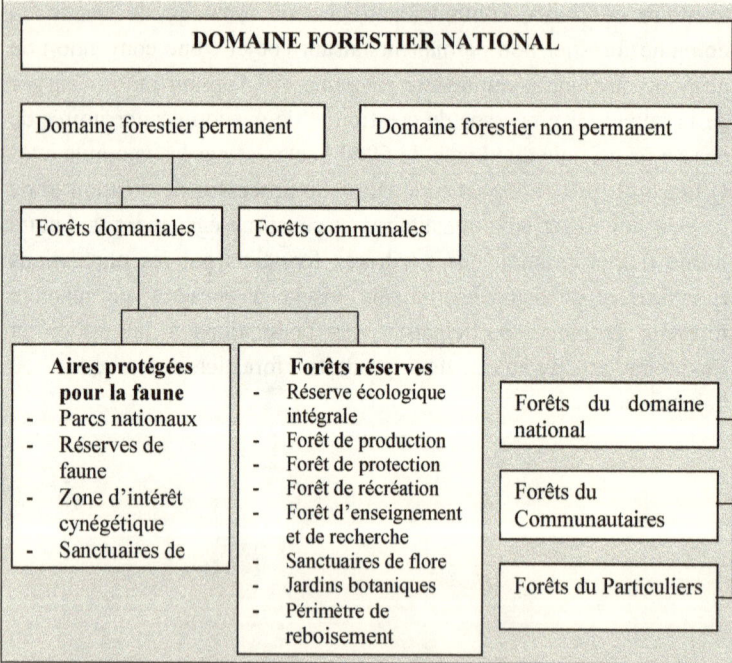

DOMAINE FORESTIER NATIONAL

| Domaine forestier permanent | Domaine forestier non permanent |

| Forêts domaniales | Forêts communales |

Aires protégées pour la faune
- Parcs nationaux
- Réserves de faune
- Zone d'intérêt cynégétique
- Sanctuaires de

Forêts réserves
- Réserve écologique intégrale
- Forêt de production
- Forêt de protection
- Forêt de récréation
- Forêt d'enseignement et de recherche
- Sanctuaires de flore
- Jardins botaniques
- Périmètre de reboisement

Forêts du domaine national

Forêts du Communautaires

Forêts du Particuliers

Source : Code forestier 94/01 du 20 janvier 1994

II.4. Les forêts communautaires (FC)

II.4.1. Cadre institutionnel de la foresterie communautaire au Cameroun

Aux lendemains de la CNUED tenue à Rio en 1992, le gouvernement camerounais énonce clairement sa volonté d'améliorer l'intégration des ressources forestières dans le développement rural, afin de contribuer à élever le niveau de vie des populations et de les faire participer à la conservation des ressources naturelles. L'année 1994 est décisive, car le Cameroun se dote d'une nouvelle loi forestière dont l'un des axes fondamentaux est de permettre aux populations locales de participer effectivement à la gestion des ressources forestières, grâce à l'acquisition par celles-ci des forêts communautaires et des territoires de chasse communautaires. En 1995, le décret d'application de la loi forestière sus-évoquée définit le contexte et les dispositions de sa mise en œuvre et précise la notion de forêt communautaire et ses différents modes de gestion. À partir de cet instant, une succession d'actes et de décisions politiques vont contribuer à la mise en place progressive des institutions et des règlements afin de rendre opérationnel le processus des forêts communautaires.

II.4.1.1. Création de la cellule puis de la sous-direction de la foresterie communautaire

En 1999 un arrêté du Ministre de l'Environnement et des Forêts (MINEF) crée au sein de la Direction des Forêts, une cellule de foresterie communautaire (CFC), chargée de centraliser toutes les informations se rapportant à la foresterie communautaire et de gérer le processus d'acquisition des forêts communautaires. La même année, un décret présidentiel complétant certaines dispositions portant sur l'organisation du MINEF remplace l'arrêté sus-évoqué. En décembre 2004 le MINEF est transformé en deux ministères donc l'actuel ministère des forêts et de la faune (MINFOF) et le ministère de l'environnement et de la protection de la nature (MINEP). En avril 2005, un autre décret présidentiel portant organisation MINFOF, crée au sein de la Direction des Forêts, une Sous-Direction des Forêts Communautaires (SDFC), qui hérite des missions assignées à l'ex-CFC.

En plus des institutions ci-dessus citées, d'autres acquis institutionnels méritent d'être mentionnés :

II.4.1.2. L'officialisation des entités juridiques

Les entités juridiques trouvent leur fondement dans les textes de lois N° 90/053 du 19 décembre 1990 sur la liberté d'association, N° 92/006 du 14 août 1992 et N° 93/ 015 du 22 décembre 1993 ainsi que le décret n° 92/445/PM du 23 novembre 1992 sur les sociétés coopératives et les groupes d'initiative commune (GIC). Ces textes constituent le fondement juridique essentiel qui officialise les entités juridiques comme les gestionnaires des forêts communautaires.

II.4.1.3. L'institutionnalisation d'un manuel de procédure d'attribution et des normes de gestion des forêts communautaires

En raison des dérives constatées dans l'attribution et la gestion des toutes premières forêts communautaires, le ministre en charge des forêts avait procédé d'une part au retrait de celles irrégulièrement attribuées ou mal gérées et d'autre part, avait diligenté la préparation d'un document précisant dans les détails les procédures à suivre et les normes de gestion à appliquer aux forêts communautaires. Par décision ministérielle N°253/D/MINEF du 20 avril 1998, le document intitulé « Manuel des procédures d'attribution et de gestion des forêts communautaires » entrera en application. Ce manuel est le texte de référence qui formalise les étapes de mise en œuvre d'une forêt communautaire, et offre un cadre de référence permettant de limiter les divergences d'interprétations pouvant être cause soit du rejet de multiples demandes de forêts communautaires, soit de leur retrait litigieux. Après une décennie d'application du manuel sur le terrain, plusieurs insuffisances sont apparues, ce qui a amené les autorités à lancer le processus de révision de cet important outil d'accompagnement. Le manuel révisé a été adopté le 12 Février 2009 par décisions ministérielle N° 0098/D/MINFOF/SG/DF/SDFC portant adoption du document intitulé « Manuel des Procédures d'Attribution et des Normes de Gestion des Forêts Communautaires ». Ce nouveau manuel porte en annexe, les modèles de la plupart des documents requis pour la soumission d'un dossier de demande d'une forêt communautaire et spécifiquement le plan simple de gestion (PSG).

II.4.1.4. L'institution du droit de préemption

Le droit de préemption institué par l'arrêté N°0518/MINEF/CAB du Ministre de l'Environnement et des Forêts a été signé le 21 décembre 2001. Il fixe les modalités d'attribution en priorité aux communautés villageoises riveraines de toute forêt susceptible d'être mise en exploitation par vente de coupe. Il s'agit d'une mesure d'incitation à la création des forêts communautaires, puisque celle-ci était rendue difficile par la concurrence des ventes de coupe (autres titres classiques d'exploitation forestière) que le MINEF pouvait attribuer à des exploitants forestiers sur les mêmes espaces. Le droit de préemption, qui stipule qu'une vente de coupe ne sera attribuée que si les communautés ne veulent pas faire de forêts communautaires sur la portion de forêt considérée, a tranché cette querelle.

L'institution d'un droit de préemption sur les forêts au profit des communautés villageoises chaque fois que les zones forestières du domaine non permanent seront ouvertes à l'exploitation se présente comme la solution la mieux adaptée au contexte actuel, caractérisé par une faible participation des communautés à la gestion des ressources forestières (CARFAD, 2006).

II.4.1.5. Création du Service de la Gestion Communautaire et Participative

Ce service créé en avril 2005, s'intéresse au développement du processus de la foresterie communautaire pour ce qui relève du domaine de la faune. Ainsi, il est chargé entre autres de la procédure du classement et du suivi des zones de chasse concédées aux communautés ; du suivi de la mise en œuvre des activités relatives à la gestion participative des aires protégées et de la faune ; de l'élaboration des cahiers de charges et des conventions de gestion participative ; de l'élaboration et de la mise en œuvre des stratégies d'implication des communautés et d'autres intervenants et du renforcement des capacités des communautés et structures décentralisées en matière de gestion de la faune

II.4.1.6. Comité d'analyse des plans simples et des Conventions de Gestion

Crée en septembre 2004, ce comité vient pallier aux insuffisances liées à la validation des PSG. L'implication de la société civile y est effective.

II.4.1.7. Programmes et projets

Il existe de nombreux programmes et projets qui concourent au développement de la foresterie communautaire dont :

- Le Programme Sectoriel Forêt et Environnement (PSFE), notamment sa composante 4 qui traite de la gestion communautaire des ressources forestières et fauniques ;
- Le Projet de Renforcement des Initiatives de Gestion Communautaire des Ressources Forestières et Fauniques (RIGC) de l'initiative PPTE, qui apporte un appui financier et technique à la foresterie communautaire ;
- Le Programme National de Développement Participatif (PNDP) qui est un instrument particulier réservé au secteur

rural. Son fonds d'appui au développement des communautés rurales permet de cofinancer les micro-projets initiés par les communautés villageoises.

II.4.1.8. Le Projet de Renforcement des Initiatives de Gestion Communautaire des Ressources Forestières et Fauniques (RIGC)

Le MINFOF a bénéficié depuis le mois de novembre 2002, d'un avis favorable du Comité Consultatif et de Suivi de la Gestion de Ressources PPTE[46] (CCS-PPTE) pour le financement du projet de Renforcement des Initiatives pour la Gestion Communautaire des Ressources Forestières et Faunique (RIGC), élaboré par l'ex Ministère de l'Environnement et des Forêts, afin de contribuer à lever certaines contraintes techniques et financières auxquelles sont confrontées la plupart des communautés rurales engagées dans le processus d'acquisition et de gestion des forêts communautaires.

Après trois années de léthargie, les activités de ce projet ont été lancées au courant de l'année 2005. Le projet s'inscrit dans la politique gouvernementale de gestion participative des ressources forestières et fauniques et de lutte contre la pauvreté en milieu rural. Son objectif général est d'assurer la gestion et la valorisation des ressources forestières et fauniques par les communautés en vue de leur permettre :

– de s'approprier le processus par la formation-action ;

– de générer des revenus individuels et collectifs ;

– de pérenniser ces sources de revenus à travers la mise en œuvre des PSG à long terme.

De manière spécifique, le projet vise à :

_____

46 Pays Pauvres Très Endettés

- permettre aux communautés bénéficiaires de financer l'élaboration et la mise en œuvre des PSG de leurs forêts communautaires ;
- assurer la formation des prestataires de services qui peuvent être des organisations non gouvernementales (ONG), ou des bureaux d'études (BE) et du personnel du MINFOF appuyant les communautés ;
- assurer la formation des communautés par les prestataires de services afin qu'elles puissent s'approprier le processus de gestion des ressources de leurs forêts.

La mise en œuvre de ce projet s'est faite selon l'approche « faire-faire » qui consiste à s'appuyer sur les organisations intermédiaires pour la réalisation des actions sur le terrain, notamment en ce qui concerne l'élaboration des plans simples de gestion, le renforcement des capacités des différents acteurs, l'information et la sensibilisation des communautés rurales.

Dans le cas spécifique de la commune de Djoum, les forêts communautaires AFHAN et Oyo Momo ont bénéficié des financements de ce projet, via l'appui technique des ONG locales CED et OPED, qui sont les prestataires respectifs de service qui ont assuré l'interface entre le projet RIGC du MINFOF (bailleurs de fonds) et les communautés concernées, pour l'élaboration et la mise en œuvre du plan simple de gestion.

II.4.1.9. Le Programme National de Développement Participatif (PNDP)

Le PNDP s'inscrit dans le cadre de la stratégie sectorielle du développement rural, et a pour objectif d'appuyer les initiatives collectives des communautés villageoises et les structures décentralisées de l'État. C'est un programme qui s'étend sur une période de quinze ans, réalisable en trois phases de cinq ans chacune, de manière à couvrir progressivement l'ensemble du territoire. Il comprend quatre composantes :

- le fonds d'appui au développement des communautés rurales qui a pour objectif d'apporter des subventions en complément des contributions des bénéficiaires pour la mise en œuvre de projets amorcés par les communautés villageoises, les communes et autres acteurs de la société civile sur la base de plans de développement locaux et communaux élaborés de concert avec l'approbation du comité paritaire communal.

- l'appui aux communes dans le processus progressif de décentralisation vise à préparer l'institution communale et les communautés de base à s'intégrer efficacement dans le processus progressif de décentralisation et de réduction de la pauvreté en milieu rural.

- le renforcement des capacités au niveau local a pour objectif d'améliorer la connaissance et les aptitudes des acteurs du développement participatif en vue de leur implication de façon concertée aux efforts de réduction de la pauvreté.

- le suivi-évaluation et la communication, composante qui vise à mettre à la disposition de tous les acteurs du PNDP et du secteur du développement rural en général les informations et les outils de gestion et d'aide à la décision, nécessaires à l'accomplissement de leur responsabilité.

II.4.2. Cadre législatif de la foresterie communautaire au Cameroun

Sur le plan législatif, s'il est vrai que les administrations coloniales reconnaissaient déjà les droits d'usages des populations riveraines, force est de constater que les différentes ordonnances et autres textes législatifs et réglementaires relatifs au secteur forestier n'ont pas favorisé une véritable participation de ces populations à la gestion des forêts. Il s'agit beaucoup plus d'une législation à caractère répressif.

À partir de 1992, après la signature par le Cameroun de la convention de Rio, une réelle volonté politique a pris corps avec la mise sur pied d'un cadre légal et réglementaire favorable à la gestion communautaire des ressources forestières :

- la nouvelle politique forestière élaborée en 1993 prévoyait une gestion décentralisée qui permettait désormais aux populations de prendre une part active à la gestion des ressources naturelles ;
- la loi N° 94/01 du 20 janvier 1994 portant régime des forêts, de la faune et de la pêche permettait outre le partage de la RFA entre l'État, la commune et les communautés villageoises, mais aussi la possibilité pour ces dernières de solliciter et de gérer pour leur propre développement des forêts communautaires ;
- l'arrêté N° 518/MINEF/CAB du 21 Décembre 2001 sur le droit de préemption a permis aux communautés de revendiquer en priorité la création d'une forêt communautaire sur un espace en cours d'octroi pour une vente de coupe ;
- l'adoption du Manuel des Procédures d'Attribution et des Normes de Gestion des forêts communautaires, en 1998 a rendu opérationnel le concept.
- La décision N°1985/D/MINEF/SG/DF/CFC du 26 Juin 2002 sur l'exploitation en régie des forêts communautaires a offert la possibilité aux communautés de maximiser les bénéfices à long terme en promouvant l'exploitation artisanale des forêts communautaires.

II.4.2.1. Qu'est-ce qu'une forêt communautaire au sens de la loi ?

Les forêts communautaires font partie des dispositifs prévus par la loi forestière de 1994 pour faciliter la participation des communautés locales à la gestion durable et équitable des ressources naturelles, et faciliter leur accès aux bénéfices sociaux et économiques de ces ressources pour lutter contre la pauvreté. Cette loi et son décret d'application de 1995 définissent une forêt communautaire comme :

une zone du domaine forestier non permanent (Encadré 1), pouvant mesurer jusqu'à 5000 ha, et faisant l'objet d'une convention de gestion entre une communauté villageoise et l'administration des forêts.

La convention de gestion (CG)

La convention de gestion (CG) d'une forêt communautaire est définie comme un contrat par lequel l'administration chargée des forêts confie à une communauté une portion de forêt du domaine national, en vue de sa gestion, de sa conservation et de son exploitation pour l'intérêt de cette communauté. Autrement dit, La convention de gestion est le contrat par lequel l'État, représenté par l'Administration en charge des forêts délègue les pouvoirs d'exploitation en régie à une communauté villageoise donnée qui en a fait la demande, représentée par sa personnalité morale désignée sous le nom d'entité juridique[47]. La loi précise que l'entité juridique gère la forêt communautaire au nom et pour le compte de la communauté locale et que tous les revenus qui en résultent doivent être utilisés pour le développement de toute la communauté. Pendant toute la durée de la CG qui est de 25 ans, tous les bénéfices tirés de la vente des produits de la dite forêt communautaire appartiennent en totalité à la communauté concernée. La convention de gestion est assortie d'un plan simple de gestion (PSG).

Le plan simple de gestion (PSG)

Le PSG est l'outil technique de référence auquel doivent se conformer les activités d'exploitation et de gestion de la forêt communautaire. Ce document, dont la validité doit être examinée et

---

47 Quatre formes d'entités juridiques sont reconnues par la loi. Il s'agit de : l'Association ; la Coopérative ; du Groupe d'initiative commune (GIC) et du Groupement d'intérêt économique (GIE).

approuvée par l'administration forestière, doit ressortir des indications sur :

- l'identification de la communauté et de son entité juridique ;
- la localisation de la forêt communautaire assortie d'une carte de situation au 1 : 200.000e,
- la description de la forêt communautaire indiquant sa superficie et le potentiel des ressources disponibles et les caractéristiques biophysiques du milieu ;
- les résultats des inventaires des ressources ;
- la planification des activités de gestion des ressources [opérations de production (produits ligneux, produits forestiers non ligneux, produits de chasse) ; de protection (espèces animales ou végétales, sources/nappes d'eaux, et sols, etc.) ; de valorisation (produits forestiers non ligneux, patrimoine socioculturel, écotourisme, etc.] et des revenus générés ;
- la planification dans le temps et dans l'espace des besoins prioritaires de développement de la communauté ;
- le plan de réalisation de microprojets communautaires ;

Le PSG est élaboré de manière participative par la communauté avec l'assistance technique de l'Administration locale chargée des forêts et le cas échéant, des structures d'accompagnement dans le souci d'une gestion durable et du développement local. Il s'appuie sur des résultats de deux études préliminaires : l'étude socioéconomique et l'inventaire d'aménagement multi ressource.

L'étude socioéconomique permet de décrire la communauté, ses principales activités, sa relation avec la forêt ainsi que ses attentes. Cette étude a pour but d'aider à formuler les objectifs de la forêt communautaire sur le plan de l'utilisation qui sera faite des ressources en termes de développement local.

L'inventaire d'aménagement est un sondage, généralement réalisé entre 2 et 8%, et répertoriant toutes les essences, d'intérêt commercial ou non, ayant atteint un diamètre à hauteur de poitrine (DBH) de 20 cm. Son objectif est de fournir un aperçu du potentiel qualitatif et quantitatif et la localisation de la ressource ligneuse de façon à opérer un découpage en parcelles annuelles d'exploitation, permettant un prélèvement annuel en volume de bois équilibré. Il sert aussi à définir les diamètres minimum d'exploitation (DME) dont la fonction est d'assurer une reconstitution suffisante de la ressource, essence par essence, en seconde rotation (Julve, Vandenhaute, Vermeulen, Castadot, Ekodeck, & Delvingt, 2007).

II.4.2.2. Quelles sont les exigences à remplir par la communauté pour bénéficier d'une forêt communautaire ?

Selon les indications contenues dans la version révisée du Manuel des Procédures d'Attribution et des Normes de Gestion des forêts communautaires (MINFOF, 2009), le cheminement qui conduit à l'exploitation d'une forêt communautaire est jalonnée de plusieurs exigences à remplir par la communauté pour prétendre à la convention de gestion de sa forêt. Ce cheminement commence avec une phase dite préliminaire et s'achève avec la signature de la convention définitive de gestion.

`Phase 1 : information et sensibilisation`

La phase préliminaire est la tenue par la communauté, d'une série de réunions d'information et de sensibilisation sur le concept de forêt communautaire, ciblant chacune de ses composantes ainsi que les communautés voisines. Cette phase a pour objectif de permettre à la communauté qui a l'intention de soumettre un dossier de demande d'une forêt communautaire, de s'approprier le concept, de motiver une adhésion à la création d'une forêt communautaire, de développer une dynamique de groupe pour :

- parvenir à un consensus interne sur les besoins de la communauté et les objectifs à assigner à cette forêt ;

- choisir une forme d'entité juridique qui gérera la forêt communautaire et sa création le cas échéant ;
- s'accorder avec les voisins qui partagent les limites de la forêt sollicitée ;

Ces réunions, dont la durée minimum est de soixante jours avant la publication de l'avis relatif à la réunion de concertation, peuvent être organisées en présence d'un responsable de l'Administration chargée des forêts et/ou de toute autre structure d'accompagnement (ONG, Projets, Programmes…).

Phase 2 : désignation de l'entité juridique

La loi ne reconnaissant pas la communauté comme une personne morale, l'article 28(3) lui reconnait cette personnalité morale sous la forme d'une entité prévue par la législation en vigueur, c'est-à-dire l'association, la coopérative, le groupe d'initiative commune (GIC) ou le groupement d'intérêt économique (GIE). La communauté choisit parmi les quatre formes proposées, son entité qui aura mandat d'agir en son nom et au mieux de ses intérêts, puis élit les membres de son bureau ainsi que le responsable des opérations forestières.

Phase 3 : la réservation de la forêt

Au cours d'une réunion de concertation, supervisée par l'autorité publique compétente, assisté des responsables techniques locaux et des autorités traditionnelles, et réunissant l'ensemble des composantes de la communauté concernée ainsi que les communautés voisines, la définition des objectifs de la forêt communautaire et sa délimitation sont approuvées en cas de non-opposition. Le responsable des opérations forestières préalablement désigné en même temps que les membres du bureau de l'entité juridique (comité de gestion) sont officiellement installés.

Phase 4 : la convention provisoire de gestion

Cette phase est cruciale puisqu'elle permet à la communauté d'entrer dans la phase de préparation du plan simple de gestion de la forêt. La convention provisoire est subordonnée à la soumission par la communauté d'un dossier de demande d'attribution d'une forêt communautaire constitué des pièces suivantes :

- une demande timbrée précisant les objectifs assignés à la forêt sollicitée et signée par le responsable de l'entité juridique ;
- le plan de situation de la forêt ;
- les pièces justificatives[48] portant dénomination de la communauté concernée ainsi que l'adresse du responsable désigné ;
- la description des activités précédemment menées dans le périmètre de la forêt sollicitée ;
- le procès-verbal de la réunion de concertation ;
- un formulaire de convention provisoire de gestion de la forêt communautaire, intégrant la définition et la planification des activités à mener, dûment rempli et signé par le responsable de l'entité juridique ;
- une attestation de mesure de superficie.

Si la forêt ne fait pas l'objet d'un titre d'exploitation et/ou n'empiète pas le domaine forestier permanent, la demande est approuvée et le ministre en charge des forêts signe la convention provisoire de gestion, d'une validité de de deux ans non renouvelables, autorisant à la mise en œuvre des opérations forestières qui y ont été prévues.

Phase 5 : élaboration du PSG et la convention définitive de gestion

Au plus tard à la fin de la convention provisoire, la communauté doit élaborer et soumettre le plan simple de gestion et la convention définitive de gestion de la forêt communautaire. Cette étape exige des

---

48 Il s'agit par exemple du certificat d'inscription du GIC, et récépissé de déclaration de l'association

compétences techniques en matière d'inventaire et d'aménagement. Parmi les exigences à satisfaire par une communauté pour bénéficier d'une forêt, l'élaboration du PSG est certainement l'étape la plus difficile à la fois sur le plan financier, technique et administratif. Le non-respect des dispositions de la convention et du plan simple de gestion d'une forêt communautaire peut entraîner des sanctions à l'encontre de la communauté, soit par une suspension provisoire des activités de cette forêt, soit par un retrait définitif de la convention. Son approbation aboutit à la signature de la convention définitive de gestion de 25 ans renouvelables. La convention définitive étant le titre qui donne le pouvoir à la communauté d'exploiter les ressources de la forêt en usufruit pendant 25 ans renouvelables, sans lui conférer la propriété. Une forêt communautaire ne confère à la communauté, ni des droits de propriétés sur le domaine, ni quelque titre de propriété sur la forêt elle-même. Dans les deux cas, les droits de propriété sur le domaine foncier et sur la forêt demeurent ceux de l'État.

Phase 6 : mise œuvre du PSG

C'est la phase ultime du processus de mise en œuvre du processus de forêt communautaire. Elle est déterminante pour la communauté car, elle est le point de départ qui permet la gestion effective des ressources dans une perspective de lutte contre la pauvreté et de gestion durable de la forêt. C'est l'occasion pour la communauté d'enclencher en définitive son développement socioéconomique par la réalisation des microprojets communautaires retenus dans le PSG. Trois formes d'exploitation sont valorisées :

– l'exploitation artisanale en régie par la communauté elle-même ;

– l'exploitation artisanale en partenariat avec un opérateur économique ;

– l'exploitation industrielle. Cette dernière forme d'exploitation fut au centre de la Circulaire No 677/2001 signée en 2001 par le ministre des forêts, abordant la question de l'exploitation illégale des forêts communautaires et s'intéressant plus particulièrement à l'exploitation industrielle.

Schématiquement, nous résumons ci-dessous la procédure d'attribution d'une forêt communautaire au Cameroun ainsi qu'il suit (Figure 2) :

Figure 2 : Étapes de la procédure d'attribution d'une forêt communautaire au Cameroun

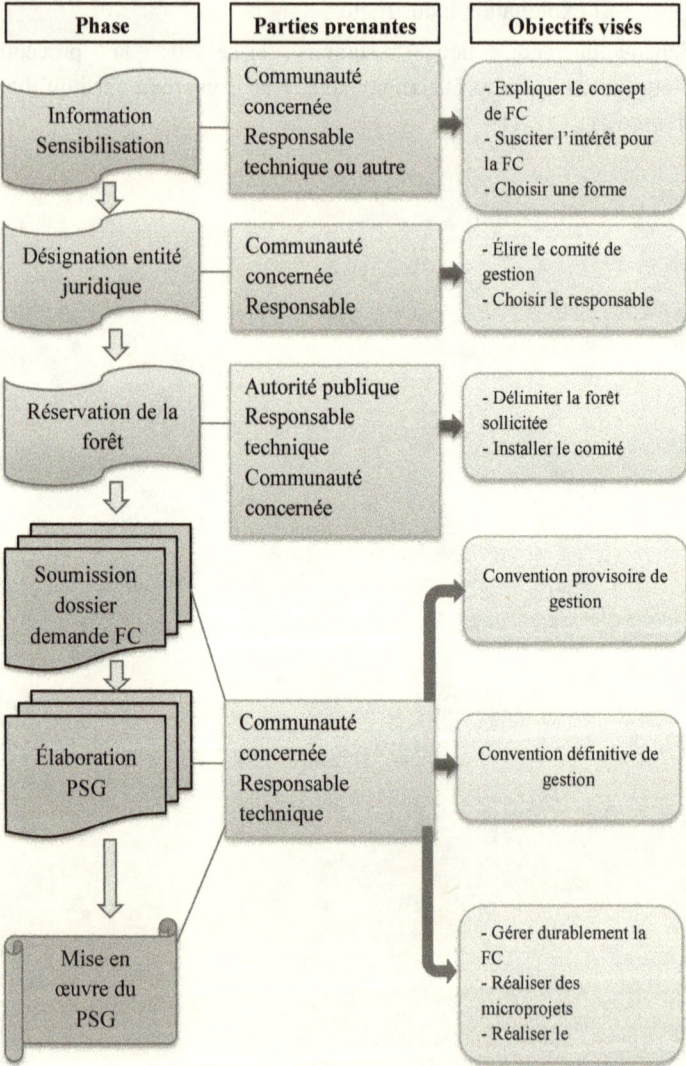

Phase	Parties prenantes	Objectifs visés
Information Sensibilisation	Communauté concernée Responsable technique ou autre	- Expliquer le concept de FC - Susciter l'intérêt pour la FC - Choisir une forme
Désignation entité juridique	Communauté concernée Responsable	- Élire le comité de gestion - Choisir le responsable
Réservation de la forêt	Autorité publique Responsable technique Communauté concernée	- Délimiter la forêt sollicitée - Installer le comité
Soumission dossier demande FC		Convention provisoire de gestion
Élaboration PSG	Communauté concernée Responsable technique	Convention définitive de gestion
Mise en œuvre du PSG		- Gérer durablement la FC - Réaliser des microprojets - Réaliser le

II.4.2.3. Situation actuelle de la foresterie communautaire au Cameroun

L'observation de l'évolution des données quantitatives de la foresterie communautaire au Cameroun montre que la mise en œuvre des forêts communautaires a suscité une forte adhésion des communautés forestières du fait de l'effet de levier qu'a été l'évolution du cadre institutionnel et réglementaire d'une part. D'autre part, grâce à l'apport de divers intervenants qui seront présentés plus loin, l'appel lancé par l'État en direction des communautés forestières dans le cadre des forêts communautaires, a eu un impact considérable auprès de celles-ci. En effet, depuis la signature de la première convention de gestion en 1997, le nombre de demandes de forêts communautaires enregistré par le MINFOF a progressivement augmenté pour atteindre environ 480 demandes d'attribution en 2010.

Selon les statistiques cumulées fournies par le MINFOF, le nombre total de demandes d'attribution en 2008 représente une superficie totale demandée de 1 306 708 ha répartie sur 33 départements parmi 56 (soit une proportion de 3 départements sur 5 au Cameroun) que compte l'ensemble du territoire national du Cameroun. En 2010 elle est passée à 1 610 690 ha. En 2011, elle représente 21% du Domaine forestier non permanent (DFNP). Si toutes les forêts parviennent au bout du processus, ce taux passera à 34% du DFNP. 135 forêts communautaires étaient déjà sous convention de gestion et 174 autres avaient un plan simple de gestion approuvés en 2008. Ce qui représente 621 245 ha de superficie totale attribuée et 487 314 ha de superficie totale réservée (Graphique 6).

Graphique 6 : Situation de la foresterie communautaire en 2008 au Cameroun

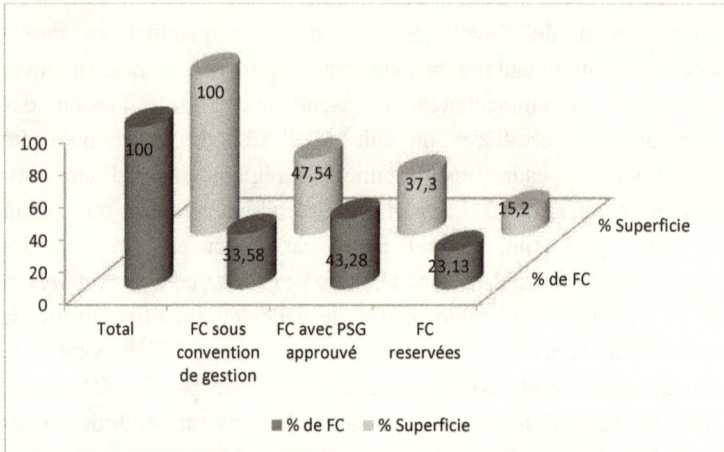

Source : MINFOF, Direction de la faune et des aires protégées, service de la gestion communautaire et participative (archives)

III. Problématique de la recherche

Les données ci-dessus fournissent la preuve de l'engouement des communautés pour le phénomène de « forêts communautaires ». Elles montrent à quel point les forêts communautaires ont largement contribué à faire découvrir la foresterie communautaire comme le lieu de l'expression des intérêts des communautés rurales et comme un tremplin que ces dernières utilisent désormais pour atteindre certains de leurs objectifs sociaux, matériels et financiers. Il n'y a donc pas de doute qu'au Cameroun, les forêts communautaires ont suscité un intérêt auprès des communautés villageoises (Graphique 7), décidées avant tout à saisir l'opportunité qui leur était offerte d'être associées au partage des avantages fournis par la forêt, mais aussi habitées par l'espoir de devenir des opérateurs des actions ou des interactions permettant d'améliorer leurs conditions de vie et de réduire leur niveau de pauvreté. Était-ce un effet de mode ? Nous tenterons de l'expliquer plus loin.

Pourtant, si l'intérêt pour la foresterie communautaire a fortement progressé auprès des communautés villageoises camerounaises, avec un nombre de sollicitation et d'acquisition de forêts communautaires continuellement à la hausse, on ne peut pas en dire autant des résultats obtenus, quinze années après leur mise en œuvre au Cameroun.

En effet, il est difficile de citer à ce jour, un modèle d'exemple ayant permis à ses communautés de réaliser les objectifs que les initiatives gouvernementales d'octroi et de gestion communautaire des ressources forestières visaient au Cameroun : (i) améliorer la participation des populations à la conservation et à la gestion des ressources forestières, (ii) permettre aux communautés de créer une production économique pour sortir de la pauvreté, (iii) enclencher enfin le développement local. De toute manière, il ne faut sans doute pas trop s'attarder sur les chiffres car, s'il peut apparaître sur le Graphique 7 une évolution croissante du nombre de conventions de gestion signées depuis l'année 2000, le Graphique 8 montre par contre que le taux de délivrance des certificats annuels d'exploitation (CAE) est resté extrêmement bas, voire décroissant depuis 2006.

Graphique 7 : Évolution depuis 2000 du nombre de conventions de gestion signées

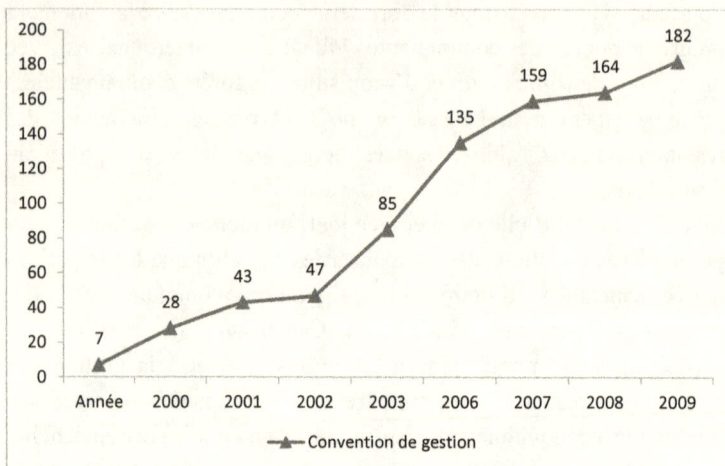

Source : MINFOF, Direction de la faune et des aires protégées, service de la gestion communautaire et participative (avril 2011)

Ce constat nécessite une double démarche : la première s'attache à rechercher l'origine et les causes explicatives de ce décalage entre l'augmentation du nombre d'attribution des forêts communautaires et la baisse de délivrance des certificats annuels d'exploitation ; une fois l'origine et les causes identifiées, la deuxième démarche va consister à les analyser comme des références qui permettront de mieux évaluer qualitativement les activités de gestion et d'exploitation menées dans les forêts communautaires afin d'apprécier convenablement leur contribution au processus de développement.

Graphique 8 : Évolution depuis 2006 du pourcentage de délivrance de certificats annuels d'exploitation (CAE)

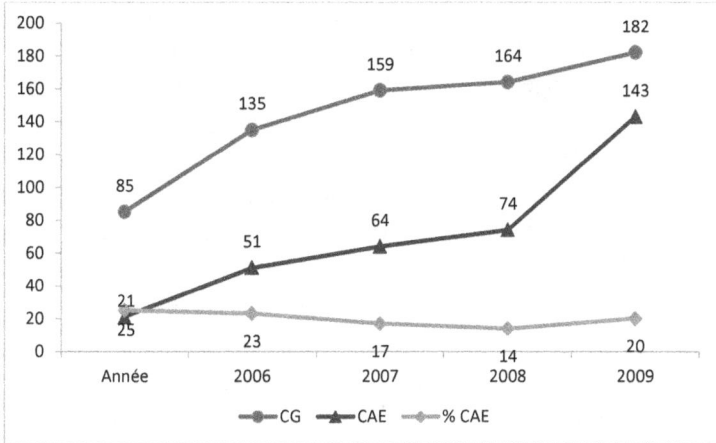

Source : MINFOF, Direction de la faune et des aires protégées, service de la gestion communautaire et participative (avril 2011)

Objet d'une importante attention de la communauté internationale, d'une pléthore de réunions officielles et d'une littérature aussi abondante que variée, les forêts communautaires présentent au contraire un bilan sur le terrain plus que mitigé (Vermeulen, Vandenhaute, Dethier, Ekodeck, Nguenang, & Delvingt, 2006). Presque quinze ans après la mise en œuvre de ce processus, plusieurs auteurs font état de l'impasse d'un processus en butte à sa difficile législation (Julve, Vandenhaute, Vermeulen, Castadot, Ekodeck, & Delvingt, 2007), ou à sa difficile institutionnalisation (Karsenty, Lescuyer, Ezzine de Blas, Sembres, & Vermeulen, 2010). Pour ceux-ci, le processus d'acquisition d'une forêt communautaire est jugé :

– très long, car les observations montrent qu'il faut en moyenne 5 ans d'attente pour qu'une communauté qui fait la demande d'une forêt puisse régulièrement l'obtenir (Julve & Vermeulen, 2008). Les résultats de nos observations montrent que la durée du processus d'acquisition des forêts communautaires étudiées varie entre 3 et 5 ans, soit une moyenne de 4 ans ;

- très complexe car en plus de la réalisation du plan simple de gestion[49], la réglementation en vigueur impose la réalisation des enquêtes socioéconomiques, des études d'impact environnemental (EIE), des inventaires d'aménagement et d'exploitation ;

- très coûteux, car le temps long de la procédure ajouté à la complexité du processus, lequel nécessite l'intervention des structures spécialisées et compétentes en la matière, rendent ainsi très onéreux l'acquisition d'une forêt communautaire pour des populations dont on veut sortir de la pauvreté ;

- trop technique, car à certaines étapes de la procédure nécessitant la mobilisation des connaissances techniques et scientifiques spécialisées, les communautés doivent faire appel à des spécialistes (prospecteurs avérés, bureaux d'études pour traitement informatique, utilisation du GPS, boussole, connaissances SIG), en conséquence, elles se sentent écartées du processus. Ce qui n'est pas de nature à leur permettre l'appropriation du processus et favoriser leur autonomisation.

À en croire ces auteurs, l'essentiel de l'analyse explicative de la faillite des initiatives communautaires d'acquisition et de gestion des forêts est à rechercher dans les difficultés soulignées ci-dessus. Certes il est indéniable que plusieurs entraves financières, procédurales, organisationnelles et opérationnelles existent (comme dans tout projet porté par des acteurs) et ralentissent, voire empêchent le succès de ces initiatives, mais cette explication semble insuffisante pour justifier le désenchantement observé sur le terrain.

---

49 Plan simple de gestion pas simple du tout, car trop calqué sur le plan d'aménagement imposé dans les grandes concessions forestières (Julve & Vermeulen, Bilan de dix ans de foresterie communautaire au Cameroun, 2008)

Car, malgré les difficultés relevées, le nombre de sollicitation et d'acquisition de forêts communautaires reste fortement à la hausse au Cameroun. L'arrondissement de Djoum compte à lui seul six forêts communautaires ayant une convention de gestion déjà signée. Ce constat traduit clairement le fait que les communautés ont su braver les obstacles pour atteindre leur objectif d'acquérir et de gérer une forêt communautaire. Autrement dit, le temps long de la procédure, le caractère complexe, technique et coûteux du processus n'ont pas suffi à altérer leur volonté et leur détermination. Et si nous considérons les quinze années de pratique de la foresterie communautaire au Cameroun et l'évolution quantitative du nombre de conventions de gestion signées, on peut plutôt penser que les communautés forestières sont entrées dans une phase organisationnelle susceptible de leur donner des capacités de s'autodéterminer économiquement.

Beaucoup d'autres acteurs et le rapport sur « l'état des lieux de la foresterie communautaire au Cameroun » qui, dans ses conclusions, souligne que la foresterie communautaire au Cameroun « suscite actuellement plus d'inquiétudes que d'espoir » (Cuny, Abe'ele, Nguenang, Djeukam, Eboule, & Eyene, 2003), parlent simplement d'un échec du processus. Selon Ndume-Engone (2010), près de 70% des revenus des forêts communautaires (quand ils existent) sont constitués de revenus individuels et seulement 30% sont des revenus collectifs. Cette tendance montre que les bénéfices financiers des forêts communautaires servent plutôt de levier pour la maximisation des revenus individuels contrairement aux objectifs de départ. Faut-il alors tout simplement renoncer au processus d'octroi et de gestion communautaire des ressources forestières ? Nous pensons que non, compte-tenu du chemin parcouru et des acquis capitalisés. Il n'est pas souhaitable selon nous, qu'après vingt-cinq ans de frustration et de revendications des communautés qui se sentaient écartées du partage des avantages fournies par les forêts, de revenir en arrière. Peut-on alors s'en tenir qu'aux seules difficultés évoquées dans la littérature comme analyse explicative de l'échec de la foresterie communautaire à atteindre son objectif d'aide au développement des petites communautés rurales et d'outil pour l'éradication de la pauvreté en milieu rural ? Loin s'en faut ! Notre regard sur l'acquisition et la gestion des forêts communautaires tente d'aller au-delà de ce qu'en disent les écrits, pour analyser le rôle de l'action collective locale dans la mouvance organisationnelle des communautés et la gestion des ressources forestières à Djoum. Se constituer simplement en entité juridique, formellement reconnue et recommandée par les autorités, est-il suffisant pour permettre aux communautés villageoises d'acquérir les capacités organisationnelles et de gestion leur garantissant l'autodétermination économique et sociale ?

III.1. Les remises en cause d'une logique qui a sous-tendu le processus de foresterie communautaire

Les objectifs qui ont sous-tendu la mise en œuvre du processus de foresterie communautaire au Cameroun, étaient fondés sur l'hypothèse d'une forte corrélation entre action collective communautaire, gestion des forêts communautaires et développement socioéconomique. C'est sur la base de cette hypothèse, que des incitations fortes ont été mises en place pour intéresser les communautés villageoises à demander des espaces forestiers. C'est le cas par exemple de l'institution du droit de préemption, qui prescrit l'attribution en priorité aux communautés villageoises (pauvres) riveraines d'une forêt susceptible d'être mise en exploitation par vente de coupe, afin de minimiser la concurrence avec les exploitants forestiers (nantis) sur ce genre de titre. De même, la création des outils pour pallier certaines contraintes techniques et financières rencontrées par les communautés villageoises engagées dans le processus d'acquisition et de gestion d'une forêt, a aussi été une mesure d'incitation appréciable. Par ailleurs, beaucoup de monde s'accorde à dire que la théorisation du processus qui en a découlé a contribué à installer des bases cognitives très séduisantes. Le Gabon voisin et la République Démocratique du Congo s'en sont inspirés pour réformer leur législation forestière, sans se soucier de sa fonctionnalité et de son efficience à atteindre les objectifs visés. Mais le défaut de résultats véritablement probants de l'expérience de la foresterie communautaire au Cameroun nous oblige à nous interroger d'abord sur le potentiel des forêts communautaires à fournir une production économique soutenue et durable et ensuite sur la corrélation supposée entre action collective communautaire, gestion des forêts communautaires et développement socioéconomique.

III.2. Le questionnement qui justifie notre démarche de recherche

Deux interrogations très simples ont guidé notre démarche de recherche. La première soulève la question des forêts communautaires, vues comme des ressources économiques au service du développement rural et de l'éradication de la pauvreté en milieu rural. Elle se décline en ces termes : les forêts communautaires qui ont un statut supposé de biens communs, peuvent-elles soutenir une production économique capable d'enclencher le développement rural et d'éradiquer la pauvreté, sans compromettre les objectifs de conservation ? Cette question est très intéressante pour analyser et comprendre l'action collective communautaire dans le cadre de notre étude. Ostrom (1990) insiste sur l'importance d'avoir une ressource suffisamment riche pour que le coût de l'organisation de l'action collective ne soit pas supérieure à la valeur de la ressource. Autrement dit : la faible (voire l'absence de) rentabilité financière ou économique pourrait-elle être le facteur explicatif de la démobilisation dans l'action collective autour de la gestion des forêts communautaires à Djoum ? Cette question fondamentale, mais globale mérite d'être explicitée en plusieurs questions qui permettent de mieux l'éclairer et qui peuvent se décliner en ces termes : Les forêts communautaires octroyées, permettent-elles une productivité forestière capable d'une production économique soutenable ? Quelles sont les possibilités productives (en bois d'œuvre) de ces espaces forestiers confinés dans la zone agroforestière[50] et de taille relativement réduite ? Pourquoi toutes les forêts communautaires sont-elles essentiellement orientées vers la production de bois d'œuvre ? Pourquoi la plupart des communautés légalement détentrices d'espaces forestiers à Djoum, est retombée dans la désillusion aussitôt après leur acquisition ? Quels sont les marchés potentiels et où se localisent-ils ? Quels sont les acteurs ou réseaux d'acteurs impliqués ?...

Pour apporter des réponses à ces questions il est fondamental de nous interroger sur le potentiel économique de ces ressources et faire leur analyse qualitative pour mieux apprécier leur capacité à fournir les avantages économiques attendues. Mais la possession des ressources économiques n'est pas toujours suffisante pour permettre à l'acteur de sortir de sa solitude pour agir. Il existe d'autres types de ressources comme l'interconnaissance, l'aide, l'entraide, les réseaux, les lobbys, les groupes de pressions, les associés, les effets de lieux, la proximité...qui permettent à l'acteur doté d'une capacité d'agir seul, de cumuler des capacités afin de se doter de ressources collectives pour agir de manière collective dans une situation spatiale donnée (Hoyaux, et al., 2008). Ce détour nous conduit à la seconde interrogation qui a inspiré notre démarche de recherche.

La seconde interrogation qui a inspiré notre démarche de recherche et qui est fortement liée à la précédente, soulève la problématique de la corrélation supposée entre : l'action collective communautaire, la gestion des forêts communautaires et le développement socioéconomique des petites communautés rurales au Cameroun.

---

50 La politique forestière stipule que « le domaine forestier non-permanent est assis sur des terres susceptibles d'être affectées à d'autres activités (agricoles, sylvicoles et pastorales). C'est la zone privilégiée de la foresterie communautaire, développée sur la base de l'agroforesterie. ». Ainsi, le plan simple de gestion peut permettre à un ou plusieurs secteurs d'une forêt communautaire d'être alloué à la sylviculture, à l'agroforesterie, à l'agriculture ou d'autres usages. Cependant, il est nécessaire de spécifier tous ces usages dans le plan simple de gestion convenu.

Le choix organisationnel et institutionnel de la gestion des forêts communautaires adopte la mise en place des entités de gestion créées par les villageois avec l'appui des acteurs du développement. Sur l'ensemble des villages étudiés, la gestion des forêts est confiée à des entités dont les membres sont démocratiquement élus à la majorité simple des voix par la communauté, suivant les critères d'appartenance à la communauté, de bonne moralité « supposée », et de savoir-faire collectif dans la gestion des ressources naturelles.

Pourtant comme le souligne Elong (2005), le modèle d'organisation paysanne suscité de l'extérieur par l'État, fait irruption dans la zone forestière au moment où l'organisation sociale y a perdu une bonne partie de sa physionomie d'antan. En effet, la famille pluricellulaire (ou grande famille) a connu ici une évolution vers la famille monocellulaire, avec un chef de foyer plus monogame que polygame, et des collatéraux célibataires. L'autorité des chefs traditionnels s'est affaiblie, occultée par celle de l'administration. Plusieurs autres détenteurs de pouvoir sont apparus comme l'élite extérieure, capable de peser ou d'influencer les décisions, les retraités décidés à faire valoir leur expérience acquise en ville, l'influence remarquable qu'ont certaines familles du fait de leur réussite sociale, les ONG locales dont le rôle parfois ambigu mérite d'être revisité…

De même, Oyono et Temple (2003), faisant une espèce d'archéologie des organisations rurales camerounaises, ont mis en exergue leur contexte d'émergence et les métamorphoses organisationnelles qui ont affecté le milieu rural. Pour ce faire, ils différencient trois périodes essentielles :

- la période précoloniale, caractérisée par des formes d'organisation sociale construites autour des systèmes ancestraux de régulation des interactions humaines, et nous ajoutons, qui valorisent les solidarités comme *Andzogro, Ikuane* chez les Ewondo de la région du centre… ;

- la période coloniale dominée par l'administration et la chrétienté, caractérisée par l'émergence officielle des « *associations* », des « *unions* » et des « *company*[51] » qui se superposent aux formes traditionnelles d'organisation sociale ;

- la période postcoloniale, surtout marquée par la réforme rurale et la reconstruction organisationnelle à travers la loi sur la liberté d'association promulguée en 1990, suivie de la loi sur les groupes d'initiative commune (GIC) et les coopératives promulguée en 1992.

Nous nous interrogeons alors sur la dynamique organisationnelle et fonctionnelle à opérer afin que les entités villageoises de gestion s'approprient l'action collective comme mode de gestion des forêts communautaires. Demander simplement aux communautés villageoises de se constituer en entités de gestion est-il suffisant pour faire de celles-ci le lieu d'élaboration des stratégies collectives prenant en compte les solidarités existantes et valorisant l'intérêt collectif ? L'action collective communautaire, dans le cadre de la gestion des forêts communautaires, peut-elle être le levier du développement local ? En d'autres termes, les organisations communautaires formellement recommandées et reconnues par les pouvoirs publiques pour la gestion des forêts communautaires, peuvent-elles être le support d'une action collective capable d'enclencher le développement local ?

Pour bien cerner cette dimension de notre étude, il est nécessaire de faire l'analyse sociale des communautés concernées. Celle-ci consiste à examiner comment les populations sont organisées dans les différentes entités organisationnelles mises en place pour la gestion des espaces forestiers acquis, sur la base des catégories sociales comme : leur appartenance ethnique, leur genre ou leur profession (agriculteur, retraité, ménagères, enseignants,...). Le but de cette

---

51 Concept tiré du pidgin

analyse est de savoir comment les catégories sociales susmentionnées affectent ou non la dynamique des entités organisationnelles ou l'atteinte des objectifs du développement. Autrement dit, la prise en compte de ces catégories sociales dans l'esprit des projets de développement rural conditionne-t-elle essentiellement leur réussite ?

Une fois ces bases cognitives établies, nous allons examiner les institutions, les règles et les comportements des individus pour comprendre comment les communautés et les institutions interagissent. Le but ici est de désagréger les règles institutionnelles formelles et informelles susceptibles d'affecter la dynamique de mobilisation communautaire pour l'action collective et/ou l'atteinte des objectifs du développement. Face à la permanence de la faillite des communautés villageoises à mettre en œuvre une vraie pédagogie de l'existence en commun en vue d'une transformation sociale meilleure, il est indispensable de questionner la communauté dans ses rapports avec elle-même et son territoire. C'est dans cette perspective que nous avons laissé les villageois faire eux-mêmes l'auto-analyse de cette faillite, pour espérer comprendre comment les mécanismes qui s'opèrent et induisent des transformations sociales. Comment la communauté articule-t-elle l'action collective et le développement local ? Quelles sont les priorités locales de développement ? Quels sont les mécanismes autour de la gestion d'une forêt communautaire ? Quels modes d'exploitation sont plus utilisés ? Comment assurer la pérennité de l'organisation et optimiser la production communautaire ? Quelles mesures mettre en place pour dynamiser l'action collective communautaire ?

III.3. Objectif principal de la recherche

L'objectif de notre recherche vise à apporter des éléments de réponses au double questionnement ci-dessus en nous appuyant sur l'étude de quatre cas de forêts communautaires localisées à Djoum, une commune forestière située dans la région sud du Cameroun. Notre conviction s'appuie sur l'hypothèse que les forêts communautaires seront pleinement au service du développement rural et de la lutte contre la pauvreté, si elles sont à la hauteur d'une production économique soutenue et durable d'une part et si l'action collective communautaire permet leur gestion idoine d'autre part. Et nous pensons que l'économie de cette hypothèse conditionne l'analyse sur l'action collective communautaire comme levier du développement rural. Dans ce cadre, notre recherche se positionne dans une perspective différente et se propose de questionner la capacité de production en bois d'œuvre des forêts communautaires et les hypothèses (i) d'une corrélation forte entre l'action collective communautaire, la gestion des forêts communautaires et le développement socioéconomique et (ii) que les territoires villageois constituent l'échelle de référence pour la gouvernance communautaire des ressources naturelles.

À l'heure où l'action collective apparait comme une réponse au développement de nouvelles formes de solidarité et de coopération dans un contexte mondial où l'exclusion sociale est devenue une préoccupation majeure (Dale, 1996; Samoff, 1996), nous nous proposons de l'aborder, non pas dans l'option classique des débats sur la tragédie des communs au sens par exemple de Hardin, mais pour tenter de comprendre si l'agir ensemble communautaire dans le cadre de la gestion des forêts à Djoum, peut permettre d'améliorer les conditions socioéconomiques et d'enclencher le développement local.

L'action collective communautaire dont nous traitons ici est envisagée comme une mobilisation des idées, des énergies et des actions individuelles au service de la production des biens communautaires, marchands ou non, pour le bien-être socioéconomique collectif. Elle renvoie à la mise en commun des idées et des actions banales dans la vie quotidienne des acteurs villageois, en référence à leur espace de vie (sociale, économique, culturelle et environnementale), c'est-à-dire leur lieu de vie partagé collectivement. Autrement dit, l'action collective communautaire dans ce cas doit être intrinsèque aux façons d'être et aux manières de faire que les communautés locales réunies ont su construire avec le temps, en relation avec leur territoire de vie, et qui débouchent sur des stratégies propres de transformation sociale et de construction du développement.

Sa question s'inscrit dans un horizon plus large qui réfère aux sens des mobilisations des communautés pour construire collectivement un projet d'avenir. Seule une immersion au sein des communautés concernées peut apporter des réponses aux questions suivantes : comment les communautés de Djoum se mobilisent-elles pour gérer leurs forêts ? Quel est le degré d'implication et quels sont les efforts consentis par chacun des membres de la communauté à l'objectif du développement communautaire ? Comment les règles et les comportements institutionnels, formels et informels, affectent-ils l'atteinte des objectifs ? Quels mécanismes peuvent suppléer l'absence ou l'insuffisance des règles institutionnelles et renforcer l'efficacité des organisations mises en place?

Le Cameroun rural possède une multitude de petites communautés locales singulières, qui se sont maintenues et qui diffèrent par leur quotidien vécu et leur façon de penser leur avenir. La décentralisation de la gestion des ressources forestières, dans son itinéraire qui a abouti à la possibilité pour les communautés, de demander et d'obtenir une forêt communautaire, a constitué un grand espoir pour celles-ci. La foresterie communautaire est apparue comme une chance offerte aux communautés de s'exprimer et l'occasion de se positionner, de s'organiser collectivement et de mettre en œuvre des actions en tant qu'acteurs formellement reconnus.

Les communautés sont la base sur laquelle il faut s'appuyer pour construire leur développement, ne serait-ce que pour les deux raisons suivantes : (i) elles sont les principaux acteurs ayant le savoir-faire et la connaissance de leur milieu ; (ii) elles sont les principaux acteurs bénéficiaires des retombées socio-économiques visées par la revitalisation de leur territoire. De plus, aucune action de développement local, ni politique d'aménagement d'un territoire, ne peut trouver sa pleine efficacité s'elle n'est adossée sur une bonne structuration et organisation des populations, propices à une dynamique de mobilisation de tous les acteurs. On peut donc croire que si tous les membres d'une communauté mettent ensemble, dans un élan de solidarité et de coordination des actions, leurs savoirs et savoir-faire au service de l'action communautaire pour le développement de leur territoire, celui-ci s'en suivra. Or, l'échec de la foresterie communautaire aujourd'hui, nous oblige à interroger l'action collective communautaire dans ses fondements et son fonctionnement.

III.4. Objectifs spécifiques

Notre étude se propose de faire une analyse géographique :

- des caractéristiques physiques et économiques des forêts communautaires, c'est-à-dire leur localisation et leur taille, leur potentiel en bois d'œuvre et en PFnL, leur situation d'exploitation au moment de l'étude ainsi que les conditions d'exploitation... Le but ici est d'avoir un aperçu de la productivité forestière et économique des ressources gérées pour mieux apprécier leur capacité à répondre à l'objectif du gouvernement camerounais, d'améliorer la participation des populations à la conservation et à la gestion des ressources forestières, afin que celles-ci contribuent à réduire leur état de pauvreté et élèvent leur niveau de vie ;

- de l'organisation communautaire et ses interactions avec les institutions de gestion des espaces forestiers. Il s'agit de dresser le portrait des parties prenantes qui interagissent dans le processus des forêts communautaires étudiées ainsi que leurs objectifs poursuivis. Une attention particulière est portée à l'interface des communautés villageoises, c'est-à-dire l'espace d'interaction créé par la cohabitation des membres de la communauté. Elle consiste à dresser le portrait des interactions (conduites et comportements) des acteurs locaux en situation de gestion communautaire des forêts, afin de saisir la dualité et la dynamique qui marquent cette gestion et les acteurs impliqués. Il est spécifiquement question d'analyser les entités villageoises de gestion en tant qu'organisations et leurs lois et règlements, mais aussi, nous nous intéressons aux acteurs de cette instance de décision.

– des entités de gestion. Nous analysons d'abord les formes locales de participation et leur impact dans le processus de gestion des forêts communautaires. Il est précisément question ici d'étudier le degré d'inclusion ou d'exclusion de certaines catégories sociales – dont la prise en compte dans la mise en œuvre d'un projet de développement participatif est particulièrement recommandée dans les discours – et leur incidence dans l'atteinte des objectifs poursuivis, en comparant les quatre cas de figure de notre étude.

– de l'action collective communautaire au sein des organisations villageoises mises en place pour la gestion des forêts communautaires. Nous nous focalisons sur les comportements des acteurs pour tenter de démêler les interactions entre les changements induits par la gestion collective d'une forêt communautaire et les dynamiques sociales locales qui lui préexistent.

– de l'appropriation villageoise du concept de développement et la faillite de la foresterie communautaire. En partant sur la pratique des cultures de rente, nous tentons de montrer que l'échec des initiatives de gestion collective des espaces forestiers par les communautés villageoises est fondé sur le fait qu'on a négligé le développement humain (personnel) au détriment de la seule donne économique du développement.

Cette analyse nous fournira des arguments permettant d'avoir une évaluation sur le potentiel des forêts communautaires à fournir des services socioéconomiques soutenus et durables. Elle nous aidera également à identifier les facteurs divers qui limitent l'expression optimisée de l'action collective communautaire, dans sa fonction de fourniture de services socioéconomiques communautaires et de production du développement local. Elle nous permettra enfin de comprendre les mécanismes autour de l'exploitation des forêts communautaires, les acteurs ou réseaux d'acteurs impliqués, d'évaluer les mutations générées (les appropriations, les détournements, contournements…), d'examiner l'apport socioéconomique et la contribution économique de la forêt communautaire dans un ménage donné etc.

Conclusion première partie

La première partie qui s'achève portait sur la revue de littérature. Structurée en trois chapitres, son objectif était d'implanter le cadre théorique et le contexte de notre recherche.

Le chapitre I nous a permis de faire le tour de quelques défis mondiaux générés par la mondialisation néolibérale et se rapportant à la question du développement pour montrer le caractère systémique du sujet et tenter d'analyser les raisons des échecs et des difficultés du développement dans les sociétés locales, en Afrique subsaharienne en particulier. Nous avons abordé tour à tour, les crises planétaires liées : à l'environnement, à l'extrême pauvreté, à l'explosion démographique et ses incidences multidimensionnelles et, de l'insertion de l'Afrique subsaharienne dans la mondialisation néolibérale…

Nous avons montré dans un premier temps que l'inquiétude soulevée par la crise de l'environnement a contribué à la mise en place d'un débat international sur la question du développement durable et de l'utilisation des ressources naturelles, surpassant le cadre des politiques nationales de développement. Ce débat international a conduit à l'élaboration des normes juridiques, des politiques macroéconomiques et des directives mondiales, prônant la mise en place de dispositifs de régulation sociale et politique qui seraient plus vertueux en matière de « développement durable » car, les politiques forestières des pays du Sud ont été reconnues inaptes à résoudre les problèmes énormes de déforestation et d'environnement auxquelles elles sont confrontées. La réforme des États est alors proposée pour remédier à cette crise.

Cependant la question de la redéfinition de l'État divise les opinions car pour certains cette institution est clé et doit être consolidée alors que pour d'autres, son rôle doit être diminué et une partie de ses responsabilités transférée aux acteurs locaux. Ces divergences d'approche ont alors engendré un débat international négocié dont l'un des textes à cette échelle est « l'Agenda 21 », adopté lors du sommet de la Terre, à Rio de Janeiro en 1992. Celui-ci recommande aux États de baser leurs politiques nationales sur la promotion d'une gestion durable des forêts et d'une gouvernance multi-niveaux en associant le savoir-faire des communautés locales.

Nous avons ensuite abordé la question de l'extrême pauvreté dans laquelle se trouvent la plupart des pays du Sud en ce début du 21ᵉ siècle, comme une conséquence des effets pervers de la mondialisation économique, initialement proposée comme un outil au service de la production des richesses, de la croissance économique, de l'élévation du niveau de vie, de l'augmentation des échanges marchands, et de la réduction des inégalités entre le Nord et le Sud.

Nous avons également abordé la question de la vigueur démographique de l'Afrique subsaharienne comme un défi majeur à relever pour son développement, puisque les pires scénarii prévoient à l'horizon 2050, une aggravation de la pression sur l'environnement, d'inévitables mouvements de population entre pays et une très forte croissance de la population urbaine par rapport à la population rurale, et une aggravation de la pauvreté (et sa féminisation croissante).

Nous avons enfin abordé la mondialisation néolibérale en soulignant son effet amplificateur des problèmes dans les pays dits en développement. Nous avons souligné en particulier les effets dévastateurs que les plans d'ajustement structurel, imposés par le FMI et la Banque Mondiale aux pays du Sud entre 1980 et 2000, ont engendrés au plan social dans ces sociétés, que certains auteurs qualifient aujourd'hui d'« États en déroute ». Nous avons aussi abordé la question de l'économie d'endettement des États-Unis en montrant comment les effets ravageurs de la crise des subprimes se sont diffusés dans le système financier international.

Cette analyse avait pour but de souligner la relation d'interdépendance entre les pays du monde et les interactions d'échelles spatiales qui en résultent. Elle rappelle que toute réflexion sur le phénomène de développement, peut difficilement faire fi des conditionnements macro et micro économiques ou sociologiques et de leur impact sur le local. Par conséquent, la reconfiguration spatiale qui en résulte, débouche sur une géographie des territoires où les uns sont favorisés, et les autres (cas général en Afrique au sud du Sahara) sont marginalisés puisqu'ils ne répondent pas aux critères de performance associés aux nouveaux systèmes économiques, financiers et productifs.

Face à ces défis, plusieurs auteurs ont proposé de les attaquer en définissant de nouvelles formes de régulation sociopolitique et économique. Cela implique que les États soient réformés et que leur mission sociale soit repensée eu égard aux effets catastrophiques des nouveaux systèmes économiques, financiers et productifs au sein des communautés du Sud. Les acteurs des communautés locales sont alors appelés à se repositionner, du moins à modifier leurs relations avec les différentes instances économique et politique supra-locales. Par conséquent, la prise en main de leur destin apparaît comme l'indispensable levier de cette nouvelle dynamique. Mais comment engage-t-on un processus de développement (durable) dans des milieux démunis, peu éduqués et concernés par la seule préoccupation de leur survie ? Comment suscite-on l'action collective et comment peut-on en faire le levier d'un développement local réussi ?

En ce sens, nous avons présenté au chapitre II les corpus d'idées nouvelles et les approches renouvelées que les praticiens du développement se sont attachés à apporter pour répondre aux interrogations ci-dessus. Parmi ces corpus d'idées nouvelles sur le développement, nous avons retenu : (i) les démarches participatives, dont le principe d'action consiste à établir un dialogue constructif entre les différents praticiens du développement (encadrement technique, recherche, administration, politiques, ONG...) et les acteurs locaux ; (ii) les approches de développement local avec diverses déclinaisons (développement économique communautaire, développement participatif, développement régional, développement par le bas, développement endogène, développement territorial, développement intégré, gestion des territoires...), qui visent surtout les aspects socioéconomiques du développement ; (iii) la décentralisation et la notion de désengagement de l'État, qui mettent l'accent sur le territoire et les institutions.

En première analyse, nous avons vu que, si la participation comme concept, est à l'origine de la plupart des méthodes et outil mis au point ces dernières décennies pour l'appui au développement (recherche-action, développement local, gestion des ressources naturelles, le « dialogue participatif », les méthodes « à dire d'acteurs »), néanmoins les démarches participatives ne constituent pas un cadre conceptuel adapté à l'émergence d'une dynamique locale autonome de décision, dont elles sont pourtant la base implicite. Car, si le principe de la participation suppose la mise en place d'un environnement démocratique c'est-à-dire un dialogue égalitaire, une analyse partagée et des décisions concertées, il est malheureusement illusoire de penser à une participation authentique qui ne serait pas détournée par les acteurs ou groupes d'acteurs.

En deuxième analyse, nous avons abordé les approches du développement local comme un modèle de régulation qui a pour fondement, un militantisme anti-institutionnel et antipolitique, qui cherche autant à contourner les institutions et les responsables politiques locaux que les effets pervers de la mondialisation. Ce modèle qui s'est développé en opposition aux projets de développement décidés et imposés par des administrations centralisées, sans concertation avec les populations, interroge la planification à mettre en place pour que le développement prenne la route de l'implication des populations concernées. Même si cette approche est endogène, communautaire et démocratique en raison de la négociation qu'elle suppose et du débat public qu'elle suscite, elle reste cependant très normative voire « dirigiste », puisqu'elle impose de manière autoritaire, des procédés à suivre et nécessite l'analyse externe effectuée le plus souvent au préalable par des animateurs ruraux. Elle compromet pour ainsi dire, l'idée d'une initiative réellement locale car, elle considère que le premier obstacle au développement local est dans le déficit d'analyse qu'ont les acteurs locaux sur le monde qui les entoure.

En dernière analyse nous avons abordé la décentralisation comme un projet politique visant à mieux associer les administrés à la gestion du pouvoir et des affaires publiques et aux prises de décision les concernant. Essentiellement analysé dans le contexte de gestion des ressources naturelles, la décentralisation fait l'objet d'une interprétation dichotomique. D'une côté, se positionne le courant libéral qui conteste le monopole de l'État sur les terres et les ressources naturelles et prône une gestion décentralisée vu son inefficacité dans la gestion, d'un autre côté se situe le courant issu de l'évolution des politiques d'aide au développement et qui prône la bonne gouvernance, à travers la transparence dans la gestion publique.

Nous avons montré que toutes ces idées nouvelles sur le thème du développement local, ont une idéologie implicite commune, celle de l'émergence d'une autonomie locale responsable. Cependant, ces approches n'ont pas toujours permis de créer une dynamique autonome d'auto-détermination, permettant d'éradiquer la pauvreté et de réaliser le bien-être socioéconomique des communautés concernées.

C'est dans ce contexte qu'intervient la réforme de la politique forestière engagée par le Cameroun pendant la décennie 1990 et qui définit les bases de la gouvernance multi-niveaux des ressources naturelles. Le chapitre III a ainsi permis d'analyser le cadre et le contexte de la mise en œuvre de la décentralisation de la gestion des ressources forestières au Cameroun, un pays décidé à faire figure de bon élève vis-à-vis des bailleurs de fonds et des Agences de développement en se conformant aux recommandations de la Conférence des Nations unies sur l'environnement et le développement (CNUED) de Rio en 1992.

L'analyse a montré qu'au Cameroun, la décentralisation de la gestion des ressources forestières, dans son itinéraire qui a abouti à la possibilité pour les communautés, de demander et d'obtenir une forêt communautaire, a constitué un grand espoir pour celles-ci. La foresterie communautaire est apparue comme une chance offerte aux communautés de s'exprimer et l'occasion de se positionner, de s'organiser collectivement et de mettre en œuvre des actions en tant qu'acteurs formellement reconnus.

Cependant, cette expérience soulève aujourd'hui deux questions : les forêts communautaires peuvent-elles soutenir une production économique capable d'enclencher le développement rural et d'éradiquer la pauvreté, sans compromettre les objectifs de conservation ? Quelle dynamique organisationnelle et fonctionnelle faut-il opérer afin que les entités villageoises de gestion s'approprient l'action collective comme mode de gestion des forêts communautaires ?

Ce double questionnement s'appuie sur l'hypothèse que les forêts communautaires seront pleinement au service du développement rural et de la lutte contre la pauvreté, si elles sont à la hauteur d'une production économique soutenue et durable d'une part et si l'action collective communautaire permet leur gestion idoine d'autre part. Notre objectif est de sonder la capacité desdites ressources à fournir des avantages économiques et la dynamique communautaire à mettre en œuvre pour construire le développement local.

Deuxième partie

Cadre physique et humain de la commune de Djoum. Approche méthodologique ; données géographiques et historiques ; portrait socioéconomique

Chapitre IV

Cadre conceptuel, outils méthodologiques et techniques de recherche

La problématique de la gestion des forêts communautaires dans le cadre de Djoum, pose la question importante de l'approche de l'action collective en matière de gestion des ressources communes d'une part et de la relation particulière de l'être humain à son territoire de vie d'autre part. Transformer son territoire c'est agir collectivement à travers des institutions de participation fondées sur des relations sociales mettant au centre le rôle de la communauté. Dans ce cadre, ce chapitre revisite les notions : (i) d'action collective appliquée à la gestion des ressources ; (ii) de communautés, si utilisée dans le contexte camerounais de la foresterie communautaire, mais jamais définie ; et enfin (iii) de territoire. La compréhension et la manipulation de ces notions est capitale pour analyser certains mécanismes et processus liés à la gestion des forêts communautaires, comme il apparaitra plus loin (chapitres 8 et 9) dans notre recherche. Ce chapitre se poursuit avec la présentation des techniques utilisées et des procédures réalisées pour collecter des données significatives et pertinentes par rapport à notre problématique de recherche. Cette partie prend en compte trois dimensions principales qui sont la localisation et le portrait de la commune d'étude, l'activité de la foresterie communautaire et l'action collective communautaire. Le choix de ces trois dimensions s'inscrit dans une démarche de recherche structurée que nous expliquons plus bas.

I. L'action collective (communautaire) et la gestion des ressources communes

Des chercheurs de plusieurs disciplines (économie, anthropologie, sociologie, sciences de gestion...) se sont intéressés à la question des ressources communes (biens communs, biens collectifs, biens publics...) ainsi qu'au problème de leur appropriation et de leur gestion ou à la mise en place des mécanismes (publics ou privés, collectifs ou individuels) pour leur gouvernance. La question qui se pose est de savoir : comment gérer ces biens qui appartiennent à tous et à personne, mais dont chacun a besoin ? Autrement dit, les biens communs doivent-ils être définis par rapport à la question marchande (gratuits ou payants, accès illimité ou restreint) ? Parmi les contributions menées sur cette question, nous retenons trois approches :

- la première ou la logique d'action collective en économie développée par Mancur Olson (1965) : selon celle-ci, dès qu'une personne ne peut pas être exclue des bénéfices fournis par d'autres, la prédiction est que chacun est incité à ne pas prendre part à l'effort commun et à resquiller en profitant de l'effort des autres ;

- la deuxième en écologie développée par Garrett Hardin (1968) : elle affirme que la rationalité économique doit à priori pousser des individus qui se partagent un bien en commun à le surexploiter[52] ;

- et la troisième, à cheval entre économie politique et sciences politiques, développée par Elionor Ostrom (1990; 1998) : elle s'inscrit en rupture par rapport aux précédentes et,

---

[52] Surtout dans la gestion des ressources environnementales qui n'ont souvent pas de propriété individuelle établie.

remet en cause l'idée classique selon laquelle la propriété commune est nécessairement mal gérée et doit être prise en main par les autorités publiques ou privatisée.

I.1. La surexploitation des biens collectifs

Mancur Olson (1965) associe l'action collective à la notion d'organisation[53] dont le principal objectif est de défendre les intérêts de ses membres qualifiés « d'intérêts communs ou collectifs ». L'apport de biens collectifs ou publics est en général la fonction fondamentale des organisations car, tout bien privé peut être fourni par des actions individuelles. De ce point de vue, l'action collective d'un groupe vise la satisfaction des aspirations communes à ce groupe, en général l'obtention « d'un bien collectif ou commun ». L'enjeu essentiel de l'approche par les biens collectifs ou communs porte sur le processus par lequel une action collective se développe et soulève un paradoxe, celui de Mancur Olson ou la théorie du « passager clandestin ». Son principe stipule que, si les retombées positives d'une action collective se font de manière collective, les individus n'ont aucun intérêt personnel à y participer.

L'argument de Mancur Olson s'appuie sur le fait qu'aucun mécanisme ne permet d'exclure un individu de l'usage des biens publics (à accès libre) au sein d'un groupe donné. Les individus sont alors incités à se comporter en « passagers clandestins », c'est-à-dire, à utiliser ces biens sans contribuer au coût de leur production ou de leur gestion. Puisque le gain est collectif, alors les bénéfices seront nécessairement accessibles à tous, lorsque les dits biens (collectifs) seront produits, pendant que les coûts (de leur production ou gestion) sont partagés (car ils nécessitent un investissement individuel). Dans ces conditions, la question de l'intérêt à participer à l'action

---

53 Surtout à prépondérance économique

collective pour produire ou gérer une « ressource commune » ou un « bien public » se pose à chaque individu en situation d'action pour le bien commun. La solution la plus rationnelle est de devenir un « passager clandestin », en profitant des bénéfices collectifs sans participer à l'action. Il est par conséquent difficile de mobiliser les individus pour une action collective visant la production du bien en question, lequel est alors produit de manière insuffisante, voire pas produit du tout.

La théorie du « passager clandestin » suppose un comportement individuel rationnel et égoïste dans l'usage des biens publics. Soucieux de son propre intérêt, un individu rationnel ne va pas contribuer de manière volontaire, à la réalisation de l'intérêt commun ou du groupe. Son comportement égoïste va l'inciter à se soustraire à sa responsabilité de participer au paiement du coût de biens qui vont profiter à tous. Cette théorie a fortement été critiquée, surtout son hypothèse d'individus isolés, prenant leurs décisions seuls, sans influence aucune du comportement des autres acteurs. Celle-ci a été remise en question par l'école des « interactions stratégiques », puis par les hypothèses de rationalité procédurale pour la mise en place de règles de gestion des ressources communes d'Ostrom (1990; 1998).

I.2. La préservation des ressources naturelles et la nécessité d'une gestion publique ou privée

La deuxième approche, développée par le sociobiologiste Garrett Hardin (1968), décrit le problème des ressources communes selon un modèle comparable à un jeu de « biens publics », c'est-à-dire une version à plusieurs joueurs du fameux « dilemme du prisonnier ». Dans un article célèbre, intitulé « la tragédie des communs », paru dans la revue Science, Garret Hardin a analysé les ressources communes, comme des ressources naturelles ou artificielles, partagées par différents utilisateurs, et pour lesquelles, aucune mesure rationnelle ne pouvait être mise en œuvre pour inciter les utilisateurs à limiter leur consommation[54]. La possibilité d'éviter la dégradation ou la destruction desdites ressources est par conséquent extrêmement faible. Il démontrait ainsi que les ressources naturelles seraient inévitablement surexploitées et dégradées, parce qu'il est rationnel pour les individus d'exploiter et de tirer des bénéfices de l'usage de ces ressources aux dépens des autres. Il a pris à cette occasion appui sur l'exemple de l'usage abusif de pâturages communs par des bergers, chacun cherchant à y nourrir le plus grand nombre d'animaux au point de réduire la quantité d'herbe disponible. Il a ainsi démontré que les biens communs doivent être pourvus d'un propriétaire et d'un prix ou confiés à la gestion publique afin de les sauvegarder.

Les principales critiques opposées à cette théorie s'appuient sur l'ambiguïté du raisonnement de Garrett Hardin. La « tragédie » n'est pas due au fait que les ressources soient communes (propriété commune), mais à leur accès libre. Si l'accès en est limité, la surexploitation n'est pas inévitable. De nombreux exemples de ressources gérées de manière durable par des communautés le prouvent.

I.3. Depuis des siècles, il n'y a pas eu de communs sans communauté

La troisième approche, développée par Elionor Ostrom (1990) dans son ouvrage « Governing the Commons : The Evolution of Institutions for Collective Action », est en rupture avec le présupposé selon lequel, dès qu'une personne ne peut être exclue des bénéfices fournis par d'autres, la prédiction est que chacun est incité à ne pas prendre part à l'effort commun et à « resquiller » en profitant de l'effort des autres.

---

54 Cas des ressources environnementales qui n'ont souvent pas de propriété individuelle établie.

Partant d'une conception différente de la notion de biens communs, Ostrom montre qu'au-delà du bien en lui-même, les biens communs incluent la gestion de ces mêmes biens, comme cela est fait depuis des millénaires. Le terme ressource commune désigne, selon Ostrom, une catégorie de biens définis par deux caractéristiques :

- la difficulté d'exclure des bénéficiaires potentiels ;
- le haut degré de rivalité (ou de « *soustractibilité* »), c'est-à-dire la compétition dans la consommation (Ostrom, Gardner, & Walker, 1994).

Les ressources communes présentent donc des similitudes avec les biens privés (haut degré de rivalité) et publics (faible possibilité d'exclure des bénéficiaires) (Tableau 3), ce qui rend leur gestion particulièrement complexe. En effet, comme pour les biens privés, le prélèvement d'unités de ressources communes (ex. le bois d'une forêt, l'eau d'un bassin, etc.) par un utilisateur, réduit le nombre total d'unités disponibles pour les autres utilisateurs ; et comme pour les biens publics, il est difficile d'empêcher un utilisateur de prélever des unités d'une ressource menacée (ex. ressources halieutiques des océans).

Tableau 3 : Classification générale des biens selon les critères de rivalité et d'exclusion

TYPES DE BIENS	RIVALITÉ	EXCLUSION
Biens publics	Faible	Difficile
Ressources communes	Élevée	Difficile
Biens privés	Élevée	Facile
Bien de club	Faible	Facile

Source modifiée, inspirée de Ostrom, Gardner & Walker (1994).

Pour Hardin, les biens communs sont uniquement des ressources disponibles, alors que pour Ostrom, ils sont aussi des lieux de négociations (il n'y a pas de communs sans communauté), gérés par des individus qui communiquent, et parmi lesquels une partie au moins n'est pas guidée par un intérêt immédiat, mais par un sens collectif.

Elionor Ostrom a analysé, de façon approfondie, différents systèmes de ressources communes durables, auto-organisés et autogouvernés : les tenures communales dans des prairies et forêts de haute montagne (Suisse, Japon), les systèmes d'irrigation (Espagne, Philippines), la gestion des périmètres irrigués en Afrique. En analysant les similitudes dans les cas de réussite de ces différents systèmes, elle tire des « principes de conception[55] » (qu'est-ce qui fait que ça a marché). Ces principes apportent des réponses au

> *comment des individus, faillibles et susceptibles d'adopter des normes, appliquent des stratégies conditionnelles dans des environnements complexes et incertains.*

Elle confronte, compare et complète ceux-ci à partir d'autres exemples (pêcheries turques, systèmes d'irrigation au Sri Lanka, pêcheries littorales de Nouvelle Ecosse) ou de situations plus complexes (les nappes aquifères en Californie entre les années 1960 à 1990) pour tirer les raisons des défaillances (qu'est-ce qui fait que ça n'a pas marché).

À la suite de ces études empiriques, elle constate que de nombreuses communautés du monde entier parviennent en fait à résoudre le dilemme de Garrett Hardin et, gèrent durablement leurs ressources communes en créant des institutions à petite échelle particulièrement bien adaptées aux conditions locales. Cela ne signifie pas que la gestion locale représente la solution aux problèmes des ressources communes. Selon la principale conclusion d'Elionor Ostrom, il n'existe en effet pas de solution unique aux dilemmes des ressources communes. Les institutions locales peuvent bien fonctionner dans de nombreuses situations mais en cas d'échec, il est indispensable de rechercher des solutions différentes, comme la centralisation de la

---

55 Un principe de conception est « un élément ou une condition essentielle au succès rencontré par ces institutions pour assurer la durabilité de ressources communes et obtenir la conformité de générations d'appropriateurs aux règles en vigueur ».

gestion, la privatisation des droits, la cogestion ou un mélange de plusieurs solutions, pour éviter la tragédie annoncée par Hardin (Ostrom, 1990; Ostrom, Gardner, & Walker, 1994). Le principal intérêt de cette analyse est l'existence d'une institution qui définit des droits d'exploitation clairs et qui crée des mesures incitatives appropriées pour prévenir la surexploitation. En d'autres termes, la tragédie des ressources communes est celle des ressources d'accès libre, et pas forcément celle des ressources communes bien gérées.

La question des ressources communes (biens communs, biens collectifs, biens publics...) ainsi que le problème de leur gestion ou de leur appropriation renouvelle l'approche de l'action collective en matière de gestion des ressources communes. L'objet de l'action collective pour Ostrom, c'est la résolution de dilemmes sociaux liés à des situations d'interdépendance des acteurs par des « institutions ». Elle définit une institution comme un ensemble de règles mises en pratique (Ostrom, 1990). Cette approche renouvelée de l'action collective met à jour l'importance des institutions locales et de l'ancrage territorial qui découle d'une relation particulière de l'être humain à son territoire de vie. Transformer son territoire c'est aussi agir collectivement à travers des institutions de participation fondées sur des relations sociales mettant au centre le rôle de la communauté. L'action collective, vue sous cet angle, donne à la communauté et aux organisations communautaires une grande importance. C'est pourquoi nous passons à la définition des notions d'action collective, de communauté, de territoire qui sont au centre de la problématique de la gestion des forêts communautaires à Djoum.

II. L'action collective locale : un agir-ensemble communautaire

Selon Di Méo (2006), l'action collective désigne à la fois toutes les formes d'action territorialisée, publique ou privée, qui touchent des registres variés[56]. Dans ce sens,

> Elle concerne aussi bien l'intervention des pouvoirs publics de tous niveaux que celle d'institutions à caractère privé ou parapublic, comme les associations les plus diverses, des organismes professionnels et non gouvernementaux, etc.

Il s'agit là, d'une vision très large et générale des formes d'action collective qu'on peut rencontrer dans la vie courante. C'est le cas par exemple : des salariés d'une entreprise qui manifestent contre des réductions d'effectifs ou pour l'augmentation des salaires ; des enseignants qui se plaignent des effectifs pléthoriques dans les classes ; des résidents d'une banlieue qui se plaignent des infrastructures socioéconomiques insuffisantes ; etc. Si disparates qu'ils apparaissent du point de vue de leur objet, leur ampleur ou leur nature, ces mouvements expriment toujours la réalité d'un antagonisme d'intérêts et d'aspirations qui créent le plus souvent des conflits, des dilemmes (comme ceux de Mancur Olson et Garrett Hardin) à résoudre.

Cependant, s'il est clair que dans un conflit social de type classique, les salariés se mettent en grève parce que l'employeur refuse d'accorder ce qu'ils réclament, la structuration de la mobilisation est moins évidente dans le cas des communautés qui doivent s'auto-assumer et lutter pour assurer leur bien-être collectif. Cette approche de l'action collective par les communautés donne une vision assez resserrée qui isole un type particulier d'action collective que nous désignerons par la suite d'action collective communautaire et qui

---

56 Elle peut porter sur des questions sociales visant la production de nouvelles solidarités, ou simplement sur un renforcement des liens au sein de sociétés déstructurées, ou encore spécifiquement sur des groupes plus défavorisés…

renvoie selon nous, à une action concertée en faveur d'une aspiration, d'un besoin ou d'une ressource.

De façon intuitive, nous soutenons qu'il y a action collective communautaire, lorsque la communauté entreprend un effort collectif sur un projet commun pour en tirer des bénéfices mutuels. La notion d'action collective communautaire examinée ici renvoie alors à deux critères :

- il s'agit d'un agir-ensemble intentionnel, marqué par le projet explicite des protagonistes de se mobiliser de concert sur et pour un espace ;

- cet agir-ensemble se développe en rapport direct avec leurs aspirations, leurs besoins et leurs ressources.

L'action collective communautaire est donc une démarche endogène, qui s'enracine dans l'histoire locale et dans les modes de vie d'un espace, et aspire à des besoins communs de production socioéconomique pour le bien-être collectif, sans se déconnecter de la réalité contemporaine.

Cela dit, nous retenons dans le cadre de notre étude, la définition suivante de l'action collective communautaire : un ensemble de pratiques, de savoir-faire et d'attitudes mobilisés intentionnellement par des acteurs villageois en interaction autour de l'acquisition et de la gestion d'une forêt, qui les réunit par l'importance et la valeur qu'ils accordent à leur espace vécu. Elle s'enracine dans les modes de vie et donc, tient compte de l'environnement social, économique et culturel. Elle se traduit dans les façons propres des acteurs villageois d'acquérir et de gérer leur forêt et, de faire usage de leurs institutions pour satisfaire leurs besoins. Cette définition de l'action collective communautaire rejoint le point de vue d'Éléonore Ostrom (1990) pour qui, l'objet de l'action collective est la résolution de dilemmes sociaux liés à des situations d'interdépendance des acteurs par des « institutions ».

II.1. La communauté

Beaucoup de chercheurs traitent de la notion de « communauté » en
l'associant à un territoire géographique suffisamment petit pour être
considéré comme un milieu de vie où règne un sentiment
d'appartenance (un quartier, un village, une ville, un arrondissement,
un département...),

> *la communauté fait référence à la petite échelle, à la dimension intimement*
> *appréhendable des rapports sociaux; elle fait même référence à l'immédiateté*
> *et, conséquemment, au non-réfléchi, (Tremblay, 1998),*

et suffisamment grand pour avoir des institutions qui lui sont propres
ainsi qu'une certaine gouvernance. S'il est fréquemment consensuel
d'associer la communauté à un territoire géographique singulier, la
compréhension ou la qualification de cet territoire varie beaucoup en
fonction des acteurs qui en parlent. Morin (1995) cité par Brassard
(2002), fait la différence entre « communauté territoriale » et
« communauté locale ». Le chercheur associe la notion de
« communauté territoriale » au milieu urbain et celle de
« communauté locale » au milieu rural. Il va plus loin en précisant
que la communauté rurale ou locale renferme homogénéité et intérêts
communs alors que la communauté territoriale ou urbaine,
correspond à l'hétérogénéité, à l'expression des intérêts divergents et
différents :

> *la communauté locale ou rurale est associée au paradigme écologico-culturel,*
> *connote une composition sociale assez homogène, un niveau d'interaction*
> *entre les individus relativement élevé, les intérêts communs qui sont partagées*
> *et un processus de formation intimement relié à une unité spatiale qui comporte*
> *des traits distinctifs, Morin, cité par (Brassard, 2002)*

Alors que :

> *Par communauté territoriale, nous entendons plutôt l'ensemble des populations,*
> *le plus souvent hétérogènes, et des acteurs, représentant différents intérêts, qui*
> *sont présents sur un territoire inclus dans la ville mais dont les contours ne sont*
> *pas nécessairement significatifs*

En réfutant les cloisonnements qui associent la communauté rurale à l'homogénéité sur le plan des valeurs et de la composition sociale, Beaudry et Dionne (1996) abordent la communauté comme étant nécessairement territoriale, et rappellent l'importance du territoire dans la formation des solidarités de base et du lien social. Ces auteurs posent le substrat du territoire comme un lieu nécessaire à l'empreinte identitaire de la communauté, par opposition à la « communauté déterritorialisée » qui réfère aux notions de réseaux sans lieux, sans relations « face à face ». Ils traitent de « l'importance du lieu physique comme référent identitaire nécessaire au développement local ». Tremblay (1998) rejoint cette perception de la communauté qui permet des rapports directs de face à face, donc intimes et authentiques. Selon lui, le concept de communauté a toujours été utilisé par opposition à celui de « société » dont il se distingue comme le simple se distingue du complexe.

> Lorsque la société civile, bourgeoise, capitaliste, moderne a voulu se penser, elle l'a d'abord fait en reléguant au rang de communauté la part d'elle-même qu'elle refusait. Elle s'est, en contrepartie, conçue comme société, c'est à dire quelque chose de plus complexe, de plus gros, mais aussi et surtout de plus médiatisé et de plus capable de se concevoir soi-même. (Tremblay, 1998)

Parler de communauté pour ces auteurs, c'est mettre au centre les liens sociaux construits sur le terreau des lieux anthropologiques géographiquement bien circonscrits. Ce sont ces territoires d'appartenance, à la base des identités individuelles et collectives des individus qui les composent, qui constituent le socle de la communauté. C'est donc dans la nature des liens sociaux, directs ou indirects, que l'on peut observer la présence ou non de la communauté.

Dionne et Mukakayumba (1998) s'appuient sur les réalités contemporaines pour souligner l'ambiguïté de la notion de communauté, que la tradition sociologique a opposée à celle de « société ». Depuis l'avènement de l'internet, on parle beaucoup moins de communauté « concrète », localisée à un endroit bien circonscrit. C'est plus la communauté « abstraite » ou virtuelle ou communauté de réseaux de personnes, fabriquées par le biais d'interactions cybernétiques, ou à partir des relations d'aide, d'intérêts spécifiques ou d'intimité. La « communauté traditionnelle » structurée par des liens d'enracinement au territoire d'appartenance d'autrefois, est de plus en plus mise à rude épreuve des modes de vie et de l'économie contemporains, basés sur la mobilité des biens et des personnes. Les espaces de vie d'hier, subissent de nos jours, un certain nombre de contraintes (économiques, sociales, politiques…) obligeant les populations à la migration :

> l'exode des populations résulte toujours de contraintes territoriales incontournables (famines, chômage, guerres, menaces politiques, pollution), mais son caractère impératif est mieux mis en évidence en temps de crise.

Par conséquent,

> la communauté peut de moins en moins se concevoir en fonction d'une territorialité circonscrite et géographiquement délimitée (Dionne & Mukakayumba, 1998).

En effet, l'espace contemporain est de plus en plus éclaté et fragmenté et contribue à affaiblir les territoires traditionnels. Ceux-ci ne peuvent donc plus jouer ou continuer à jouer leurs rôles d'autrefois, ceux : de support de la socialité, de force structurante du lien social, et de substrat d'expression des solidarités. Autrement dit, la communauté n'est plus construite qu'à partir des liens sociaux de proximité ou de solidarité créés dans un lieu donné, son village, son quartier, son lieu de résidence, son territoire d'appartenance.

> Nous ne pouvons plus penser la communauté en fonction d'une territorialité définie et définitrice des liens aux autres comme pouvait l'être la communauté traditionnelle

S'appuyant sur l'exemple des enfants et des jeunes de la rue en Afrique[57] (Ela, 1983; Mukakayumba, 1994), Dionne et

---

57 L'entrée de l'Afrique dans les systèmes socio-économiques mondiaux a provoqué la migration des jeunes vers les villes et le gonflement des effectifs des populations urbaines (Ela, 1983). Cependant, ces nouvelles destinations rêvées sont elles aussi en crise et les nouveaux migrants ne tardent pas à s'en apercevoir. La majorité des jeunes en

Mukakayumba (1998) montrent comment se reconstruisent les solidarités dans la rue (nouvelle territorialité) et invitent à dépasser les références territoriales habituelles souvent projetés pour penser la communauté comme lieu intégré et expressif d'un sentiment d'appartenance. Pour eux, la communauté est :

> une sorte de bassin humain de confiance réciproque, toujours disponible, fournissant ainsi l'assurance sociale de relations d'entraide et de supports de défense au sein d'un groupe social donné.

Dans cette perspective, c'est dans l'expression renouvelée et sécurisante des relations interpersonnelles d'intimité, de confiance, d'affectivité entre divers acteurs sociaux liés en réseaux, par des intérêts ou des besoins communs ou par une territorialité commune, qu'il faut rechercher la communauté.

Pour notre part, nous refusons de rentrer dans les cloisonnements qui associent ou dissocient la communauté au territoire. Nous pensons que l'analyse qui précède a contribué à renforcer l'aspect que le territoire, abstrait, traditionnel ou recomposé est un critère incontournable dans la compréhension et la définition d'une communauté. Il est un instrument efficace de réactivation des liens sociaux, car il soulève la question très réaliste et très vive, du partage des lieux, des ressources et des pouvoirs, dans un espace social donné (Di Méo, 2006). Nous convenons alors avec Roger Guy (1996) qui reconnait à la communauté quatre critères caractéristiques :

- le premier, largement traité jusqu'ici, est la nécessaire présence d'un territoire comme étant un enjeu commun ;

- le deuxième, c'est l'existence d'une histoire commune décrite par des luttes, des événements, des épreuves collectives. Et nous ajoutons que la continuité ou la discontinuité dans le vécu de cette histoire commune façonne, dans le cas des communautés étudiées, la

---

quête d'emplois adoptent alors la rue comme milieu de travail et de vie (Mukakayumba, 1994)

perception du lien social et la formation des solidarités de base (nous y reviendrons lors de l'analyse des communautés de notre étude) ;

- le troisième critère repose sur un vécu quotidien présent dans les modes de vie ;
- le quatrième critère est le partage d'un projet collectif qui soit un futur possible, un ensemble de représentations de ce que sera l'avenir pour la communauté.

Nous passons sans transition au concept de territoire, qui a été plus haut au centre de la problématique de communauté.

II.2. Le territoire et la territorialité

Le concept de territoire a un caractère polysémique qui n'a jamais fait l'unanimité parmi ses penseurs, ses experts, ses pratiquants ou ses praticiens (géographie[58], sociologie, économie, sciences politiques, histoire, anthropologie, sciences médicales...). Il peut être synonyme d'espace, de lieu, d'espace socialisé, d'espace géographique, de territoire éthologique[59] ou d'espace approprié. Plus globalement, le territoire peut être un système spatialisé, mettant en relation une multitude d'agents-acteurs et d'objets matériels et immatériels. Le fait d'appropriation devient alors essentiel à son identification. Au sens de Brunet, Ferras et Théry (2001), le territoire est un espace administré par une autorité et appropriée par une société avec un sentiment d'appartenance et une conscience identitaire :

---

58 Roger Brunet, Claude Raffestin, Marcel Roncayolo...

59 Le territoire s'apparente ainsi à la « zone qu'un animal se réserve et dont il interdit l'accès à ses congénères »(LE ROBERT, 2004). Cette zone peut être délimitée par un animal seul ou par une famille d'animaux. La zone que l'animal délimite permet de maintenir une distance critique entre lui et ses voisins. « Cette distance individuelle est due à la double tendance à approcher le congénère et à s'en tenir éloigné ; elle détermine l'espace des sujets ». Cette distance critique qui détermine les rapports entre les individus « s'exprime chez les vertébrés sous deux formes principales : la hiérarchie et la territorialité.

> *Le territoire implique toujours une appropriation de l'espace [...] ; le territoire ne se réduit pas à une entité juridique ; il ne peut pas non plus être assimilé à une série d'espaces vécus, sans existence politique ou administrative reconnue.*

Di Méo (2006) insiste sur cette dimension d'espace politique du territoire car

> *tout territoire est né d'une loi qui le décrète...,*

et à ce titre le territoire devient un espace du pouvoir et de son expression :

> *c'est l'expression d'un pouvoir, tantôt démocratique et tolérant, tantôt coercitif et tyrannique.*

Historiquement, la notion de territoire se serait constituée et développée sous l'autorité des États :

> *Chacun d'eux considère qu'il s'agit de la portion d'espace terrestre délimité par ses frontières et sur laquelle s'exercent son autorité et sa juridiction (Lacoste, 2004)*

Des contributions ci-dessus, nous pouvons déduire par analogie que le territoire est d'abord le maillage qui structure l'espace géographique terrestre en plusieurs États singuliers, organisés chacun par un gouvernement et des lois communs, et délimités par des frontières, marques essentielles de l'expression d'un pouvoir politique. À l'échelle interne des États (au sein des États), le territoire se traduit aussi par les différentes unités et sous-unités spatiales juridiques et administratives que peuvent être, les régions, les départements, les communes, les villages, les quartiers...

Ces processus d'organisation du territoire en des espaces plus ou moins exclusifs délimités par des frontières, marqueurs ou autres structures, espaces que les individus ou les groupes occupent émotionnellement et où ils se déploient afin d'éviter la venue d'autres individus ou groupes (Sack, 1986), montrent ici que le territoire, pour être considéré dans sa complexité, doit prendre en compte d'autres éléments que le seul paramètre politico-administratif. Ainsi,

> *le territoire témoigne d'une appropriation [plus ou moins exclusive] à la fois économique, idéologique et politique de l'espace par des groupes humains qui*

se donnent une représentation particulière d'eux-mêmes, de leur histoire, de leur singularité (Di Méo, 1998).

Comme le montre ce point de vue de Di Méo, l'appropriation semble être le processus central qui permet de cerner dans sa globalité la notion de territoire. Ce processus d'appropriation (souvent) marqué par des conflits, soulève la question de la relation entre l'homme et la terre (territoire), de la relation du comportement (territorial) des individus et des groupes avec l'environnement social. La territorialité exprime donc la tentative par un individu ou un groupe d'affecter, d'influencer ou de contrôler d'autres personnes, phénomènes ou relations et d'imposer son contrôle sur une aire géographique, appelée territoire (Kourtessi-Philippakis, 2011). L'appropriation permet alors d'expliquer comment le territoire est produit, géré, ménagé et défendu dans l'intérêt du groupe dominant (Dauphine, 1998). Elle est au centre de l'organisation territoriale et doit s'analyser à deux niveaux distincts : celui de l'action des hommes sur les supports matériels de leur existence et celui des systèmes de représentation.

Il s'en suit que tout territoire social est un phénomène immatériel et symbolique et Kourtessi-Philippakis (2011) nous apprend que le territoire est un investissement affectif et culturel que les sociétés placent dans leur espace de vie. Il s'apprend, se défend, s'invente et se réinvente. Il est lieu d'enracinement, il est au cœur de l'identité. On apprend aussi qu'un territoire, c'est d'abord une convivialité, un ensemble de lieux où s'exprime la culture, ou encore une relation qui lie les hommes à leur terre et dans le même mouvement fonde leur identité culturelle.

Mais, comme l'ont observé Dionne et Mukakayumba (1998), l'espace contemporain est de plus en plus éclaté et fragmenté et contribue à affaiblir les territoires traditionnels. Di Méo (1998) rejoint ces deux chercheurs lorsqu'il dit qu'en raison de la mobilité croissante des individus dans nos sociétés, les appartenances territoriales et les identités qui s'y arriment se multiplient et se hiérarchisent. Du coup le territoire perd de sa lisibilité, ses formes deviennent incertaines et labiles, il se vide parfois de sa substance. Il parle alors des territoires du vécu, ceux du quotidien qui :

> assemblent de manière souvent plus virtuelle que concrète les lieux de notre expérience, imprégnés de nos routines et de nos affects. Ils les relient avec plus ou moins de continuité géographique en fonction de l'intensité des pratiques que nous en avons et des cheminements, des parcours que nous effectuons de l'un à l'autre Selon notre degré de mobilité quotidienne et régulière

Ces territoires de notre vécu deviennent des espaces virtuels, qui peuvent s'étirer ou se rétrécir à mesure que notre mobilité s'accroit ou diminue. Ces espaces (ou réseau de lieux familiers) fragmentés engendrent ce que Di Méo appelle « un phénomène d'identité territoriale plurielle », chez l'individu contemporain. Le tissu territorial discontinu et lâche qui en résulte, peut-il alors continuer d'assurer sa fonction de substrat structurant les solidarités sociales, sur la base d'un lieu délimité et saisissable à partir des repères normatifs traditionnels ? L'affaiblissement des territoires traditionnels n'engendre-t-il pas des répercussions majeures sur nos manières de concevoir le territoire ? Comment le territoire peut-il s'interpréter chez les populations forestières du sud-Cameroun ?

II.3. La conception de la notion de territoire par les populations forestières de Djoum

La notion du territoire se pose différemment chez les populations forestières de Djoum. Elle renvoie à une quête permanente du lien relationnel entre l'homme et la terre, entre l'espace vital et le milieu naturel. Les populations bantous (Fang, Boulou, Zamane) de Djoum utilisent le mot « Si » pour désigner l'ensemble des terres du village intégrant à la fois l'espace habité et les espaces aménagés non habités (Mogba, 1999). Il est souvent le résultat d'un parcours historique d'appropriation de l'espace, symbolisé par des œuvres inscrites, des marqueurs ou autres structures (les champs, les anciens et nouveaux sites d'habitation, les jachères et les tombeaux…) et la référence à un ancêtre fondateur (chef de famille, lignage, clan). Le processus d'appropriation des terres se fait selon le principe établi par la tradition, à savoir que la terre appartient à tout homme qui va le premier « percer la brousse », y cultiver et s'y établir. Selon le droit coutumier, ces terres et toutes les rivières qui traversent le territoire sont d'abord la propriété du clan ou lignage (Zibi, 2010).

L'organisation du territoire villageois des populations Bantou de Djoum est spatialement structurée en trois types :

- l'espace habité formé à la fois des zones d'habitation et des jardins de case. Son aménagement obéit à des paramètres identitaires symboliques véhiculant un ensemble de codes, de valeurs, de croyances locales et de morale collective. La présence des tombeaux implantés devant les habitations traduit des comportements un ordre social particulier entre les vivants et les morts ou encore entre les corps et l'esprit. Elle renforce dans les consciences individuelles le sens de l'existence par rapport au territoire villageois ;

- la forêt aménagée proche du village, lieu des maîtrises foncières exclusives des autochtones, où s'exercent les droits d'usage et d'accès aux ressources (les terres agricoles, la faune, les produits de cueillette et de ramassage), les jachères, les pistes conduisant aux champs et rivières (Pénelon, Mendouga, & Karsenty, 1997) ;

- la forêt dense transfrontière se partageant entre les pays du bassin du Congo (Gabon et Congo). C'est le lieu des Common Pool ressources (Diaw & Oyono, 1998). Éloigné des zones d'habitations, cet espace se singularise par l'absence d'une colonisation agricole, la juxtaposition des espaces vitaux de plusieurs villages marqués par des pistes communes de chasse, de cueillette et de pêche, la consensualité dans l'observance des règles d'accès aux ressources.

Par contre, chez les chasseurs-cueilleurs (les Pygmées Kaka et Baka), la notion de territoire est autrement perçue. Leur vision du territoire est extensive et non compartimentée de l'espace. Le territoire s'identifie à un espace qui se déplace avec eux et dont les règles de sa gestion s'appliquent en fonction de cette mobilité. En fait, les limites de la terre sont presque floues et changeantes, variant au gré des déplacements géographiques. La vie du pygmée étant fondée sur la liberté de déplacement dans la forêt, sa limite la plus importante est celle qui empêche sa progression dans le milieu forestier. C'est aussi à cet endroit que finit très souvent son territoire.

III. Outils méthodologiques et techniques de recherche

Outre les techniques utilisées et les procédures réalisées pour collecter des données significatives et pertinentes par rapport à notre problématique de recherche, déjà abordées à l'introduction générale de notre mémoire, nous voulons préciser dans cette partie que notre étude prend en compte trois dimensions principales qui sont la localisation et le portrait de la commune d'étude, l'activité de la foresterie communautaire et l'action collective communautaire. Le choix de ces trois dimensions s'inscrit dans une démarche de recherche structurée que nous expliquons ci-dessous.

III.1. La localisation et le portrait de la commune d'étude

La première dimension, qui concerne la localisation et le portrait de la commune d'étude, est une investigation portant sur l'arrondissement de Djoum. Elle vise à situer géographiquement Djoum sur le Cameroun, ensuite à présenter le territoire de la commune sous plusieurs aspects qui prennent en compte autant les données géographiques et historiques du milieu naturel, que celles sur le peuplement et les groupements humains. Notre présentation du territoire se poursuit avec ce que nous avons appelé le portrait de la commune d'étude, qui est une vue permettant de comprendre sa dynamique globale. Il consiste, non pas en un empilement des angles d'analyse les uns aux autres mais bien, en une approche systémique permettant de les mettre en relation pour mieux saisir sa dynamique. Ce portait est donc un regard qui s'appuie autant sur des aspects géographiques que sur les aspects économiques ou des faits de société.

Nous décrivons donc sous plusieurs angles, une photo aérienne du paysage de ce territoire communal que nous avons visité plusieurs fois, à pied, en moto ou en voiture, seul ou en compagnie des villageois, afin de restituer au lecteur une vue sinon « de l'intérieur » au sens strict, du moins au plus près de ceux qui y vivent et qui sont en interaction permanente avec ce territoire. Cette partie de la recherche est nécessaire pour nous familiariser à la réalité que nous allons observer. Ensuite, la localité est présentée sous la lunette du profil socioéconomique qui prend en compte son accessibilité, ses voies de communication et ses échanges avec l'extérieur, ses ressources forestières et son agriculture, ses activités et ses infrastructures économiques et industrielles, son organisation sociale et la vie communautaire. Ce portrait de l'arrondissement concerne aussi quelques statistiques sur la démographie, l'évolution de la population, la situation d'emploi ou le chômage des jeunes, les ressources financières des ménages, la scolarisation... Ce portrait s'achève avec la présentation de la fiscalité communale et de quelques statistiques sur les ressources et les recettes de la municipalité de Djoum.

III.2. L'activité de la foresterie communautaire

La seconde dimension, rappelons-le, porte sur l'activité de la foresterie communautaire et s'attache à faire l'analyse de la productivité forestière et économique des ressources gérées par les communautés. Pour ce faire, nous procédons en deux étapes. La première étape consiste à analyser les plans simples de gestion de chaque forêt communautaire retenue dans notre étude. Elle vise à récolter des données reflétant par secteur : (i) la superficie, les espèces végétales (ligneuses ou non ligneuses majeures), les caractéristiques topographiques ; (ii) les caractéristiques naturelles et/ou artificielles, telles que les strates forestières, les routes, pistes, crêtes et les cours d'eau ainsi que la description des limites internes et, (iii) la carte des occupations des espaces. La connaissance de ces données doit pouvoir restituer la description physique reflétant au mieux le potentiel de la forêt communautaire afin de permettre une analyse qualitative de la rentabilité économique de celle-ci.

La deuxième étape consiste à faire une analyse de la rentabilité économique des forêts communautaires étudiées et vise à estimer les avantages économiques potentiels que les communautés sont en droit d'attendre de leurs forêts à travers la connaissance du potentiel réel des forêts communautaires. La question de fond qui se pose est de savoir si ces forêts communautaires permettent une productivité capable de soutenir l'objectif socioéconomique de la réduction de la pauvreté et d'amélioration du niveau de vie des communautés. En d'autres termes, quelles sont les possibilités productives (en bois d'œuvre) de ces espaces forestiers ?

III.3. L'action collective communautaire et la gestion des forêts

La troisième dimension de notre étude traite de l'action collective communautaire au service de la gestion des espaces forestiers acquis. Elle vise à analyser le rôle de l'action collective dans la mouvance organisationnelle des communautés pour la gestion des ressources forestières à Djoum. Autrement dit, il est question d'analyser comment les communautés de Djoum se mobilisent et mobilisent leurs idées, leurs énergies et les actions individuelles au service de la production des biens communautaires, marchands ou non, pour le bien-être socioéconomique collectif.

Pour ce faire, nous procédons par l'analyse sociale en examinant d'abord comment les communautés sont organisées dans les différentes entités organisationnelles étudiées, sur la base des catégories sociales comme : leur appartenance ethnique, leur genre ou leur profession (agriculteur, retraité, ménagères, enseignants,…). Le but de cette analyse est de savoir comment les catégories sociales susmentionnées affectent ou non la dynamique des entités organisationnelles ou l'atteinte des objectifs du développement.

Ensuite nous examinons les institutions, les règles et les comportements des individus pour comprendre comment les communautés et les institutions interagissent. Le but ici est de désagréger les règles institutionnelles formelles et informelles susceptibles d'affecter l'atteinte des objectifs du développement.

Chapitre V

Djoum, vu sur le plan géographique, historique et des peuplements humains

Ce chapitre s'ouvre par une présentation générale du Cameroun avant de s'appesantir sur la description géographique, l'histoire et les groupes humains de l'arrondissement de Djoum. Ce choix obéit, au regard du géographe, à une démarche visant à rendre compte de faits particuliers (la commune de Djoum) pris (localisés) dans un contexte général (le Cameroun). C'est dans cette optique que nous présentons au lecteur, une vue panoramique du Cameroun, pays-transect de l'Afrique tropicale tantôt qualifiée d'« Afrique en miniature » (Bruneau, 2003), sous trois plans : physique, démographique et administratif. Cette étape nous conduit sans transition à la localisation géographique de de notre zone d'étude avec tour à tour la présentation du milieu naturel, l'histoire et l'évolution administrative de l'arrondissement de Djoum, puis nous achevons cette description avec l'histoire du peuplement des groupes humains qui y vivent.

I. Bref aperçu sur le Cameroun

I.1. Pays-transect de l'Afrique tropicale

Le Cameroun est un pays de l'Afrique Centrale, situé au fonds du golfe de Guinée, un peu au dessus de l'équateur. Il s'étend entre 1°40' et 13° de latitude nord, puis entre 8°80' et 16°10' de longitude est. De forme triangulaire, le territoire du Cameroun, aux contours irréguliers, s'étire du sud jusqu'au lac Tchad sur près de 1 242 km tandis que la base s'étale d'ouest en est sur 800 km. Ce triangle national couvre une superficie totale de 475 650 km² et, constitue une charnière entre l'Afrique centrale et l'Afrique occidentale. Ses frontières sont définies au Nord par le lac Tchad, au sud par le Congo, le Gabon, la Guinée équatoriale, à l'ouest par le Nigéria et à l'est par la République centrafricaine. Il possède au sud-ouest une frontière maritime de 420 km le long de l'océan Atlantique. Enfin, au sommet du triangle, au nord, il est coiffé par le Lac Tchad.

Cette situation géographique du Cameroun explique la diversité de ses paysages, climats et populations, qui lui valent l'appellation d'« Afrique en miniature ». En effet, son allongement de l'équateur à la zone sahélienne, son ouverture sur l'océan par le Golfe de Guinée (porte d'entrée du flux de mousson sur le continent africain), sa situation à la charnière des domaines climatiques ouest et centre-africain et son orographie variée, sont les atouts naturels qui font du Cameroun un pays-transect, condensé de tous les paysages, de tous les climats, de toutes les formations végétales de l'Afrique tropicale.

I.1.1. Une géomorphologie variée

La particularité du relief camerounais tient pour partie aux régions montagneuses d'origine essentiellement volcanique, mais également aux contrastes imprimés par de vastes plaines et plateaux aux surfaces aplanies, constituant des gradins étagés à travers l'ensemble du pays (Olivry, 1986).

La Figure 3 montre schématiquement trois grands ensembles géomorphologiques :

– les basses terres : c'est l'ensemble constitué par, la plaine sédimentaire de la façade maritime, qui épouse la courbure du Golfe de Guinée, allant de Campo au sud, jusqu'à la cuvette de Manfé, via l'ouest du Mont Cameroun ; la plaine de la Bénoué, qui s'épanouit en une large et profonde cuvette au pied de l'Adamaoua. Sa partie la plus basse est à environ 160 m d'altitude, soit nettement plus bas que la surface moyenne du Lac Tchad, qui se situe autour de

280 m ; la dernière unité est constituée par la grande Cuvette tchadienne qui constitue une immense dépression endoréique aux pentes très faibles. Elle est de ce fait caractérisée par de vastes zones inondées pendant plusieurs mois par les eaux de débordement des crues du Logone et du Chari ;

–   les plateaux : il s'agit essentiellement du plateau Sud-camerounais, de 500 à 1000 m d'altitude, qui couvre la majeure partie du Cameroun (les régions du centre, de l'est et du sud) ; du plateau de l'Adamaoua, de 1100 m d'altitude moyenne, qui est un horst du socle s'arrêtant brutalement en falaise sur le fossé de la Bénoué : c'est le château d'eau du pays ;

–   les hautes terres : ce sont les hautes terres de l'ouest, disposées sur l'une des grandes fractures de l'écorce terrestre, de direction principale NE–SW, appelée la Dorsale Camerounaise. Des manifestations volcaniques ont donné naissance à quelques massifs élevés, comme ceux qui parsèment la région du Mungo (Mont Koupé, Mont Manengouba) et surtout le Mont Cameroun (4 095 m), encore actif. Enfin, à l'Extrême Nord du pays, on trouve, éparpillés à l'intérieur des basses terres d'ici, une série de massifs (les Monts Alantica et les Monts Mandara), qui prolongent la Dorsale camerounaise au-delà de l'Adamaoua vers le nord.

Figure 3 : Coupe géomorphologique schématique du Cameroun
suivant un axe SSW-NNE.

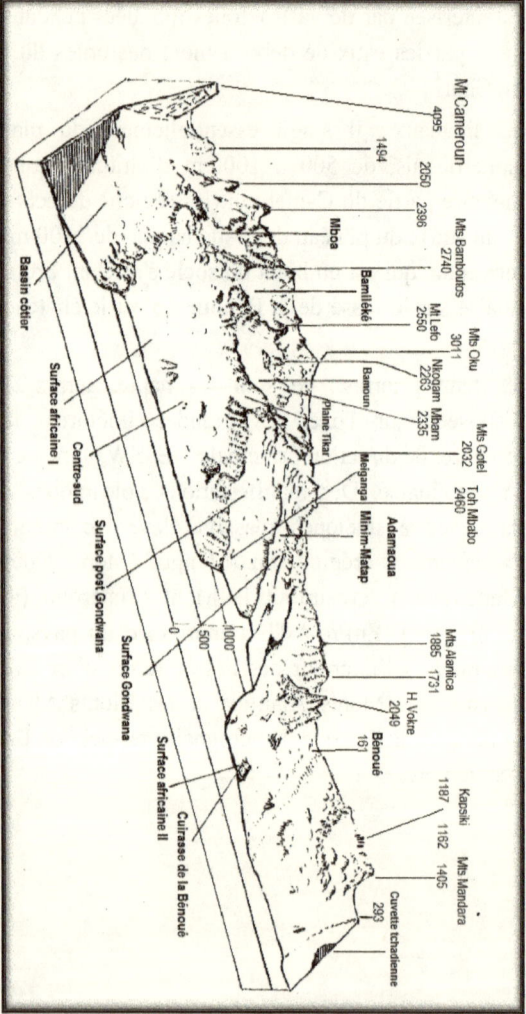

Source : (Olivry, 1986)

I.1.2. Une gamme quasi complète des climats Ouest-africains

De par son extension entre l'équateur et la région sahélienne (une variation en latitude de 11°), le Cameroun rassemble la gamme quasi complète des climats zonaux Ouest-africains. Cette gamme assez variée est due grâce à l'influence de deux centres d'action que constituent l'anticyclone de Sainte Hélène au sud et celui des Açores ou de Libye au nord. En effet, la convergence des alizés chargés d'humidité (Mousson ou alizés du S-W) et de celles très sèches provenant des continents (Harmattan ou Alizés du N-E), forme une zone de contact appelée Front Intertropical (FIT), qui se déplace au cours de l'année suivant une direction latitudinale. Les positions extrêmes du FIT (Figure 4) sont en moyenne, le 20ème parallèle Nord (en juillet) et le 4ème parallèle Nord (en janvier). Les mouvements de cette zone de contact ou zone de convergence intertropical (ZCIT) déterminent dans ses grandes lignes, les variations climatiques du Cameroun (Martin & Segalen, 1966; Sighomnou, 2004).

À ces propriétés et dispositions moyennes du FIT au voisinage de la région du Cameroun, s'ajoutent des particularités climatiques qui lui sont propres. Notamment, d'authentiques climats de mousson à paroxysme pluvial puissant et prolongé, grâce auxquels le Cameroun détient le record de pluviosité du continent africain à Debundscha au pied du Mont Cameroun (Lefevre, 1967; Olivry, 1986; Suchel, 1987; Sighomnou, 2004). Ces nuances climatiques sont dues essentiellement à l'influence maritime ainsi qu'à la vigueur et au contraste de son relief. Nous nous limitons à rappeler ci-dessous, quelques grandes lignes de ses traits particuliers.

En fonction du régime des précipitations, de la succession des saisons et accessoirement du régime thermique, le territoire camerounais a été divisé en deux grandes zones climatiques séparées par une ligne qui correspond approximativement à la latitude 4°30' N : le climat tropical à deux saisons au nord et le climat équatorial à quatre saisons au sud de cette ligne (Figure 5). En tenant compte des nuances régionales imprimées par les principaux facteurs du climat soulignés plus haut, notamment le contraste du relief, la situation en latitude et par rapport à la mer, plusieurs schémas de régions climatiques ont été proposés.

Figure 4 : Positions extrêmes (janvier et juillet) du Front Intertropical au voisinage du Cameroun[60].

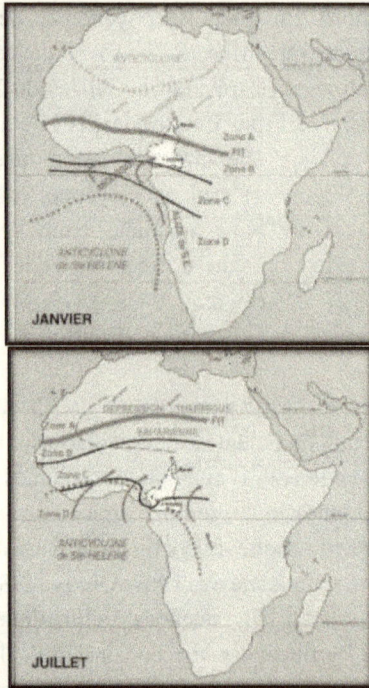

Source : Olivry (1986)

---

60 Les zones A, B C et D correspondent aux zones de temps. A, zone sans pluie avec ciel clair où souffle le Harmattan. B (environ 400 km de large), zone au ciel peu nuageux avec des orages isolés. C (1200 km de large), zone avec ciel couvert ou très nuageux où dominent pluies de mousson et lignes de grains ; D, zone de nuages stratiformes avec très peu de précipitations.

Un premier schéma préconisé par les climatologues distingue quatre régions climatiques conformes à celles décrites par Rodier (1964) [61] pour l'Afrique tropicale. Mais celui-ci n'intègre pas parfaitement les nuances caractéristiques du climat camerounais. Olivry (1986), s'inspirant des travaux de Genieux (1958), propose un autre schéma qui compte huit zones différentes de climat (Figure 5 et 6), dont nous résumons les principales caractéristiques ci-dessous (Tableau 4).

---

61 - Climat équatorial à quatre saisons qui va du sud du pays jusqu'à Banyo et Garoua-Boulaï avec des précipitations qui varient entre 1500 et 2000 mm et des températures moyennes annuelles de l'ordre de 25°C ;
- Climat équatorial type camerounien avec mousson équatoriale, localisé sur la côte et les régions montagneuses de l'Ouest. Les précipitations plus abondantes varient entre 2000 et 10000 mm, les températures moyennes de 26° pour les régions basses et 21° en altitude ;
- Climat soudanien ou tropical de transition avec des précipitations comprises entre 900 et 1500 mm et des températures moyennes annuelles de 28°C. Il intéresse le Nord-Cameroun, de l'Adamaoua aux Monts Mandara ;
- Climat soudano-sahélien avec des précipitations qui varient de 900 à 400 mm et des températures moyennes annuelles de 28°C. Il intéresse l'extrême nord du pays.
- Climat soudano-sahélien avec des précipitations qui varient de 900 à 400 mm et des températures moyennes annuelles de 28°C. Il intéresse l'extrême nord du pays.

Figure 5 : Les régions climatiques en Afrique

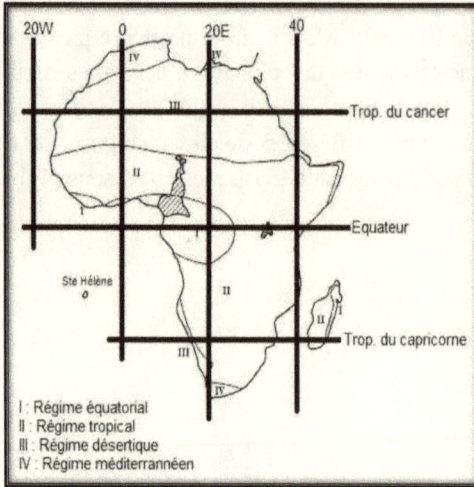

Figure 6 : Les régions climatiques du Cameroun.

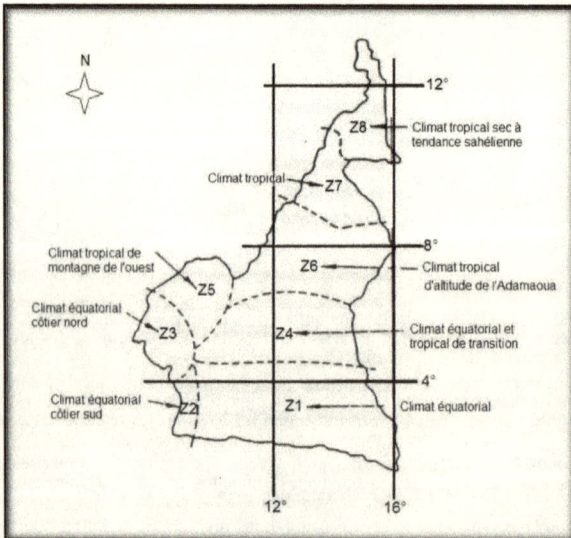

Source: Olivry (1986) modifiée

Tableau 4 : Principales caractéristiques des types de climat du Cameroun

TYPE DE CLIMAT	NOMBRE DE SAISONS	PRÉCIPITATIONS	ZONE DE COUVERTURE	TEMPÉRATURE MOYENNE ANNUELLE
Équatorial à 4 saisons (Z1)	(deux saisons sèches alternant avec deux saisons humides d'inégale intensité)	1500 à 2000 mm	le Sud du pays : Yaoundé à Yokadouma ; d'Ebolowa à Ambam, Moloundou et Ouesso (Congo)	25°C
Équatorial type côtier 4 saisons (Z2)	quatre saisons beaucoup plus humides	> 2000 mm	Frange côtière au sud de 4°N, jusqu'à la localité d'Edéa.	25°C à 26°C
Équatorial de type côtier à deux saisons (Z3)	Deux saisons	2000 à 10000 mm	Douala et du Mont Cameroun	21° C à 26° C
Équatorial et tropical de transition(Z 4)	Deux saisons	Se distingue de Z1 par la chute de pluviosité observée en juillet-août.	Bafia à Bertoua, Batouri et de Yoko à Bétaré Oya, Garoua Boulaï	23°C à 24°C
Tropical de montagne (Z5)	Deux saisons	Très humide (3 mois de saison sèche)	les montagnes des provinces de l'Ouest :	21°C à 22°C

TYPE DE CLIMAT	NOMBRE DE SAISONS	PRÉCIPITATIONS	ZONE DE COUVERTURE	TEMPÉRATURE MOYENNE ANNUELLE
			de Dschang à Foumban et de Bamenda à Nkambe	
Tropical d'altitude (Z6)	deux saisons	1500 à 900 mm	plateau de l'Adamaoua, de Banyo à Ngaoundéré et Meiganga	28°C
Tropical (Z7)	Deux saisons	1500 à 900 mm	Bassin de la Bénoué	27°C
Tropical sec à tendance sahélienne (Z8)	deux saisons sept mois de sécheresse et plus	900 à 400 mm	nord du pays, de Kaélé à Maroua et Mora, et de Yagoua à Kousséri, Makary et le Lac Tchad	45°C

I.1.3. Une population caractéristique de la démographie en Afrique sub-saharienne

L'effectif de la population du Cameroun au 1er janvier 2010 s'élève à 19 406 100 habitants, selon le bureau central des recensements et des études de population (BUCREP) du Cameroun (BUCREP, 2010). Ce chiffre est une projection qui s'appuie sur l'analyse des tendances démographiques observées à partir des recensements de 1976, 1987 et 2005. En 1976, le Cameroun comptait 7 663 246 habitants ; en 1987, la population était de 10 493 655 habitants. En 2005, les résultats définitifs du 3e recensement général de la population et de l'habitat (RGPH) indiquaient 17 463 836 habitants.

La population du Cameroun en 2010, est caractérisée par son extrême jeunesse. L'âge médian de la population est de 17,7 ans et l'âge moyen se situe à 22,1 ans. La population ayant moins de 15 ans représente 43,6% de la population totale tandis que celle de moins de 25 ans représente 64,2%. Il faut signaler que la proportion des personnes âgées (60 ans et plus) n'est pas négligeable. En effet, elle est de 5,0%.

La pyramide par classe d'âge de la population du Cameroun en 2010 (Graphique 9) se caractérise par une base très élargie et un rétrécissement progressif et régulier au fur et à mesure que l'on avance en âge. Le fort rétrécissement des populations dans les classes d'âges actifs souligne le nombre important d'individus à la charge d'un actif. Cette allure générale est caractéristique de la pyramide des âges des populations africaines au sud du Sahara, dont la transition démographique (Chapitre I), pourrait se réaliser à l'horizon 2050 (ONU, 2009). Elle met en évidence l'extrême jeunesse de la population camerounaise et traduit une fécondité encore élevée, associée à une mortalité tout aussi élevée.

Cette vigueur démographique observée au Cameroun a entraîné une montée des densités de population qui sont passées de 16,4 habitants au km² en 1976, à 22,5 habitants au km² en 1987 et, 37,5 habitants au km² en 2005, soit une augmentation de 66 % de la valeur de cet indicateur en 1987 (BUCREP, 2010). Cette tendance, qui doit interpeller les autorités camerounaises, rejoint les inquiétudes des analystes de la démographie (Lazarev & Arab, 2002), qui prévoient des scénarii catastrophes décrits plus haut (chapitre I), sur l'environnement et les mouvements des populations. L'un des corollaires qu'on peut relever ici est l'importance numérique des populations vivant dans des zones urbaines. En novembre 2005, la population urbaine du Cameroun était évaluée à 8 514 938 habitants contre 8 948 898 habitants en zone rurale, soit un taux d'urbanisation de 48,8%. Ce fort taux d'urbanisation au Cameroun traduit une migration massive des populations vers les villes d'ici, avec tous les problèmes que cela pose dans les domaines du logement, de la santé, du transport, de l'alimentation…

Graphique 9 : Pyramide par classe d'âge de la population du Cameroun en 2010.

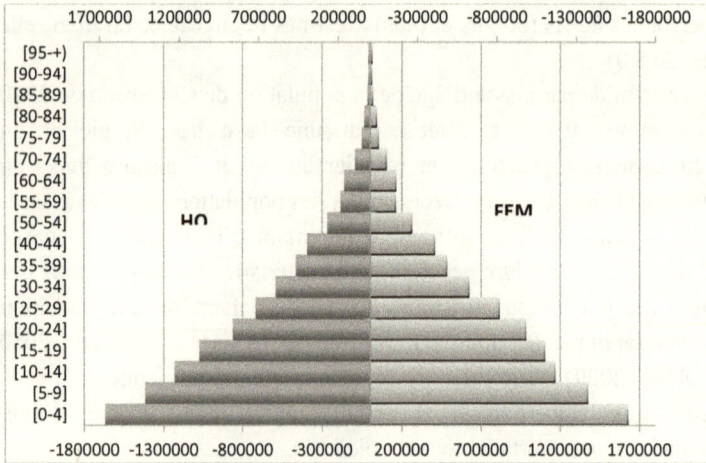

Source : Données extraites du 3ème recensement général de la population et de l'habitat du Cameroun (BUCREP, 2010)

La répartition par sexe de la population camerounaise en 2010 (Tableau 5), fait ressortir l'évolution du rapport de masculinité (nombre d'hommes pour 100 femmes). Il en ressort qu'entre 0 et 15 ans, il y a plus de garçons que de filles.

Tableau 5 : Évolution du rapport de masculinité et répartition de la population par classe d'âge et par sexe au Cameroun en 2010

Age	Population totale	Masculin	Féminin	Rapport de masculinité (%)
[0-4]	3 287 234	1 662 298	1 624 936 ⬆	102,3
[5-9]	2 783 459	1 412 467	1 370 992 ⬆	103
[10-14]	2 394 671	1 227 470	1 167 201 ⬆	105,2
[15-19]	2 170 035	1 068 509	1 101 526 ⬈	97
[20-24]	1 837 289	855 334	981 955 ⬂	87,1
[25-29]	1 525 816	712 550	813 266 ⬂	87,6
[30-34]	1 209 607	588 210	621 397 ⬈	94,7
[35-39]	942 713	460 394	482 319 ⬈	95,5
[40-44]	793 846	388 539	405 307 ⬈	95,9
[45-49]	640 247	323 507	316 740 ⬆	102,1
[50-54]	521 910	261 626	260 284 ⬈	100,5
[55-59]	337 988	178 876	159 112 ⬆	112,4
[60-64]	315 879	155 208	160 671 ⬈	96,6
[65-69]	227 290	110 645	116 645 ⬈	94,9
[70-74]	189 571	88 969	100 602 ⬂	88,4
[75-79]	98 078	47 173	50 905 ⬈	92,7
[80-84]	71 585	31 609	39 976 ⬇	79,1
[85-89]	26 564	12 109	14 455 ⬂	83,8
[90-94]	15 715	6 942	8 773 ⬇	79,1
95 et plus	16 603	6 789	9 814 ⬇	69,2

Source : extrait des données du 3e RGPH (BUCREP, 2010)

Cette situation traduit le fait qu'il naît plus de garçons que de filles. Mais du fait de la surmortalité masculine, cette tendance s'inverse à partir de 15 ans et, reste plus ou moins équilibrée jusqu'à 45 ans. Au-delà, on observe une diminution accentuée du nombre de femmes jusqu'à 60 ans, probablement due à l'impact du VIH/SIDA et au poids des charges ménagères et maternelles. C'est à plus de 60 ans que la mortalité masculine reprend naturellement le dessus pour s'accentuer avec l'âge.

I.2. Distribution régionale de sa population

Le Graphique 10 donne une image de la distribution géographique de la population et de sa densité sur le territoire national. En fonction de l'importance numérique de la population, de la superficie et de la densité, on peut regrouper les dix régions administratives du Cameroun en 3 catégories :

- les régions à très forte pression humaine, où les densités avoisinent trois fois la moyenne nationale. Ce sont dans l'ordre d'importance : les régions du Littoral (124 habitants/Km²), de l'Ouest (123,8 habitants/Km²), du Nord-ouest (99,9 habitants/Km²) et de l'Extrême-nord (90,8 habitants/Km²) ;

- les régions à moyenne pression humaine, où les densités avoisinent une fois et demi la moyenne nationale. Ce sont par ordre d'importance les régions du Sud-ouest (51,8 habitants/Km²) et du Centre (44,9 habitants/Km²) ;

- les régions à basse pression humaine, où les densités sont inférieures à la moyenne nationale. Ce sont par ordre d'importance les régions du Nord (25,5 habitants/Km²), de l'Adamaoua (13,9 habitants/Km²), du Sud (13,4 habitants/Km²) et de l'Est (7,1 habitants/Km²).

Les grands foyers humains, en termes d'effectif absolu, sont par ordre d'importance, l'Extrême-nord (3 11 792 habitants), le Centre (3 098 044 habitants) et le Littoral (2 510 263 habitants)[62]. L'Est (771 755 habitants) et le Sud (634 655 habitants) sont les régions les moins peuplées du territoire national.

---

62 Le centre et le Littoral étant influencés par le poids résidentiel des villes de Yaoundé et de Douala, qui totalisent respectivement, 1 817 524 et 1 907 479 habitants en 2005.

La région du Sud, qui est celle concernée par notre étude, compte 4 départements dont le Dja et Lobo, et 22 arrondissements dont celui de Djoum.

Graphique 10 : Distribution comparée de la population, de la superficie et des densités dans le territoire camerounais en 2010.

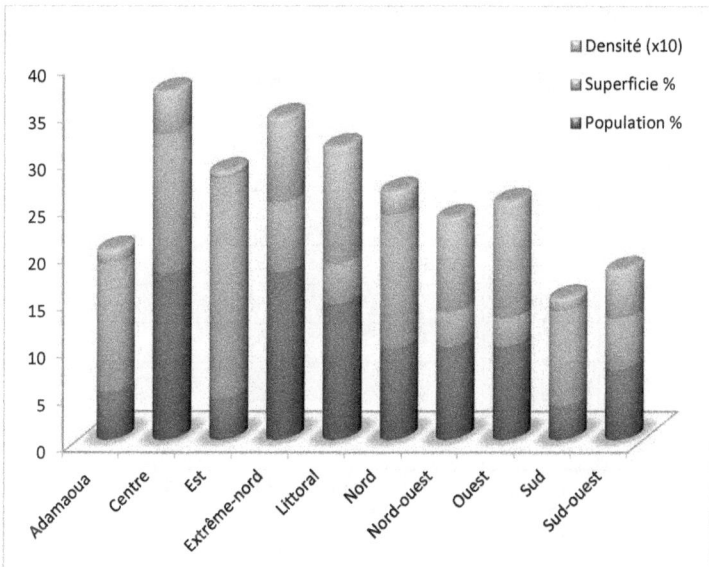

Source : extrait des données du 3ᵉ RGPH (BUCREP, 2010)

I.3. Structure administrative et répartition de sa population sur le territoire national

Le territoire du Cameroun est actuellement subdivisé en dix régions administratives[63], d'inégale importance, tant en surface, population, densité, qu'en nombre de départements et de communes ou arrondissements (Tableau 6).

Tableau 6 : Distribution régionale de la population, de la superficie et des densités au Cameroun en 2010

RÉGIONS	POPULATION		SUPERFICIE		DENSITÉ (HBTS / KM²)	DÉPARTEMENTS	COMMUNES
	EFFECTIF	%	KM²	%			
Adamaoua	884289	5,1	63701	13,7	13,9	5	16
Centre	3098044	17,7	68953	14,8	44,9	10	67
Est	771755	4,4	109002	23,4	7,1	4	31
Extrême-Nord	3111792	17,8	34263	7,4	90,8	6	45
Littoral	2510263	14,4	20248	4,3	124,0	4	29
Nord	1687959	9,7	66090	14,2	25,5	4	18
Nord-ouest	1728953	9,9	17300	3,7	99,9	7	31
Ouest	1720047	9,9	13892	3,0	123,8	8	37
Sud	634655	3,6	47191	10,1	13,4	4	22
Sud-ouest	1316079	7,5	25410	5,4	51,8	6	27
Cameroun	17463836	100	466050*	100	37,5	58	323

*La superficie totale du Cameroun est de 475 650 km², dont 466 050 km² de superficie continentale et 9 600 km² de superficie maritime.

---

63 En 2008, le président de la République a signé le décret N° 2008/376 du 11/12/2008 qui transforme les 10 provinces en Régions et érige les districts en arrondissement. Ce décret, créant les Région, prépare la mise en place des Conseils Régionaux et par là même, la deuxième catégorie des collectivités décentralisées, les communes constituant la première catégorie.

Chaque région en 2010, correspond à la province de même nom avant 2008. Ce nouveau découpage, n'a pas affecté la subdivision des régions en départements des anciennes provinces d'avant 2008, mais a apporté des changements importants sur la configuration de certains départements en arrondissements et districts.

II. Localisation et géomorphologie de l'arrondissement de Djoum

La présentation générale ci-dessus du Cameroun a permis d'avoir un aperçu sommaire du contexte géographique et humain de ce pays. Si la diversité des paysages, des climats et de l'orographie de ce pays, lui ont toujours valu l'appellation « d'Afrique en miniature », force est de reconnaitre que sa vigueur (qui est un indicateur de la pauvreté) et sa diversité démographique, lui valent encore beaucoup mieux cette appellation. Cette étape liminaire était indispensable pour permettre au lecteur de franchir la porte de la commune de Djoum, que nous présentons dans les lignes qui suivent.

Situé dans la région du Sud, département du Dja et Lobo (Carte 1), l'arrondissement de Djoum est compris entre :
2°13' et 3°3' de latitude Nord ;
et 12°18' et 13°14' de longitude Est.
Il couvre une superficie de 5 607 km², pour un périmètre total de 408,2 km. Administrativement, il est limité (Carte 2) :

- au nord par le fleuve Dja, qui le sépare des arrondissements de Bengbis et de Lomié ;
- au nord-ouest par l'arrondissement de Meyomessala ;
- à l'ouest par l'arrondissement de Meyomessi ;
- au sud-ouest par l'arrondissement d'Oveng ;
- au sud par le Gabon ;
- à l'est par l'arrondissement de Mintom.

II.1. Un arrondissement faiblement peuplé

La ville de Djoum, chef-lieu de l'arrondissement du même nom, est distante des villes de Sangmélima, Oveng, Mimtom, respectivement de 105, 80, et 88 km (Figure 7). Selon les données du 3ème recensement général de la population et de l'habitat (BUCREP, 2010), l'arrondissement de Djoum compte 18 050 habitants en 2005, répartis ainsi qu'il suit (Tableau 7) :

Tableau 7 : Répartition de la population de l'arrondissement de Djoum par milieu de résidence

	SEXE	EFFECTIF	TOTAL DJOUM
Résidents (100%)	Hommes	8 999	18 050
	Femmes	9 051	
	Rapport masculinité (%)		99,43
Urbains (30%)	Hommes	2 841	5 447
	Femmes	2 606	
	Rapport masculinité (%)		109,02
Ruraux (70%)	Hommes	6 158	12 603
	Femmes	6 445	
	Rapport masculinité (%)		95,55

Figure 7 : Panneau indiquant la distance des villes Mintom et Oveng par rapport à Djoum.

© *Ngoumou Mbarga H., Nkan (Djoum) janvier 2011.*

II.2. Une organisation de l'arrondissement en trois cantons

L'arrondissement de Djoum est administrativement organisé en 3 chefferies traditionnelles de deuxième degré ou cantons et, 44 chefferies traditionnelles de troisième degré ou villages (Tableau 8). Ces cantons sont organisés sur trois axes routiers par rapport à la ville de Djoum ainsi qu'il suit (Carte 4) :

- canton Boulou sur l'axe routier Djoum – Sangmélima
- canton Fang-centre sur l'axe routier Djoum – Oveng ;
- canton zamane sur l'axe routier Djoum – Mintom.

Les Fang, de loin les plus nombreux de la commune rurale, se retrouvent le long de l'axe Djoum Oveng, sur 48,53 km ; les Boulou sur 27,15 km sur l'axe Djoum-Sangmélima et les Zamane, sur environ 53,71 km, sur la route Djoum-Mintom.

Carte 4 : Organisation par cantons et par villages de l'arrondissement de Djoum

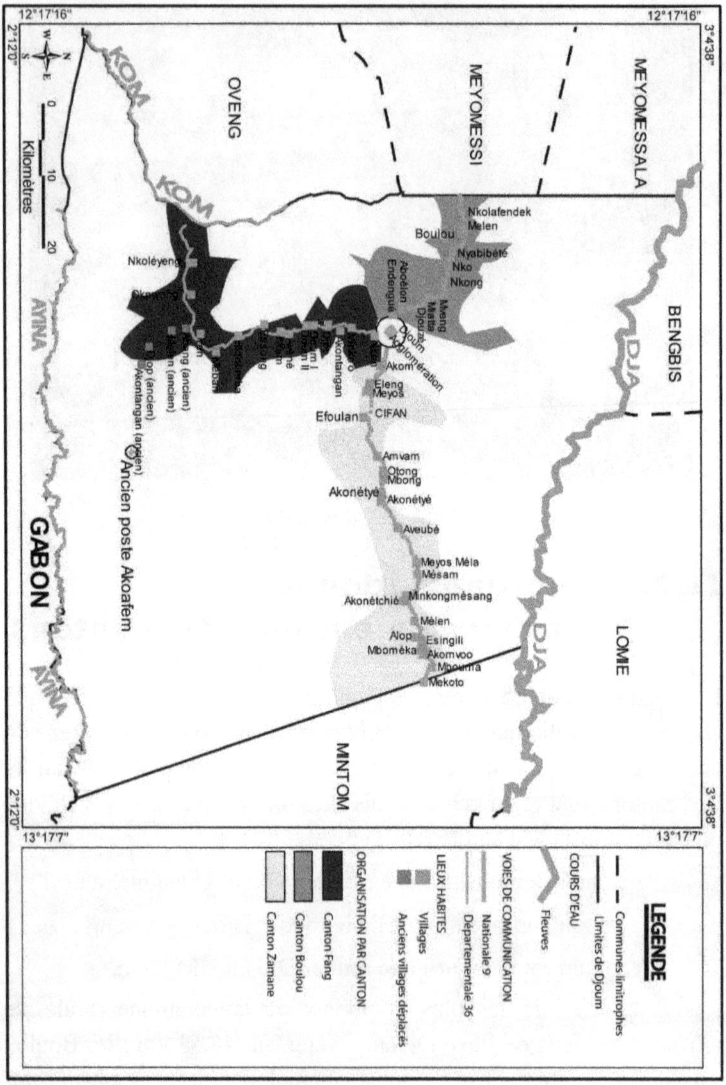

Tableau 8 : Structuration administrative de l'arrondissement de Djoum

CANTON	VILLAGES
Boulou	11
Fang-centre	16
Zamane	17

II.3. La localisation de l'arrondissement sur le plateau Sud-camerounais : un atout écologique

L'arrondissement de Djoum, appartient au vaste ensemble morpho-structural constitué par le plateau qui occupe la partie du Cameroun méridional. Dans son ensemble, le plateau Sud-camerounais est une région plate et monotone où les altitudes s'établissent autour de 500 m et 1000 m (Figure 3).

La surface d'érosion de la zone d'étude est traversée par une ligne de partage des eaux de direction W-SE qui la divise en deux, l'une inclinée vers la cuvette congolaise au nord et à l'est de Djoum ; l'autre inclinée vers le bassin d'Ayina à l'ouest et au sud de Djoum (Carte 5). Les reliefs les plus marquants ici, se situent le long de cette ligne de partage des eaux, au Sud de la ville de Djoum, avec un ensemble de collines qui atteignent entre 800 à 950 m d'altitude exemples : Nkout (949 m et 882 m) Ngoa (922 m). Ce sont les points culminants de cette zone.

II.3.1. Un chevelu hydrographique très dense

Les fleuves et les rivières de la région étudiée appartiennent à deux bassins hydrographiques : le bassin tributaire du Congo avec pour principal cours d'eau, le fleuve Dja, dont le cours constitue la limite nord entre Djoum et les arrondissements de Bengbis et de Lomié; le bassin d'Ayina avec les rivières Kom et Ayina dont une portion de leur cours inférieur constitue, pour la première, la limite sud-ouest entre les arrondissements de Djoum et Oveng, et pour la seconde, la limite entre le Cameroun et le Gabon (Carte 5). Ces deux bassins hydrographiques sont en réalité constitués d'un chevelu hydrographique très dense, favorisé par une pluviométrie très abondante, ainsi que par l'imperméabilité du soubassement cristallin (Santoir, 1995).

Carte 5 : Oro-hydrographie de l'arrondissement de Djoum

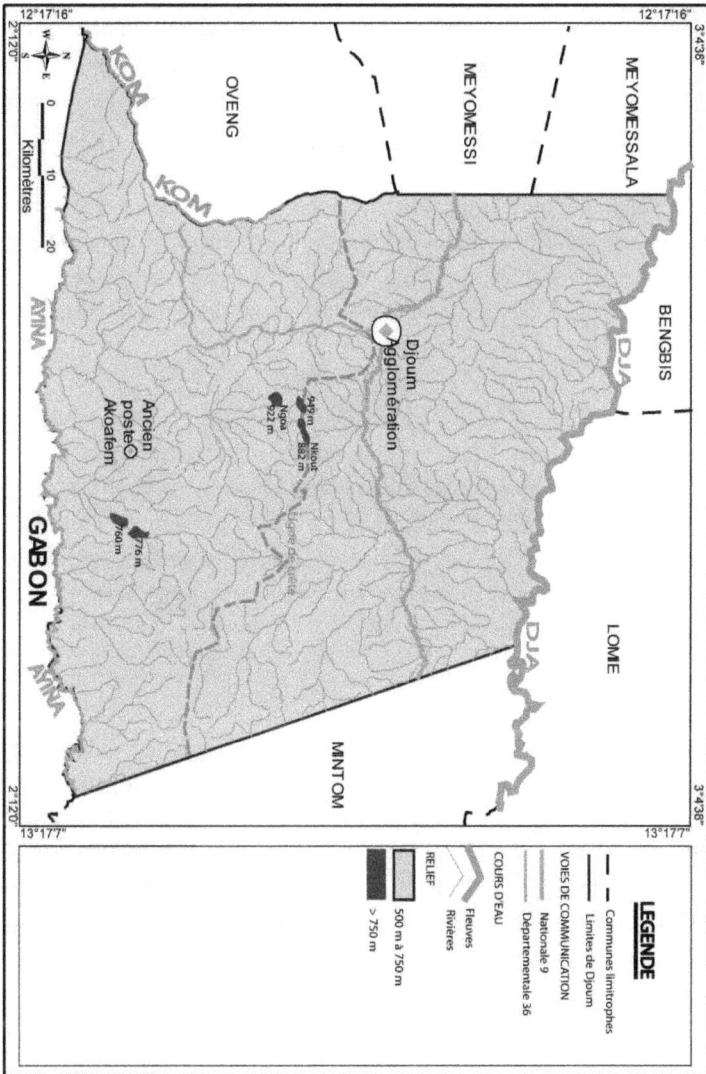

II.3.1.1. Le fleuve Dja

Le fleuve Dja a un bassin versant orienté vers l'est. Il draine la partie médiane du plateau central camerounais. Prenant sa source à la cote 800, au sud d'Abong-Mbang, le Dja coule d'abord vers l'ouest, puis il infléchit brusquement sa course vers le sud, pour repartir en direction de l'est, et rejoindre la Sangha. Cette inflexion du cours du Dja, s'expliquerait par un accident du relief ici. Il s'agit d'une longue faille bien visible sur la carte géomorphologique du Cameroun, qui va du sud de Matomb avec une direction W-SE et vient échouer au sud de la boucle du Dja. Cette faille est responsable du détournement du cours du Dja qui, vraisemblablement, aurait dû se jeter dans le Nyong.

Au nord de Djoum (Carte 5), le Dja est traversé par de nombreux rapides et une pente moyenne de 0,67‰. Ce fleuve appartient au régime hydrologique équatorial de transition selon la classification de Santoir (1995). Ce régime est caractérisé par un étiage moins important pendant la petite saison sèche, et accentué pendant la grande saison sèche. De même, les crues varient en fonction de la durée de la saison des pluies.

II.3.1.2. Les rivières Kom et Ayina

Les cours d'eau drainant la partie sud de Djoum alimentent principalement les rivières Kom et Ayina, qui forment la frontière sud entre le Cameroun et le Gabon. Les importants affluents sont Mboua et Mièté. Le réseau ainsi décrit renferme une multitude de rivières secondaires aux formes complexes (Carte 5) et très poissonneuses offrant des sites de pêches aux populations des villages riverains.

II.3.2. Des sols à fertilité meilleure pour l'agriculture

La région de Djoum, comme toute la partie sud du Cameroun, se situe dans le plateau précambrien, où les sols, de nature ferralitique, reposent sur le complexe calco-magnésien, l'ortho-gneiss et le granite à pyroxène (Tableau 9). Ce sont, le plus souvent, des sols fortement désaturés en bases, très poreux et humides avec peu d'humus, de couleur jaune remanié. Ces sols pauvres en bases, présentent une grande variabilité de leur potentiel de fertilité ; cette variabilité est due en particulier à la présence d'horizons concrétionnés ou indurés à plus ou moins grande profondeur et (ou) à la fluctuation de la nappe phréatique plus ou moins proche de la surface (Martin & Segalen, 1966; Vallerie, 1973; Santoir, 1995). Par endroits, on rencontre des affleurements rocheux (Figure 8), qui créent un paysage pittoresque dans la zone. Les sols hydromorphes sont également observés au pied de certaines collines et le long des cours d'eau.

Les sols jaunes, aux horizons plus sableux en surface et à structure plus massive en dessous, sont moins productifs même en culture traditionnelle. En revanche, les sols rouges, de bonne structure, conviennent mieux aux cultures arbustives (cacaoyers, caféiers de basse altitude) ainsi qu'aux cultures vivrières. Les sols faiblement et moyennement désaturés ont un potentiel de fertilité bien meilleur et devrait mieux convenir à l'agriculture intensive.

Figure 8 : Rocher d'Akoafem

Source : (Commune Djoum, 2005)

Tableau 9 : Types de différentiation morphologique et pédogénétique de la zone d'étude

UNITÉ CARTOGRA-PHIÉE	MODELÉ	MATÉRIAU ORIGINEL	VÉGÉTATION	NATURE DU SOL
4	Hautes collines complexes à sommets de 700 à 900 m	Complexe calco-magnésien, ortho-gneiss, granite à pyroxène	Forêt mixte semperviren te et caducifoliée	Ferralitique fortement désaturé, typiques jaunes, plusieurs niveaux d'induration
16	Collines largement ondulées	Complexe calco-magnésien, ortho-gneiss, granite à pyroxène	Faciès de dégradation de forêt mixte	Ferralitique fortement désaturé, induré, jaune
17	Plaine très faiblement ondulée	Roches acides diverses	Forêt plus ou moins dégradée, recrus forestiers, zone d'inondation à raphiale	Ferralitique fortement désaturé, hydromorph e faciès jaune, hydromorph e de bas-fonds

Source : données extraites de la carte au 1/50000 et à 1/20000 des différentiations morphologiques et pédogénétique sous climat équatorial (Vallerie, 1973).

II.3.3. Une zone à pluviométrie abondante

L'arrondissement de Djoum appartient à la région climatique de type équatoriale à 4 saisons, deux saisons sèches alternant avec deux saisons humides d'inégale intensité (Figure 5 et Tableau 4). La distribution des précipitations moyennes annuelles sur la zone étudiée, est assez bien connue, grâce aux stations de météorologie de Sangmélima, de Djoum et d'Ebolawa (Tableau 10 et Tableau 11). Elle révèle globalement une pluviosité abondante et assez bien répartie. Le diagramme pluviométrique fait ressortir le rythme bimodal des précipitations ici (Graphique 11), qui oppose deux saisons « sèches » ou plus exactement moins pluvieuses, assimilables à l'été et à l'hiver. Sur les 5 dernières années d'observation, les précipitations moyennes annuelles sont supérieures à 1400 mm mais, elles sont soumises à des évolutions imprévisibles, qui peuvent avoir des répercussions négatives, tant sur les activités agricoles saisonnières, que sur les mouvements et les migrations de la grande faune sauvage. Les mois les plus secs observés durant cette période, sont ceux de janvier 2007 (1,3 mm) et 2010 (6,5 mm). Les mois les plus humides sont, ceux de septembre 2007 (308,5 mm), mai (300,0 mm) et août (399,0 mm) 2008.

Graphique 11 : Variation moyenne annuelle de la pluviométrie et de la température à Djoum de 2006 à 2010

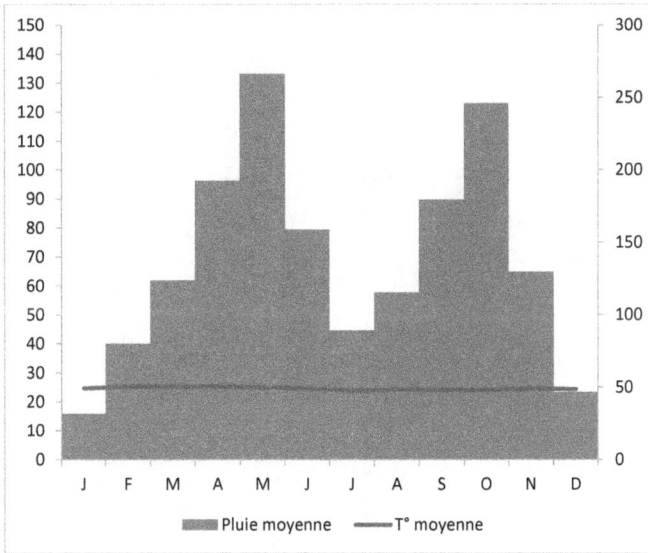

Source : Service Régional de Météorologie du Sud (archives)

Traditionnellement, la répartition la plus représentative du climat équatorial à 4 saisons montre toujours le premier maximum annuel (petite saison des pluies) moins marqué en intensité que le deuxième (grande saison des pluies). C'est plutôt l'inverse qu'on observe sur le Graphique 11.

Quant aux températures, elles sont globalement constantes tout au long de l'année, avec une moyenne annuelle de 24,6°C. Le mois le plus chaud relevé pendant 5 années d'observation est celui d'avril 2010 (26,7°C), et le moins chaud est celui d'août 2006 (23,5°C). L'amplitude thermique pendant cette période est alors de 3,2°C.

Tableau 10 : Relevé des températures moyennes mensuelles entre 2006 et 2010 (°C)

ANNÉES	J	F	M	A	M	J	J	A	S	O	N	D	MOYENNE ANNUELLE
2010	25,5	25,8	25,8	26,7	26,2	25,0	23,8	25,2	23,5	23,6	23,7	23,4	24,9
2009	24,9	25,5	25,1	24,9	24,5	24,0	23,9	24,6	23,9	24,8	25,4	24,6	
2008	24,2	25,3	25,3	24,6	24,6	24,0	24,1	24,1	24,3	24,0	24,5	24,1	24,5
2007	24,1	25,5	25,4	25,5	24,5	24,3	23,9	24,2	24,2	24,1	25,2	24,7	24,6
2006	24,6	24,6	24,5	24,4	24,6	24,4	23,7	23,5	23,8	24,2	24,0	24,0	24,2
T° moyenne	24,66	25,34	25,22	25,22	24,88	24,46	23,86	24,22	24,08	23,96	24,44	24,32	24,6

Tableau 11 : Relevé de la pluviométrie moyenne mensuelle entre 2006 et 2010 (mm)

ANNÉES	J	F	M	A	M	J	J	A	S	O	N	D	MOYENNE
2010	6,5	173,0	154,0	179,0	263,0	162,0	130,7	50,9	71,4	319,4	167,7	43,5	1721,1
2009	82,0	41,0	101,0	176,0	283,0	136,0	134,0	57,0	139,0	231,0	114,0	0,0	1494,0
2008	41,0	10,0	192,0	217,0	300,0	208,0	72,0	399,0	184,0	175,0	98,0	54,0	1950,0
2007	1,3	94,0	106,2	203,5	170,0	201,0	63,0	50,5	308,0	263,0	157,0	80,0	1697,5
2006	28,5	82,0	66,0	186,7	315,7	87,2	45,4	19,9	194,5	241,0	111,0	55,0	1432,9
Pluie moyenne	31,86	80	123,84	192,44	266,34	158,84	89,02	115,41	179,38	245,88	129,54	46,5	1659,1

II.3.4. Une zone située au cœur de la forêt dense équatoriale

La flore forestière camerounaise fait partie du grand ensemble floristique et phytogéographique du bassin du Congo, et occupe près de 9% de la superficie de ce vaste ensemble. Cette flore se divise en 3 grandes régions floristiques : la région soudano-Zambézienne, la région afro-montagnarde et la région guinéo-congolaise. La région guinéo-congolaise comprend deux grands domaines : le domaine de la forêt dense humide semi-caducifoliée et le domaine de la forêt dense humide sempervirente (Letouzey, 1985).

L'arrondissement de Djoum occupe la zone de transition entre les deux domaines, que Letouzey (1985) qualifie de domaine de la forêt mixte, renfermant simultanément des éléments de la forêt sempervirente et ceux de la forêt semi-caducifoliée.

La physionomie d'ensemble de la première, se caractérise par une forte densité d'arbres à l'hectare, de nombreuses essences de valeurs[64] et, une hauteur de la canopée atteignant 50 à 60 m. Les fûts des arbres sont droits, mais souvent aussi cannelés voire tortueux, avec des contreforts fréquents à la base. Les cimes, tabulaires, sont bien développées au niveau de la strate émergente, avec un feuillage persistant (Letouzey, 1985; Villiers, 1995). Les familles dominantes sont, les Méliacées et les Sterculiacées. Les arbustes des sous-bois ont des tiges rectilignes et des feuilles aussi persistantes. Les petits arbustes sont souvent monocaules. La strate herbacée est très discontinue et presque limitée aux trouées éclairées. Les lianes sont assez nombreuses et atteignent souvent de gros diamètres. Les épiphytes sur les troncs et les branches sont bien développés.

---

64 Le moabi (Baillonnella toxisperma), le padouk (Ptérocarpus soyauxii), le movingui (Distemonanthus benthamianus), le tali (Erythrophleum suaveolens), le sapelli (Entandrophragma cylindicum), le sipo Entandrophragma utile), le bibolo (Lovoa trichilioides), l'iroko (Chlorophora excelsa), le kossipo (Entandrophragma candolei), l'okan (Cilicodiscus gabonensis), l'ilomba (Pycnanthus angolensis), le fraké (Terminalia superba), le bilinga (Nauclea diderrichii), etc

La seconde, moins complexe que la première au point de vue de la richesse floristique, se caractérise par une hauteur de canopée estimée à 40 m et les familles dominantes sont les Combrétacées, Sterculiacées et Ochnacées, qui perdent leur feuillage en saison sèche.

III. Évolution administrative de Djoum : de l'époque coloniale allemande à nos jours

III.1. Sous administration allemande

L'organisation administrative du Sud-Cameroun entreprise par les allemands, fait état en 1895, de la création de sept circonscriptions administratives, excepté en pays Boulou du site actuel de l'étude, où l'état de guerre persiste jusqu'en 1901. C'est seulement vers 1906, après une accalmie, qu'un poste militaire est créé à Akoafem. Celui-ci évoluera plus tard en centre administratif, puis en chef-lieu de circonscription. En 1911, le traité d'Algésiras signé avec la France donne à l'Allemagne une portion des territoires s'étendant au sud de la circonscription d'Ebolowa. Le poste d'Akoafem devient alors le chef-lieu d'un vaste district débordant largement sur l'actuel Gabon (Mveng, 1963; Santoir, 1995). Mais la Première Guerre mondiale, suite aux affrontements entre les allemands et les alliés, aboutira à la destruction de la ville d'Akoafem et mettra fin à cet empiètement.

III.2. Sous administration française

En 1916, le sud du Cameroun passe sous commandement français. La guerre terminée et l'Allemagne éliminée du Cameroun, l'autorité de la France continue de s'y exercer dans le cadre d'un mandat accordé par la Société des Nations.

Trois mois après l'occupation de Yaoundé, le 14 mars 1916, un décret divise le territoire occupé par la France en neuf circonscriptions dont celles de yaoundé et Ebolowa. Celles-ci sont divisées elles-mêmes en subdivisions. Les limites allemandes sont à peu près respectées. Les principaux chefs-lieux et postes administratifs allemands sont aussi conservés. Mais Akoafem disparait au profit de Djoum en 1922.

III.3. Naissance de Djoum (Djom pour les locaux)

La reconstruction de la ville d'Akoafem sur le site actuel (Djoum), a été motivée en partie, pour faciliter les déplacements vers Yaoundé. Djoum, située plus au nord, à l'intersection de trois routes dont l'une mène vers Yaoundé, répondait le mieux à cet intérêt stratégique. C'est ce qui a motivé son choix pour la reconstruction de la ville. En 1922, naît pour la première fois, une administration communale connue sous le nom de « Commune Rurale Mixte de Djoum ».

Selon les sources orales, à l'origine, Djoum était composée des villages « Engogom » et « Djom ». Ces villages furent réunis par d'administration française pour former la cité actuelle de Djoum, aujourd'hui, toujours désignée par les riverains de « Djom ».

Quant aux déplacements des hameaux qui ont accompagné cette migration de la ville d'Akoafem à Djoum, les sources orales rencontrées sur le terrain, affirment qu'ils se firent dans le respect de leur éloignement par rapport à l'ancien site. Autrement dit, la réinstallation des villages sur le nouveau site, s'est effectuée dans l'ordre de proximité qui existait entre ces hameaux et Akoafem.

III.4. Évolution administrative

En 1922, le statut des chefs est révisé. Des modifications ultérieures introduisent un ordre hiérarchique : la chefferie est organisée en trois degrés : le 1er pour les chefs supérieurs placés à la tête des régions ;

le second, pour les chefs de canton ou de groupements de fractions de tribus ; enfin le troisième degré, pour les chefs de villages reconnus par l'administration.

Jusqu'en 1985, les actuelles communes de Mintom (3 954 km²) et d'Oveng (1 791 km²), étaient deux districts de la « Commune Rurale Mixte de Djoum », à l'époque appelée le grand Djoum (Carte 1). Sa surface totale s'élevait alors à 11 352 km². En 1991, une réforme de la carte administrative du Cameroun, entreprend l'affinage du maillage administratif, et scinde les départements les plus vastes. Le grand Djoum n'échappe pas à cette réforme qui l'éclate en trois entités administratives. Les districts de Mintom et d'Oveng sont érigés en arrondissements et sont détachés de l'actuel arrondissement de Djoum. La « Commune Rurale Mixte de Djoum » disparaît au profit de la « Commune Rurale de Djoum ».

En 2004, la « Commune Rurale de Djoum » est transformée en « Commune de Djoum » par la loi n° 2004/018 du 22 juillet de la même année.

IV. Le peuplement et les groupements humains

L'histoire du peuplement du Sud-Cameroun en général, et de l'arrondissement en particulier, reste encore à écrire. Jusqu'à présent, les données sont encore fragmentaires et les hypothèses nombreuses. Dès que l'on veut reconstituer l'histoire de ce groupe, le brassage ancien des populations contribue à mêler les pistes et à favoriser les contradictions. Nous n'avons donc pas la prétention de retracer l'historique des migrations des peuples de cette partie du Cameroun. Nous voulons simplement souligner que, les groupes humains ici se sont installés au cours d'une très longue période dont il est difficile d'estimer la durée.

IV.1. Pygmées Baka et Kaka : premiers occupants de la forêt

Les Pygmées Baka et Kaka, considérés comme les premiers occupants de la forêt, venus des Grassfields au cours du 1er millénaire av. J.-C, restent pour l'état actuel des recherches, la plus ancienne strate connue de population du Cameroun méridional. Ils constituent donc une « population relique », représentant à travers leurs pratiques rudimentaires, les modes de vie des hommes préhistoriques et de l'âge du fer. Ils ont joué le rôle fondamental d'initiateurs à la vie sylvestre de tous les successeurs et envahisseurs.

IV.2. Fang : ancêtres des pahouins

Les Fang, venus anciennement de l'est, en une des plus grandes vagues de peuplement qu'ait connu la forêt sud-camerounaise, ont dû, à compter du XVIIIème siècle, faire face aux Béti puis aux Boulou qui les ont en partie intégrés (en se faisant « pahouins »). « Ancêtres » au moins linguistiques de tous les Pahouins, les Fang sont donc aussi ceux qui ont effectué leur dernière grande migration, laquelle n'a pris fin qu'avec l'ordre colonial. La zone de Djoum-Oveng en continuum avec le tiers nord du Gabon, constituent l'un des noyaux du territoire marginal des Fang (Bruneau, 2003).

IV.3. Boulou : macro-groupe de la région du sud

Les Boulou, venus vers 1840 des rives du Lom en pays baya, constituent la vague ultime des migrations issues du nord de la Sanaga. Scindés en deux courants, ils ont foncé d'une part vers la mer, d'autre part vers la forêt méridionale, refoulant les Fang et les assimilant – en se « pahouinisant » eux aussi –, avant que l'arrivée des Allemands ne fige leur peuplement encore incertain. Celui-ci reste très linéaire, vers l'ouest jusqu'à Kribi (département de l'Océan), et vers le sud où ils prolongent le pays béti autour des départements du Ntem et de Dja-et-Lobo.

IV.4. Zamane

Les Zamane constituent un sous-groupe Boulou très peu nombreux et très peu évoqué par les ethnologues. Seules les couches de population les plus récentes peuvent être discernées avec quelques certitudes. Selon l'étude socioéconomique réalisée dans le cadre du plan d'aménagement de la forêt communale de Djoum (Commune Djoum, 2005), les Zamane seraient venus de Zoétélé (Département de Dja-et-Lobo) où l'on trouve encore leurs racines. Ils se seraient désolidarisés du reste du groupe à la suite des guerres tribales de l'époque précoloniale et s'étaient installés autour d'Akoafem. Après la destruction de cette ville allemande et sa relocalisation à Djoum, les Zamane se sont établis en 1926 le long de la nationale 9 (N°9) qui relie la commune de Djoum à celle de Mintom.

IV.5. Les migrations récentes

Celles-ci peuvent être associées aux mouvements migratoires bantous du milieu du 19eme siècle. Ils auraient trois fronts d'origine : le front de migration de l'Adamaoua (actuel) vers le sud avec la traversée de la Sanaga ; le front de migration du nord Gabon vers Akoafem via la traversée de la rivière Ayina ; le front de migration des voisinages d'Ebolowa et de la Guinée équatoriale vers Akoafem.

IV.5.1. Les occupations récentes

Des prospections archéologiques, menées par Ossah Mvondo (1993) dans les arrondissements de Djoum et Mintom, ont permis de tester l'existence des points de peuplement ancien[65] et, de réaliser une carte des zones d'occupation anciennes, dans les parties les plus reculées et frontalières de la forêt du Sud-Cameroun. Les fouilles réalisées et les vestiges retrouvés ont permis d'attester qu'il existe des sites archéologiques témoins des occupations anciennes. Les résultats obtenus soulèvent deux hypothèses : (i) les populations Fang, Boulou et Zamane, qui occupent actuellement les arrondissements de Djoum et Mintom, jusqu'aux frontières du Congo et du Gabon, ont pour berceau Akoafem, d'où elles sont venues après la dislocation de la ville. Cette dispersion a permis aux différents groupes d'occuper les nouveaux espaces de cette partie forestière du Cameroun ; (ii) l'idée selon laquelle cette bande frontalière aurait les zones d'occupation les plus anciennes de la région du Sud, mérite d'être nuancée. En effet toutes les enquêtes orales menés à Djoum (Minko'o, Ekom) et à Mintom (Ze, Zoulabot et Alat Makay) affirment que cette zone est d'une occupation récente ; (iii) les populations actuelles ont migré d'Alat Makay (Mintom) vers Akoafem (Djoum) et vice-versa. Ce qui implique deux centres de dispersion des populations Fang, Boulou et Zamane : Alat Makay et Akoafem. La conséquence est une origine bipolaire des populations.

IV.5.2. Les populations allogènes

Elles sont peu nombreuses dans les villages et se rencontrent néanmoins en plus grand nombre dans le centre urbain. Il s'agit particulièrement de quatre groupes ethniques : les communautés Bamiléké, Ewondo, Bassa et quelques personnes originaires du Nord du Cameroun qui pratiquent le commerce et qui seraient aussi des relais dans la commercialisation des produits de la chasse ou des pierres précieuses. Toutefois, on retrouve aussi quelques populations de nationalités étrangères comme : les maliens, les centrafricains, les

---

65 Pendant les administrations allemande et française

tchadiens, les nigériens, les nigérians, voire aussi les togolais en transit vers les mines d'or de Minkébé (en territoire gabonais)[66].

---

66 Confère paragraphe III, sous-paragraphe sur les migrations de travail et la piste de l'or de Minkébé

Chapitre VI

Portrait socioéconomique de la commune de Djoum

Ce chapitre présente le portrait de l'arrondissement sous plusieurs angles. D'abord, une perspective géomorphologique caractérise les ressources naturelles et les usages qui en sont faits. Ici, la description du territoire provient de plusieurs sources d'informations : visites des lieux à pied, en moto, en auto, cartes topographiques (IGN, 1972) (cartes de référence : les feuillets de Djoum NA 33XIII, de Mintom NA 33XIV, d'Akonolinga NA 33XIX et d'Abong Mbang NA 3320), des rencontres et balades avec ceux qui y vivent. Bref, ce premier regard permet de saisir en un clin d'œil l'ensemble du territoire et peut-être, d'établir un premier contact avec ceux qui l'occupent.

Un deuxième angle dresse le profil socio-économique de Djoum en rapport avec la dynamique territoriale. Certains indices statistiques sont présentés. Au niveau de la ville de Djoum, c'est la tendance d'une ville vestige qui frappe le visiteur, au regard des bâtiments administratifs décrépits et couverts de poussière rouge brique depuis l'époque de la colonisation française, qui étalent leur désuétude sous des rangées de palmiers.

> Si quelque voyageur parti de là en 1960-1967 revenait, il ne trouverait que les mêmes palmiers, devenus, à vue d'œil, plus grands. En fait, rien n'a véritablement changé, si l'on excepte l'introduction de quelques maisons modernes et la création de nouveaux quartiers, à l'instar du quartier Accra et Adzap, nous a confié une personne rencontrée à Djoum.

Par ailleurs, la municipalité de Djoum, comme la plupart des municipalités forestières, pourtant pourvoyeuses de ressources forestières, et abritant dans leur giron les grandes entreprises forestières, desquelles elles retirent des retombées financières, présente les indices d'une dévitalisation prononcée : manque d'eau courante et potable, niveau de chômage élevé, couverture sanitaire insuffisante, niveau d'enclavement poussé…

En troisième lieu, nous procédons à une analyse de la fiscalité municipale. Des indices sur le suivi de la gestion des revenus provenant de l'exploitation des ressources forestières et fauniques, destinés aux communes et communautés villageoises riveraines, permettent d'identifier et d'évaluer la richesse sur le territoire et de mieux comprendre comment se fait la répartition de cette richesse. Cette analyse de la fiscalité municipale, va beaucoup plus s'attarder sur les redevances forestières annuelles, principal poste de de recettes communales (94% du budget de la commune avant l'entrée en exploitation de la forêt communale en 2010), et va permettre de mettre en lumière certaines situations. Notamment, les quotes-parts du produit de la redevance forestière annuelle et leur contribution dans la mission de production du développement socioéconomique dévolue à la municipalité. Cet angle d'analyse vise à soulever la question de la ressource forestière omniprésente sur le territoire, et l'absence de retombées générées visibles et incontestables ici.

I. Une photo aérienne du territoire

L'arrondissement de Djoum est un vaste territoire (5 607 km²), recouvert à 99 % de forêt. C'est aussi un petit village qui compte seulement 18 050 habitants en 2005, dont 12 603 ruraux répartis le long de 129,39 km des trois axes de son réseau routier, et 5 447 urbains. Cette partie décrit quelles sont les ressources, les caractéristiques géomorphologiques et les usages qu'en font les communautés qui y vivent.

I.1. Un territoire occupé à 77% par le domaine forestier permanent

Djoum est une commune forestière, dont 77% du territoire est zoné domaine forestier permanent (Tableau 12). 88% de ce domaine est octroyé aux compagnies forestières, sous forme d'Unités Forestières d'Aménagement (UFA)[67] ou de concessions forestières[68] (Carte 6). La forêt communale occupe 3.5% de ce domaine, et le reste (8,5%) est occupé par une partie du sanctuaire à Gorilles de Mengamé, qui couvre une superficie de 36 886 ha dans l'arrondissement de Djoum.

---

[67] Créées dans le cadre du code forestier 1994, les UFA sont des unités forestières d'aménagement réparties en zones dans le Domaine Forestier Permanent (c'est-à-dire, des zones dédiées à la conservation de la biodiversité et la gestion durable). Elles sont attribuées à travers une procédure d'appel d'offres public à la concurrence pour une période de 15 ans et exigent un plan d'aménagement forestier approuvé par l'autorité administrative appropriée.

[68] Les concessions forestières sont des unités gérées séparément, pouvant inclure une ou plusieurs UFA ; elles ne peuvent dépasser 200 000 hectares

Tableau 12 : Répartition du domaine forestier de l'arrondissement de Djoum

Titre	Nom de la forêt	Concessionnaire	Superficie sur Djoum	%	Domaine
Fx	UFA 09-003	LOREMA	96 044	77	Permanent
Fx	UFA 09-004a				
Fx	UFA 09-005a				
Fx	UFA 09-004b	COFA	81 335		
Fx	UFA 09-005b	SOCIB	20 880		
Fx	UFA 09-006	SFF	38 630		
Fx	UFA 09-007	ETS MPACKO	79 422		
Fx	UFA 09-008				
Fx	UFA 09-009	SFB	23 270		
Fx	UFA 09-010				
Fx	UFA 09-011	SIBM	13 046		
Fx	UFA 09-012	SFMF	26 340		
Fc	DJOUM	Municipalité	15 270		
Fcom	ADPD DJOUZE		1 670,26	23	Non permanent
Fcom	AFHAN		1 023,88		
Fcom	AMOTA		4 323,17		
Fcom	AVENIR DE NKAN		1 349,60		
Fcom	MAD		2 456,52		
Fcom	OYO MOMO		4 871,72		
Superficie forestière totale en ha		560700		100%	

La superficie zonée domaine forestier non permanent couvre 129 577 ha, et représente 23% du territoire municipalisé. Elle est partagée entre les communautés (sous forme de forêts communautaires, pour les six communautés qui en ont fait la demande) (Graphique 12), les forêts « dégradées » pour une part, et d'autre part, les exploitations agricoles et agroforestières.

Sous un autre plan, on peut dire de l'arrondissement qu'il y a :

- la ville de Djoum, avec ses usages : résidentiel, institutionnel, commercial et industriel ; il faut tout de même préciser qu'outre la présence de machineries forestières et de l'exploitation minière, on n'y retrouve pas d'espace industriel significatif ;

- les communautés, localisées le long des trois axes routiers, qui pratiquent l'agriculture vivrière de subsistance, la chasse, la cueillette et la pêche et dans une moindre mesure, s'adonnent aux activités de foresteries communautaires.

Graphique 12 : Partage du domaine forestier de l'arrondissement de Djoum

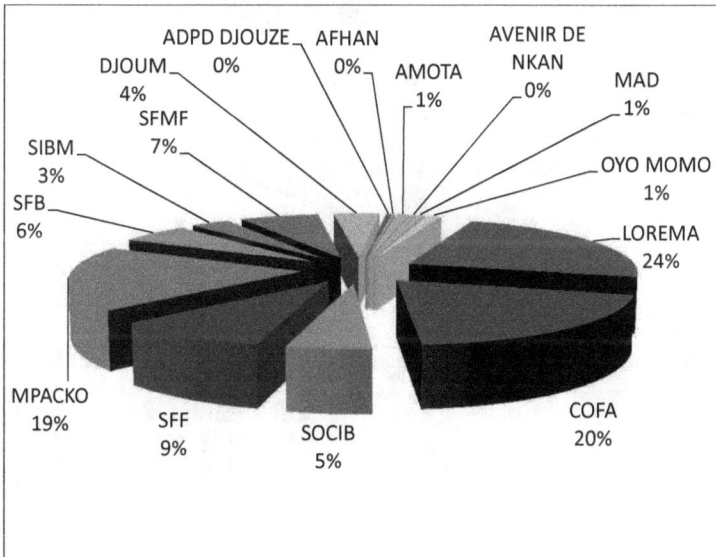

Carte 6 : Zonage forestier de l'arrondissement de Djoum

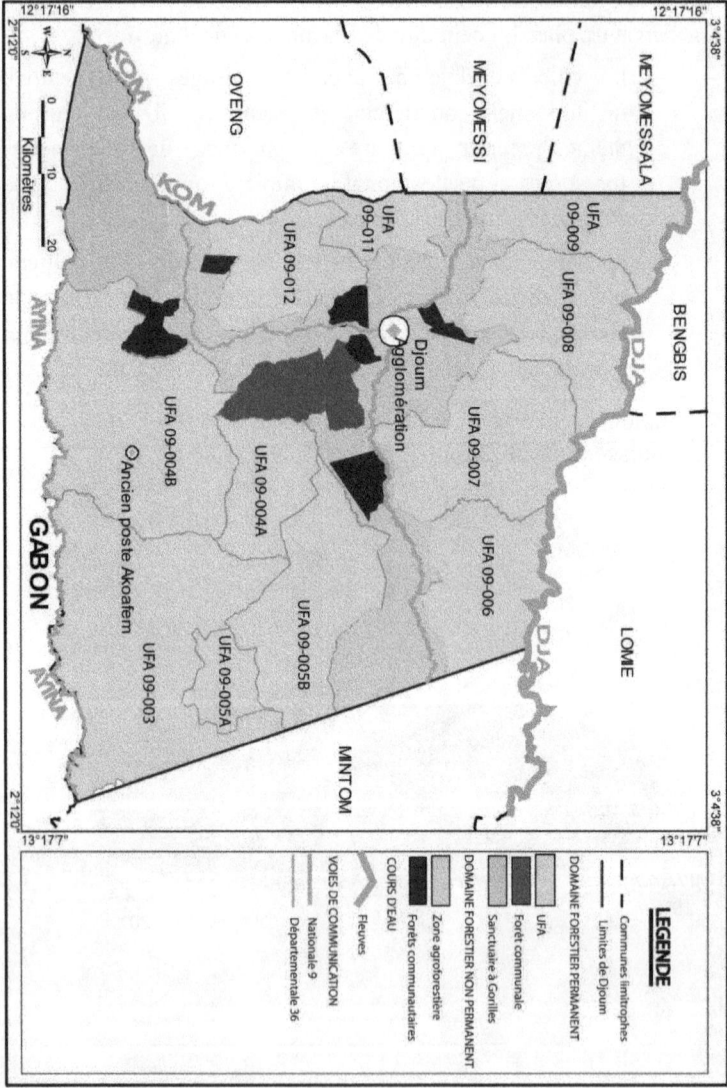

I.2. Un territoire mal desservi en voies de communication

Dans la région forestière du Cameroun, en dépit de quelques grands axes routiers et pistes ouvertes, une bonne partie des zones de productions demeure très mal desservie. C'est le cas de l'arrondissement de Djoum, dont le réseau routier se caractérise par l'absence de routes revêtues (Figure 9, Figure 10), excepté Djoum urbain, qui compte 3 km de bitume. C'est ce qui explique son mauvais état permanent et sa dangerosité (Figure 11, Figure 12), étant donné la forte pluviométrie qui caractérise cette localité tout au long de l'année. Pourtant l'arrondissement est situé sur le corridor qui relie le pays à la République Démocratique du Congo. L'absence de routes revêtues est aggravée par le manque de leur entretien par la commune, dont l'une des missions cadres est d'assurer la connexion de l'arrondissement au reste du pays, ou par les usagers qui les utilisent, à l'instar des sociétés forestières. Ce qui à long terme, constitue un véritable handicape dans le rôle de stimuli au développement, qui leur est assigné (Ebela, 2011).

Figure 9 : Tronçon de la N9 (Djoum - Mintom) au lieu-dit Efoulan

© Ngoumou Mbarga, Efoulan (Djoum-Zaman), janvier 2011

Figure 10 : Tronçon de la D36 (Djoum - Oveng) au lieu-dit Nkan

© Ngoumou Mbarga, Nkan (Djoum-Fang), janvier 2011

Figure 11 : Accident impliquant deux grumiers sur la N9 (Djoum – Sangmélima)

© Ngoumou Mbarga, N9 (Djoum-Sangmélima), mars 2011

Figure 12 : Bourbier occasionné par la coupure de la N9 (Djoum - Sangmélima) suite à un accident entre deux grumiers

© Ngoumou Mbarga, N9 (Djoum-Sangmélima), mars 2011

Trois voies d'accès desservent l'arrondissement (Carte 7). Partant de Sangmélima, situé au nord-ouest de la ville de Djoum, il faut 5 heures d'horloge à un voyageur en saison sèche[69], pour parcourir la route nationale n° 9 (N9), longue de 105 km, qui relie les deux villes. La N9 se poursuit à l'est de Djoum, et conduit à Mintom situé à 80 km plus loin. Elle y est plus ou moins entretenue par la société d'exploitation forestière SFID (Société Forestière Industrielle de la Doumé), qui a la plupart de ses concessions forestières en exploitation, localisées sur cette partie du territoire jusqu'à Mintom. La troisième voie, plus au sud de la ville, est la route départementale n° 36 (D36) qui conduit 88 km plus loin à Oveng. Cette voie, très mal entretenue, est plus fréquentée par les « motos taxis », qui assurent le transport des communautés en direction des deux centres urbains.

Le réseau routier, dans les limites de l'arrondissement, couvre 273 km de routes non bitumées. Outre ce réseau, s'ajoute le réseau très dense des voies d'accès forestières construites et entretenues par les compagnies forestières, et la voirie urbaine de Djoum, desservie par 15 km de routes.

---

69 En saison pluvieuse, il faut parfois compter des nuits entières, surtout lorsque l'état boueux et glissant de la chaussée, a favorisé l'accident d'un grumier ou autre gros porteur, et qui obstrue totalement la circulation.

Carte 7 : Réseau routier et de pistes forestières de l'arrondissement de Djoum

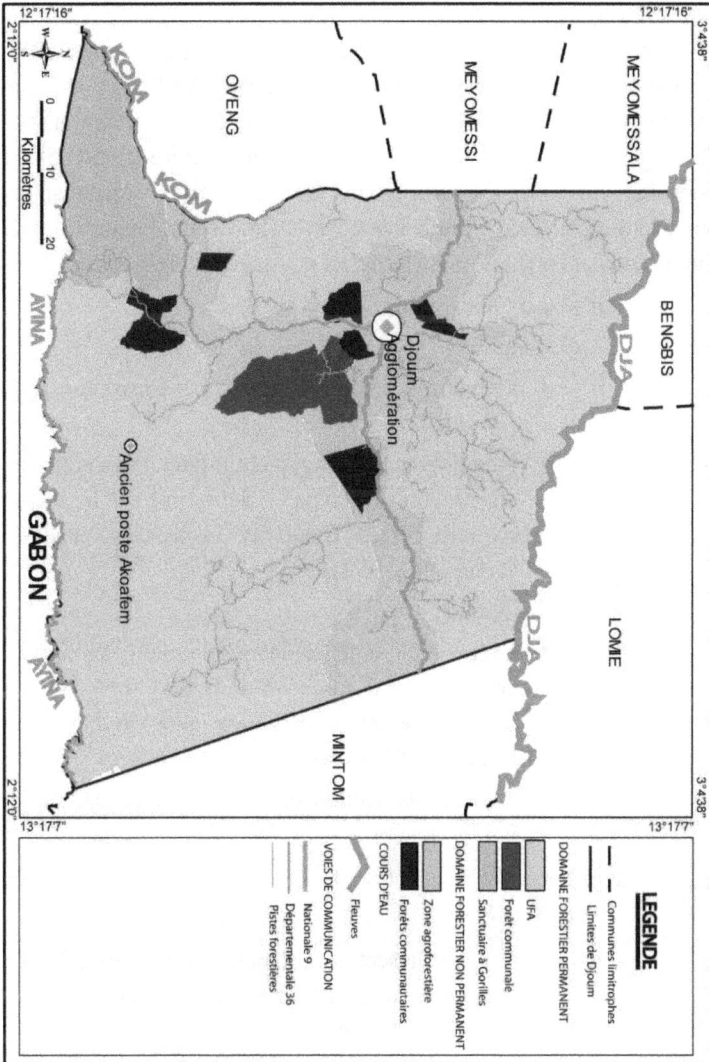

I.3. Le projet de désenclavement du corridor Brazzaville-Yaoundé

L'arrondissement de Djoum est situé sur le corridor Brazzaville – Yaoundé sur lequel un projet de désenclavement fait l'objet, à travers la construction de la route Ketta–Djoum et la facilitation du transport sur le corridor. La route Ketta-Djoum, d'un linéaire de 504,5 km, constitue un maillon important de la liaison inter-capitale Brazzaville-Yaoundé entre le Congo et le Cameroun, longue de 1612 km. L'aménagement de cette route est envisagé en deux phases :

– une phase I consistant :

o au Congo :

  ▪ à revêtir la section entre Ketta et Biessi au Congo (121 km) et

  ▪ à réaliser un aménagement minimal (y compris la construction d'ouvrages définitifs) sur la section en terre entre Biessi et la frontière avec le Cameroun (195 km)

o au Cameroun :

  ▪ à réaliser un aménagement minimal (y compris la construction d'ouvrages définitifs) sur la section en terre entre la frontière avec le Congo et Mintom (105,5 km)

  ▪ à revêtir la section entre Mintom et Djoum (83 km)

– une phase II consistant :

o Au Congo :

  ▪ à revêtir la section restante en terre entre Biessi et la frontière avec le Cameroun (195 km)

o Au Cameroun

  ▪ à revêtir la section restante en terre entre la frontière avec le Congo et Mintom.

Ce projet qui n'avait toujours pas démarré lors de notre séjour à Djoum, prévoit, outre les travaux routiers correspondants décrits ci-dessus : (i) des aménagements et mesures connexes ; (ii) des actions et mesures de facilitation du transport et du transit routier incluant un poste de contrôle unique à la frontière et une étude en vue de la mise en place d'un comité de gestion du corridor ; (iii) un appui à la réinsertion des populations autochtones de la zone d'influence du projet ; (iv) des actions de sensibilisation à la sécurité routière, à la protection de l'environnement et à la lutte contre les IST[70], dont le VIH-SIDA. La réalisation de cette route assurera une liaison pérenne entre le Congo et le Cameroun. Elle contribuera à accroître les échanges commerciaux entre les deux pays et dans la sous-région d'Afrique Centrale et à réduire la pauvreté dans la zone.

Au-delà des avantages que présente le projet pour le développement des échanges entre les deux pays, il contribuera au renforcement du développement et à la lutte contre la pauvreté. Les bénéfices directs attendus du projet sur l'arrondissement de Djoum sont : l'amélioration de la circulation des personnes et des biens ; le désenclavement de cette zone à fortes potentialités économiques (agriculture, minerais, bois...) ; la réduction des coûts généralisés et du temps de transport ; l'amélioration des conditions de vie des populations riveraines de la route

I.4. Le développement résidentiel et commercial de la ville de Djoum

L'agglomération résidentielle, institutionnelle et commerciale est concentrée sur environ 4 km de long et est répartie d'ouest en est. Un voyageur attentif, qui arrive de Yaoundé via Sangmélima, est accueilli à l'entrée dans la ville de Djoum, par un grand panneau qui annonce : « bienvenue à Djoum » (Figure 13). Environ 500 m plus

---

70 Infections sexuellement transmissibles.

loin, se trouve à sa gauche, le quartier New-town, qui est bâti le long de la route jusqu'au centre de la ville. De l'autre côté de la route, se trouve le village Nkan, puis la gare routière de Djoum (ou ce qui en fait office). Le centre de Djoum est matérialisé par un rond-point sur lequel aboutissent quatre routes en forme de croix. Les routes nationales qui arrivent de Sangmélima à l'ouest et de Mintom à l'est, puis celles urbaines qui arrivent du lycée bilingue au sud de la ville, et de la rivière Evindi au nord du centre-ville. S'ajoutent d'autres quartiers qui prolongent la ville du côté est, le long de la nationale 9 vers Mintom, sur l'avenue des palmiers (Figure 14).

Figure 13 : Panneau annonçant l'entrée de la ville de Djoum

© Ngoumou Mbarga H., Endengué (Djoum), janvier 2011

Figure 14 : Avenue des palmiers, Djoum

De part et d'autre de l'avenue des palmiers, se retrouvent les principaux édifices administratifs que sont la prison, la sous-préfecture, la mairie et l'hôpital d'arrondissement, puis le palais de justice, la poste, le commissariat de police et les écoles principales groupes 1 et 2. Il faut également souligner la présence de l'esplanade des fêtes, utilisé lors des défilés des fêtes de la jeunesse (11 février) et nationale (20 mai). Cette vue d'ensemble, dont l'architecture est celle de l'époque coloniale française, tranche nettement avec l'immeuble flambant neuf (Figure 15), qui va prochainement abriter les services de la mairie.

Le centre commercial est organisé au centre-ville, où les plus grands commerces de la place se retrouvent, malgré la présence du nouveau marché central (Figure 16), dont la construction visait à délocaliser le centre commercial.

Figure 15 : Immeuble de l'hôtel de ville de Djoum en construction

© Ngoumou Mbarga H., Djoum-ville, janvier 2011

Figure 16 : Marché central de Djoum, nouvelle version.

© Ngoumou Mbarga H., Djoum-ville, janvier 2011

À l'est de la municipalité se trouve, à 8 km, le Centre d'Instruction des Forces Armées nationales (CIFAN), qui représente un marché potentiel pour les communautés riveraines. Le camp militaire constitue une destination privilégiée des produits de la chasse. En général, la viande est consommée fraîche, compte tenu des faibles distances à parcourir pour approvisionner le camp militaire. C'est ici que se trouve l'unique poste d'approvisionnement en carburants automobiles pour le centre et pour toutes les autorités de la municipalité. Tous les autres utilisateurs de l'essence se ravitaillent auprès des revendeurs aux abords des routes, qui manipulent à ciel ouvert dans des bouteilles en plastique (contenants et entrepôts non homologués), dans l'insouciance totale des règles de sécurité, ce combustible très inflammable. On déplore ainsi souvent de graves accidents survenus lors de la manipulation de ces produits dangereux.

I.5. Le territoire et ses infrastructures de base

I.5.1. La couverture scolaire

L'arrondissement de Djoum compte 25 écoles primaires publiques, 1 école primaire catholique bilingue, 1 école privée bilingue, 7 écoles primaires Baka, 7 écoles maternelles, 1 Lycée bilingue, 1 collège d'enseignement secondaire (CES), 1 collège d'enseignement technique industriel et commercial (CETIC), et 1 Section Artisanale Rurale et Ménagère (SAR/SM) (Carte 8).

De manière générale, L'arrondissement fait partie de l'une des régions les plus scolarisées du pays, si on se réfère aux données obtenues au niveau régional (93,33% pour la région du Sud). L'accès à l'éducation n'est pas un problème marginal ici, au regard de la couverture scolaire assez satisfaisante. Cependant, cette répartition cache une gamme variée de difficultés, telles que : le manque de salles de classe pour certains établissements, des écoles inachevées et en matériau provisoire, ou encore le manque d'enseignants qualifiés dans d'autres, voire aussi leur prise en charge salariale. Par ailleurs, les distances à parcourir pour atteindre les établissements scolaires des villages voisins, peuvent s'étendre au-delà de 7 km (cas du village de Bindoumba). Dans les villages, on observe un niveau de scolarité assez bas comparé à Djoum-ville. Ce qui ne signifie pour autant pas que les villages produisent une sous-scolarisation. C'est plutôt l'exode de la jeunesse scolarisée vers les établissements secondaires et spécialisés de la ville qui affaiblit la moyenne de la scolarisation en milieu villageois. Ces difficultés, loin de constituer un cadre adéquat de formation des jeunes, doivent interpeller les pouvoirs publics au Cameroun, dans leur mission d'éducation des masses.

I.5.2. La couverture sanitaire

La carte sanitaire de l'arrondissement fait état de quatre aires de santé, réparties ainsi qu'il suit (Tableau 13) :

- Mellen Zamane sur l'axe de Djoum-Mintom ;
- Mveng et Nkolafendek sur l'axe Djoum-Sangmélima ;
- Mfem et Nkoleyeng sur l'axe Djoum-Oveng ;
- Djoum urbain.

Carte 8 : Carte scolaire de l'arrondissement de Djoum

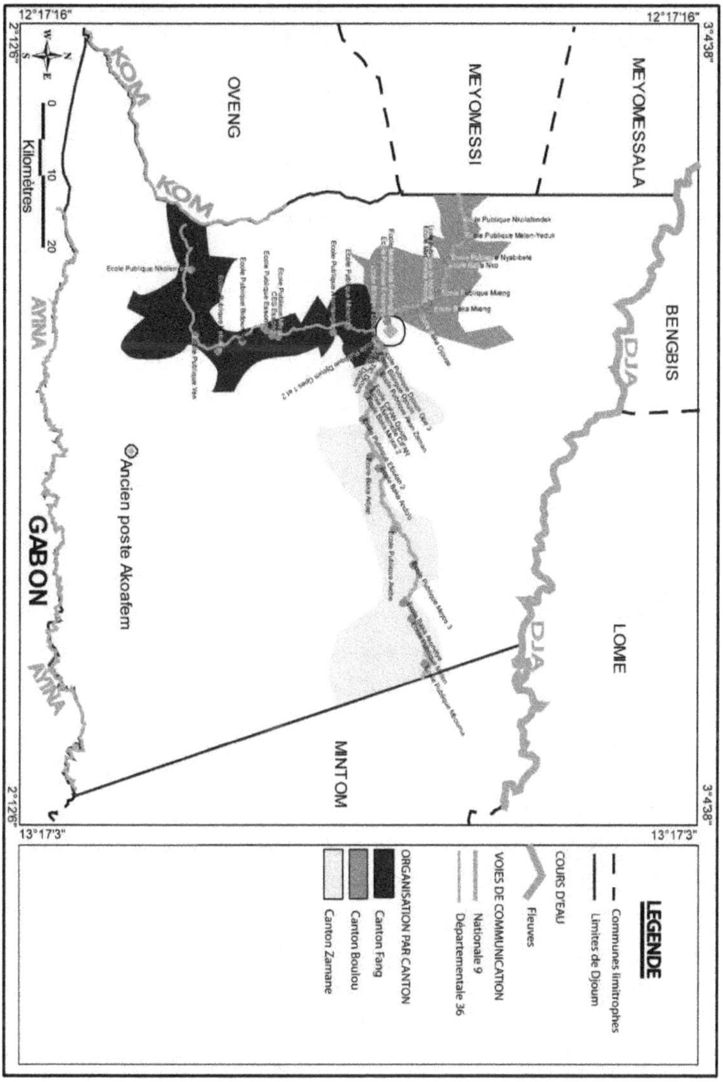

De ces aires de santé, seule celle de Djoum comprend deux formations sanitaires publiques répondant plus ou moins aux normes d'hygiène, d'asepsie de sécurité et de confort.

Tableau 13 : Carte sanitaire de l'arrondissement

AIRES DE SANTÉ	FORMATIONS SANITAIRES	NOMBRE DE MÉDECINS	NOMBRE D'INFIRMIERS	AUXILIAIRES DE SANTÉ
Djoum urbain	Hôpital de district	2	16	6
	CSI Djoum urbain	0	2	1
	Hôpital militaire	1	3	6
	CSI EPC Metet	0	1	4
	CSI catholique d'Abing	0	1	0
Djoum-Mintom	CSI Mellen	0	2	2
Djoum-Sangmélima	CSI Mveng	0	2	0
Djoum-Oveng	CSI Mfem	0	1	1
	CSI Nkolenyeng	0	2	1

Les hôpitaux de district et militaire sont deux établissements capables d'accueillir des patients qui nécessitent de grands soins, ou une intervention chirurgicale. Tous les autres établissements ci-dessus sont réservés pour des petits soins et la petite chirurgie.

La principale observation qu'on peut faire à la lecture de la carte sanitaire (Carte 9) est que la couverture de l'arrondissement en ce domaine est faible. Deux Hôpitaux avec trois médecins généralistes pour l'ensemble de l'arrondissement, semble assez insuffisant. En effet la proportion est, 3 médecins pour 18 000 habitants (soit 1 médecin pour 6 000 habitants) que compte l'arrondissement, pour faire face à la gamme assez large des pathologies connues en milieu intertropical, dont Djoum fait partie. Tous les malades sont pratiquement orientés à Djoum, ce qui n'est pas évident compte tenu des difficultés de transport liées au mauvais état des routes, et les distances à parcourir. Concernant les pathologies, les maladies les plus courantes sont le paludisme causé par les piqûres de moustiques, les maladies diarrhéiques et les parasitoses liées au manque d'eau potable, les infections sexuellement transmissibles (IST), le VIH/SIDA, la tuberculose observée depuis quelque temps et dont les causes ne sont pas encore cernées.

Carte 9 : Carte sanitaire de l'arrondissement de Djoum

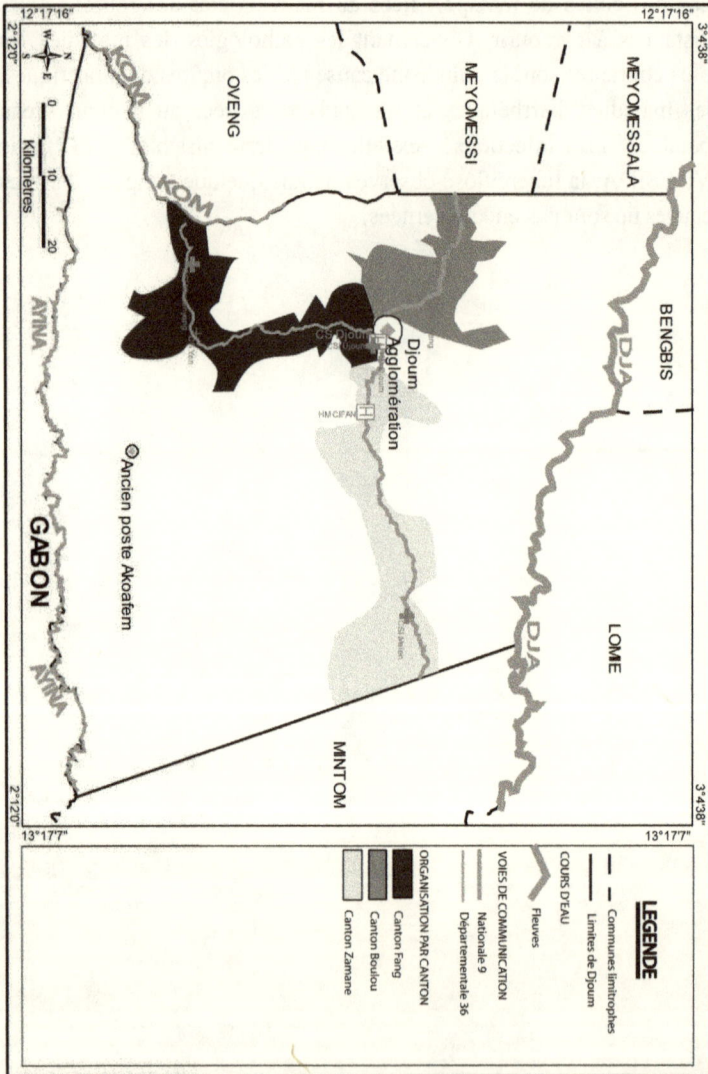

I.5.3. L'approvisionnement en eau potable

Le problème d'accès à l'eau potable dans l'arrondissement reste d'une grande préoccupation. La distribution d'eau potable, au moyen d'un véritable réseau d'adduction d'eau, est quasi inexistante dans l'ensemble de la zone, même pas à Djoum-ville. Un projet d'adduction d'eau urbaine, sous l'appui financier conjoint Commune-PNDP, a été entrepris. Mais les travaux de réalisation de ce projet ont été interrompus après la construction du château d'eau, suite au différend qui oppose le maître d'ouvrage qui accuse le maître d'œuvre de malversations financières. Pour l'instant, les populations s'approvisionnent en eau de boisson, à travers deux forages réalisés par le PNDP, et des anciennes sources plus ou moins aménagées.

Pour les autres utilisations ménagères de l'eau (vaisselle, lessive, toilette…), le principal point d'alimentation en eau est la rivière « Evindi » (Figure 17), aux eaux noires et boueuses, qui a l'allure d'une marre dont on ne peut distinguer le sens de l'écoulement des eaux.

Figure 17 : Femmes faisant la lessive dans la rivière Evindi

© *Ngoumou Mbarga H., Djoum-ville, janvier 2011*

Pour s'y rendre, un sentier pédestre facilite sa proximité avec les populations de la ville. Un panneau en bois, avec un écriteau jauni par le temps, indique que le site est entretenu et surveillé par IPRAPAF[71], une ONG environnementale de la place.

Le projet conjoint Municipalité-PNDP, a également réalisé un certain nombre de puits à motricité humaine dans plusieurs villages de l'arrondissement (Figure 19). Les autres points d'eau qu'on rencontre ici et là sont des réalisations privées ou communales, ou des aménagements de sources faites par l'UNICEF dans les années 1990 dans certains villages, (Bindoumba par exemple), ou plus récemment grâce aux redevances forestières communautaires (Ngoumou Mbarga, 2005).

Le système d'approvisionnement le plus répandu dans l'arrondissement est le forage, viennent ensuite le puits et la source. Près de 60 % des forages ne sont pas fonctionnels, ou le sont de façon discontinue, Près de 50 % des puits ne le sont pas non plus, alors que toutes les sources le sont (100 %). La source est le type d'approvisionnement le plus sûr et le plus adapté à la zone d'étude. Le type d'approvisionnement forage n'est pas adapté au contexte local, soit parce que la maintenance de ces forages est techniquement trop complexe pour les réparations locales ou demande trop d'investissements, soit parce que les forages ont été réalisés à des endroits où la nappe phréatique est discontinue ou pas alimentée (Figure 18).

---

71 Nous présenterons plus loin, ses activités

Figure 18 : Alignement des récipients en attente du réapprovisionnement en eau du forage à Minko'o

© *Ngoumou Mbarga H., Minko'o (Djoum), févier 2011*

Figure 19 : Forage du village Amvam

© *Ngoumou Mbarga, Amvam (Djoum - Zamane), mars 2011*

I.5.4. L'approvisionnement en électricité

La ville de Djoum est alimentée par une centrale thermoélectrique d'AES-SONEL[72], qui utilise trois machines pouvant fournir une puissance exploitable atteignant 220 KW. Seul le centre urbain est desservi de façon continue, à cause de la vétusté de la centrale. La fourniture de l'électricité dans les villages de la commune est partielle, et s'étend sur environ 15 km par canton. En outre, l'éclairage n'est pas constant sur les trois axes et même au centre de la ville en raison de la faible capacité du groupe électrogène utilisé. Des particuliers possèdent quelques groupes électrogènes dans certains villages qui fonctionnent généralement lors des fêtes ou des deuils. Le reste du temps, les populations s'éclairent à la lampe tempête et au feu de bois.

I.5.5. Les télécommunications

La commune de Djoum est desservie par les trois réseaux de téléphonie mobile et fixe du Cameroun[73]. Seule la radio CRTV[74] émet en modulation de fréquence dans la ville de Djoum, sur la bande 87,5 MHz. Par contre la télévision nationale est uniquement reçue par câble, faute d'une antenne relais du faisceau hertzien. Cependant, grâce à un réseau privé de câblage, plusieurs dizaines de chaînes de télévision étrangères, en plus des chaines nationales, peuvent être reçues ici. Il existe un cyber café à Djoum, une propriété de l'actuel maire, qui connecte l'arrondissement au cyber espace mondial.

---

72 Groupe américain AES CORP., qui a racheté depuis 1996, 56% des actions de la Société nationale d'électricité de l'état camerounais
73 La Cameroon Telecommunications (CAMTEL) est une entreprise publique détenue à 100% par l'État camerounais, Orange Cameroun, MTN Cameroun.
74 CRTV : Cameroon Radio and Television

I.5.6. Les loisirs

Comme partout ailleurs au Cameroun, le football est le loisir roi, pratiqué ou adopté par la plupart des populations d'ici. La commune dispose d'un terrain municipal, vétuste et complètement dénudé, qui sert d'espace de jeux pour la majorité des travailleurs, qui s'y retrouvent régulièrement le dimanche matin, pour une partie de football, dans un esprit convivial et ludique. Par ailleurs, il y a presque dans chaque village de la commune, un terrain de football. Les grandes vacances offrent traditionnellement l'occasion d'organiser des tournois inter-cantons, qui jouissent d'une très grande popularité auprès des communautés.

II. Le profil socio-économique de l'arrondissement

La commune rurale de Djoum est située en zone forestière camerounaise. La forêt est sans conteste, la dominante du paysage ici. Elle domine également les activités économiques, parce qu'elle est la principale ressource qui alimente ce secteur. En effet, le territoire est octroyé à 77% de sa superficie, aux compagnies forestières sous forme d'unité forestière d'aménagement (UFA). Djoum procure à l'industrie forestière sa matière première et les bras pour l'extraire et elle reçoit en retour des avantages financiers liés à ces activités[75]. La forêt constitue la structure de base de l'économie capitaliste. Ce sont plusieurs emplois, incluant les activités d'extraction du bois et de sa première transformation.

La forêt représente aussi un élément vital capital pour la vie et la survie des populations locales, qui y mènent plusieurs activités de subsistance comme l'agriculture (pérenne et vivrière), la chasse, la pêche et la cueillette, et plus récemment la foresterie communautaire.

---

75 Voir chapitre sur la fiscalité de la municipalité

Ces activités de l'économie traditionnelle sont les principales occupations de la majorité des populations qui vivent de et dans la forêt.

II.1. L'organisation sociale

Au plan administratif la commune de Djoum est organisée en trois cantons ou chefferies de deuxième degré avec à la tête de chacun, un chef de canton qui est aussi un auxiliaire de l'administration. Le canton est ensuite organisé en villages, qui sont à leur tour organisés en familles. Chaque village est organisé autour d'une chefferie de troisième degré. Le chef est au sommet de l'édifice social, assisté par des notables représentant les familles les plus représentatives. Il gère les affaires du village et représente le village au niveau cantonal. Il est sous l'autorité administrative du chef de canton et a compétence d'intervenir en cas de litige inter familles de grande importance. La plupart des litiges portent généralement sur les questions foncières, l'exploitation des arbres des champs et les jachères mais aussi et surtout sur les problèmes de société comme la sorcellerie. Certains fonctionnaires retraités, considérés comme des personnes ressources ont aussi une influence dans la gestion quotidienne du village. La famille à son tour est structurée autour d'un chef qui gère au quotidien les problèmes intra et inter familiaux. En cas de conflit au sein de la famille, le chef de famille a compétence de le solutionner et s'il n'y parvient pas, il peut recourir au conseil des notables, lequel trouve la plupart du temps un arrangement à l'amiable.

Le droit de propriété aux ressources naturelles s'exerce sur l'espace péri villageois proche, sur lequel sont installés les champs et les jachères. D'après les us et coutumes bantous d'ici (Fang, Boulou, Zamane), le droit de propriété sur la terre et ses ressources est reconnu à toute personne ayant mis en valeur pour la première fois une portion de forêt naturelle. C'est dans ce contexte que les champs, les jachères ou tout espace mis en valeur, ont un droit d'usage restreint qu'à leurs propriétaires. Dans l'espace péri villageois éloigné, domaine de la forêt naturelle, le droit d'usage est reconnu à tous sans aucune restriction. On peut y pratiquer librement la pêche, la chasse, la collecte des PFnL.

Au plan religieux, l'influence considérable des religions sur les populations ici est manifeste. La tenue rigoureuse des cultes et la participation massive et active des fidèles témoignent de cette dynamique. L'explosion des églises dites nouvelles en plus des trois principales confessions religieuses que sont par ordre d'importance l'église presbytérienne (EP), l'église catholique, et les témoins de Jéhovah est pour le moins inquiétante.

II.2. L'organisation communautaire

Diverses associations (caritatives, agriculture/élevage, tontine, entraide, culture et sport) soutiennent la vie communautaire dans les villages étudiés, alors que des ONG locales (APIFED, CED, EQUIFOR, IPRAPAF, OPED, OPFCR...) contribuent à intégrer de nouvelles attitudes à travers l'encadrement et l'accompagnement dans des projets plus « innovateurs ». Dans les deux cas, ces acteurs véhiculent des valeurs acceptées collectivement, sur lesquelles sont fondés les comportements.

Cependant, le rôle joué par les ONG dans la création des forêts communautaires (au centre de nos recherches) a été déterminant, mais il doit être remis en cause aujourd'hui. Bon nombre d'entre elles se sont engagées dans des campagnes de sensibilisation pour susciter la création des forêts communautaires afin de justifier leur capacité de mobilisation des paysans, asseoir leur notoriété et bénéficier de la confiance des bailleurs de fonds et organismes de financement. Elles ont soutenu de nombreux groupements villageois dans la conception et la production matérielle de leurs statuts et elles ont financé les frais de transport et de restauration au moment du suivi des dossiers en ville ou en province. Il s'agissait plus de se tailler des espaces d'intervention afin d'y conduire librement leurs activités selon leurs logiques. Ceci a abouti parfois à une division des communautés villageoises du fait de leur action, entrainant au mieux la suspicion, au pire les conflits.

Si le visiteur qui arrive dans un village ici est frappé par une cohésion apparente, il faut signaler que le dynamisme communautaire est marqué par un climat de suspicion, d'opposition et de conflit, ce qui ne va pas sans conséquences sur la vitalité de l'organisation communautaire. D'un côté on a le poids des croyances et des opinions qui rend difficile la participation des individus à des projets collectifs de recherche de bien-être et d'un autre côté, il y la médisance et le commérage (ou mode de communication des communautés) qui empoisonnent la cohabitation communautaire comme en témoignent les propos ci-dessous d'un informateur.

> Il y a un sérieux problème dans les villages. Tout le monde le connaît, tout le monde en parle, tout le monde pense que c'est chez le voisin, tout le monde se sent impuissant et tout le monde voudrait savoir comment y faire face. Ce problème c'est la sorcellerie.... (un Informateur, janvier-février 2011)

Nous y reviendrons plus loin.

Trois grands événements festifs font partie de la vie communautaire. Ce sont les événements religieux, culturels, mortuaires et funéraires. Les événements religieux concernent essentiellement les fêtes religieuses (catholiques, protestants ou les témoins de Jéhovah, ainsi que l'islam et les églises de l'éveil), qui sont l'occasion pour les communautés de festoyer. Les événements culturels réfèrent aux championnats de vacances de football organisés au niveau de chaque canton ou à Djoum. Ce sont des rencontres inter villages, voire inter cantons de football qui se tiennent pendant l'été (juin à aout) ou la période des grandes vacances scolaires au Cameroun. Ces rencontres connaissent une affluence très marquée des populations sans discrimination d'âge ni de sexe. Les équipes proviennent des villages du canton organisateur ou des cantons voisins et quelques fois des communes voisines. Outre ces manifestations sportives, d'autres activités festives se greffent à l'événement : ce sont des soirées dansantes ou bal au cours desquelles des jeunes se retrouvent pour danser et boire de l'alcool. Les événements mortuaires et funéraires se rapportent aux décès et aux funérailles. Autrefois le décès d'un proche était considéré comme un moment de tristesse et de recueillement, au cours duquel la famille éplorée attendait de ses pairs, soutien moral et matériel. Mais aujourd'hui cette tradition a changé, car le deuil est devenu une occasion festive, où les « invités » viennent pour manger et boire.

II.3. Les activités agricoles

L'agriculture constitue l'activité principale de l'ensemble des ruraux de l'arrondissement plus quelques urbains : elle occupe presque tous les actifs des villages enquêtés pour notre étude, si on s'en tient aux réponses obtenues pendant les entretiens menés ici et là. Cette agriculture reste entièrement traditionnelle dans l'ensemble du territoire et comprend un secteur vivrier et des cultures de rente.

II.3.1. Secteur vivrier

La combinaison des caractéristiques climatiques et pédologiques favorise la production d'une gamme variée de cultures ici. D'après les statistiques de la délégation régionale d'agriculture du Ntem, les cultures prédominantes dans le l'arrondissement de Djoum sont :

- les plantes à tubercules : on retrouve par quantité de production le manioc *(Manihot esculenta)*, le macabo *(Xanthosoma sagitifolium)*, la patate douce *(Ipomea batata)*, l'igname *(Discorea domentorum)* ;
- les bananes plantain et douce *(Musa sp.)* ;
- l'arachide (Arachis hypogea), le maïs (Zea mays), le haricot (Phaseolus vulgaris), les graines de courges (Cucumeropsis manii) ;
- les légumes-feuilles divers : feuilles de manioc, l'« okok » *(Gnetum africana)*, le gombo *(Hibiscus esculentus)*… ;
- les noix de palme *(Elaeis* guineensis*)*.

Ici les populations aiment surtout la banane plantain, mais aussi les tubercules de manioc et de macabo, qu'elles consomment pilés ou non. C'est en tant que base alimentaire, que ces produits occupent une place de choix pendant les grands événements socioculturels, tels que les mariages, les baptêmes, les deuils, pour ne citer que ceux-là. Il faut préciser qu'un menu, dans les habitudes alimentaires traditionnelles des populations d'ici, est constitué d'un plat principal rarement accompagné d'un dessert. Ce plat est composé d'une sauce ou ragout, accompagné de tubercules, de plantain ou de riz... les sauces sont essentiellement constituées des légumes-feuilles, dans lesquels on peut rajouter l'arachide, la viande, du poisson ou des champignons. Le gibier ou « ovianga » en langues bantou, constitue la première source de protéine animale dans cette partie du Cameroun. Il constitue également un élément important du tourisme camerounais.

La consommation de certains produits agricoles, a généré des superstitions dans les mœurs. C'est le cas par exemple du gâteau de grains de courges[76], dont la plus ou moins bonne cuisson pendant la dote, détermine le succès ou l'échec du mariage qui est célébré[77]. S'il ne cuit pas entièrement, c'est le présage incontestable d'une union vouée à l'échec et vice versa (Ebela, 2011). Ainsi la tradition alimentaire est un facteur non négligeable dans la production vivrière.

---

76 Il s'agit ici de Cucumeropsis mannii (grains de concombre), de la famille des cucurbitacées, qui est une plante rampante annuelle d'origine américaine. Ses grains moulus donnent une poudre blanche, qui détrempée donne une pâte onctueuse servant à faire divers gâteaux et sauces.

77 C'est un met originaire des provinces du Centre et du Sud Cameroun. Ce gâteau est fait à base de graines de courges moulues, mélangées avec de la viande ou du poisson préalablement bien assaisonné avec des épices et divers condiments. Le mélange obtenu est ensuite emballé dans des feuilles ramollies de bananier, puis cuit à l'étouffée.

II.3.1.1. Les techniques de production vivrière : l'agriculture itinérante sur brûlis et son impact sur l'environnement

Elles restent très rudimentaires et consistent en l'utilisation du brûlis pour faciliter les travaux de nettoyage et, en la pratique de la jachère pour la reconstitution des sols,

> *toutes méthodes qui sont grandes consommatrices d'espaces dans la mesure où elles obligent à de fréquentes migrations agricoles, (Ebela, 2011).*

Comme le soutient aussi Gutelman (Gutelman, 1989), l'agriculture sur brûlis est dénoncée comme un facteur décisif de la destruction croissante des sols agricoles, de l'érosion, de la désertification et de l'appauvrissement généralisé des pays et des régions où elle se pratique. Pourtant, ce mode artisanal de production vivrière ne correspond ni plus, ni moins, qu'à la satisfaction des besoins primaires (produire la subsistance végétale de base et, si possible, gagner un petit revenu monétaire) de la population concernée, et ainsi, diffère des autres causes de déforestation. Les autres causes sont les plantations industrielles ; l'exploitation forestière et ses effets secondaires de création des voies d'accès dans la forêt, et de facilitation de l'accessibilité pour le braconnage ; les activités minières ; les projets d'infrastructure (routes, barrages), qui répondent aux besoins des secteurs « modernes » de l'économie.

Cependant de Wachter (1997) fait remarquer que l'agriculture itinérante traditionnelle, dans une zone à faible densité de population (comme c'est le cas dans cette partie du Cameroun), est aujourd'hui considérée comme un système agraire durable du point de vue écologique. En effet, l'agriculture itinérante sur brûlis est un système agraire ancestral, utilisé partout en zone forestière et basé sur le principe technique de base qui est la jachère, dont la durée de repos varie de 5 à 10 ans et plus. Les étapes successives de mise en valeur d'une parcelle vont du défrichage au semis en passant par l'abattage, le brûlis, le nettoyage et, sont plus pénibles lors de l'installation d'un nouveau champ en « forêt primaire ». De plus, dans un environnement d'abondance de ressources naturelles, le facteur terre n'est pas limitant comparé au facteur capital travail et doit être évalué du point de vue du paysan. Celui-ci n'est pas un demandeur d'innovations techniques qui augmentent la production par ha tant que la terre est abondante. Si on analyse cette pratique agricole dans le cadre d'une économie basée sur le travail humain, dans un environnement riche en ressources, avec un large spectre de possibilités d'investissement du travail (la cueillette, la chasse, la pêche, le ramassage), alors le choix économique d'un acteur ici sera de réaliser un gain maximum sur la pénibilité du travail agricole soit en diversifiant ses activités de production, soit en réouvrant ses parcelles dans les anciennes jachères. Il est donc normal pour ces populations, de choisir ce mode de production qui fait l'économie du temps et du travail, qu'un autre mode de production.

Le paysage créé par l'agriculture itinérante sur brûlis est une mosaïque de forêts primaires et secondaires capable de soutenir une pression de chasse plus élevée que la forêt primaire. Les jachères forment un habitat pour les rongeurs (surtout les aulacodes, les athérures et les rats d'emin). Les rongeurs sont un problème sérieux pour presque toutes les cultures. La déprédation de la faune sauvage est la principale cause de perte en production vivrière. Durant toute la phase de culture de la parcelle, les déprédateurs représentent une menace constante. Les paysans réagissent en faisant une clôture autour du champ d'arachides ou en défrichant autour de ce champ (les rongeurs craignent la propreté). Le piège-barrière, d'une hauteur de 45 cm et faite en feuilles de palmier, est une protection efficace (contre : athérures, aulacodes, rats) mais procure aussi et surtout des protéines animales aux populations.

La pénibilité du travail agricole en zone forestière et la diversité des activités de production, contribuent fortement à attenuer son impact sur l'environnement.

II.3.1.2. Matériel agricole

Il est essentiellement constitué de machettes pour l'ouverture de la forêt, de haches pour l'abattage des arbres et des houes pour le labour, le semis, le sarclage et la récolte. C'est donc un outillage rudimentaire, voire archaïque qui ne favorise pas l'extension des surfaces cultivées. Ce choix de l'outillage est lié d'une part à la vieille tradition des peuples de la forêt, qui étaient de grands forgerons et pouvaient à volonté se fabriquer ces outils. Mais Il faut également signaler que cette pratique est aussi liée au manque de moyens financiers permettant aux paysans de se doter d'outillages modernes ou mécanisés, même si le milieu forestier d'ici est très peu adapté à l'utilisation des machines.

II.3.1.3. La main d'œuvre et la production agricole

La main d'œuvre agricole est pour la plupart familiale, à quelques exceptions près des familles qui emploient des manœuvres pour des tâches ponctuelles comme l'abattage ou le défrichage. Des formes d'organisation d'entraide appelées en langue locale sa'a ou ékasse sont mises en place par des associations communautaires féminines (Nkolenyeng, Minko'o). Ce type d'organisations consiste pour les paysans d'un village donné, à regrouper le capital travail individuel au service de chaque membre du groupe suivant un calendrier établi. Certaines familles « nanties » peuvent cependant s'offrir les services des pygmées pour divers travaux agricoles, moyennant le paiement en nature (vêtements, aliments, tabac, alcool, etc.) ou un salaire dérisoire (100 à 300 fcfa/jour travaillé).

Les produits issus des récoltes sont destinés principalement à l'autoconsommation et accessoirement à la commercialisation. Dans ce dernier cas, elle se fait au village ou à Djoum-ville, l'absence d'un marché villageois ne permettant aucune autre alternative. Pour les paysans ne pouvant se déplacer pour la ville, les produits sont installés devant les habitations en bordure de route, à l'attention soit des passants, soit des revendeurs (Bayamsellam)[78] en provenance des villes de Sangmélima, de Djoum, voire du Gabon voisin, soit enfin à l'attention des autres villageois dans le besoin.

II.3.2. Cultures de rente

Les cultures de rente sont symbolisées principalement par les plantations cacaoyères, caféières, et des jardins de case fournis en safoutier (Dacryodes edulis), en manguier (Manguifera indica), en avocatier (Persea americana) et divers agrumes. La cacaoculture est la plus importante au regard du nombre de producteurs, des superficies mises en valeur et le niveau des revenus. Le palmier à huile est plutôt d'un intérêt récent pour les agriculteurs.

II.3.2.1. Cacao

Le cacao est quasiment produit dans tous les villages de l'arrondissement. La taille des exploitations est très variable, et se situe entre 1 et 10 ha. Les plantations sont situées soit derrière les cases, soit dans des zones cacaoyères entourées de jachères. Pendant longtemps, la culture du cacaoyer introduite depuis la période coloniale, est restée la source essentielle des revenus pérennes des ménages. Elle a bénéficié jusqu'en 1990 de l'encadrement de la Société de Développement du Cacao (SODECAO), structure paraétatique à travers laquelle l'État subventionnait la production paysanne. La SODECAO fournissait ainsi aux producteurs les produits phytosanitaires et l'assistance technique. Mais la libéralisation de l'économie a mis un terme à l'interventionnisme public dans ce domaine. La production cacaoyère dans la zone, comme partout ailleurs au Cameroun, est donc en butte aux problèmes de coût des intrants « un sachet de *ridomil*[79] coûte plus

---

78 Nom dérivé du pidgin camerounais de « by and sell » pour désigner les revendeurs.
[79] Produit phytosanitaire indiqué contre la pourriture du cacao.

cher qu'un kilogramme de cacao », ce qui signifie qu'il n'y a pour elles aucun intérêt à investir dans ce domaine quand le bilan économique est négatif.

En plus, la chute brutale des prix d'achat du cacao aux producteurs au cours des années 1990 (Graphique 13), a entraîné le relâchement de l'intérêt des producteurs traditionnels, qui ont ainsi délaissé la majorité des plantations.

> *Réduit à la misère de la monoproduction industrielle à revenu annuel unique depuis la période coloniale, le producteur du cacao camerounais est de moins en moins partisan des seules cultures de rente. D'où son option pour une agriculture diversifiée pour au moins résoudre les problèmes créés par l'instabilité des cycles climatiques... (Eyenga, 1996)*

Graphique 13 : Évolution de 1980 à 1993 des prix au kg du cacao au Cameroun (en franc CFA)

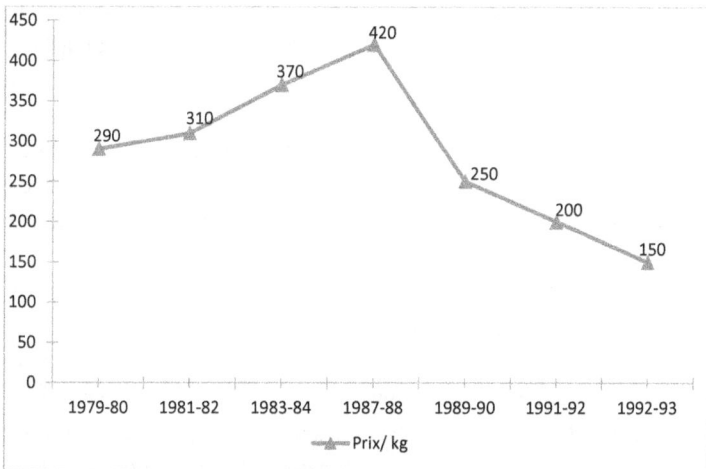

Source : (Ebela, 2011)

Le relèvement progressif des cours, observé ces dernières années, n'a pas suffi à ramener la production à son niveau antérieur des années 1980.

II.3.2.2. Palmier à huile

Il est pratiquement au stade expérimental dans la zone. Cette culture n'intéresse pratiquement pas les ruraux et reste beaucoup plus l'œuvre d'une petite élite d'ici, qui la pratique pour un revenu d'appoint. Il est difficile de circonscrire un secteur particulier car les producteurs, peu nombreux, sont éparpillés dans les villages et travaillent de petites superficies d'au plus 3 ha.

II.3.3. Les autres activités agricoles

II.3.3.1. La chasse

La chasse est, après l'agriculture, le deuxième centre d'intérêt des activités des populations parce que, outre les produits carnés pour l'auto alimentation qu'elle apporte, ses produits sont destinés au petit commerce, aux offrandes, aux sacrifices, à la dot, ou au commerce à plus grande échelle, alimentant la ville de Djoum, Sangmélima et même Yaoundé. Elle est initialement l'œuvre des populations autochtones ou les pygmées, pour qui, elle est un composant fondamental de l'identité culturelle. Leur attachement à la chasse est tel, qu'aucune autre activité n'a de sens ou de valeur à leur existence. Mais de plus en plus, des chasseurs se recrutent parmi la population bantoue et pis, des professionnels parmi les migrants, s'établissent et un trafic brassant de grandes quantités de gibiers a vu le jour.

La chasse traditionnelle est définie par la réglementation en vigueur, comme étant tout acte visant à poursuivre, capturer ou tuer un animal sauvage, que les populations riveraines de la forêt posent, en utilisant des outils fabriqués à partir des matériaux d'origine végétale, et dont les produits sont destinés à l'autoconsommation[80]. Elle est autorisée par la loi qui tolère l'usage des câbles en acier, si l'action est orientée dans le sens de la protection des champs contre la déprédation de la

---

80 Loi n° 94/01 du 20 janvier 1994 portant régime des forêts, de la faune et de la pêche.

faune sur les cultures. Dans ce cadre, les techniques acceptées sont le piège individuel ou associé à la barrière[81]. L'impact négatif sur la conservation de la faune à ce niveau est faible, car les espèces prélevées sont les rongeurs tels : les aulacodes, les athérures, les rats... et les céphalophes.

Cependant l'usage du fusil, importé ou fabriqué localement, s'est généralisé dans la zone, ainsi que l'usage des pièges en câble d'acier : c'est la chasse illégale. Celle-ci est un fléau pour la région du Sud en général et la zone du sanctuaire à gorilles de Mengamé en particulier, car en dépit des lois visant à protéger certaines espèces animales, on observe des prélèvements anarchiques sans aucune restriction. Nombreux sont les chasseurs qui migrent et campent plusieurs jours en forêt pour exercer leur activité. La profondeur de pénétration atteint les 20 km. Plusieurs raisons justifient le poids de cette activité : la richesse de la faune, la pauvreté des populations rurales, la présence d'espèces très recherchées sur les marchés nationaux et à l'extérieur comme les éléphants, la panthère, le Bongo ..., et la proximité des pays voisins. Les fusils utilisés sont pour la plupart illégaux et proviennent des pays voisins, des élites et parfois des militaires basés à Djoum. Il existe également des expéditions sortant des grandes villes mais ayant des complices au niveau des villages. En somme, les conséquences de cette activité se résument dans la menace de plusieurs espèces à reproduction difficiles.

II.3.3.2. La pêche

Elle est une activité importante après l'agriculture et la chasse. Elle procure aux communautés locales, un supplément de protéines d'origine animale. La pêche est pratiquée par toutes les populations rurales, sans distinction de sexe et en toute saison de l'année. Les techniques de capture utilisées sont traditionnelles avec l'utilisation

---

81 Cette dernière technique de chasse est le plus souvent utilisée pour protéger les cultures villageoises des prédateurs comme les rongeurs.

du barrage, de la nasse ou pour certains des poisons végétaux. Cependant, l'utilisation des hameçons, du filet ou encore des produits chimiques (phytosanitaires) devient de plus en plus une pratique courante.

II.3.3.3. L'élevage

L'élevage pratiqué dans les villages est du type traditionnel. Il reste à la dimension familiale, très peu développée et occupe peu de personnes. Il concerne uniquement les volailles (poules, canards). Le petit bétail (ovins, caprins, porcins) est élevé en quantité très réduite et, est destinée plus pour faire des dons.

II.3.3.4. La cueillette

Les populations sont directement dépendantes des produits forestiers non ligneux (PFnL) pour leur survie. Il s'agit pour la plus part du Moabi (Baillonella toxisperma), du manguier sauvage (Irvingia gabonensis) et d'autres graines d'oléagineuses telles Ricinodendron heudolotii, du vin de palme et de raphia, des champignons, du miel, des plantes médicinales et des rotangs.

III. Tissus industriel de la commune

Il repose sur les activités de la société SFID SA du groupe Rougier, spécialisée dans l'exploitation forestière et sur la société minière Caminex SARL, qui exploite le permis d'exploration de fer de Djoum et les gisements de Nkout.

III.1. La Société Forestière Industrielle de Doumé S.A. (SFID)

La société forestière industrielle de Doumé (SFID S.A.), est un consortium français du Groupe Rougier. Elle est installée au Cameroun depuis plus de 30 ans. Son siège social se trouve à l'Est du pays où, elle exploite aussi le massif forestier de Dimako, Mbang et Ndama. Installée à Djoum en 1996, la SFID emploie près d'une centaine de personnes. Ses zones d'exploitation couvrent les cantons Boulou et Zamane jusqu'à la limite du cours d'eau Dja (Carte 5). Avec un effectif d'environ 100 employés répartis en 2 équipes, elle est spécialisée uniquement dans le sciage. Les grumes (Figure 20) proviennent essentiellement des concessions forestières des sociétés MPACKO, SOCIB et LOREMA[82], dont elle achète directement la production. Les produits issus de la transformation (débités), (Figure 21) sont destinés à l'exportation. 35 % des grumes provenant de la forêt sont directement exportées.

---

82 Trois concessionnaires qui exploitent respectivement les UFA 09.007 et 09.008 (MPACKO), l'UFA 09.005b (SOCIB) et les UFA 09.003, 09.004a, 09.005a (LOREMA).

Figure 20 : Parc à grumes de SFID S.A. Djoum

© Ngoumou Mbarga H., Aboélon (Djoum), févier 2011

Une bonne partie des jeunes riverains, avec un bon niveau d'instruction, sont régulièrement employés, pour la réalisation de différents travaux de transformation du bois. Cette unité de transformation est installée à Aboélon (village situé à 5 km de Djoum), sur l'axe routier Sangmélima-Djoum. La ville compte aussi quelques petits ateliers de récupération du bois provenant de la scierie.

Figure 21 : Sciages destinés à l'exportation

© *Ngoumou Mbarga H., Aboélon (Djoum), févier 2011*

En dehors de l'unité de transformation de la société forestière industrielle de Doumé (SFID S.A.), la zone dispose d'une structure minière pourvoyeuse d'emplois.

III.2. Caminex SARL

Caminex est une société anonyme à responsabilité limitée, spécialisée dans l'exploration et l'exploitation minière. Elle est une filiale d'« African Aura Resources Limited »[83], une société

---

83 « African Aura Resources Limited » a été incorporée dans les Îles Vierges britanniques le 10 août 1998 comme « Cogefi Finance Inc. », conformément à l'Ordonnance des Sociétés Internationales d'affaires et aux lois des Îles Vierges britanniques. La Société a changé de nom en 2004 pour devenir « African Aura Resources Limited ». Financièrement, cette société est cotée à la Bourse de Toronto au Canada et administrativement, elle est gérée depuis Londres.

britannique, fiscalement immatriculée dans les Îles vierges britanniques.

Grâce à ses filiales, « African Aura Resources Limited » détient des licences d'exploration et d'exploitation d'importants gisements localisés au Cameroun et au Libéria. Spécialisée dans l'exploration et l'exploitation de l'or, des minerais de fer et de l'uranium en Afrique subsaharienne, elle possède d'importantes concessions minières[84] au Cameroun et entend développer des projets à fort potentiel économique pour les communautés où elle opère.

Depuis l'été 2010, l'exploitation des gisements de fer de Djoum (Mballam au lieudit Ndimayo), a été lancé par sa filiale Caminex SARL. Le premier programme d'exploitation comprend une dizaine de trous, forés à plus de 100 mètres de profondeur. La société emploie environ 150 manœuvres, essentiellement sans qualification. 80% de cette main d'œuvre est locale et regroupe l'ensemble des ethnies de l'arrondissement de Djoum, donc quatre Baka dans l'effectif. Les postes d'emplois sont répartis de la manière suivante :

– santé : 1 médecin à temps complet ;

– line cutting ou ouverture des layons : 30 employés ;

– assistant géologie : 20 employés

– sécurité : 16 employés ;

– cuisiniers : 14 employés ;

– ménage : 8 employés ;

Cette activité nouvelle au Cameroun, intègre la formation de son personnel d'exploration (assistants géologue). La plage des salaires

---

84 African Aura Resources Limited a obtenu l'exploitation d'un grand gisement d'or qui s'étend sur plus de 1995 km² au Cameroun. Ce gisement a été identifié à partir de la technologie d'interprétation de l'air magnétique et des données générées par télédétection satellitaire réalisées en 2006, sur 150 kilomètres le long des arrondissements de Sangmélima, et Djoum. De même, Les gisements de fer de Nkout et de Djoum, initialement identifiés par le Bureau de recherches géologiques et minières (BRGM), s'étendent aussi sur une superficie de plus de 1995 km² dans le sud du Cameroun.

va de 110 000 Fcfa à 600 000 Fcfa et, une journée de travail comporte 12 heures d'activité continue.

III.3. Les migrations de travail et la piste de l'or de Minkébé (Gabon)

Les migrations de travail dans la région sont le fait des ouvriers d'ethnies et de nationalités diverses employés saisonnièrement dans les plantations cacaoyères de la région, ou dans les mines d'or de Minkébé en territoire gabonais. La ruée vers l'or est une activité lucrative et courante à Djoum en général et dans le village de Yen en particulier. Trois à quatre fois par semaine, des individus de divers horizons nourrissant le rêve de faire fortune, empruntent la « piste de l'or » dont le circuit part de Yen-centre et aboutit au gisement aurifère de Minkébé en territoire Gabonais, via la traversée du fleuve Ayina à travers une piste forestière. Pour y parvenir, il faut compter trois à quatre jours de marche. Après plusieurs mois de dur labeur, pour un salaire de 10 mille francs CFA la journée, la plupart des aventuriers retournent avec de l'or ou de l'argent. Cet argent est souvent réinvestit pour acheter des motos taxis, lesquelles sont les principaux moyens de locomotion assurant le transport dans l'arrondissement de Djoum, et dans le canton Fang en particulier. L'exploitation de ces motos constitue une source d'emploi temporaire pour nombre de chercheurs d'or, qui attendent de reprendre plus tard l'aventure. Ces migrations de l'or permettent à beaucoup d'autres, la migration vers Libreville la capitale gabonaise, qui reste encore dans leur imaginaire un eldorado. Cette migration a des effets contradictoires ici, sur le plan économique :

- Un avantage certain, celui que constitue le « droit de passage » réclamé par la communauté aux émigrants, soit 10 000 FCFA/personne. La route vers l'or drainant un important trafic humain, engendre une inflation des produits de grande consommation des petits commerces locaux. Exemple, un sachet de boisson alcoolisé vendu 100 FCFA à

Djoum, coûte 500 FCFA ici ; une cigarette de 20 FCFA est vendu ici à 100 FCFA. La plupart des revenus des migrants de l'or sont utilisés ici à leur retour, ce qui contribue à fructifier la rentabilité des petits commerces ici ;

– L'inconvénient de la route de l'or est de détourner une part important de la main d'œuvre locale. En effet, les jeunes adultes censés être occupés dans les exploitations agricoles, se détournent de cette activité au profit de la recherche de l'or.

– Au plan social, ce trafic occasionne des risques de proliférations des maladies sexuelles, l'insécurité grandissante liée surtout aux attaques des aventuriers par des bêtes féroces

III.4. Le profil fiscal de la Commune de Djoum

Comme toutes les collectivités décentralisées dans le contexte camerounais de la décentralisation territoriale, Djoum se doit d'assurer son autonomie budgétaire pour réaliser la plupart des investissements structurants de son ressort territorial dans les domaines de l'entretien des routes, des infrastructures, du maintien des services, des investissements nouveaux sur les plans résidentiel ou industriel, le développement de projets sur le plan de l'environnement, de l'éducation, des loisirs, de la culture etc. Pour faire face à ce rôle de producteur du développement, la commune dispose de trois principales sources de recettes : les recettes fiscales issues de l'exploitation des forêts du périmètre communal (les redevances forestières annuelles ou RFA), les recettes de l'exploitation de la forêt communale et la fiscalité locale ainsi que diverses autres recettes définies dans le code général des impôts (CGI).

III.4.1. La fiscalité locale

La fiscalité locale est définie dans les articles 154 et 155 du code général des impôts (CGI) comme l'ensemble des recettes fiscales issues :

- du produit de l'impôt libératoire destiné à régir les petits contribuables : la commune de Djoum compte selon les autorités municipaux, 177 contribuables qui génèrent annuellement 6 millions de francs CFA de recettes ;

- du produit des contributions des patentes (concernant la catégorie des contribuables dont le chiffre d'affaire est supérieur ou égal à 15 millions selon l'Art 159 CGI) et licences (concernant « toute personne physique ou morale autorisée à se livrer à la vente en gros ou au détail à un titre quelconque ou à la fabrication des boissons alcooliques, des vins ou des boissons hygiéniques » selon l'Art 182 CGI) : cette rubrique génère un million de francs CFA par an à la commune ;

- du produit des Centimes Additionnels Communaux (CAC). Il provient notamment de l'impôt sur le revenu des personnes physiques (IRPP) ; de l'impôt sur les revenus locatifs ; de l'impôt sur les sociétés (IS) ; des contributions des patentes et des licences ; de la Taxe sur la Valeur Ajoutée (TVA); de la taxe sur les jeux de hasard et de divertissement (TJH). Son maximum est fixé à 10% en ce qui concerne l'IS, l'IRPP, la TVA, la TJH. ; et de 25% en ce qui concerne la taxe foncière sur les propriétés immobilières (Art 193.CGI). Cette rubrique génère 20 millions de francs CFA par an à la commune.

Il existe d'autres sources de recettes comme les recettes de récupération de déchets de bois, les produits des taxes communales indirectes (taxe d'abattage, taxe d'inspection sanitaire, droit de fourrière, droit de place sur le marché, droit de permis de bâtir, droit de parc de stationnement, etc.) qui génèrent annuellement près de 7 millions de francs CFA de recettes à la commune. Le nouveau marché de Djoum dont l'ouverture a été effective en 2010 devait générer une recette fiscale estimée à 5 millions de FCFA par an à la municipalité. Cependant les principale sources des recettes de la commune sont la redevance forestière annuelle (RFA) et très récemment les recettes issues de l'exploitation de la forêt communale.

III.4.2. Sources principales de revenus de la municipalité de Djoum

Jusqu'en 2009, le principal poste des recettes communales était la RFA (Graphique 14), laquelle représentait alors 94% du budget de fonctionnement de la commune. Mais avec le démarrage de l'exploitation de la forêt communale en 2010, sa rentabilité financière était estimée à près de 70% des recettes communales, surclassant ainsi la célèbre RFA, dont le payement est en diminution progressive depuis 2008.

Graphique 14 : Évolution de 2004 à 2009 de la RFA perçue par la commune et ses communautés (en Francs CFA)

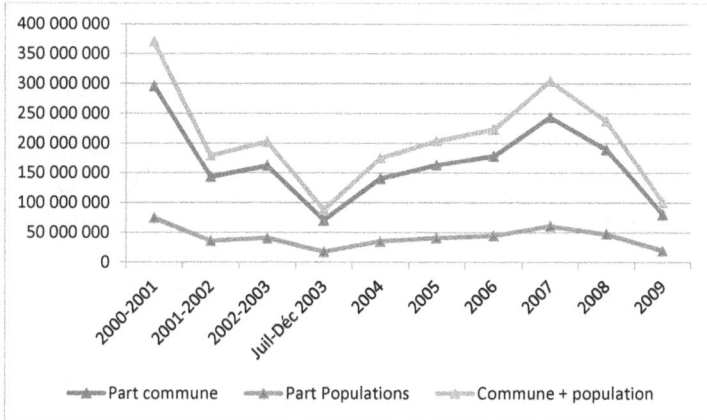

Sources : Programme de sécurisation des recettes forestières (PSRF), Centre Technique de la Forêt Communale (CTFC)

III.4.3. Recettes tirées des RFA

La réforme majeure de la gestion participative des ressources forestières au Cameroun (loi N° 94/01 du 20 janvier 1994 complétée par la loi de finance de 2000/2001) a institué le partage de la taxe de superficie (RFA) entre l'État (50%), les collectivités locales (40%) et les communautés (10%) riveraines des forêts en exploitation. La partie rétrocédée aux communes et aux communautés est une source de financement assez considérable (Graphique 14) censée représenter une partie des ressources nécessaires dans le processus du transfert des pouvoirs de l'État central vers ces acteurs et institutions des niveaux bas. Ces fonds sont rétrocédés chaque année aux communes.

Selon les statistiques du programme de sécurisation des recettes forestières (PSRF[85]), environ 47,5 milliards de FCFA ont été redistribués aux communes et communautés des zones forestières au titre de la RFA entre 1996 et 2009. La commune de Djoum, avec une enveloppe de deux milliards est classée deuxième sur soixante-sept, après celle de Yokadouma (plus de 7 milliards perçus) située dans la région de l'Est du Cameroun. Ces ressources, comme l'a rappelé Justin Njomatchoua, secrétaire général du ministère de l'économie et des finances (MINEFI) lors d'une redistribution des RFA au Hilton hôtel à Yaoundé,

doivent être exclusivement affectées à la satisfaction des besoins des populations dans les secteurs prioritaires définis dans le Document de stratégie de réduction de la pauvreté (DSRP).

Cet instrument financier connait cependant de graves abus et une gestion non appropriée.

III.5. Des ressources considérables à trop faible contribution au développement économique collectif et individuel

La municipalité de Djoum a bénéficié, depuis l'exercice 2000-2001 jusqu'en 2009, d'une enveloppe des RFA d'un montant total de 2 083 847 895 FCFA (part de la commune plus part des communautés) répartie entre 1 667 095 515 FCFA pour la commune et 416 752 380 FCFA pour les communautés. Cependant, le décalage entre l'importance des sommes ainsi versées et les investissements réels sur le terrain est manifeste. D'une manière générale, l'utilisation de ces fonds, notamment par la commune, ne correspond pas à l'éthique que l'on est en droit d'attendre de la gestion des deniers

---

85 Le PSRF est un programme du ministère des finances (MINEFI) chargé de la collecte auprès des exploitants forestiers et de la redistribution aux communes concernées des RFA.

publics. Ce constat est valable pour la plupart des communes situées en zone d'exploitation forestière. Selon l'audit économique et financier du secteur forestier au Cameroun réalisé en 2006 (CIRAD, 2006) :

> de nombreuses études sérieuses et bien documentées et deux audits économiques et financiers ont suffisamment démontré le faible impact de ces sommes sur le développement local des communes et des populations riveraines bénéficiaires. Ces tendances sont malheureusement persistantes

Cette étude poursuit :

> entre surfacturation, détournements, marchés fictifs et autre pratiques de gestion malsaines, les effets escomptés sur le développement local sont dilués la plupart du temps. L'on est passé des blocages liés à la mauvaise maîtrise des circuits de l'argent qui étaient pour une large part imputables à l'administration [centralisée], à des déficits et mauvaises pratiques de gestion localisées au niveau des collectivités territoriales décentralisées elles-mêmes. Malgré quelques retards observés dans le transfert des fonds du trésor vers les municipalités, et des pertes de chèques signalées, les dysfonctionnements sont pour la plupart localisés au niveau des communes.

En analysant les montants des RFA perçus et les dépenses communales, il ressort une évolution préoccupante des dépenses liées à des charges diverses n'apportant pas un service effectif aux populations : ce sont le financement des missions et réception, les frais de carburant et lubrifiant, les fournitures de bureau et les indemnités des élus…

Le premier poste des dépenses de la municipalité est alloué aux charges de fonctionnement telles que les charges salariales (liées à l'éducation, la santé, la culture et le sport) au détriment de la construction des infrastructures dans ces domaines.

Par rapport au financement des investissements (deuxième poste des dépenses communales), il apparait qu'une grande partie de ces fonds est utilisée pour couvrir des dépenses d'investissements ne produisant que peu de services effectifs aux populations, même si l'équipe municipale parle ici d'investissements pour la construction des infrastructures communales (construction d'un nouvel immeuble de la mairie, achat et réparation de véhicules,…). Le reste est principalement affecté à l'entretien de la voirie, et la maintenance des équipements communaux (dans une moindre mesure à l'achat de matériels de production, à l'électrification et à l'hydraulique).

En matière d'utilisation de la RFA communautaire, le constat assez général dans l'ensemble des communautés forestières camerounaises, n'échappe pas à la situation contextuelle de l'arrondissement. C'est un bilan assez sombre de son utilisation dans les villages, à la fois en termes de retombées économiques, de tensions sociales et de marginalisation des autorités traditionnelles (Oyono P. , 2005), qui est décrié par la plupart des chercheurs. La littérature est de plus en plus enrichie des études pour démontrer l'échec des RFA communautaires à façonner un développement endogène véritable. À l'origine, selon Oyono (2004), les RFA communautaires destinées à promouvoir le développement local ont généralement été utilisées à l'achat des denrées alimentaires et de l'alcool car les communautés considéraient que

c'était enfin leur tour de boire et manger avec l'argent provenant de leurs forêts.

Milol & Pierre, (2000) et Bigombé Logo, (2003) ont démontré que les RFA communautaires, une fois rétrocédées aux communes bénéficiaires ont le plus souvent emprunté des destinations non justifiées. De même, les réalisations faites à partir des revenus issus de la RFA ont une portée très peu significative sur le développement durable des villages étudiés (Milol & Pierre, 2000; Oyono P. , 2005; Ngoumou Mbarga, 2005) car selon Oyono (2004) la plupart des comités de gestion des RFA communautaires sont largement composées d'une élite extérieure urbaine aux intérêts personnels. Les quelques réalisations sont précaires et sont effectuées sans questionnement profond sur leur pertinence à apporter des solutions durables aux besoins des villageois. Les constats d'un problème de gouvernance dans les villages, des faibles montants et de l'irrégularité des payements sont évoqués pour justifier ce triste bilan. À la grandeur du Cameroun, la loi sur la gestion participative des ressources a rendu effective depuis 1996, la rétrocession d'une partie des RFA aux communautés et collectivités territoriales décentralisées. Cependant les bénéfices attendus de cette mesure tardent encore à se manifester au contraire, les dérives constatées.

Conclusion deuxième partie

Partant de la notion d'action collective et la gestion des ressources communes, nous l'avons d'abord revisité très succinctement au chapitre IV, pour clarifier plus loin, le sens avec lequel nous l'abordons dans notre recherche. En ce sens nous avons présenté trois analyses différentes menées sur cette question.

La première analyse réfère à la théorie du « passager clandestin » et pose la question de l'intérêt à participer à l'action collective pour produire ou gérer une « ressource commune », question à laquelle est confronté chaque individu en situation d'action pour le bien commun. Elle répond qu'il n'y a aucune incitation rationnelle à participer au paiement du coût de production de biens qui vont profiter à tous. La prédiction est qu'une ressource commune est vouée à sa surexploitation, puisqu'elle sera insuffisamment ou pas du tout produite.

La deuxième analyse s'appuie sur l'exemple de l'usage abusif de pâturages communs par des bergers, pour démontrer que les biens communs doivent être pourvus d'un propriétaire et d'un prix ou confiés à la gestion publique afin de les sauvegarder, parce qu'il est rationnel pour les individus d'exploiter et de tirer des bénéfices de l'usage de ces ressources aux dépens des autres.

La troisième analyse, en rupture avec les deux premières, aborde l'action collective comme une approche permettant de résoudre des dilemmes sociaux liés à des situations d'interdépendance des acteurs par des « institutions ». Une telle perspective met à jour l'importance des institutions locales, de l'ancrage de l'être humain à son territoire de vie, de même que les relations sociales au sein de la communauté et le rôle de celle-ci. L'action collective, vue sous cet angle, donne à la communauté et aux organisations communautaires une grande importance. C'est dans cette perspective que nous avons défini l'action collective communautaire comme un ensemble de pratiques, de savoir-faire et d'attitudes mobilisés intentionnellement par des acteurs villageois en interaction autour de l'acquisition et de la gestion d'une forêt, qui les réunit par l'importance et la valeur qu'ils accordent à leur espace vécu. Nous avons par la suite défini les notions de communauté, de territoire et de territorialité qui lui sont liées, et avons précisé que la dimension symbolique du territoire chez les Bantous de Djoum, renvoie à un ensemble de représentations et croyances collectives, sociales et culturelles, qui procèdent de l'ordre du visible (l'abondance des ressources forestières) et de l'invisible (domaine de l'occulte et de l'imaginaire, événements historiques, mythes, récits, tabous…). Le respect des codes sociaux traditionnels et coutumiers est le substrat qui sous-tend le principe de l'identité et de l'appartenance territoriale.

Nous avons par la suite présenté les techniques utilisées et les procédures réalisées pour collecter les données en rapport à notre problématique de recherche suivant une approche que nous avons structurée en trois dimensions principales, et qui sont la localisation et le portrait de la commune d'étude, l'activité de la foresterie communautaire et l'action collective communautaire

La localisation et la géographie de la commune d'étude sont abordées au chapitre V, qui est une investigation portant sur l'arrondissement de Djoum. Cette investigation a permis de situer géographiquement Djoum sur le Cameroun, un pays-transect, condensé de tous les paysages, de tous les climats, de toutes les formations végétales de l'Afrique tropicale. Nous avons donc présenté le territoire de la commune sous plusieurs aspects.

L'arrondissement de Djoum est situé dans la région du Sud, département du Dja et Lobo, entre 2°13' et 3°3' de latitude Nord et 12°18' et 13°14' de longitude Est. Il couvre une superficie de 5 607 km², pour un périmètre total de 408,2 km. Administrativement organisé en trois cantons, sa population était estimée à 18 050 habitants en 2005. Djoum-ville est le résultat du démantèlement de l'ancien poste militaire d'Akoafem, créé par les allemands en 1906 au sud, et de sa reconstruction au nord de l'actuel arrondissement par les français en 1922. Les principaux groupes humains qu'on y rencontre sont dans l'ordre de leur installation, les pygmées Baka et Kaka, considérés comme les premiers occupants de la forêt ; les Fang, considérés comme les ancêtres des pahouins ; les Boulou et les Zamane.

Le portrait socioéconomique de la commune est abordé au chapitre VI, qui est une vue permettant de comprendre sa dynamique globale. C'est un regard qui s'appuie autant sur des aspects géographiques que sur les aspects économiques ou des faits de société. Nous avons présenté plusieurs angles d'une photo aérienne du paysage de ce territoire communal que nous avons visité plusieurs fois, à pied, en moto ou en voiture, seul ou en compagnie des villageois, afin de restituer au lecteur une vue sinon « de l'intérieur » au sens strict, du moins au plus près de ceux qui y vivent et qui sont en interaction permanente avec ce territoire.

Nous avons montré que Djoum, est une commune forestière, dont 77% du territoire est zoné domaine forestier permanent. 88% de ce domaine est octroyé aux compagnies forestières, sous forme d'Unités Forestières d'Aménagement (UFA) ou de concessions forestières. La forêt communale occupe 3.5% de ce domaine, et le reste (8,5%) est occupé par une partie du sanctuaire à Gorilles de Mengamé. Nous avons montré que la forêt est sans conteste, la dominante du paysage ici. Elle domine les activités économiques, parce qu'elle est la principale ressource qui alimente ce secteur. Elle représente aussi un élément vital capital pour la vie et la survie des populations locales, qui y mènent plusieurs activités de subsistance comme l'agriculture (pérenne et vivrière), la chasse, la pêche et la cueillette, et plus récemment la foresterie communautaire.

Cependant, comme la plupart des municipalités forestières pourvoyeuses de ressources forestières, et abritant dans leur giron les grandes entreprises forestières, desquelles elles retirent des retombées financières, Djoum présente les indices d'une dévitalisation prononcée : manque d'eau courante et potable, niveau de chômage élevé, couverture sanitaire insuffisante, niveau d'enclavement poussé.

Nous avons enfin présenté la fiscalité communale et quelques statistiques sur les ressources et les recettes de la municipalité de Djoum. Il apparait que, jusqu'en 2009, le principal poste des recettes communales était la RFA, laquelle représentait alors 94% du budget de fonctionnement de la commune. Mais le démarrage de l'exploitation de la forêt communale en 2010 (dont la rentabilité financière était estimée à près de 70% des recettes communales) a surclassé la célèbre RFA, dont le payement est en diminution progressive depuis 2008. L'objectif visé de cette analyse était de soulever la question de la ressource forestière omniprésente sur le territoire, et l'absence de retombées générées visibles et incontestables ici.

Troisième partie

Les territoires villageois et la gouvernance communautaire des forêts à Djoum

Chapitre VII

Les forêts communautaires au défi de la pauvreté et du développement rural

Ce chapitre examine la cohérence de la volonté gouvernementale d'octroi et de gestion communautaire des ressources forestières afin que les communautés contribuent à réduire leur état de pauvreté et élèvent leur niveau de vie et le potentiel desdites ressources à procurer des avantages économiques aux populations. Pour ce faire, il explore d'abord les plans simples des forêts communautaires étudiées pour ressortir des paramètres qualitatifs permettant de se faire un aperçu de leur physionomie. Il analyse ensuite les méthodes d'estimation de la ressource disponible et les confronte à différents scénarii d'inventaires appliqués dans une étude bibliographique afin d'apprécier la qualité des estimations dans les plans simples de gestion. Il fait le bilan économique des activités d'exploitation réalisées dans lesdites forêts communautaires depuis leur création ainsi que leur progression dans le temps, en répertoriant les commandes reçues, les volumes de bois produits, ainsi que les ventes réalisées. Il scrute enfin les avantages économiques procurés en termes d'infrastructures socioéconomiques réalisées et d'emplois créés. L'analyse des résultats obtenus aboutit en définitive à remettre en question la capacité de production durable de bois d'œuvre offerte par les forêts communautaires.

I. La directive communautaire de gestion des ressources : une création de circonstance

La volonté gouvernementale au Cameroun d'octroi et de gestion communautaire des ressources forestières prend sa source dans le deuxième objectif de sa politique forestière d'améliorer la participation des populations à la conservation et à la gestion des ressources forestières, afin que celles-ci contribuent à réduire leur état de pauvreté et élèvent leur niveau de vie.

Pour atteindre cette ambition politique, il était devenu nécessaire d'insérer dans son objectif environnemental, les directives communautaires de gestion des ressources. La mise en place de ces directives à travers le « Manuel des procédures d'attribution et normes de gestion des forêts communautaires » (MINFOF, 2009) a abouti à la définition du plan simple de gestion comme :

> un document qui ressort des indications sur le potentiel des ressources disponibles dans une forêt communautaire, la planification des activités à mener dans ladite forêt, les affectations des terres et les modes de gestion communautaire desdites ressources et des revenus générés (MINFOF, 2009).

Le plan simple de gestion est donc réputé être le tableau de bord, à disposition des communautés, définissant les objectifs d'aménagement et de développement, les règles de gestion et d'utilisation des bénéfices et les moyens à mettre en œuvre pour atteindre ces objectifs. Le manuel précise que le plan simple de gestion est élaboré de manière participative par la communauté avec l'assistance technique de l'administration locale chargée des forêts et le cas échéant, des structures d'accompagnement dans le souci d'une gestion durable et du développement local.

II. Le paradoxe de la volonté politique face à la norme communautaire de gestion des ressources

Le plan simple de gestion est approuvé et validé par l'administration forestière. Pour ce faire, il doit répondre à nombre d'exigences scientifiques, techniques et normatives. Son appropriation par les communautés est une condition sine qua non pour s'assurer de leur capacité à s'en servir de manière idoine et autonome. Cela passe par la valorisation et l'utilisation des savoirs villageois, aujourd'hui avérés par des méthodes scientifiques. Or actuellement aucune communauté ne peut, ni réaliser son plan simple, ni même l'utiliser sans assistance technique. Par conséquent, plusieurs auteurs attribuent la faillite des forêts communautaires à la complexité de cette norme. Pour ceux-ci, le processus d'acquisition d'une forêt communautaire est jugé :

- très long, car les observations montrent qu'il faut en moyenne 5 ans d'attente pour qu'une communauté qui fait la demande d'une forêt puisse régulièrement l'obtenir (Julve & Vermeulen, 2008). Les résultats de nos observations montrent que la durée du processus d'acquisition des forêts communautaires étudiées varie entre 3 et 5 ans, soit une moyenne de 4 ans ;

- très complexe car en plus de la réalisation du plan simple de gestion[86], la réglementation en vigueur impose la réalisation des enquêtes socioéconomiques, des études d'impact environnemental (EIE), des inventaires d'aménagement et d'exploitation ;

- très coûteux, car le temps long de la procédure ajouté à la complexité du processus, lequel nécessite l'intervention des structures spécialisées et compétentes en la matière, rendent ainsi très onéreux l'acquisition d'une forêt communautaire pour des populations dont on veut sortir de la pauvreté ;

- trop technique car, certaines étapes de la procédure nécessitant la mobilisation des connaissances techniques et scientifiques spécialisées, les communautés doivent faire appel à des techniciens, en conséquence, elles se sentent écartées du processus. C'est le cas par exemple de la réalisation des inventaires multi ressources, qui nécessite la connaissance des techniques et normes nationales d'inventaires forestiers, le taux de sondage optimal à appliquer afin d'avoir au mieux le potentiel réel de la

---

86 Plan simple de gestion pas simple du tout, car trop calqué sur le plan d'aménagement imposé dans les grandes concessions forestières (Julve & Vermeulen, 2008)

forêt... Ce qui n'est pas de nature à leur permettre l'appropriation du processus et favoriser leur autonomisation.

En sommes, si l'État camerounais a affiché la volonté politique d'octroyer des ressources forestières aux communautés dans le but de contribuer à la réduction de la pauvreté et à l'amélioration de leur niveau de vie, il reste clair que l'atteinte de cet objectif semble illusoire plus d'une décennie après. En effet, les bilans de la plupart des expériences de foresterie communautaire menées à ce jour, concluent à la faillite du processus. La norme communautaire de gestion et d'utilisation des ressources est la principale mise en cause, comme facteur explicatif de cette faillite. On reproche au plan simple de de gestion : (i) d'être trop calqué sur le « plan de développement » qui encadre l'exploitation des grandes concessions forestières, (ii) d'être trop technique et complexe pour les communautés villageoises, (iii) d'être trop coûteux autant en argent qu'en temps et enfin d'être exclusivement axé sur l'exploitation du bois d'œuvre (Julve, Vandenhaute, Vermeulen, Castadot, Ekodeck, & Delvingt, 2007; Julve & Vermeulen, 2008; Rossi, 2008; Ndume-Engone, 2010).

Nous nous posons alors la question de savoir si la norme de gestion communautaire des ressources forestières, tient compte des critères économiques qui visent à s'assurer que les avantages procurés par la norme sont supérieurs aux coûts de sa mise en œuvre ? Quel est le potentiel des forêts communautaires de Djoum à procurer des avantages économiques aux populations ? Et si le potentiel financier desdites forêts communautaires n'était pas à la hauteur des attentes suscitées ?

Pour répondre à ces questions nous avons fait l'analyse de la productivité forestière des forêts communautaires gérées, en nous appuyant sur l'analyse des plans simples de gestion mis à notre disposition d'une part, et l'analyse financière et économique des activités d'exploitation du bois d'œuvre réalisées dans ces forêts.

III. Étude comparative des Plans Simples de Gestion (PSG)

Les quatre forêts communautaires répertoriées dans notre étude (Carte 3) sont dotées chacune d'un PSG. Ce document ressort dans les détails, la programmation des interventions souhaitables en termes d'objectif de gestion et de conservation des ressources forestières, et la planification des réalisations socioéconomiques en termes d'objectifs de développement local définis par la communauté. Toutefois, si la conciliation du triple objectif du développement durable (économique d'exploitation forestière du bois d'œuvre et des PFnL, écologique de conservation des ressources naturelles et social d'amélioration des conditions de vie des communautés attributaires des forêts) est théoriquement résolue à travers le PSG de chaque forêt, la question de l'opérationnalité et de l'efficience de cet outil reste à démontrer.

Selon les stipulations contenues dans le « Manuel des procédures d'attribution et des normes de gestion » (MINFOF, 2009), le PSG doit pouvoir restituer la description physique reflétant au mieux le potentiel de la forêt communautaire afin de permettre un meilleur calcul des paramètres d'aménagement. Autrement dit, le PSG attendu d'une forêt communautaire doit :

- fournir des tableaux reflétant par secteur : la superficie, les espèces végétales (ligneuses ou non ligneuses majeures), les caractéristiques topographiques tout cela doit être assorti d'une liste des usages ;
- une carte des limites externes et internes représentant les différents secteurs de la forêt à une échelle minimale de 1 : 50.000 et permettant de ressortir toutes les caractéristiques naturelles et/ou artificielles, telles que les strates forestières, les routes, pistes, crêtes et les cours d'eau ainsi que la description des limites internes ;
- une carte des occupations de l'espace.

Toutefois, au-delà des apparences, nous nous interrogeons sur la conformité des indications contenues dans les PSG fournis et le potentiel réel desdites forêts.

III.1. Les PSG des forêts communautaires Oyo Momo, MAD et AFHAN

La volonté gouvernementale d'octroi et de gestion communautaire des forêts au Cameroun vise à améliorer la participation des populations à la conservation et à la gestion des ressources forestières, conformément à la philosophie selon laquelle, les communautés locales participent à la gestion et à la préservation des ressources naturelles depuis des millénaires, mais n'ont jamais été récompensées, parce qu'elles ont toujours été reléguées au simple rôle de figurants et non de partenaires. En conséquence, ceux qui incarnent un mode de vie « traditionnel » ne doivent plus être assimilés à de simples prédateurs de ressources sans souci de gestion, mais plutôt associés au partage équitable des bénéfices provenant de l'exploitation de ces ressources.

Pour atteindre l'objectif de développement durable via la gestion et la conservation des ressources par les communautés attributaires, la planification spatiale et temporelle des activités dans les forêts communautaires est une exigence de l'administration forestière camerounaise. Cela se traduit par la réalisation du PSG de chaque forêt communautaire. Celui-ci est un document technique déterminant les règles d'aménagement et la planification des activités à mener, les objectifs et les moyens à mettre en œuvre pour les atteindre, les modalités d'exploitation des ressources et l'utilisation des revenus issus de leur exploitation. Ce document indique surtout le potentiel ligneux (essences diverses) ou la possibilité totale de la forêt en m^3 de bois, non ligneux (PFnL) et fauniques de ces forêts et précise les conditions d'exercice des droits d'usage des riverains.

III.1.1. La FC Oyo Momo et la planification de ses activités

La FC Oyo Momo est subdivisée en quatre secteurs d'inégales surfaces (Tableau 14). Ce découpage en quatre secteurs est non conforme aux stipulations contenues dans le manuel des procédures d'attribution et des normes de gestion des forêts communautaires, qui prescrivent un découpage de l'espace forestier en 5 blocs quinquennaux. Aucune explication claire n'est apportée pour justifier ce découpage en 4 secteurs. Si la communauté Oyo Momo avance l'argument du niveau fort de perturbation et de la stratification forestière pour tenter de justifier le découpage en 4 secteurs, cet argument ne résiste pas à la critique. En effet, les trois premiers secteurs ont des durées d'exploitation au-delà d'un secteur quinquennal prescrit par la directive en vigueur. La raison la plus plausible serait la volonté de contourner la règle qui exige un bilan et une révision du PSG au terme de l'exploitation d'un secteur quinquennal. Ainsi, au lieu de 5 révisions du PSG sur une rotation de 25 ans, la communauté sera exonérée d'une révision, puisqu'elle n'aura que 4 révision à faire. L'exception accordée à Oyo Momo n'est pas anodine, on peut y voir l'influence de l'élite[87] qui a porté le projet de la FC Oyo Momo, cadre de l'administration forestière et maillon de la chaine d'approbation des PSG.

Chaque secteur fait ressortir les principales essences commerciales (catégories 1 et 2) comme l'illustre le tableau 13. La carte 10 fournit une illustration des caractéristiques topographiques et des occupations spatiales des terres de cette forêt. Le PSG de cette forêt mentionne que les zones qui sont à la lisière du hameau Melen (carte 10) connaissent une avancée considérable des activités agricoles et/ou agroforestières. Cette situation a contraint la communauté Oyo Momo à y installer les premiers blocs à exploiter, afin de récupérer la matière ligneuse avant la mise en place des plantations. Par conséquent, l'ordre de passage de l'exploitation dans les quatre secteurs est organisé ainsi qu'il suit :

- secteur 1 : il couvre une surface totale de 1 601,73 ha. Ce secteur est subdivisé en 8 parcelles ou assiette annuelle de coupe (AAC) iso surfaces d'environ 200 ha chacune. L'AAC est l'unité d'exploitation ou la plus petite surface soumise à l'exploitation pendant une année. L'exploitation de ce secteur se fera donc sur une durée de 8 ans, de l'année 1 à l'année 8 ;

- secteur 2 : il couvre une superficie totale de 1 348,76 ha. Ce secteur est organisé en 6 AAC iso surfaces couvrant chacune environ 225 ha. Son exploitation est prévue sur une durée de 6 ans allant de l'année 9 à l'année 14 ;

---

[87] Délégué Départemental qui reçoit les dossiers de demande des FC et transmet avis motivé au Délégué Régional, qui lui-même transmet au Ministre chargé des forêts pour approbation.

- secteur 3 : de superficie équivalente au secteur 2 (1 328,71 ha), il est organisé pareillement à ce dernier. D'un parcellaire de 6 AAC d'environ 221,5 ha chacune, son exploitation sur 6 ans est prévue à partir de l'année 15 à l'année 20 ;

- secteur 4 : il couvre une surface totale de 594,93 ha. D'un parcellaire de 5 AAC d'environ 119 ha chacune, ce dernier secteur sera exploité sur une durée de 5 ans sur la période allant de l'année 21 à l'année 25.

Les activités prioritaires prévues dans cette forêt sont l'exploitation du bois, la récolte des produits forestiers non ligneux, les travaux sylvicoles, la pêche et la chasse de subsistance. La pêche et la chasse sont réglementées et s'inscrivent dans le cadre de l'exercice des droits d'usage des populations locales.

Tableau 14 : Table reflétant par secteur la superficie, les espèces végétales, les caractéristiques topographiques de la FC Oyo Momo

SECTEUR	SUPERFICIE (HA)	PRINCIPALES RESSOURCES VÉGÉTALES	TOPOGRAPHIE		
			PRINCIPAUX TYPES D'OCCUPATION	PRINCIPAUX COURS D'EAU	MARRAIS
I	1602	Fraké, Fromager, Kossipo, Moambé Jaune, Movingui, Sapelli, Tali, Andok, Ayous, Azobé, Bibolo, Rotin, Raphiale.	Forêt primaire, Forêt secondaire, forêt marécageuse à raphiale	Manigombo	Terrains de terre ferme, Terrains marécageux, quelques vallées
II	1349	Tali, Kossipo,		Affluent de Niamvomo	
III	1329	Moabi, Iroko, Sapelli, Emien, Fromager, Padouk, Fraké, Ébène, Moambé jaune, Rotins, Palmier à huile,	Mêmes types d'occupation que dans le secteur I + les jachères	Manigombo, Fabidou, Miété	

Secteur	Superficie (ha)	Principales ressources végétales	Topographie		
			Principaux types d'occupation	Principaux cours d'eau	Marrais
		Bubinga, Azobé, Dibétou, Movingui, Aïlé			
IV	595	Mêmes ressources que dans les secteurs I et II excepté l'Aîlé, remplacé par Alep	Forêt primaire, forêt marécageuse à raphiale	Trois cours d'eau non dénommés	

Carte 10 : Les occupations du sol dans la FC Oyo Momo

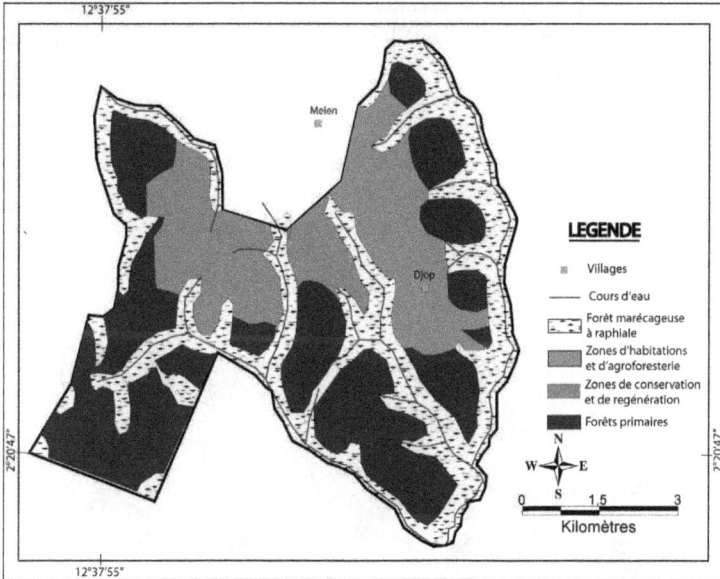

III.1.2. La FC MAD (Minko'o, Akontangan et Djop) et son plan d'activités

Le PSG de la forêt communautaire MAD indique un découpage de celle-ci en cinq secteurs quinquennaux iso surfaces (Carte 11), chacun divisé en cinq parcelles annuelles d'exploitation ou AAC (Tableau 15).

L'usage principal affecté aux cinq secteurs est l'exploitation commerciale du bois d'œuvre. Cependant, d'autres usages qualifiés par la communauté de « secondaires », tels que l'agriculture, l'exploitation des PFnL et la chasse sont aussi affectés à tous les secteurs de la forêt en fonction de l'occupation des sols de cet espace (Carte 12).

Le PSG de la FC MAD précise également que l'exploitation du bois d'œuvre se fera de façon artisanale par la communauté elle-même ou en collaboration avec d'autres partenaires. Ce type d'exploitation est requise pour permettre la création d'emplois pour les jeunes dans le village d'une part et parce qu'il est réputé avoir un faible impact sur l'environnement.

Carte 11 : La FC MAD organisée par secteurs quinquennaux et par occupation du sol

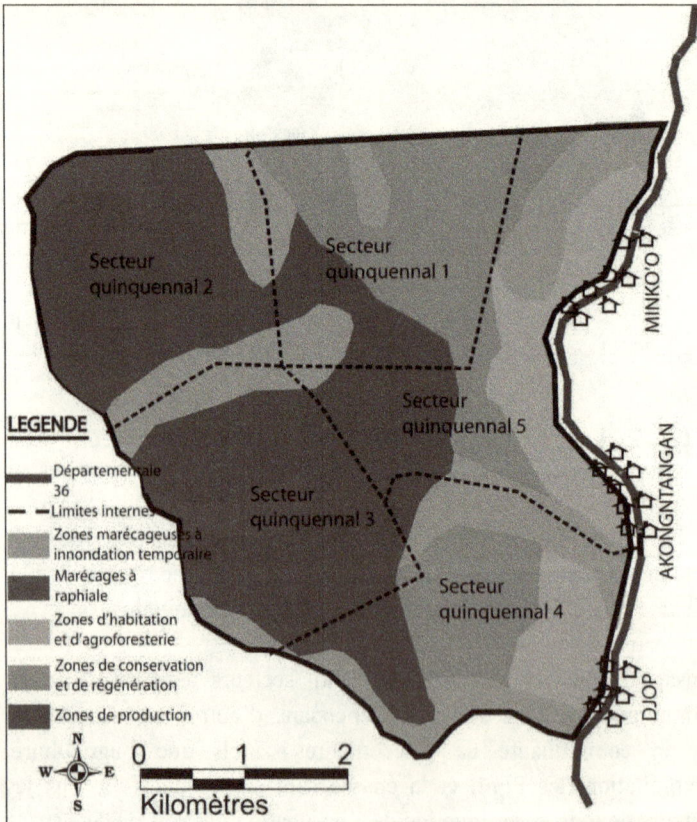

Tableau 15 : Table reflétant par secteur la superficie, les espèces végétales (ligneux et non ligneux) et les caractéristiques topographiques de la FC MAD

| SECTEUR | SUPERFICIE (HA) | PRINCIPALES RESSOURCES VÉGÉTALES | | TOPOGRAPHIE ET TYPES DE FACIÈS |
		ESSENCES COMMERCIALES	PFNL	
I	435	Acajou, Ayous, Bibolo, Bilinga, Bossé, Ilomba Kossipo Moningui, Padouk Tali, Aielé, Bongo, Diana, Diana T, Mutondo, Onzambili, Abalé, Alep, Aningré, Moambé Jaune, Okan, Lati	Les amandes de mangue sauvage et de Ricinodendron heudolotii (Essessang), les Rotins, les Palmiers, le Raphia, le miel, les racines, les Champignons, Diverses plantes médicinales…	Forêt de terre ferme Jachères, champs Relief relativement plat, sans élévation significative.
II	488	Acajou, Ayous, Bilinga Bossé, Ilomba, Kossipo, Moningui, Niové, Padouk, Tali, Aielé, Bongo, Diana, Diana T, Mutondo, Onzambili, Abalé, Alep, Aningré, Okan, Lati		
III	441	Mêmes essences que le secteur II + Niové et Oboto		Forêt de terre ferme Forêt marécageuse

| Secteur | Superficie (ha) | Principales ressources végétales | | Topographie et types de faciès |
		Essences commerciales	PFnL	
IV	470	Mêmes essences que le secteur I - Acajou		et ripicole Jachères, champs Relief relativement plat, sans élévation significative.
V	528	Ayous, Bilinga, Bossé, Ilomba Kossipo Moningui, Niové, Padouk, Tali, Aielé, Bongo, Diana, Diana T, Mutondo, Onzambili, Abalé, Moambé Jaune, Okan, Lati		

Carte 12 : Les occupations du sol de la FC MAD

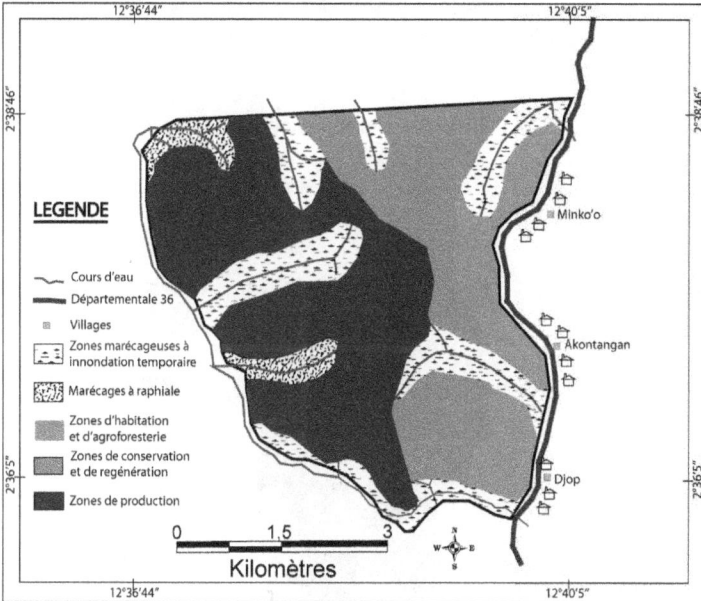

III.1.3. La FC AFHAN (association des femmes, hommes et amis de Nkolenyeng) et ses activités

Le PSG de la FC AFHAN indique une organisation de celle-ci en cinq secteurs d'inégales surfaces (Carte 13). Les parcelles annuelles d'exploitation iso surfaces encore appelés AAC, ont été obtenues en divisant la superficie totale de la forêt (1022 ha) par la durée totale d'une rotation (25 ans), soit une possibilité annuelle par contenance de 40,88 ha.

Conformément aux prescriptions réglementaires, le PSG assigne à la forêt communautaire les objectifs d'aménagement suivants : l'exploitation commerciale soutenue du bois et la promotion des PFnL ; la protection de la nature et la régénération forestière ; la protection et l'utilisation durable des essences médicinales et la conservation des usages traditionnels avec amélioration des pratiques ; et enfin l'agriculture et l'élevage communautaire.

Carte 13 : La FC AFHAN organisée en secteurs d'exploitation

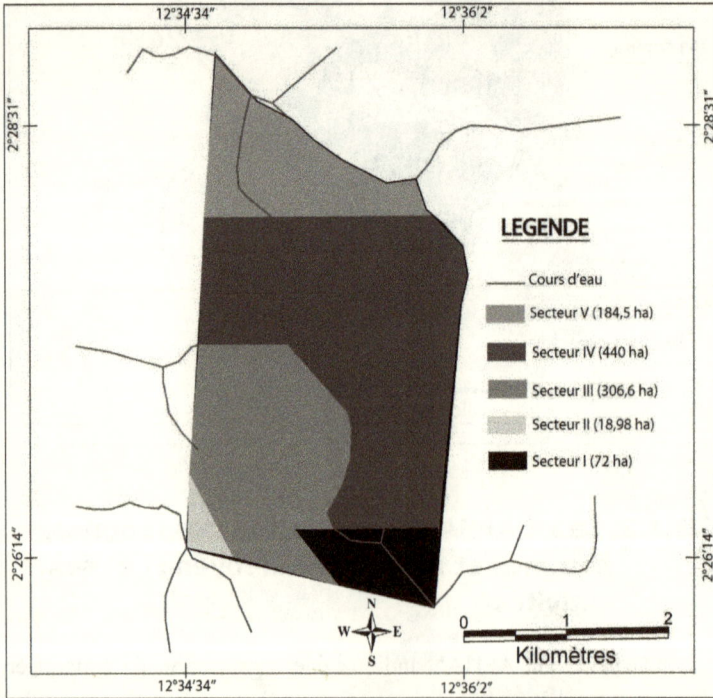

LEGENDE

—— Cours d'eau

Secteur V (184,5 ha)

Secteur IV (440 ha)

Secteur III (306,6 ha)

Secteur II (18,98 ha)

Secteur I (72 ha)

III.2. Contexte économique et écologique des forêts communautaires étudiées : Résultats de l'étude comparative des PSG

Les PSG de chacune des forêts communautaires concernées par notre étude ont été soumis à une analyse comparée. L'objet de la comparaison a porté sur la spécialisation des espaces résultant des processus spatialisés d'occupation des sols ou naturels. Cette analyse menée à l'échelle du paysage des forêts communautaires étudiées, a permis de ressortir les paramètres qualitatifs qui seront présentés dans le tableau 18.

III.2.1. Physionomie végétale

L'ensemble des forêts communautaires étudiées est située sur la région phytogéographique du bassin du Congo décrite plus haut (chapitre V) et reflète une physionomie végétale assez similaire à l'échelle du paysage, avec une composition des espèces tout aussi équivalente. Les quatre forêts communautaires sont aussi localisées sur le domaine forestier non permanent (DFnP), assis sur des terres forestières susceptibles d'être converties pour d'autres types d'utilisation (agricoles, sylvicoles et pastorales) et à l'origine non visé par l'objectif environnemental « d'aménagement durable » (sustainable management en anglais) de la politique forestière du Cameroun.

III.2.2. Spécialisation des espaces

Les cartes d'occupation du sol (Carte 10 & Carte 12) des FC MAD et Oyo Momo et les tables d'affectation des usages dans les quatre forêts communautaires ont permis de ressortir la spécialisation de l'espace forestier. Les affectations des terres dans les forêts communautaires étudiées sont également assez similaires et se partagent entre :

III.2.2.1. Les secteurs de production

Ce sont des zones reliques, qui ont plus ou moins résisté au profond façonnement du paysage forestier. Leur physionomie d'ensemble conserve encore une densité d'arbres à l'hectare relativement bonne, des essences de valeurs[88] et, une hauteur de la canopée atteignant 50 à 60 m. Les fûts des arbres sont droits, mais souvent aussi cannelés voire tortueux, avec des contreforts fréquents à la base. Les cimes, tabulaires, sont bien développées au niveau de la strate émergente, avec un feuillage persistant (Letouzey, 1985; Villiers, 1995). Ces secteurs sont exclusivement affectés à la production du bois d'œuvre. D'autres usages, comme le ramassage des produits forestiers non-ligneux, la conservation et l'exploitation durable de certains produits comme les plantes médicinales peuvent s'y prêter également, selon les PSG fournis.

III.2.2.2. Les secteurs de conservation et de régénération

Ce sont des zones qui ont été fortement perturbées soit par des activités passées d'exploitation (formelle ou informelle) ou agricoles, mais qui présentent une structure assez rapprochée des secteurs de production. Le PSG de la FC Oyo Momo les destine aux activités sylvicoles favorisant la régénération naturelle, la conservation des sauvageons et des semenciers, même si les modalités pratiques ne sont pas précisées. Cette indication est illogique et erronée car, cette forêt communautaire est organisée en 25 AAC iso surfaces, tout comme les trois autres forêts communautaires. Certes des activités de reboisement pour des besoins de reconstitution du couvert végétal,

---

88 Le moabi (*Baillonnella toxisperma*), le padouk (*Ptérocarpus soyauxii*), le movingui (*Distemonanthus benthamianus*), le tali (*Erythrophleum suaveolens*), le sapelli (*Entandrophragma cylindicum*), le sipo (*Entandrophragma utile*), le bibolo (*Lovoa trichilioides*), l'iroko (*Chlorophora excelsa*), le kossipo (*Entandrophragma candolei*), l'okan (*Cilicodiscus gabonensis*), l'ilomba (*Pycnanthus angolensis*), le fraké (*Terminalia superba*), le bilinga (*Nauclea diderrichii*), etc.

sont évoquées dans ces secteurs pour les quatre forêts, mais l'exploitation du bois d'œuvre y est prévue comme activité primordiale.

III.2.2.3. Les secteurs de protection

Ce sont les zones à forte pente et les sources de rivière ou zones marécageuses que les PSG ont exclu au prélèvement de bois d'œuvre. Il faut signaler ici que la norme environnementale en vigueur au Cameroun protège naturellement ces zones qui constituent des écosystèmes dits à écologie fragile. Les instituer en zones de protection n'est donc en aucun cas une nouveauté ici.

III.2.2.4. Les zones d'habitation et d'agroforesterie :

Ce sont des paysages façonnés au fil du temps par les modes de vie des communautés d'ici. Aux forêts originelles, se superposent les habitations, les cultures, les jachères à *Chromolaena odorata*, les forêts secondaires à parasolier (*Musanga cecropioides*) et la vieille forêt secondaire. Ils sont destinés au défrichement et réservés à la production agricole et à l'habitat. Ils regroupent l'ensemble des secteurs où sont installées les cacaoyères, les plantations de cultures vivrières, les jachères, les palmeraies, … C'est la zone des espaces appropriés au sens propre du terme. Les arbres se trouvant ici sont exclus de l'exploitation. Leur statut en tant que ressources communes échappe à une définition claire ici.

Néanmoins le PSG de la FC MAD précise qu'ils pourront être exploités qu'aux termes de négociations avec les éventuels propriétaires qui percevront un pourcentage sur le prix de vente, moyennant le paiement des dommages occasionnés sur les cultures lors de l'exploitation. Ce document précise que ces négociations sont à promouvoir pour prévenir des éventuels conflits liés aux dommages causés sur les cultures. Il précise également que les arbres qui se trouvent sur une plantation abandonnée appartiennent à la communauté.

Si la question des ressources appropriées est plus ou moins tranchée dans le cas de la FC MAD, ces arbres bien que situés à l'intérieur du périmètre de la forêt communautaire, font l'objet des transactions commerciales privées dans l'ensemble des FC étudiées.

Les activités d'agroforesterie sont également citées dans ce secteur. Elles consistent à associer en plantation des cultures vivrières avec des arbres fruitiers ou de bois d'œuvre ou encore à valeur médicinale.

III.2.2.5. Les secteurs de chasse ou de pêche :

Ce sont des zones constitués par les cours d'eau et les zones des champs où le piégeage a pour fonction la protection des cultures contre les ravageurs.

III.2.3. Les usages affectés aux FC

L'exploitation commerciale du bois d'œuvre est l'usage premier adopté par les quatre communautés attributaires. D'autres usages, diversement qualifiés de prioritaires ou de secondaires sont aussi mentionnés sur les PSG. Ainsi, la communauté Oyo Momo a prévu en sus les activités prioritaires suivantes : la récolte des PFnL, les travaux sylvicoles, la pêche et la chasse de subsistance. Les communautés AFHAN et AMOTA ont, quant à elles, prévu en sus la protection de la nature et la régénération forestière, la protection et l'utilisation durable des essences médicinales, la conservation des usages traditionnels avec amélioration des pratiques et la promotion des PFnL comme des activités prioritaires. La communauté MAD fait exception, car elle a prévu en sus les activités comme l'agriculture, l'exploitation des PFnL et la chasse mais qu'elle qualifie de secondaires. Cette indication est pour le moins surprenante et absurde, lorsqu'on se rappelle que les activités traditionnelles séculaires dont la fonction est alimentaire pour les populations d'ici sont l'agriculture, la cueillette (des PFnL) et la chasse.

Enfin, si les activités de reboisement ou de régénération forestière sont prévues dans l'ensemble des FC étudiées, les résultats de nos investigations sur le terrain indiquent au contraire, qu'aucun arbre n'a été planté dans celles-ci depuis le début de l'exploitation commerciale du bois. Pourtant, le niveau de perturbation de ces écosystèmes nécessite que des efforts particuliers sur leur régénération soient consentis, afin de garantir la pérennité sur la fourniture du bois d'œuvre. Si rien n'est fait, l'exploitation actuelle des FC présage leur appauvrissement rapide et l'échec de la politique gouvernementale d'octroi et de gestion communautaire des forêts afin que les populations attributaires élèvent leur niveau de vie et assurent leur développement local.

III.2.4. Les utilisations passées des FC

L'analyse des PSG a permis de relever que deux des quatre forêts communautaires étudiées ont fait l'objet d'une exploitation par écrémage de bois d'œuvre dans le passé. Ce sont les forêts communautaires Oyo Momo et AFHAN (association des femmes, hommes et amis de Nkolenyeng).

III.2.4.1. Oyo Momo et AFHAN : deux forêts communautaires exploitées

La forêt communautaire Oyo Momo, à l'origine, avait fait l'objet d'une intense exploitation forestière industrielle. Initialement octroyée à la société malaisienne WTK Group (dont les pratiques d'exploitation ont longtemps été décriées par les ONG environnementales)[89] en 1997, cette superficie forestière sera successivement concédée aux sociétés forestières SFID en 1998, Bois 2000 en 2000 et enfin COFA (Patrice Bois) en 2002 sous la forme de l'UFA 09 004b. Mais le plan d'aménagement de cette concession approuvé par le MINFOF en 2004, a modifié cette UFA et a déclassé l'aire actuelle de la forêt communautaire Oyo Momo de la série de production parce qu'elle était occupée par les populations[90] pour la reclasser comme série agroforestière du domaine privé de l'État.

---

89 Le Cameroun, le Gabon et la Guinée Equatoriale ont connu un afflux des sociéts forestières asiatiques et un accroissement spectaculaire des taux d'exportations des rondins vers l'Asie entre 1992 et 1999. Dans la même période, plusieurs rapports (Enviro-Protect Cameroun ; WWF-mondial ; Global-Withness, Cambodge ; ...) dénonçaient l'exploitation forestière écologiquement non viable, illégale et déprédatrice des sociétés transnationales malaisiennes (WTK Group, Timbermaster Industries Bhd, Tenaga Khemas Sdn Bhd, Samling Corporation, ...) et ont fournit matière à une étude sur la nécessité de développer un moyen de contrôler et de réglementer les excès de l'industrie forestière. (World Rainforest Movement & Forest Monitor Ltd, 1998)
90 Les hameaux Abang et Melen se retrouvaient presqu'à l'intérieur de l'UFA.

La forêt communautaire AFHAN a subi en 1997, une intense exploitation forestière industrielle par la société malaisienne WTK Group sous forme de la vente de coupe n°1381. Par la suite, cette superficie forestière a été déclassée de la série de production et reclassée comme série agroforestière du domaine privé de l'État. Cette intense exploitation malaisienne passée, couplée à la superficie relativement petite (le cinquième de la surface maximum qui est de 5000 ha), a certainement une incidence sur la possibilité annuelle d'exploitation de cette forêt.

À cette exploitation par écrémage, s'ajoutent des activités d'exploitation informelles et la pratique des activités agricoles adaptées aux populations d'ici.

III.2.4.2. AMOTA et MAD : deux forêts communautaires non exploitées industriellement

Les superficies allouées aux forêts communautaires MAD et AMOTA, n'ont jamais subi d'exploitation forestière industrielle. Seules les activités agricoles, l'exploitation informelle des bois et la vente des arbres des champs ont contribué au fil du temps à modifier la physionomie du paysage forestier réservé à celles-ci. Aux forêts originelles, se superposent les cultures, les jachères à *Chromolaena odorata*, les forêts secondaires à parasolier (*Musanga cecropioides*) et la forêt dense. Bien plus, les populations déplorent la rareté ou la disparition de certaines espèces comme : *Garcinea kola* (Oniè en langue Fang) dont la graine et l'écorce sont utilisées comme ferment de vin de palme[91], *Monodora myristica* et *Afrostyrax lepidophyllus* dont la graine et l'écorce sont respectivement utilisées comme condiment. Ces espèces font l'objet d'une intense exploitation par les

---

91 Le vin de palme est une boisson alcoolisée obtenue par fermentation naturelle de sève de palmier. C'est une boisson traditionnelle dans la plupart des régions tropicales

populations pour l'autoconsommation et aussi pour la commercialisation.

III.2.4.3. La possibilité des FC en essences de bois d'œuvre

L'examen des résultats d'inventaires multi ressources réalisés dans chacune des forêts communautaires étudiées, indique un potentiel en essence de bois d'œuvre variant entre 4 et 5 tiges à l'hectare. Le PSG de la FC MAD précise que la possibilité totale (toutes essences confondues) de la forêt est de 100 849 m^3. Ramenée à la parcelle ou AAC, elle correspond à une moyenne de 4 033 m^3. Cependant, seules les essences de catégories 1 et 2 (Tableau 16 & Tableau 17), d'un volume total et moyen annuel respectivement estimé à 58 297 m^3 et 2 332 m^3, seront exploitées pour les besoins du marché. Quant aux FC AFHAN et AMOTA, seule une possibilité annuelle par contenance respective de 40,88 ha et 200 ha, calculée sur la surface totale et non sur la surface utile, est indiquée sur leur PSG respectif. Cette superficie représente $\frac{1}{25}$ de la surface forestière totale. Elle est déterminée par la directive communautaire d'aménagement des forêts en vigueur au Cameroun. Celle-ci recommande le découpage d'une forêt communautaire en 25 AAC iso surfaces, exploitables sur la durée d'une rotation qui est de 25 ans.

Par ailleurs, les quatre forêts communautaires étudiées font ressortir globalement les essences suivantes, regroupées en deux catégories selon les critères adoptés par l'étude du CERNA[92] (Carret, 2002). Les essence de première catégorie sont celles actuellement plus exploitées par les exploitants industriels et représentent 91% de l'abattage en 2000-2001. Elles sont représentées dans le Tableau 16 ci-dessous avec leur transformation industrielle optimale et leur catégorie d'export.

_____

92 Centre d'Économie Industrielle de l'École des mines de Paris

Tableau 16 : Les essences de première catégorie retrouvées globalement dans les forêts communautaires étudiées

ESSENCES	NOM PILOTE	NOM SCIENTIFIQUE	DME ADMINIS-TRATIF	TRANSFORMATION OPTIMALE
Ayous	Samba	Triplochyton scleroxylon	80	Déroulage
Dibetou	Bibolo	Lovoa trichilioides	80	Tranchage
Azobe	Okoga	Lophira alata	60	Sciage
Tali		Erythrophleum ivorense	50	Sciage
Frake	Limba	Terminalia superba	60	Déroulage
Doussié		Afzelia africana	80	Sciage
Iroko	Abang	Milicia excelsa	100	Sciage
Sapelli		Entandrophragma cylindricum	100	Tranchage
Movingui	Evingui	Disthemonanthus benthamianus	60	Tranchage
Moabi		Baillonella toxisperma	100	Tranchage
Kossipo	Atom assié	Entandrophragma candollei	80	Tranchage

Les essences de deuxième catégorie sont assimilées aux essences de promotion (Tableau 17). Cependant la transformation optimale des bois dans ces deux tableaux est à titre indicatif. En effet, la loi prescrit une exploitation (quel que soit le type d'exploitation adopté par la communauté, par vente de coupe, par permis d'exploitation, en régie ou par autorisation personnelle de coupe) artisanale[93] ou semi-industrielle à faible impact environnemental. Ainsi l'Ayous par exemple, essence la plus exploitée et destinée au déroulage en industrie, ne peut l'être pour les communautés qui ne disposent pas des équipements de sa transformation à valeur ajoutée, encore moins ne peuvent le vendre sous forme de bille de bois.

---

93 L'exploitation artisanale se définit comme une exploitation forestière à petite échelle telle que prévue dans le plan simple de gestion. La transformation de bois se fait dans la forêt communautaire, avec des équipements simples tels que les tronçonneuses, les scies portatives, les scieries mobiles etc.

Tableau 17 : Les essences de promotion de la forêt
communautaire Oyo Momo

ESSENCES	NOM PILOTE	NOM SCIENTIFIQUE	DME ADMINISTRATIF	TRANSFORMATION OPTIMALE
Aiélé	Abel	Canarium schweinfurthii	60	Déroulage
Bubinga	Ovengkol	Guibourtia spp.	80	Tranchage
Ébène	Mevini	Diospyros crassiflora	60	Sciage
Padouk blanc		Pterocarpus mildbraedii	60	Tranchage
Emien		Alstonia boonei	50	Déroulage
Fromager	Ceiba	Ceiba pentandra	50	Déroulage

III.3. Paramètres qualitatifs des forêts étudiées

Au terme de l'étude comparative des plans simples de gestion, il ressort ci-dessous (Tableau 18) un nombre de paramètres qualitatifs permettant de se faire un aperçu des forêts communautaires étudiées. L'enseignement que l'on peut tirer est que si les quatre forêts communautaires se distinguent sur le plan de la superficie, de la sectorisation de leur espace, des communautés qui les gèrent, des périodes et moyens de leur acquisition et sur bien d'autres paramètres, elles présentent cependant des similitudes sur plusieurs aspects :

– ce sont des espaces spécialisés en plusieurs zones et chaque zone a sa fonction propre correspondant à des usages particuliers. Les forêts communautaires ont donc une vocation multi usages qui est d'ailleurs promue par la directive nationale de gestion des ressources forestières. Cette perspective implique à dire qu'au-delà de la production du bois, la gestion forestière multi-usages doit refléter de façon appropriée et rigoureuse la mise en œuvre des autres usages dans les PSG. Toutefois, c'est l'exploitation du bois d'œuvre qui focalise exclusivement les communautés quoique les autres usages soient mentionnés sur les PSG ;

- la sectorisation de l'espace implique à ramener la fonction de production de bois d'œuvre, la plus visée par toutes les forêts communautaires, à sa superficie réelle et à prendre comme référence cette base pour le calcul des paramètres de gestion et d'aménagement de la forêt. Pourtant toutes les forêts communautaires sont divisées en secteurs quinquennaux « iso volumes » (Carte 10) eux-mêmes divisés en parcelles annuelles iso surfaces d'exploitation de bois d'œuvre ;

- le niveau de perturbation de ces écosystèmes nécessite que des efforts particuliers sur leur régénération soient consentis, afin de garantir leur pérennité sur la fourniture du bois d'œuvre. Or les résultats de nos investigations sur le terrain indiquent qu'aucun arbre n'a été planté dans celles-ci depuis le début de l'exploitation commerciale du bois. Par conséquent, l'exploitation actuelle des FC présage leur appauvrissement rapide et l'échec de la politique gouvernementale d'octroi et de gestion communautaire des forêts afin que les populations attributaires participent à la conservation des ressources, élèvent leur niveau de vie et assurent leur développement local.

- enfin, ces forêts sont assises sur des espaces appropriés au sens propre du terme. Cette situation soulève des équivoques sur leur statut supposé de biens communs et pose la question du partage de leurs retombées économiques. Certaines communautés (cas de MAD) excluent les arbres des espaces appropriés de l'exploitation ou conditionnent leur exploitation à des négociations avec les propriétaires qui percevront alors un pourcentage sur le prix de vente qui tient compte des dommages occasionnés lors de l'exploitation.

Tableau 18 : Récapitulatif des résultats de l'analyse qualitative des plans simples de gestion

CARACTÉRISTIQUES	AFHAN	AMOTA	MAD	OYO MOMO
Localisation	Domaine forestier non permanent			
Année d'acquisition	2007	2003	2009	2009
Superficie (ha)	1022	4323	2362	4873
Possibilité annuelle de coupe (ha)	40,88	172,92	94,48	194,28
Nombre de tiges par ha	4,1	5,4	4,7	
Volume brut de bois par ha (m^3)	20,56	28,3	24,68	
Type d'Entité de gestion	Association	GIC		
Utilisations passées	Exploitation par écrémage sous forme d'une vente de coupe Activités agricoles Sciage informel	Activités agricoles Sciage informel Vente arbres des champs		Exploitation industrielle du bois Activités agricoles Sciage informel
Affectation des sols	Zones de production de bois d'œuvre ; Zones de conservation et de régénération naturelle ou artificielle ; Zones d'habitations et d'agroforesterie ; Zones de pêche et de chasse			
Essences commerciales de valeur	Composition similaire Faible abondance des essences de catégorie 1			

IV. Étude De la productivité ligneuse des ressources gérées

IV.1. Le potentiel ligneux des forêts communautaires de Djoum

L'analyse du potentiel ligneux des forêts communautaires de Djoum, permet d'estimer les avantages économiques potentiels que les communautés sont en droit d'attendre de leurs forêts. La connaissance du potentiel réel des forêts communautaires, permet non seulement le calcul des paramètres d'aménagement et de gestion (taux de reconstitution du peuplement initial, diamètres minimum d'exploitabilité…), mais aussi offre l'opportunité de faire une évaluation de la rentabilité économique des initiatives promues par l'État camerounais d'octroi et de gestion des forêts communautaires par les populations elles-mêmes. La question de fond qui se pose est de savoir si ces forêts communautaires permettent une productivité capable de soutenir l'objectif socioéconomique de la réduction de la pauvreté et d'amélioration du niveau de vie des communautés. En d'autres termes, quelles sont les possibilités productives (en bois d'œuvre) de ces espaces forestiers confinés dans la zone agroforestière[94] et de taille relativement réduite ?

Pour répondre à cette question, nous nous sommes intéressés à l'analyse des inventaires d'aménagement ou multi-ressources réalisés dans les forêts communautaires étudiées. Avant de présenter les résultats de cette analyse, nous allons d'abord présenter la méthodologie des inventaires, comme il est préconisé dans le

---

[94] La politique forestière stipule que « le domaine forestier non-permanent est assis sur des terres susceptibles d'être affectées à d'autres activités (agricoles, sylvicoles et pastorales). C'est la zone privilégiée de la foresterie communautaire, développée sur la base de l'agroforesterie. ». Ainsi, le plan simple de gestion peut permettre à un ou plusieurs secteurs d'une forêt communautaire d'être alloué à la sylviculture, à l'agroforesterie, à l'agriculture ou d'autres usages. Cependant, il est nécessaire de spécifier tous ces usages dans le plan simple de gestion convenu.

« Manuel des procédures d'attribution et des normes de gestion des forêts communautaires».

IV.2. Inventaire multi-ressources

Il existe deux types d'inventaires forestiers : (i) les inventaires d'aménagement ou multi-ressources et (ii) les inventaires d'exploitation. Ces deux types d'inventaires sont obligatoires dans les forêts communautaires. Alors que l'inventaire multi-ressource est obligatoire pour la validation du plan simple de gestion, l'inventaire d'exploitation peut se faire à posteriori, pour la délivrance du certificat annuel d'exploitation (CAE).

L'inventaire d'aménagement préconisé dans les forêts communautaires est un inventaire multi-ressources. Il se distingue de l'inventaire classique[95] par la prise en compte des produits forestiers non ligneux (PFnL) lors de la prospection. Son objectif est d'avoir une meilleure estimation de la composition et de la distribution des classes de diamètres des essences et dans une moindre mesure, les données sur la densité à l'hectare dans la forêt afin de mieux planifier son exploitation. D'après le manuel, la prospection permet d'obtenir les informations sur la distribution des essences dans la forêt, les zones marécageuses, les champs, les plantations, et les jachères et aboutit à la définition :

- des limites externes et internes de la forêt ;
- des secteurs quinquennaux ;
- des parcelles annuelles ou unités d'aménagement.

Les normes nationales d'inventaire recommandent que le sondage d'aménagement soit réalisé à un taux minimum de 1%. C'est le taux actuellement utilisé dans les unités forestières d'aménagement (UFA). Ce taux est inadapté pour les forêts communautaires en

---

95 L'inventaire d'aménagement classique ne prend en compte que les arbres de diamètre à hauteur de poitrine ou au dessus des contreforts (DHP) supérieur ou égal à 20 cm.

raison de leur superficie relativement réduite (5000 hectares maximum) (PFC Dja, 2003).

Rappelons que le taux de sondage lors de la prospection est un paramètre très important pour l'estimation de la ressource disponible. En effet, la qualité de cette estimation dépend de l'application du taux de sondage approprié, lors de la prospection. Dans le cadre des forêts communautaires, aucune indication n'est spécifiée concernant le taux de sondage. Cependant on peut lire dans le chapitre du manuel consacré à la prospection dans les forêts communautaires que les layons d'inventaire devraient être distants de 200 à 250 m les uns des autres. Ceci correspondrait plus ou moins à un taux de sondage de 8% en inventoriant sur une bande de 10 m de part et d'autre du layon (PFC Dja, 2003).

Ceci dit, l'examen des plans simples de gestion des forêts communautaires étudiées montre que le taux de sondage utilisé lors des inventaires était de 2% contrairement à celui de 8% indiqué de manière implicite dans le manuel. La question qu'on peut alors se poser est celle de savoir pourquoi le taux de 2% a été choisi dans ce contexte des forêts communautaires de Djoum ? Est-ce parce qu'il permet la meilleure estimation du potentiel ligneux ou tout simplement parce qu'il permet le meilleur compromis en terme de coûts ?

La réponse à ces questions a nécessité une recherche dans la littérature. Une étude (PFC Dja, 2003) sur les « *Approches méthodologiques des inventaires des ressources ligneuses dans les forêts communautaires* » menée dans quatre forêts communautaires différentes et appliquant différentes méthodologies d'inventaires a retenu notre attention. Cette étude présente différents scénarii d'inventaires pour lesquels les comparaisons de coût, de qualité d'estimation de la ressource et de temps de travail ont été faites. La description des différentes approches de cette étude et les résultats obtenus sont résumés dans le Tableau 19 ci-dessous.

Tableau 19 : Coûts et temps de travail par type d'approche méthodologique d'inventaires pour une forêt communautaire de 2500 ha

MÉTHODO-LOGIE	TYPES D'INVENTAI-RE	TRAVAUX	COÛT (FCFA)	TEMPS (JOUR)	COÛT TOTAL (FCFA)	TEMPS TOTAL (JOUR)
Approche N°1	Un inventaire d'aménagement multi-ressources à 4% + Un inventaire en plein dans toute la FC	Layonnage	480 000	48	1680 00 5	129
		Inventaire 4%	133 335	14		
		Inventaire 100%	1 066 670	67		
Approche N°2	Un inventaire en plein dans toute la FC Pas d'inventaire d'aménagement	Layonnage	480 000	48	1 546 670	115
		Inventaire 100%	1 066 670	67		
Approche N°3	Un inventaire d'aménagement multi-ressources à 4% + Un inventaire en plein dans 1/5 de la FC	Layonnage	200 000	20	586 670	52
		Inventaire 4%	133 335	14		
		Layonnage 1/5 FC	40 000	4		
		Inventaire 100% dans 1/5 FC	213 335	14		
Approche N°4	Un inventaire d'aménagement multi-ressources à 8%	Layonnage	400 000	40	666 670	67
		Inventaire 8%	266 670	27		

Source modifiée (PFC Dja, 2003)

NB : les prix utilisés sont ceux pratiqués dans les zones d'intervention du « Projet Forêts Communautaires ». Seule la main d'œuvre locale est prise en compte. Les charges relevant de l'intervention d'un technicien et/ou d'un ingénieur sont exclues. Le temps de travail est celui obtenu en moyenne pour les différents types de travaux effectués par les communautés elles-mêmes. Les étapes prises en compte sont celles jusqu'à l'élaboration du plan simple de gestion.

IV.3. Composition et densité par hectare des essences les plus représentées dans la forêt

Le Tableau 20 compare les résultats sur la densité à l'hectare de dix essences les plus représentées dans une forêt communautaire prospectée à un taux de sondage à 4%, puis à 100% dans 1/5 de la superficie totale. L'analyse de ces résultats montre que si les sept premières essences sont presque similaires dans l'un et l'autre cas, les trois dernières ne le sont pas. L'inventaire à 100% dans 1/5 de la forêt communautaire révèle plutôt la présence d'autres essences comme le Padouk, le Tali et le Bibolo, qui sont des essences qu'on retrouve généralement concentrées à proximité des cours d'eau (Tchatchou, 1997; Nguenang, 1999). Par ailleurs, en supposant l'hypothèse que le taux de sondage utilisé pour l'inventaire d'aménagement (4%) devrait être suffisant pour refléter le potentiel de la forêt, la comparaison avec les résultats de l'inventaire en plein dans une portion de la forêt assez considérable aboutit à des données sur la densité par hectare très éloignées de celles fournies par l'inventaire d'aménagement à 4% (Graphique 15).

La lecture des résultats fournis par cette étude nous amène à dire que, si l'inventaire d'aménagement réalisé avec un taux de sondage à 4% peut permettre d'obtenir des informations sur la composition et dans une certaine mesure la distribution par classe de diamètres des essences dans la forêt, la validité des données sur la densité à l'hectare est à vérifier.

Ainsi l'estimation du contenu d'un secteur d'exploitation de la forêt communautaire sous la base de l'extrapolation des résultats d'inventaire d'aménagement peut être dangereuse. Il est indispensable qu'un inventaire en plein dans au moins un secteur de la forêt (Anonyme, 2003).

Tableau 20 : Comparaison de la densité à l'hectare des dix premières essences les plus représentées pour un inventaire à 4% et à 100% dans 1/5 d'une forêt communautaire

	INVENTAIRE À 4%		INVENTAIRE À 100% DANS 1/5 DE LA FC	
NUMÉRO	ESSENCES	TIGE/HA	ESSENCES	TIGE/HA
1	Abalé	5,80	Abalé	2,38
2	Diana	2,53	Diana	1,35
3	Movingui	2,32	Movingui	1,71
4	Essisang	1,83	Alep	0,78
5	Alep	1,43	Essisang	0,72
6	Emien	1,06	Emien	0,57
7	Fraké	0,85	Fraké	0,43
8	Bongo	0,83	Padouk	0,40
9	Lati	0,78	Tali	0,39
10	Dabema	0,36	Bibolo	0,31

Graphique 15 : Densité à l'hectare de dix essences les plus représentées pour un inventaire à 4% et à 100% dans 1/5 d'une forêt communautaire

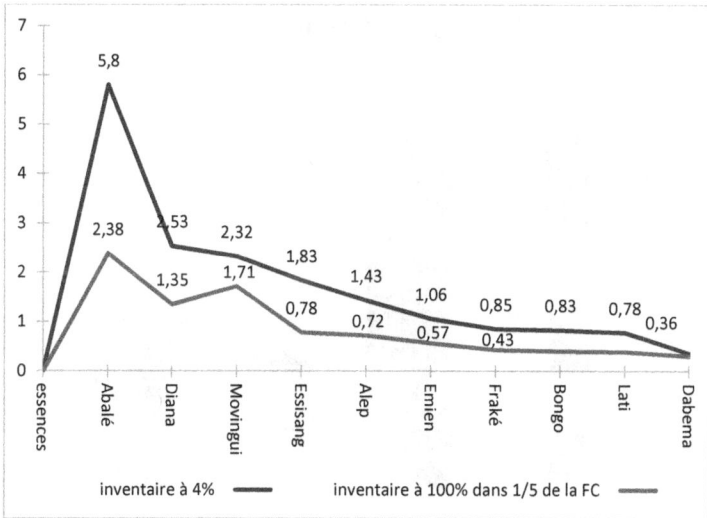

Source : Données extraites (PFC Dja, 2003)

IV.4. Coûts et temps de travail par approche méthodologique d'inventaire

La Graphique 16 compare les coûts et le temps des travaux en fonction de la méthodologie d'inventaire utilisée. Il apparaît que l'approche n° 1 et n° 2 ont des coûts assez élevés à l'échelle des communautés locales même si celles-ci sont soutenues par des ONG. Seule l'approche n° 3 offre un meilleur compromis coûts qualité des inventaires. Elle peut offrir l'opportunité à une communauté qui exploite sa forêt, d'épargner pendant cinq ans la somme requise pour les inventaires sur le secteur suivant. Son temps d'exécution est assez court et favoriserait une épargne à une communauté qui emploie des techniciens payés par jour de travail.

Graphique 16 : Comparaison des coûts et du temps de travail par approche méthodologique d'inventaire

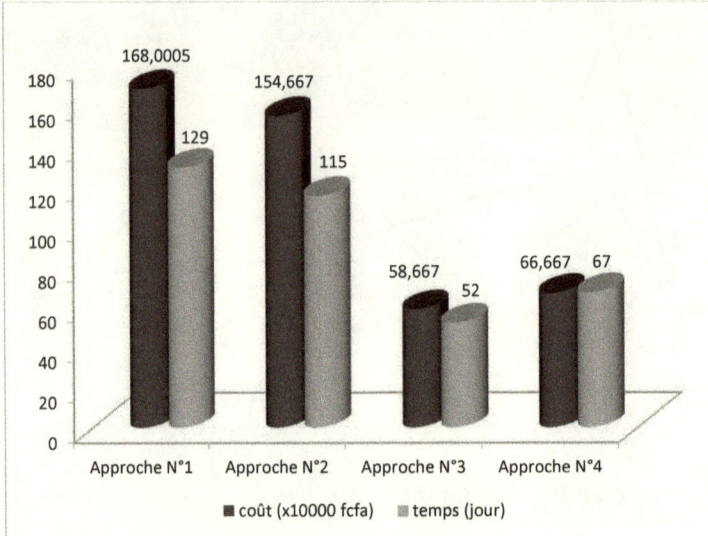

IV.5. Confrontation des résultats bibliographiques aux inventaires des forêts étudiées : quel potentiel ligneux ?

La comparaison des résultats bibliographiques avec l'analyse des résultats d'inventaire fournis dans les plans simples de gestion des quatre forêts communautaires étudiées permet de dire que le choix du taux de sondage de 2% pour l'estimation du potentiel ligneux, est totalement arbitraire. Ce taux est assez bas pour refléter le potentiel ligneux réel des forêts étudiées. Ni la qualité de l'estimation du potentiel de la forêt, ni les coûts ne justifient son choix. Au contraire, l'inventaire d'exploitation est réalisé en plein chaque année sur la parcelle à exploiter dans chacune des forêts communautaires étudiées. Ce qui est de nature à générer davantage des coûts (le déplacement chaque année des techniciens pour la même tâche) encore moins de permettre une bonne vision à moyen terme (sur plusieurs années).

Les résultats des inventaires d'aménagement présentés dans les plans simples de gestion sont sous forme des tables de stock et de peuplement, fournissant qu'une possibilité par contenance. Le calcul de la possibilité en volume sur toute la superficie se fait par extrapolation des résultats des inventaires d'aménagement et non sur la surface utile. Nous rejoignons ainsi Rossi (2008) lorsqu'elle affirme que les estimations du volume exploitable annuellement, ainsi que les recettes prévisibles, sont totalement biaisées.

Par ailleurs, la répartition des arbres par classes de diamètre n'apparaît pas dans les tables. De ce fait, l'évaluation de l'état du peuplement est quasiment impossible : on ne peut ni connaître la structure diamétrique des essences exploitables, ni calculer le taux de reconstitution (Rossi, 2008). En effet, le taux de sondage de 2% appliqué à l'inventaire d'aménagement pour l'élaboration du plan simple de gestion, bien qu'étant exigeant techniquement (qualité des prospecteurs, traitement informatique), matériellement (boussoles, GPS, SIG) et financièrement n'est finalement que peu efficace comme outil d'aide à la décision. Par ailleurs, comme le soulignent Julve, Vandenhaute, Vermeulen, Castadot, Ekodeck & Delvint (2007), les structures à même d'effectuer le traitement poussé des données d'inventaires permettant la détermination des diamètres minimaux d'aménagement essence par essence et la délimitation de la forêt en parcelle iso-volume sont rares et coûteuses. L'administration forestière camerounaise n'ayant pas les moyens de contrôle de sa politique, tolère le découpage des forêts communautaires en parcelles annuelles iso-surfaces. Pourtant les dites forêts communautaires présentent une hétérogénéité des espaces (présence des champs, plantations, zones marécageuses, …). Ce qui est une grave aberration.

En définitive, les développements sur la productivité forestière des forêts communautaires étudiées qui précèdent, permettent de remettre en question la possibilité intrinsèque de production forestière offerte par celles-ci. En effet, il ressort de cette analyse, que le potentiel ligneux dans les forêts communautaires étudiées est mal estimé et fournit une base fausse de calcul non seulement des paramètres d'aménagement, mais aussi et surtout des avantages économiques procurés par celles-ci sur la seule base de l'exploitation du bois d'œuvre.

Il est alors évident que les forêts communautaires ne sont pas, du moins dans la situation actuelle de leur orientation sur la production de bois d'œuvre, à la hauteur pour soutenir l'objectif économique de la réduction de la pauvreté et du développement rural. Comment peut-on alors expliquer que tous les plans simples de gestion analysés présentent des estimations très confortables du potentiel ligneux des forêts étudiées ?

Il semble à l'évidence que les communautés se livrent volontairement à présenter à l'administration forestière qui n'a pas des moyens suffisants de contrôle, des plans simples biaisés, juste pour obtenir leur forêt communautaire.

IV.6. La question de l'opérationnalité et de l'efficience du PSG : un subterfuge à disposition des communautés ?

L'attribution d'un espace forestier à une communauté qui en fait la demande est soumise à la réalisation d'un PSG approuvé par l'administration en charge des forêts au Cameroun. Cet outil technique a la réputation d'être un outil d'aide à la décision à l'usage des communautés bénéficiaires d'une forêt. Cependant, les conclusions de nos observations soulèvent une double interrogation :

la première sur le niveau de fiabilité de ce document et la deuxième sur la souplesse desdites communautés à abandonner leurs pratiques pour se conformer à cet outil.

Selon la directive nationale de gestion communautaire des forêts, la carte parcellaire de la forêt n'est pas une exigence et l'inventaire d'exploitation peut se faire à posteriori sur une parcelle annuelle, pour la délivrance du certificat annuel d'exploitation (CAE). Dans la pratique, les limites des parcelles ne sont pas toujours respectées. Si la loi exige une carte parcellaire d'un secteur quinquennal avant sa mise en exploitation, Kouna Eloundou (2012) a remarqué dans le cas des forêts communautaires de Morikoualiyé, de Mpemog et de Mpewang de la région Est du Cameroun, que c'est seulement sur le moment que :

> *la matérialisation et l'entretien des limites de l'ensemble de l'AAC sont ou pas effectués ou sont mal faits. Par conséquent, l'abattage des arbres se fait parfois hors des limites réelles de l'AAC et les communautés villageoises se trouvent en infraction et s'exposent aux sanctions*

Le cas particulier de la FC Oyo Momo est à souligner ici. En effet, le PSG de cette forêt fait entorse à la règle qui recommande un découpage de la forêt en 5 secteurs quinquennaux. La raison la plus plausible pour justifier son découpage en 4 secteurs, serait la volonté de contourner la règle qui exige un bilan et une révision du PSG au terme de l'exploitation d'un secteur quinquennal. Pire, selon Ndume-Engone (2010), la communauté Oyo Momo se livre à des pratiques mafieuses de « blanchiment de bois » consistant : soit en l'abattage dans les jachères des essences absentes dans l'assiette de coupe pour satisfaire des commandes, soit à l'achat du bois de récupération dans la scierie de la SFID et à sa transformation avec la scie mobile Lucas Mill. Ces bois sont par la suite évacués sur le marché avec les lettres de voiture de la forêt communautaire Oyo Momo.

Quant au PSG de la FC MAD, il indique une possibilité totale des essences de catégories 1 et 2 de 58 297 m^3 et une possibilité moyenne de 2 332 m^3 par AAC. Mais lorsqu'une AAC se retrouve à l'intérieur des espaces appropriés au sens propre du terme (les cacaoyères, les plantations de cultures vivrières, les jachères, les palmeraies, ...), il est clair que cette indication est erronée. D'autant plus que le PSG de cette forêt dit clairement que ces arbres sont exclus de l'exploitation ou ne pourront être exploités qu'aux termes de négociations avec les éventuels propriétaires qui percevront un pourcentage sur le prix de vente, moyennant le paiement des dommages occasionnés lors de l'exploitation.

Enfin, hormis les activités nouvelles comme l'écotourisme et le reboisement dont la matérialisation est peu probable, la planification des activités dans les FC porte sur celles traditionnellement conduites sur ces espaces. C'est le cas de l'agriculture, de la chasse, de la collecte des PFnL, de l'exploitation du bois d'œuvre ou de chauffe. Que vaut alors en pratique une telle planification ? À quoi sert-elle à des populations qui ont une tradition séculaire, si ce n'est qu'à légitimer leurs pratiques ?

V. Bilan économique des activités d'exploitation artisanale de bois d'œuvre

Le bilan économique dont il est question ici, se rapporte à la vie des forêts communautaires, c'est-à-dire leur phase d'entrée en activité d'exploitation commerciale. Il est surtout question dans ce cas, d'analyser la progression des activités d'exploitation du bois d'œuvre. Le but recherché est d'analyser la rentabilité financière et économique des forêts communautaires étudiées afin de faire la lumière sur les causes explicatives de la démobilisation observée dans le cadre de Djoum. La question est de savoir si la démobilisation s'explique par l'absence de retombées économiques (financières) ou du fait de leur appropriation par des personnes tierces, ou tout simplement du fait de la mauvaise organisation des communautés.

Cependant nous nous sommes confrontés à deux grands écueils :

- le premier écueil auquel nous avons fait face, a été celui d'un manque de données comptables fiables et complètes. Cette situation est due à la pluralité des sources de financement. En effet, le processus d'acquisition d'une forêt communautaire s'avérant longue (4 ans en moyenne), il est apparu que, les communautés elles-mêmes, les élites extérieures ou intérieures, les ONG et les bailleurs de fonds ont participé à la prise en charge des coûts à une ou plusieurs étapes données du processus ;

- le deuxième écueil rencontré a été la discontinuité voire l'absence de l'exploitation forestière dans les forêts déjà existantes. En effet, si on a observé que les forêts communautaires MAD et Oyo Momo étaient à la première expérience d'activité d'exploitation du bois d'œuvre (et rien ne laissait présager de la continuité de cette activité, les carnets de commandes étant vides), les forêts communautaires AMOTA et AFHAN qui avaient connu respectivement une et deux expériences d'activité d'exploitation du bois d'œuvre dans le passé, étaient totalement dans l'inactivité depuis 2005 pour la première et 2008 pour la seconde. Quant aux forêts communautaires Avenir de Nkan et ADPD de Djouzé qui n'ont pas été retenues pour l'étude mais qui avaient déjà connu dans le passé une expérience d'exploitation de bois d'œuvre, il faut signaler que nous n'avons pu rencontrer aucun membre de leurs entités de gestion, qui visiblement semblaient démantelées.

En définitive, faute de données fiables et exactes sur les coûts des activités réalisées par les communautés, il est devenu assez difficile de passer par une analyse coûts/bénéfices comme l'avaient déjà proposés Rossi (2008) et Ndume-Engone (2010).

Nous nous sommes alors proposé de faire le bilan économique des activités d'exploitation artisanale du bois d'œuvre des forêts communautaires étudiées en nous inspirant de la méthode des principes, critères et indicateurs proposée par Lescuyer (2004).

Les principes sont des règles fondamentales à respecter pour atteindre dans notre cas l'objectif socioéconomique de réduction de la pauvreté et de production du développement de la communauté. Les critères par contre sont un état recherché des systèmes naturels et/ou socio-économiques et les indicateurs sont les variables qui caractérisent un élément du système naturel ou socio-économique. Cet outil commun d'analyse permet d'obtenir un cadre horizontal de comparaison des différentes situations observées dans les villages enquêtés. Il est utilisé pour mesurer l'impact socio-économique des activités d'exploitation artisanale du bois d'œuvre des forêts communautaires étudiées sur les flux et non les stocks de ressources disponibles. La grille (Tableau 21) de principes, critères et indicateurs ainsi obtenue a été confrontée à chacune des communautés enquêtées.

Tableau 21 : Grille des critères et indicateurs de l'impact socioéconomique des activités d'exploitation artisanale de bois d'œuvre des FC

PRINCIPE	CRITÈRES	INDICATEURS
Accroissement de la productivité économique des forêts communautaires étudiées	Activité régulière d'exploitation forestière	- Nombre de rapport et document administratif produits ; - Nombre de parcelles annuelles exploitées ; - Contrats de sous-traitance conclus
	Vente soutenue de bois d'œuvre	- Fréquence des ventes ; - Volumes vendus ; - Carnet de commande ;
	Création d'emplois et sources diversifiées de revenus	- Nombre d'emplois créés ; - Types d'emplois créés ; - Durée des contrats ; - Salaires individuels ;
	Création des infrastructures socioéconomiques	- Équipements collectifs créés ou améliorés ; - Revenus collectifs générés ;

V.1. Premier critère mesuré : Suivi de l'activité d'exploitation forestière

Pour mesurer ce critère, trois indicateurs ont été utilisés. Le premier est la production régulière des documents et/ou rapports administratifs tels que le rapport annuel des opérations réalisées pour l'année écoulée ou, le plan annuel d'opération pour l'année suivante, les lettres de voitures pour le transport des produits issus de la forêt communautaire et à destination du marché ou pour livraison à des clients etc. La collecte de ces informations a été réalisée lors de la visite aux communautés concernées ou auprès des autorités de l'administration forestière (le chef de poste forestier de Djoum). Le deuxième indicateur retenu est l'exploitation continue des parcelles annuelles ou AAC. Pour ce faire, nous avons vérifié le nombre de certificat annuel d'exploitation délivrés par l'administration forestière au profit de la forêt communautaire et avons confronté ces informations à la parcelle exploitée du moment. Le troisième indicateur retenu est le nombre de contrat de sous-traitance, puisqu'aucune communauté n'a opté pour une exploitation en régie, faute de moyens financiers à investir.

Les résultats obtenus sont résumés dans le Tableau 22.

Tableau 22 : Suivi de l'activité d'exploitation forestière des forêts communautaires étudiées

FORÊT COMMUNAU-TAIRE	AFHAN	AMOTA	MAD	OYO MOMO
ANNÉE DE CRÉATION	MAI 2005	JUIN 2003	JUIN 2009	JUIN 2009
Indicateurs recherchés Nombre de rapport et document administratif produits ;	Deux rapports d'opération annuelle	Pas d'indicatio n	Le rapport annuel d'opération en cours de rédaction	Un rapport d'opération annuelle
Nombre de parcelles annuelles exploitées	Deux Certificats annuels d'exploitati on années 2007 et 2008	Un Certificat annuel d'exploitati on année 2005	Un Certificat annuel d'exploitati on année 2010	Un Certificat annuel d'exploitati on année 2010
Nombre de contrats en sous-traitance	1	1	1	1

Le Tableau 22 fournit les indicateurs sur la vie active d'exploitation forestière des forêts concernées. Si on observe que les communautés MAD et Oyo Momo sont très récemment entrées dans leur phase active d'exploitation, la cessation d'activé d'exploitation chez AFHAN depuis 2008 après deux expériences, pire chez AMOTA en 2005 après une seule expérience révèlent une activité quasi léthargique.

En effet, La forêt communautaire AFHAN compte deux années d'exploitation en régie à son actif (2007 et 2008). Mais, suite à l'échec enregistré avec EQUIFOR[96], une assemblée générale de la communauté a décidé de l'arrêt des activités d'exploitation. Depuis lors, sur les 100,81 m^3 de bois produits, 82,09 m^3 ont été transportés en scierie à destination de CAFOREX à Mbalmayo (36,84 m^3) et de SCAPMET à Yaoundé (45,25 m^3). Ces bois seraient toujours non commercialisés jusqu'à ce jour. Il en est de même pour les 18,72 m^3 stockés en forêt.

L'exploitation du bois d'œuvre, dans le cas de la forêt communautaire AMOTA, est arrêtée depuis 2005. La première raison évoquée par AMOTA est le blocage dans le suivi de la révision quinquennale du PSG et l'attente d'une nouvelle autorisation annuelle de coupe. La deuxième raison évoquée est le peu, voire l'absence de profits générés par la forêt communautaire. Les propos ci-dessous de M Nkou Nguini (Figure 22), Responsable des opérations forestières de la communauté AMOTA, illustrent parfaitement cette analyse :

> Nous pensons qu'il n y a pas grand-chose à attendre de l'exploitation de notre forêt. La conscience qu'il n'y a pas beaucoup de profits ne nous incite pas à nous battre pour surmonter les tracasseries et les difficultés afférentes à leur gestion. Nous avons une convention gestion de 25 ans avec l'État, à raison de 200 ha à exploiter chaque année. Cette surface ne nous permet pas d'aller négocier avec un exploitant lointain. Le problème est le volume négligeable de ressources sur pied à exploiter chaque année... C'est ce qui explique en partie la léthargie dans laquelle a sombré notre organisation (GIC), puis que la

---

96 Equifor est une société civile créée en aout 2007 pour la promotion de la formation, l'assistance technique et la valorisation des produits issus des forêts communautaires. Dans ce cadre, elle forme les communautés à la gestion forestière et de l'entreprise ; promeut une gestion durable ; met à la disposition des communautés le matériel nécessaire à l'exploitation ; accompagne les communautés à la commercialisation de leurs produits. Elle rassemble divers acteurs : (a) les communautés réunies au sein d'une association l'APROFOSOC, représenté par son président et vice-président du conseil d'administration (CA) d'Equifor, (b) le CED, représenté par son comptable et son coordonnateur des programmes et travaux, respectivement Directeur exécutif et PCA d'Equifor et (c) un opérateur économique responsable du domaine technico-commercial. Les charges (salaires, matériel, frais de transport, de transformation...) sont déduites du revenu. Les bénéfices nets de la société sont répartis entre les 3 groupes d'acteurs, selon des parts qui sont votées chaque année par le CA.

révision du plan simple de gestion est bloquée depuis 2005, faute de ressources financières.

Par ailleurs, le gouvernement ne nous permet pas de négocier un partenariat avec la SFID qui est dans le coin, à cause de l'exploitation artisanale des forêts communautaires qu'il impose. Or le danger avec les petits exploitants est qu'ils font une coupe sélective. Ce sont des gens qui négocient pour exploiter une ou deux espèces. La coupe sélective ne nous avantage pas, vu le peu de ressources sur pied ... (Propos recueillis lors des entretiens avec les communautés du village Amvam)

Figure 22 : Le Responsable des opérations forestières de la FC AMOTA

© Ngoumou Mbarga H., Amvam (Djoum), févier 2011

Cependant, on sait que la communauté avait signé un contrat de partenariat avec la compagnie d'exploitation Équateur, une société camerounaise de manufacture, pour l'exploitation de leur première parcelle annuelle. À l'époque, le bureau de l'entité de gestion de la forêt communautaire AMOTA, était essentiellement composé des membres du village Amvam (Fang, Boulou, Zamane), en plus de l'élite qui a soutenu et conduit le processus (Poissonnet, 2005). Cette situation, relayée dans un rapport scientifique (Encadré 2), et vécue comme une marginalisation des autres villages, a généré une quantité de soupçons d'appropriation des avantages issus de la forêt communautaire, et a abouti à la réorganisation ci-dessus indiquée du bureau de l'entité de gestion.

> il faut souligner que certains désaccords sont arrivés entre nous et les populations du village voisin. Ces populations pensaient que nous avions perçu de l'argent de cette forêt, sans les avoir associé au partage. Il y a donc eu des contestations et la dissolution du bureau. Nous avons donc accepté leurs suggestions et leur avons donc confié la gestion de la forêt. C'est ainsi que le délégué et le trésorier sont des Kaka du village d'Aveube qui contestait beaucoup, une façon de dire, « comme nous avons beaucoup mangé, à vous le tour maintenant »... Depuis que cette direction du GIC leur a été confiée, rien n'a bougé. Il y a plutôt un conflit qui a éclaté parmi eux. Les villageois se plaignent que durant le mandat de M Nkou Nguini, ils ont reçu des maquereaux, du vin rouge et du riz, fourni par des exploitants par deux fois (Figure 23). (Propos recueillis lors des entretiens avec les communautés du village Amvam)

Figure 23 : Deux membres de la communauté AMOTA pendant les entretiens dans le village Amvam

© *Ngoumou Mbarga H., Amvam (Djoum), févier 2011*

Jusqu'en 2011, cette forêt n'était pas toujours en activité à cause du conflit éclaté en 2005. Mais au fil du temps, l'absence de la rente forestière (pierre d'achoppement) et les pressions sociales ont permis la baisse des tensions entre les antagonistes et la reprise du dialogue. De nouvelles résolutions, dont la réorganisation du bureau de l'entité de gestion, furent prises pour assurer une gestion plus sereine de la forêt communautaire.

À tort ou à raison, cette réorganisation n'a pas contribué à améliorer la situation de la communauté dans la gestion de sa forêt. En marge de la faible richesse en bois d'œuvre de la forêt communautaire, la léthargie dans laquelle sombre l'organisation communautaire pose la question du dynamisme et des capacités des responsables de l'entité de gestion. Il ne suffit pas de revendiquer au nom de la démocratie ou de la communauté, la gestion de la forêt. Il faut d'abord avoir l'audace et la pugnacité nécessaires pour porter un tel projet. Ce qui est en cause, c'est davantage la défaillance des acteurs communautaires à se situer par rapport à leur objectif, ce sont leurs capacités à s'approprier le projet et à mettre en œuvre une stratégie de mobilisation collective et de solidarité communautaire qui s'appuient sur les savoirs et savoir-faire locaux. Cette situation interpelle aussi la responsabilité de la communauté scientifique et appelle à la prudence quant à l'information à divulguer afin d'éviter des effets pervers.

Encadré 2 : Extrait rapportant le point de vue de son auteur sur une élite de la communauté AMOTA (Poissonnet, 2005)

Par exemple la FC d'Amvam d'Otongmbong et d'Akonetye illustre l'influence d'une élite locale sur le processus de FC. Celle-ci s'est emparée du processus à son compte sans intégrer les habitants des villages concernés. Les villageois ne sont, dans un premier temps, pas au courant de la démarche entamée par cette personne. Avant l'arrivée du CeDAC - pour appuyer l'entité de gestion dans l'élaboration du PSG - les populations concernées ne savaient même pas ce qu'était une FC, ni à quoi cela pouvait servir. Ils faisaient confiance à l'élite locale. Cependant, celui-ci a organisé une réunion de concertation sans aviser, ni convier les populations riveraines de la FC afin de valider ces limites. Or, les populations du village d'Efoulan - voisines au village d'Amvam - revendiquent des terres incluses dans la délimitation de la FC. En effet, les villages d'Amvam, d'Otongmbong et d'Akonetye ont été déplacés après la première guerre mondiale à leur emplacement actuel. Le village d'Efoulan, revendique donc des terres qui avant le déplacement de ces villages leur appartenait. Les habitants de ce village entendent stopper le projet et attendent le début de l'exploitation pour manifester leur mécontentement. De plus, le GIC créé par cette élite est constituée d'une seule famille dont le président n'est autre que l'élite lui-même. L'entité juridique de la FC est donc sous le contrôle de cette personne influente et ne revendique aucune représentativité sociale du village en question.

V.2. Deuxième critère mesuré : Suivi des Ventes de bois d'œuvre

Pour mesurer ce critère, trois indicateurs ont également été retenus. Le premier indicateur retenu est la fréquence de livraison de bois d'œuvre que la forêt communautaire était en mesure de faire chaque année. Le deuxième critère est la quantité en m^3 de bois vendus sous forme de débités. Le troisième critère est le nombre enregistré de commandes qui permet de révéler l'importance ou non de l'activité d'exploitation à venir des forêts concernées. La collecte de ces données a essentiellement été effectuée auprès des communautés gestionnaires pendant les enquêtes, lors des visites de terrain. Les résultats sont résumés dans le Tableau 23.

Tableau 23 : État des ventes de débités par forêt communautaire

FORÊT COMMUNAUTAIRE	AFHAN	AMOTA	MAD	OYO MOMO
ANNÉE DE CRÉATION	Mai 2005	Juin 2003	Juin 2009	Juin 2009
Indicateurs recherché Nombre de vente par an	1 vente en 2007 1 vente en 2008	1 vente en 2005	1 vente en 2011	1 vente en 2010
Volume total de bois vendu en m³	100,81	Données non fournies	67,007	66,21
Nombre de commandes	Aucune	Aucune	Aucune	Aucune

Le Tableau 23 montre que seule AFHAN a réalisé deux ventes alors que toutes les autres communautés ne sont qu'à une seule vente. Par ailleurs les volumes vendus, quasi équivalents dans trois forêts (AFHAN, MAD, Oyo Momo) sont assez faibles. Pour justifier ces faibles volumes, Rossi (2008) évoque le fait que les communautés utilisent des tronçonneuses, avec une capacité maximale de production d'un m³ de débités de bois par jour. Elle ajoute également que les certificats annuels d'exploitation sont délivrés par le MINFOF vers les mois de mai-juin pour une validité qui expire le 31 décembre de la même année, pour souligner le temps cours (3 à 4 mois) réservé aux activités d'exploitation après déduction du temps d'arrêt dû à la saison pluvieuse.

Nous, au contraire pensons qu'on ne peut s'en tenir qu'à ces deux raisons évoquées comme analyse explicative suffisante des faibles volumes de bois vendus par les communautés. Les faibles volumes reflètent plutôt la possibilité réelle et effective de ces forêts et nous tenterons de le démontrer plus loin.

V.3. Troisième critère mesuré : les emplois et sources diversifiées de revenus créés

La création d'emplois est l'une des retombées escomptées de la foresterie communautaire pour les populations locales. D'après les PSG des forêts communautaires gestionnaires l'un des objectifs de développement consiste à assurer le recrutement des populations locales dans les activités d'exploitation forestière, à l'usine et dans la mise en place des infrastructures. Le PSG de la FC MAD précise que :

l'exploitation se fera de façon artisanale par la communauté elle-même ou en collaboration avec d'autres partenaires. Ce type d'exploitation est requise pour permettre la création d'emplois pour les jeunes dans le village d'une part et parce qu'il est réputé avoir un faible impact sur l'environnement.

Dans le cadre de l'exploitation des forêts communautaires, les principales activités ou poste à pourvoir sont : l'abattage des arbres sur pieds, le débit ou la production des bois débités, le portage sur la tête des bois débités du chantier de production au parc d'évacuation (parc-route) et le chargement sur le camion. D'autres tâches sont effectuées au cours de l'exploitation des forêts communautaires, notamment le cubage du bois, la surveillance des chantiers d'abattage du bois, la surveillance des débités de bois en forêt et le suivi des démarches concernant les opérations forestières.

Pour mesurer ce critère, nous avons définis quatre indicateurs (Tableau 24) que sont le nombre d'emplois générés, le type et la durée de ces emplois ainsi que le montant des salaires reçus.

Dans la pratique, les seuls emplois dont les populations locales ont pu bénéficier, concernent les activités liées à l'exploitation du bois d'œuvre dans les forêts communautaires. Des emplois temporaires, précaires et sans contrats ont ainsi pu être créés dans le cadre de l'exploitation du bois d'œuvre dans chaque forêt communautaire. En général, les employés ont été engagés sur simple entente avec les opérateurs économiques, les responsables des bureaux des entités de gestion de ces forêts ou les chefs de chantier. Cette procédure de recrutement est révélatrice de la précarité des emplois créés, qui peuvent être arrêtés à tout moment par les recruteurs ou les employeurs (Kouna Eloundou, 2012).

Les résultats de nos enquêtes montrent que les emplois créés sont généralement non qualifiés et regroupent les têteurs, les chargeurs bord de route, les aides-abatteurs/scieurs. Seuls les scieurs, les abatteurs et le responsable des opérations forestières, peuvent être considérés comme des emplois qualifiés. Les têteurs sont des ouvriers chargés du transport des débités du chantier d'abattage au bord de la route. Leur salaire est soit journalier, soit rapporté à la quantité de débités transportés.

Tableau 24 : Emplois et salaires générés par l'activité d'exploitation forestière

	FORÊT COMMUNAUT-AIRE	AFHAN	AMOTA	MAD	OYO MOMO
	ANNÉE DE CRÉATION	MAI 2005	JUIN 2003	JUIN 2009	JUIN 2009
Indicateurs recherché	Nombre d'emplois créés	48	25	49	52
	Type d'emplois créés	1 ROF* 1 Abatteurs 3 Scieurs 8 Aides 25 Têteurs 10Chargeurs	1 ROF 2 Scieurs 4 Aides 10 têteurs 8chargeurs	1 ROF 3 Scieurs 6 Aides 37manœu-vres	1 ROF 2 Scieurs 4 Aides 45manœu-vres
	Durée des contrats	Temporaire	Tempo-raire	Tempo-raire	Tempo-raire
	Salaires totaux perçus (Fcfa)	1 021 900	DNC**	DNC	2 283 500
* ROF : Responsable des opérations forestières **DNC : données non communiquées					

Les chargeurs bord de route sont des ouvriers qui s'occupent de charger les débités dans le camion. Leur salaire est fonction du nombre de m^3 de bois chargés. Le salaire des abatteurs, des scieurs et leurs aides (deux aides au plus par abatteur ou par scieur) varie en fonction du type de produits obtenus (lattes, planches, bastaings...) et est ramené à la quantité totale de débités produits. Il faut mentionner les emplois ainsi créés, sont des emplois précaires et qui ne durent que le temps de l'activité d'exploitation forestière.

V.4. Quatrième critère mesuré : les infrastructures socioéconomiques réalisées

Pour mesurer ce critère, deux indicateurs ont été retenus (Tableau 25). Le premier a consisté à collecter les données sur les équipements collectifs réalisés ou améliorés après la vente de bois d'œuvre. À défaut de réalisation nous avons collecté les données sur les revenus collectifs réalisés, c'est-à-dire le bénéfice net réalisé sur les ventes de bois d'œuvre, après déduction des différentes charges.

Tableau 25 : Infrastructures socioéconomiques générées par l'exploitation des forêts communautaires depuis leur création

	FORÊT COMMUNAUTAIRE	AFHAN	AMOTA	MAD	OYO MOMO
	ANNÉE DE CRÉATION	MAI 2005	JUIN 2003	JUIN 2009	JUIN 2009
Indicateurs recherchés	Équipements collectifs réalisés	Aucun	Aucun	Aucun	Achat à crédit en 2010 d'un groupe électrogène d'une valeur de 3 000 000 Fcfa
	Revenu collectif réalisé	Compte débiteur dû au paiement des salaires	0	Compte débiteur dû à l'avance des salaires	Compte débiteur dû au crédit contracté et aux coûts d'exploitation

Si le Tableau 25 fait mention de l'achat d'un groupe électrogène par la communauté Oyo Momo, aucune autre communauté ne présente aucun investissement collectif. Le revenu de la vente à Parquets-Cam de la production de 66,21 m^3 de débités, réalisée lors de l'exploitation de la parcelle n°1 du secteur quinquennal n°1 par la communauté Oyo Momo, a rapporté une somme de 2 387 648 FCFA (3 640 €). Lors des entretiens menés dans le village Yen de la communauté Oyo Momo, celle-ci a présenté le revenu de cette vente comme étant « le premier bénéfice net » tiré de l'exploitation de leur forêt communautaire. Ce qui est totalement faux, car de lourds investissements ont été consentis pour l'équipement et les coûts liés à cette première exploitation d'un montant de 6 378 000 FCFA (9 723 €). Ce qui aboutit plutôt à une marge bénéficiaire déficitaire de 3 990 352 FCFA (6 083 €). Il apparait par ailleurs qu'exceptée AMOTA, les trois autres communautés forestières ont des comptes débiteurs dûs au payement par le partenaire des coûts d'exploitation et salaires.

La mise en scène de la rentabilité de la forêt communautaire Oyo Momo est soutenue par la présentation à l'actif de la communauté, de l'achat d'un groupe électrogène pour l'électrification rurale. Or, selon Ndume-Engone (2010), Oyo Momo a contracté un crédit de 3 000 000 Fcfa (4 574 €) pour l'achat de ce groupe électrogène pour répondre aux exigences du plan simplifié de développement de la communauté, tel que stipulé dans le volet développement du plan simple de gestion. Pourtant, l'achat de ce groupe électrogène à crédit n'est pas du tout justifié, lorsqu'on se réfère aux stipulations du « plan simplifié de développement de la communauté », élaboré au terme des études socioéconomiques auprès de cette communauté et inséré dans le plan simple de gestion. En effet, celui-ci renvoie l'achat de ce groupe au terme de l'exploitation de la quatrième parcelle annuelle (Tableau 28), en supposant une évolution incrémentielle des bénéfices tirés. Cet achat de confort, non respectueux des stipulations contenues dans le plan simple, a pour seul but, la mise en scène de la rentabilité économique de la forêt communautaire.

Le cas de la communauté Oyo Momo est typique. En plus des financements mobilisés lors du processus de création de la forêt communautaire, d'autres financements importants ont été mobilisés par la communauté pour le lancement de ses activités d'exploitation de l'AAC n°1, du secteur quinquennal n°1, soit environ 8 000 000 FCFA, selon les données recueillies par Ndumé-Engoné (2010). Si cette source ne précise pas la provenance des fonds et les auteurs du financement mobilisé, il est fort à parier que l'acquisition par la communauté Oyo Momo d'une scie mobile de type Lucas Mille, laisse penser à un investissement encore plus conséquent. Le revenu de la vente à Parquet-Cam de la production de 66,21 m3 de bois débités, réalisée lors de l'exploitation de la parcelle n°1 du secteur quinquennal n°1, a rapporté une somme de 2 387 648 FCFA.

VI. La rentabilité économique des forêts communautaires étudiées

VI.1. Une productivité forestière fortement en dessous des prévisions

La communauté forestière MAD a obtenu son premier certificat annuel d'exploitation en août 2010 avec expiration le 31 décembre de la même année, lui autorisant l'exploitation de la parcelle n°1 du secteur n°1. Cette forêt communautaire qui a obtenu sa convention de gestion en même temps que celle d'Oyo Momo (juin 2009) connaissait effectivement sa première phase de vie d'activité d'exploitation. Elle a opté pour une exploitation en partenariat. Le 26 février 2010, un contrat tripartite d'assistance technique et d'exploitation a été signé entre la communauté, SIFCAM-SARL une société d'exploitation forestière basée à Yaoundé et le Centre pour la protection durable de l'environnement du Cameroun (CEREP). Une commande d'un volume de 210 m^3 de bois de SIFCAM-SARL, a permis à la communauté de récolter, en fonction des possibilités offertes par la parcelle annuelle (

Graphique 17), un volume de 67 m^3 de bois débités[97]. Ce qui est loin de répondre à la commande du client dont les besoins étaient estimés à 210 m^3 de débités (Tableau 26).

Cette première activité d'exploitation s'est réalisée[98] au moment de notre étude (novembre à décembre 2010) et jusqu'à notre départ de Djoum en avril 2011, la commande reçue par la communauté le 15 novembre 2010 et mentionnant le délai de livraison au 10 décembre de la même année, n'était toujours pas livrée (Figure 24). Pire la communauté ne semble pas suffisamment sensibilisée et formée sur les petites techniques de sciage, de conservation et de séchage naturel du produit bois[99]. Le contrat de sous-traitance passé avec SIFCAM-SARL pour l'exploitation et la transformation du bois semble aussi non respectueux des techniques élémentaires d'exploitation, de valorisation et de ventes du bois. La conséquence est que ce bois peut à la fin perdre les qualités exigées à l'usinage et perdre sa valeur lors de la vente.

---

[97] Sous réserve du respect des qualités du bois exigées par le client (bois sain, sans nœud, sans fentes, ni aubier, ni piqures, ni cassure et respectant les dimensions spécifiées).

[98] Ce contrat avait initialement été suspendu par la SNV pour clauses non conformes. En effet l'article 2 dudit contrat-relatif aux prix de vente et spécification des commandes- stipule que « tous les bois précieux sont vendus à 20 000 Fcfa/m3. Les bois blancs sont vendus à 10 000 Fcfa/m3 de planches et 200 Fcfa la pièce au m3 de bois local ». L'efficacité des gestionnaires de cette FC est approximative et la performance relative. Cette L'intervention de la SNV a également conduit au non démarrage des travaux d'exploitation qui étaient prévus pour avril 2010.

[99] Bois mal empilé, exposé sous les intempéries susceptibles de provoquer des déformations.

Tableau 26 : Possibilités offertes par la parcelle n°1 de la forêt communautaire MAD versus la commande de SIFCAM-Sarl

COMMANDES		POSSIBILITÉ DE LA PARCELLE		BOIS DÉBITÉS
ESSENCES	VOLUMES (M^3)	NOMBRE PAR ESSENCE	VOLUMES (M^3)	VOLUMES (M^3)
Moabi	40	03	9,732	9,732
Doussié	35	03	7,275	7,275
Sipo	15	00	-	-
Iroko	20	33	128,222	20,000
Padouck rouge	30	24	63,346	30,000
Bubinga	70	00	-	-
Total	**210**		**208,573**	**67,007**

Graphique 17 : Possibilité offerte par la parcelle n°1 versus la commande de SIFCAM-Sarl

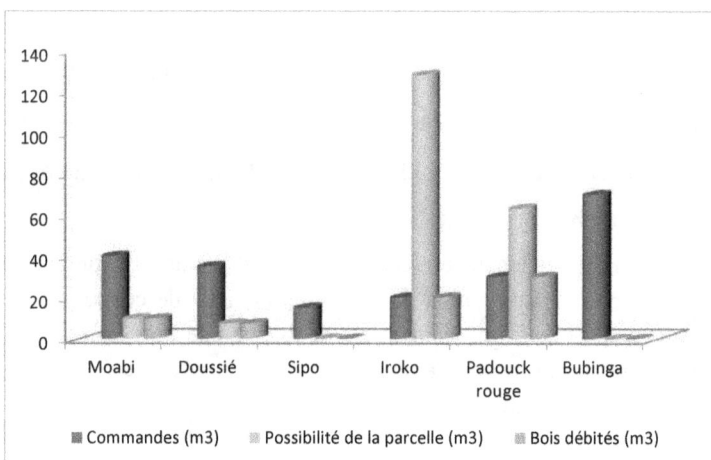

- 345 -

Figure 24 : Premier stock de bois produit par la forêt communautaire MAD

© *Ngoumou Mbarga H., Minko'o (Djoum), févier 2011*

Le

Graphique 17 montre que le volume de bois récolté dans la parcelle n°1 représente seulement 32% de la commande de SIFCAM-Sarl. Si nous comparons la possibilité réelle (208,573 m^3) de cette parcelle avec le potentiel estimé (2 332 m^3) dans le PSG, il apparait un écart de près de 90%.

Oyo Momo a également obtenu son certificat annuel d'exploitation en 2010, pour l'exploitation de l'assiette annuelle de coupe n°1 du secteur n°1. Suite à une commande de 310 m^3 de bois de Parquet-CAM, une société propriétaire d'une manufacture basée à Edéa, la communauté a récolté 66,21 m^3 de débités.

Les deux exemples ci-dessus confirment toutefois l'hypothèse que la possibilité par assiette annuelle est très inférieure aux estimations contenues dans les plans simples de gestion des forêts communautaires étudiées. Les faibles volumes de bois récoltés dans les forêts communautaires MAD et Oyo Momo et leurs difficultés à satisfaire les commandes reçues fournissent la preuve de leur faible capacité à produire du bois d'œuvre suffisamment et durablement pour soutenir l'ambition socioéconomique de réduction de la pauvreté et de réalisation du développement local.

Cette analyse est corroborée par l'aveu même des villageois rencontrés qui déclarent que les volumes de bois à exploiter annuellement sont négligeables.

> Nous avons dit au passage que l'organisation AMOTA est inactive depuis 2005. Toutes les activités sont suspendues, parce que nous sommes déçus. L'arrêt de fonctionnement implique que nous n'avons pas pu produire des biens. Ce qui forcément a découragé un certain nombre d'entre nous.

Ces faibles volumes limitent les possibilités de marché, puisqu'il serait difficile d'aller négocier des partenariats à Yaoundé ou à Douala, les coûts de production devenant dans ce cas supérieurs à la valeur de la ressource exploitable. Il reste donc l'unique possibilité de se tourner vers les marchés locaux ou bien de nouer des partenariats avec les petits exploitants de proximité qui, non seulement pratiquent la coupe sélective, mais aussi et surtout font des offres très peu intéressantes.

De même Kouna Eloundou (2012) souligne les faibles ressources financières générées par l'exploitation du bois d'œuvre des FC de Morikoualiyé de Mpemog et de Mpewang (Tableau 27). En effet, ces FC ont généré jusqu'en 2008 en moyenne respectivement 5,3 millions FCFA (8 155 €), 1,5 millions FCFA (2 290 €) et 3,4 millions (5 258 €). Elle démontre que ces revenus sont insignifiants par rapport aux potentiels ligneux annuels estimés de ces forêts communautaires.

Tableau 27 : Potentiel financier moyen annuel estimé versus les revenus réels moyens annuels générés par l'exploitation du bois d'œuvre

	FC Morikoualiyé	FC Mpewang	FC Mpemog
Potentiel financier moyen annuel estimé (FCFA)	10 202 500	10 425 000	13 189 200
Revenus réels moyens annuels générés par l'exploitation du bois d'œuvre (FCFA)	5 341 060	3 475 000	1 500 000
%	52	33	11

Source : (Kouna Eloundou, 2012)

Graphique 18 : Potentiel financier moyen annuel estimé versus les revenus réels moyens annuels générés par l'exploitation du bois d'œuvre

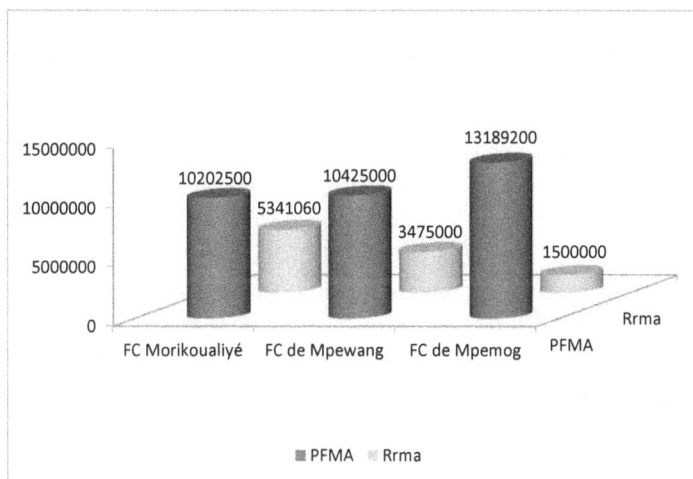

Source : (Kouna Eloundou, 2012)

Les forêts communautaires AMOTA et AFHAN, qui avaient déjà connu des activités d'exploitation d'une parcelle annuelle au moins, étaient dans une phase d'arrêt d'activités au moment de l'étude. La faillite de la forêt communautaire AFHAN à rapporter des revenus financiers, en dépit de l'appui et de l'encadrement du CED[100], depuis le processus d'acquisition de la forêt, jusqu'au stade de son exploitation et de la commercialisation du bois, est une belle illustration de cette analyse. Bien plus, l'échec de l'exploitation et de la commercialisation du bois ici, a décidé la communauté à se lancer dans le processus de conservation à travers le projet de paiements des

---

[100] Centre pour l'Environnement et le Développement (CED), une ONG locale basée à Yaoundé qui s'est fixé pour objectifs : (i) de traduire dans les faits la gestion forestière durable à travers la foresterie communautaire, (ii) de soutenir le développement durable des populations locales et (iii) de contribuer au changement des politiques et législations forestières.

services environnementaux (PSE)[101] avec toujours l'appui du CED. Cette décision rend accessoires les activités d'exploitation du bois d'œuvre, qui étaient initialement et prioritairement réservées à la forêt communautaire, la communauté ayant été convaincue du peu, voire de l'absence de rentabilité économique de l'exploitation du bois de leur forêt.

La faible capacité de production ligneuse des forêts communautaires étudiées est aussi appuyée par d'autres éléments que l'étude a permis de relever. Ce sont les caractéristiques de ces espaces forestiers et notamment : (i) leur localisation sur le domaine forestier non permanant initialement non visé par la norme environnementale camerounaise, (ii) leur taille relativement petite comparée aux concessions octroyées aux exploitants industriels (iii) leur faible richesse en ressources de bois d'œuvre, la plupart ayant fait l'objet d'une exploitation industrielle intensive dans le passé et servant de support d'activités agricoles des populations villageoises.

Enfin un dernier argument qui appuie ce constat est que, les plans simples de gestion des forêts étudiées présentent tous un découpage en parcelles annuelles iso-surfaces. Pourtant les dites forêts communautaires présentent une hétérogénéité des espaces (présence des champs, plantations, zones marécageuses, …) comme nous l'avons relevé plus haut. Or cette sectorisation de l'espace devrait impliquer à ramener la fonction de production de bois d'œuvre, usage le plus visé par toutes les communautés forestières, à la superficie réelle ou utile (secteur de production) et à prendre comme référence, cette base pour le calcul des paramètres de gestion et d'aménagement de la forêt. Ce qui n'est pas le cas dans la réalité.

Il apparait à l'analyse de la vie active des forêts communautaires étudiées que, le choix du taux de sondage de 2% appliqué à l'inventaire d'aménagement pour l'estimation du potentiel ligneux et

---

[101] L'exploitation du secteur quinquennal n°1 étant arrivée à son terme, la communauté a, sous l'instigation du CED, soumis son plan simple de gestion à la révision, en insérant le projet PSE comme l'objectif prioritaire de la forêt communautaire.

pour l'élaboration du plan simple de gestion de celles-ci, est totalement arbitraire. Ni la qualité de l'estimation du potentiel ligneux, ni les coûts ne justifient son choix. La confrontation de ce taux (2%) avec les résultats d'une étude (PFC Dja, 2003) sur le « projet forêts communautaires du Dja » menée dans quatre forêts communautaires différentes et appliquant différentes méthodologies d'inventaires, a permis de démontrer qu'il est assez bas pour refléter le potentiel ligneux réel des forêts étudiées. Par conséquent, les estimations du volume exploitable annuellement, ainsi que les recettes prévisibles contenues dans les plans simples de gestion et de développement rural des forêts communautaires étudiées sont totalement biaisées.

VI.2. Des prévisions financières ex ante très éloignées des recettes ex post

Les recettes prévisionnelles attendues de l'exploitation des forêts communautaires sont planifiées pour répondre aux besoins prioritaires de développement identifiés par les populations et pour améliorer leurs conditions de vie. C'est dans ce contexte que les communautés MAD et Oyo Momo, par exemple, ont planifié les activités ci-dessous, afin de répondre aux aspirations de développement formulées par leurs populations (Tableau 28 & Tableau 29).

Tableau 28 : Planification quinquennale des activités de développement de la communauté MAD

Projet	Localisation	Année	Coût (FCFA)	Sources de finance-ment
Équipement du foyer culturel	Minko'o Djop	1	200 000 (305€)	Rivb + Riv PFnL
Construction d'une salle de classe	Minko'o	1 et 2	2 000 000 (3 050€)	Rivb*
Mise en service d'une case de santé	Akontangan	1, 2 et 3	2 000 000 (3 050€)	Rivb + cotisations des populations
Construction d'un hangar commercial		2	200 000 (305€)	RivPFnL**
Construction et réfection des points d'eau	Minko'o Akontangan	3, 4 et 5	2 500 000 (3 812€)	Rivb
Amélioration des infrastructures sportives	Minko'o Akontangan Djop	1 et 2	100 000 (153€)	RivPFnL + cotisations des populations
Appui à la production agropastorale et de la commercialisat ion	Minko'o Akontangan Djop	2, 3 et 4	8 000 000 (12 196€)	Rivb + RivPFnL
Reboisement	Secteur I	1, 3, 4 et 5	400 000 (610€)	Rivb + cotisations des populations
Amélioration de l'habitat des Baka	Minko'o	4 et 5	1 500 000 (2 287€)	Rivb + RivPFnL
Total			18 700 000 (25 768€)	

*Rivb = Revenus issus de la vente de bois
**RivPFnL = Revenus issus de la vente des produits forestiers non ligneux

Source : PSG de la FC MAD

Tableau 29 : Planification quinquennale simplifiée des activités de développement de la communauté Oyo Momo

PROJET DE DÉVELOPPEMENT	PÉRIODE	COÛT (FCFA)	SOURCES DE FINANCEMENT
I – Éducation sanitaire des populations	Année 1	50 000 (77€)	Droits d'adhésion des membres de l'entité juridique Contribution des élites intérieures et extérieures
II – Aménagement de points d'eau potable dans les villages et leurs hameaux	Année 1 à 2	3 000 000 (4 574€)	- Fonds issus de l'exploitation de la forêt communautaire - Redevances forestières ; - Fonds issus du droit de passage - Fonds issus de l'exploitation des carrières de sable
III – Construction d'un centre de santé au sein de la communauté	Année 1 à 2	4 035 000 (6152€)	
IV – création de l'économat agricole au village	Année 1	3 010 000 (4589€)	
V – Création des exploitations agricoles pour occuper les jeunes	Année 1	2 000 000 (3050€)	
VI – Parachèvement de la construction du foyer pour abriter les réunions de la communauté	Année 2	2 000 000 (3 050€)	
VII – Construction d'une salle de classe pour la maternelle	Année 2	2 000 000 (3 050€)	
VIII – Paiement des dettes relatives à l'élaboration du PSG (Inventaires multi ressources et Études socioéconomiques)	Année 2	Non indiqué	

PROJET DE DÉVELOPPEMENT	PÉRIODE	COÛT (FCFA)	SOURCES DE FINANCEMENT
IX – Achat d'un téléphone Thuraya et d'une antenne parabolique au service de toute la communauté	Année 2	1 500 000 (2 287€)	
X – Construction d'un hangar pour abriter le marché périodique	Année 3	1 000 000 (1 525€)	
XI – Électrification rurale	Année 4	4 000 000 (6 100€)	
Total		**22 595 000 (34 446€)**	

Source : PSG FC Oyo Momo

Les recettes prévisionnelles des Tableau 28 & Tableau 29 illustrent clairement les attentes fortes engendrées par la gouvernance communautaire des ressources. La confrontation de ces prévisions avec le bilan économique des activités d'exploitation du bois d'œuvre présenté au paragraphe V, montre un écart très important entre ces deux familles de données.

En effet, aucune réalisation socioéconomique collective, excepté le groupe électrogène contracté à crédit par Oyo Momo, n'a été réalisée par aucune des communautés rencontrées au moment de l'étude. En somme, le développement socioéconomique local attendu de la gouvernance des FC est très loin des espoirs engendrés, puisque les revenus ex post générés restent largement inférieurs aux prévisions financières ex ante de l'exploitation du bois d'œuvre desdites forêts, même si nous ne pouvons pas nier le fait que quelques salaires ont été perçus à titre individuel. De même, quelques témoignages ont indiqué, dans le cas de la communauté AMOTA, que de la nourriture et de la boisson ont été achetées et redistribuées à toute la population lors de l'unique expérience d'exploitation de bois d'œuvre réalisée en 2005. Cependant, il est clair que la gouvernance des FC ici se caractérise par une absence des réalisations socioéconomiques collectives.

Les réalisations socio-économiques collectives prévisionnelles à partir de la FC MAD s'avèrent même hypothétiques car, selon le PSG de cette forêt, les revenus de l'exploitation forestière sont divisés en trois parts réparties de la manière suivante :

- une part allouée aux charges de production (salaires, les coûts d'exploitation ou consommables, les divers) ;

- une part allouée au propriétaire de l'espace dans lequel se trouvent les bois exploités (cas des champs vivriers et des cacaoyères) ;
- une part allouée à la caisse du GIC pour la réalisation d'œuvres sociales.

Dans la pratique, seulement $\frac{1}{3}$ des revenus issus de la forêt communautaire est reversé dans les caisses de l'entité de gestion (GIC MAD) au profit des communautés de Minko'o, Akontangan et Djop, pour la réalisation des micro-projets de développement et autres travaux à caractère communautaire. Il est alors fort certain que ces micro-projets ne voient jamais le jour, vu les faibles parts de revenu (seulement $\frac{1}{3}$) qui leurs sont alloués.

En définitive, nous remettons en question la possibilité intrinsèque de production forestière offerte par les forêts communautaires de Djoum. Les résultats de notre étude montrent que celles-ci ne sont pas, du moins dans la situation actuelle de leur orientation sur la production de bois d'œuvre, à la hauteur pour soutenir l'objectif socioéconomique de la réduction de la pauvreté et du développement rural. Nous préconisons la prise en compte et la mise en œuvre des autres usages qui, quoique mentionnés dans les plans simples de gestion, sont en réalité peu valorisés. Il convient aussi de ramener l'exploitation du bois d'œuvre à sa superficie utile si l'on veut préserver l'intégrité de ces espaces et garantir leur conservation.

Chapitre VIII

Les territoires villageois comme échelle d'organisation paysanne de la gestion communautaire des forêts à Djoum

L'un des objectifs qui ont sous-tendu la mise en œuvre des forêts communautaires au Cameroun, était fondé sur l'hypothèse que les territoires villageois constituent l'échelle de référence pour la gouvernance communautaire des ressources naturelles, puisqu'ils seraient l'unité spatiale pertinente d'élaboration des stratégies de mobilisation participative qui s'appuient sur les solidarités existantes et qui valorisent l'intérêt général. Le choix organisationnel et institutionnel de la gestion des forêts communautaires adopte ainsi la mise en place des entités de gestion créées par les villageois avec l'appui des acteurs du développement (l'administration forestière, les ONG nationales et internationales, la recherche, les élites locales...). La loi forestière de 1994 ne reconnaissant pas la communauté comme une personne morale, lui reconnait cette personnalité morale sous la forme d'une entité prévue par la législation en vigueur, c'est-à-dire l'association, la coopérative, le groupe d'initiative commune (GIC) ou le groupement d'intérêt économique (GIE). La communauté choisit alors parmi les quatre formes proposées, son entité qui aura mandat d'agir en son nom et au mieux de ses intérêts, puis élit les membres (ses mandataires) de son bureau de gestion ainsi que le responsable des opérations forestières. On peut alors s'interroger si, demander simplement aux communautés villageoises de se constituer en entités est suffisant pour en faire des groupes d'expression des stratégies participatives ? Ces entités peuvent-elles naturellement s'approprier l'action collective communautaire comme mode de gestion des forêts communautaires ? Autrement dit, les organisations communautaires formellement recommandées et reconnues par les pouvoirs publiques pour la gestion des forêts communautaires, peuvent-elles être naturellement le support d'une action collective capable d'enclencher le développement local ?

Ce chapitre se propose d'aborder ces questions à travers la problématique des territoires villageois, vus comme échelle de référence pour la gouvernance des forêts communautaires. L'objectif est d'analyser l'espace d'interaction créé par la cohabitation des acteurs villageois en situation de gestion communautaire des forêts pour mieux cerner les logiques qui brident un fonctionnement participatif effectif de cette gestion et de tenter de cerner l'influence de l'ancrage au territoire villageois sur l'organisation communautaire instituée autour de cette gestion. Il dresse le portrait des parties prenantes qui interagissent dans le processus des forêts communautaires étudiées ainsi que leurs objectifs poursuivis. Il analyse les entités villageoises de gestion en tant qu'organisations et explore les formes locales de participation – dont la prise en compte dans la mise en œuvre d'un projet de développement participatif est particulièrement recommandée dans les discours – et leur impact sur le processus de gestion et l'atteinte des objectifs poursuivis. Il explore l'espace villageois pour tenter de cerner le poids de la production symbolique sur la dynamique communautaire et l'influence de l'identité spatiale, c'est-à-dire ce que les acteurs villageois ont acquis par leurs pratiques spatiales, leurs connaissances et leur appropriation des lieux habités, sur l'organisation communautaire de la gestion des espaces forestiers.

I. Les parties prenantes et leur rôle dans le processus de gestion des Forêts Communautaires

Pour saisir les relations entre les acteurs, notre premier travail d'analyse a porté sur l'identification des groupes d'acteurs ici désignés sous le vocable de « partie prenante ». L'appartenance d'un acteur à un groupe donné est non exclusive et non discriminante, un même membre d'une partie prenante donnée pouvant se retrouver dans une autre partie prenante. C'est le cas par exemple du maire de la municipalité de Djoum, en même temps délégué régional des forêts du Sud à Sangmélima[102] et membre d'honneur de la forêt communautaire Oyo Momo. Les données des enquêtes ont permis de dégager quatre catégories pertinentes de parties prenantes : l'administration forestière, les ONG nationales, les communautés elles-mêmes et les exploitants forestiers. Pour cerner les interactions entre ces différentes parties prenantes, nous avons défini les relations qui les lient (Figure 25).

Les actions des parties prenantes prises séparément et celles découlant de leurs interactions sont cruciales pour comprendre la dynamique de gestion collective des forêts communautaires et la réalisation des objectifs de développement rural. Pour cerner ces actions et interactions, nous avons porté une grande attention aux propos des acteurs eux-mêmes, en ce qui a trait à leurs missions et objectifs, leur raison d'être en d'autres mots. L'analyse de ces propos permet d'établir un portrait plutôt classique des parties prenantes dont nous donnons une présentation succincte dans les lignes qui suivent.

---

[102] Sangmélima est le chef-lieu du département de Dja et Lobo.

Figure 25 : Les parties prenantes à la gestion des forêts communautaires et leurs interrelations

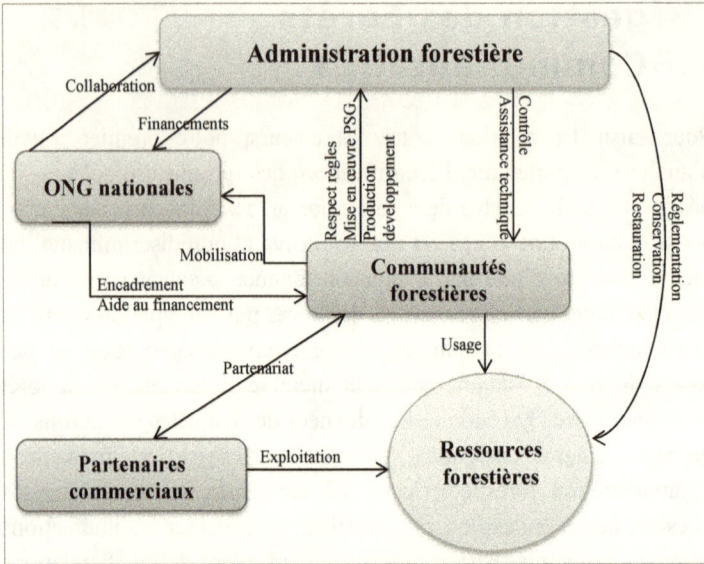

I.1. L'administration forestière (MINFOF) et la mise en œuvre des politiques et législations forestières

L'administration forestière au Cameroun est représentée par le Ministère des Forêts et de la Faune (MINFOF) et ses services déconcentrés. Son rôle, en plus de celui classique d'assurer les taches de service public nécessaires pour mettre en œuvres les politiques forestières, fauniques et environnementales et l'amélioration du cadre et de la mentalité de travail de l'administration forestière, est de produire la réglementation, d'assurer le contrôle et de veiller à la protection et à la restauration des ressources forestières et fauniques. Ce rôle fait référence à l'élaboration et à l'administration des lois et règlements concernant les forêts en général et les forêts communautaires en particulier, c'est-à-dire les dimensions formelles d'encadrement des usages et de protection des forêts communautaires. On y retrouve des normes strictes, susceptibles de sanctions, allant de la stricte application du plan simple de gestion à l'exploitation des ressources ligneuses et la réalisation du développement local. En outre, le Ministère en charge des forêts assure le renforcement des capacités de son personnel sur l'ensemble du territoire national par la mise à disposition du Manuel de Procédure d'attribution et de gestion des forêts communautaires[103] (MINFOF, 2009), l'organisation de campagnes d'information, de sensibilisation et de formation sur le plan national, régional, départemental et local. Il pourvoit également l'assistance technique gratuite aux communautés villageoises qui manifestent l'intérêt d'acquérir et de gérer une forêt communautaire[104].

I.2. Les ONG environnementales locales

Les acteurs de ce secteur méritent une attention particulière puisqu'ils revendiquent le rôle d'interface entre les communautés et les autres parties prenantes dont l'administration forestière et certains bailleurs de fonds. Il faut souligner que les ONG concernées dans le cadre de cette recherche, ont été regroupées dans le secteur environnement, parce qu'un volet de leurs activités a concerné soit l'appui, soit la sensibilisation, soit l'assistance ou alors l'accompagnement des communautés, à une ou plusieurs étapes du processus d'acquisition et de gestion des forêts communautaires.

---

103 En raison des dérives constatées dans l'attribution et la gestion des FC, le ministre en charge des forêts avait procédé d'une part au retrait des FC irrégulièrement attribuées et d'autre part avait diligenté la préparation d'un document précisant dans les détails les procédures à suivre et les normes de gestion à appliquer aux forêts communautaires
104 Article 37 de la Loi n° 94/01 du 20 janvier 1994 portant régime des forêts, de la faune et de la pêche.

Généralement, ces ONG locales sont qualifiées de « fait tout » ou d'« attrape tout » pour traduire le fait que très peu d'entre-elles ont des domaines d'activités spécifiques. Néanmoins, nos enquêtes ont permis de constater que les ONG rencontrées à Djoum sont actives dans deux secteurs, celui du développement rural et des ressources naturelles, et celui de la gouvernance et renforcement des capacités. Nous reviendrons plus loin sur le rôle joué par ces ONG locales dans le processus d'acquisition et de gestion des forêts communautaires. Nous donnons ci-dessous, la présentation sommaire de celles impliquées plus ou moins dans le processus des forêts communautaires à Djoum au moment de notre étude.

I.2.1. Auto Promotion et Insertion des Femmes, des Jeunes et Désœuvrés (APIFED)

Cette ONG dont le siège social est basé à Djoum, est engagée dans la promotion et l'amélioration de la situation économique et sociale des couches vulnérables et plus particulièrement des femmes, des jeunes et des minorités Baka. Elle a à sa tête une jeune dame très dynamique que nous avons rencontrée dans le cadre de notre enquête. Active sur le terrain depuis l'année 2004, APIFED a surtout œuvré dans la sensibilisation des communautés à la loi forestière, en organisant des ateliers de formation et d'information sur celle-ci et ses innovations. Elle a également mené des actions pour faciliter l'organisation des communautés dans le cadre du processus d'acquisition et de gestion des forêts communautaires. Elle a ainsi apporté son assistance technique à certaines organisations communautaires l'ayant sollicité (cas de l'association AFHAN), ou pour lesquelles elle a contribué à mettre sur pied.

I.2.2. Initiative pour la Protection des Poissons, des Rivières et des Arbres et Appui à la Production Agropastorale en Forêt (IPRAPAF)

IPRAPAF compte en son sein des hommes et femmes Bantous et Baka du département de Dja et Lobo. Son ressort territorial couvre, selon son fondateur, les communes de Djoum, Mintom et Oveng. Cette ONG poursuit un double objectif : (1) l'amélioration du cadre de vie des communautés rurales à travers l'amélioration de la production agropastorale, (2) la protection de l'environnement à travers la protection des rivières et la conservation de la nature par la plantation des arbres. Concernant le deuxième volet, entre autres activités menées, IPRAPAF a mis en place une pépinière de plants d'essences forestières (

Figure 26) et se propose comme un acteur de reboisement des UFA, des forêts communales et communautaires exploitées de son champ territorial de compétence.

Figure 26 : Pépinière des essences de bois d'œuvre mise en place par IPRAPAF

© *Ngoumou Mbarga H., Djoum-ville, janvier 2011*

I.2.3. Centre pour l'Environnement et le Développement (CED)

Le CED est une ONG environnementale basée à Yaoundé. Il a été fondé en 1994 à la suite de la promulgation de la nouvelle législation forestière. Il milite pour la protection des droits, des intérêts, de la culture et des aspirations des communautés locales et autochtones des forêts d'Afrique Centrale (Cameroun, Gabon, République centrafricaine et les deux Congo). Ce, par la promotion de la justice environnementale et de la gestion durable des ressources naturelles dans la région. Très actif sur le terrain de la foresterie communautaire au Cameroun en général et à Djoum en particulier, le CED s'est fixé pour objectifs : (i) de traduire dans les faits la gestion forestière durable à travers la foresterie communautaire, (ii) de soutenir le développement durable des populations locales et (iii) de contribuer au changement des politiques et législations forestières. Il joue un rôle très important de communication et d'encadrement, grâce à une abondante production de brochures de textes de lois et une forte présence sur le terrain en termes de sensibilisation, formation et éducation des communautés. Il a accompagné plusieurs processus de forêts communautaires à Djoum : les forêts communautaires de Nkolenyeng et de Djouzé. Selon les données d'enquête, le CED a fourni son assistance technique et financière à la forêt communautaire de Nkolenyeng pour la réalisation du PSG jusqu'à la signature de la convention de gestion. Nous reviendrons sur le détail de l'expérience de cet encadrement sur le chapitre IX, sur le paragraphe consacré au rôle joué par les ONG locales.

I.2.4. Les partenaires commerciaux

Ce sont des opérateurs économiques avec qui les communautés nouent des contrats[105] pour l'exploitation des produits forestiers ligneux et/ou non ligneux de leurs forêts. L'opérateur économique doit posséder des connaissances dans le domaine technico-commercial. En effet, il est chargé de réaliser toutes les opérations d'exploitation du bois par exemple, de l'abattage à la livraison des produits finis, via leur transformation. Il préfinance les charges liées aux opérations d'exploitation et de transformation, lesquelles seront déduites du revenu. Les bénéfices nets sont distribués entre les communautés et l'opérateur économique selon des règles définies par les deux parties.

I.2.5. Les communautés villageoises

Ce sont celles constituées des populations riveraines d'une forêt dont elles ont fait la demande d'attribution pour sa gestion et son exploitation. Ce sont essentiellement des petits artisans, des chasseurs cueilleurs, des producteurs agricoles et leurs associations, c'est-à-dire

---

105 Les contrats sont noués sous la forme des Permis d'exploitation ou par autorisation personnelle de coupe.

les propriétaires de petites exploitations agricoles et/ou d'élevage à partir desquelles ils tirent leurs ressources alimentaires et financières. Les communautés s'engagent à mettre en application la convention de gestion[106] de leur forêt communautaire, sous le contrôle technique de l'administration chargée des forêts et de la faune. En cas de violation des clauses particulières de ces conventions, l'administration forestière peut exécuter d'office, aux frais de la communauté concernée, les travaux nécessaires ou résilier la convention sans que ceci touche au droit d'usage des populations. Elles doivent mettre en place une organisation participative pour gérer leur forêt.

II. L'organisation communautaire de la participation

La participation, telle que perçue et mise en œuvre dans le cadre de la gestion des forêts à Djoum, peut se définir comme : un processus qui consiste pour les communautés forestières à jouer un rôle actif et déterminant dans la gestion des espaces forestiers qui leur sont alloués, afin d'améliorer leurs conditions de vie et de construire le développement de leur territoire. Cette expérience est traduite dans les faits communautaires comme l'inclusion ou l'exclusion de certaines catégories de la diversité sociale au sein des entités de gestion. Cette participation est appréciée différemment selon les communautés, puisque la prise en compte des catégories de la diversité sociale est variable et non uniforme chez toutes les communautés rencontrées. Cependant les catégories les plus significatives retenues par les communautés étudiées sont l'appartenance ethnique, le genre, l'âge, le niveau d'éducation et la profession. Ces catégories sont importantes pour les communautés

---

106 Il s'agit de la mise en application et du respect du plan simple de gestion et de la réalisation des objectifs du développement local.

parce qu'elles les utilisent comme critères pour traduire la participation populaire au sein de l'organisation ou de l'entité de gestion.

Pour appréhender comment cette participation était organisée, nous avons accordé une attention particulière à l'étude des entités de gestion qui sont des organes dont les membres ou agents de décision ont été mandatés par la communauté pour agir en son nom. Pour ce faire, un questionnaire sur l'organisation de la participation a été soumis aux quatre communautés visées par l'étude. Nous n'avons pas la prétention de spécifier toutes les catégories sociales sus évoquées et plus ou moins prises en compte par les communautés étudiées, ce qui serait une tâche plus bénéfique dans un cadre d'intervention pratique que de recherche. Nous relevons ici les principales catégories qui se sont révélées primordiales et pour lesquelles des données ont pu être récoltées. Les résultats de l'enquête visant cet objectif sont présentés dans les lignes qui suivent.

II.1. Le genre féminin et la participation

Toutes les communautés rencontrées sont unanimes pour reconnaitre le rôle déterminant des femmes dans l'animation et l'organisation des activités associatives et villageoises. Elles sont donc d'avis qu'il est nécessaire d'intégrer les femmes au sein des entités de gestion des forêts communautaires.

> Ici les femmes ont la liberté de s'exprimer et de faire valoir leur opinion. Lors des débats, tout le monde est libre de manifester son opposition si une décision ne lui convient pas. Nos assemblée se tiennent toujours au village, il n'y a pas de force de l'ordre... (Propos recueillis à Amvam, par Ngoumou Mbarga, mars 2011).

Cette volonté d'intégrer les femmes se traduit par une inclusion de celles-ci au sein de leurs organes de décision. Les communautés AFHAN illustrent parfaitement ce fait, car les membres de l'entité de gestion sont composés par 58% de femmes (Graphique 19). De plus ici, c'est une femme, Salomé, qui est à la tête de l'entité de gestion en qualité de Déléguée.

Graphique 19 : Répartition par sexe des membres des entités de gestion des forêts communautaires de Djoum.

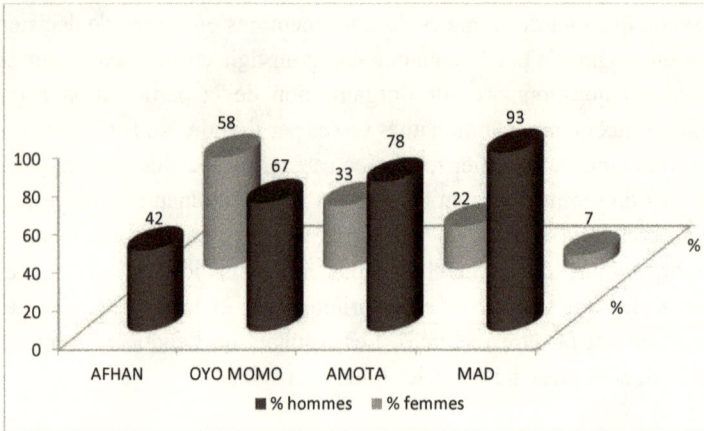

Cependant, si les communautés AFHAN et Oyo Momo traduisent manifestement mieux la prise en compte des femmes au sein de leur entité avec respectivement 58% et 33% de femmes, il faut reconnaitre que les communautés AMOTA et MAD sont encore très loin du compte (Carte 14 et Annexe 4).

La principale raison de cette sous-représentativité des femmes au sein des communautés AMOTA et MAD est justifiée, selon les membres des deux entités, par le fait que, la charge de travail pesant sur les femmes - qui sont impliquées dans d'autres mouvements associatifs communautaires et caritatifs et doivent également jongler entre l'éducation des enfants, les charges ménagères et les travaux agricoles – est telle qu'elles n'ont pas assez de temps pour s'impliquer dans une activité qui requiert beaucoup d'engagement comme la gestion d'une forêt communautaire.

Si la participation des femmes est manifestement prise en charge au sein des instances de gestion des forêts communautaires, les résultats de nos enquêtes n'indiquent aucune présence féminine dans la répartition par sexe des activités salariées générées par l'exploitation du bois d'œuvre. Cette absence peut être justifiée par la pénibilité de ces activités d'une part, mais également parce que certaines de ces activités nécessitent un niveau minimum de scolarité, une condition que les femmes ne remplissent pas généralement en milieu rural selon Kouna Eloundou (2012). Par ailleurs cette chercheuse lie l'implication marginale des femmes dans le cas de la gestion des forêts communautaires de Morikoualiyé, Mpemog et Mpewang, au statut social de celles-ci dans cette partie du Cameroun où la forêt tout comme la terre, sont considérées comme un héritage dont la transmission et le contrôle de la gestion se font uniquement par les hommes. Ces dernières ne sont donc que de simples utilisatrices de cet héritage naturel. La gestion de la rente forestière directe générée serait ainsi concentrée entre les mains des hommes peu disposés à partager les décisions de cette gestion avec les femmes.

II.2. L'ethnie et la participation

Les quatre communautés étudiées sont multiethniques (Tableau 30).

Tableau 30 : Répartition ethnique des communautés forestières

COMMUNAUTÉ	ETHNIES CONSTITUANTES	NOMBRE DE REPRÉSENTANTS DANS L'ENTITÉ DE GESTION	TOTAL
MAD	Baka	2	15
	Fang	12	
	Autres	1	
AMOTA	Boulou	6	9
	Baya	1	

COMMUNAUTÉ	ETHNIES CONSTITUANTES	NOMBRE DE REPRÉSENTANTS DANS L'ENTITÉ DE GESTION	TOTAL
	Kaka	1	
	Autres	1	
Oyo Momo	Fang	9	12
	Kaka	0	
	Autres*	3	
AFHAN	Fang	8	12
	Baka	0	
	Autres	4	
Autres : désigne les femmes qui sont en mariage dans la communauté			
* outre les femmes en mariage, cette entité compte en son sein un bamiléké qui s'est établi ici dans le village de son épouse			

En fonction des ethnies constituantes de chaque communauté, il ressort des résultats des enquêtes que chaque communauté forestière fait un effort de refléter la diversité ethnique au sein de son entité de gestion (Carte 14 et Annexe 5).

Carte 14 : Intégration géographique du genre féminin et des minorités à la gestion forestière communautaire

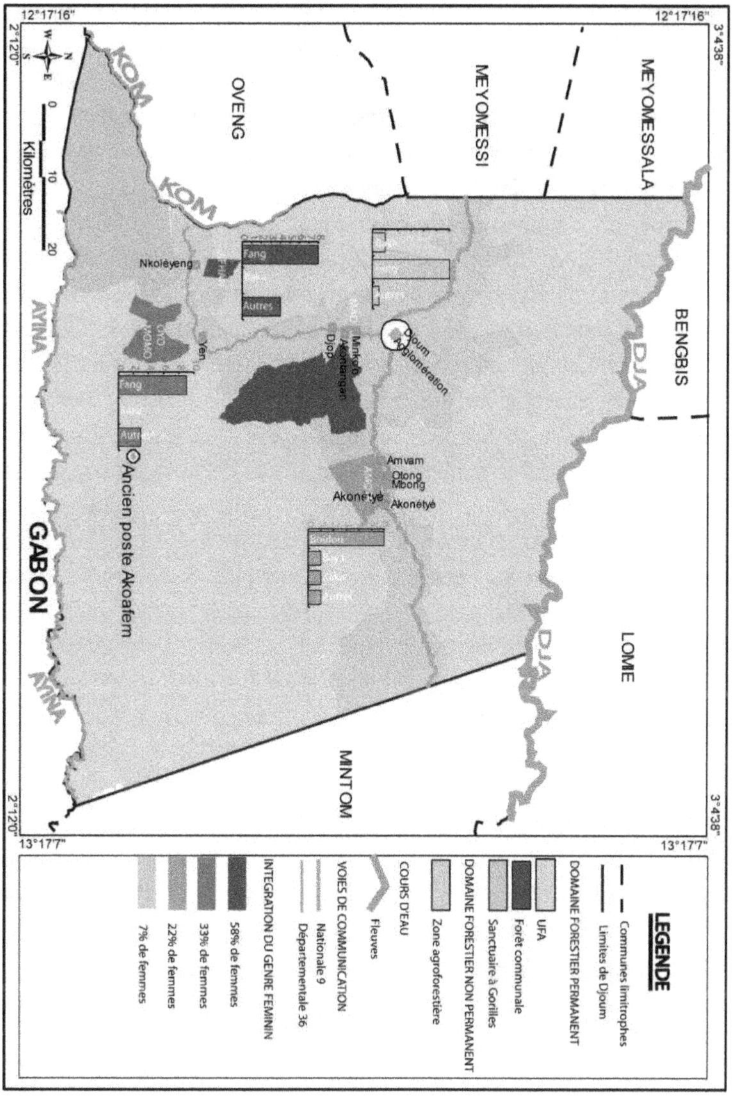

II.3. Le statut social, les ressources financières et la participation

Dans le souci de valoriser les ressources humaines disponibles au sein des communautés étudiées, les organisations ont été largement ouvertes à la diversité des secteurs de compétences et d'activités des membres de la communauté. De ce point de vue, l'effort participatif avait pour objectif de valoriser le capital social en incluant toutes les catégories socioprofessionnelles au sein des entités de gestion. C'est dans cette perspective que l'on retrouve à l'intérieur de ces organes aussi bien des agriculteurs, des chasseurs-cueilleurs, des petits artisans, des enseignants, des étudiants, des ménagères ou encore des polyvalents qui se réclament comme ayant des compétences sur plusieurs professions, mais surtout, des chefs de village ou notables et certains retraités ou élites (Annexe 6). Cependant, derrière cette diversité apparente, se cache un statut social lié à chaque membre et qui lui confère ou non des prérogatives et/ou des pouvoirs qui ne peuvent être contestés.

Ces pouvoirs et prérogatives reposent d'abord sur une position généalogique (non soumise à d'éventuels remaniements) et/ou sur le prestige (à propos duquel une marge de manœuvre existe en faveur des plus riches) (Blanc-Pamard & Fauroux, 2004). La gestion des forêts communautaires à Djoum, a ainsi révélé que les ressources financières (argent), ressources qui rendent possible l'acquisition de plusieurs biens ou services, jouent un rôle prépondérant d'incitation à la participation comme l'a résumé un membre de la communauté AMOTA, que nous avons rencontré dans le village Amvam :

> *l'incitation à la participation n'est qu'une affaire des moyens (financiers).*
> *Lorsque des moyens permettant de donner des gratifications ou des salaires -*
> *si l'association employait des personnes - existent, alors c'est sûr que les gens*
> *participent massivement...*

Il y a une pratique qui s'est établie ici, et qui fait que les gens s'attendent toujours à recevoir quelque chose (manger, boire, des commissions...) à chaque rencontre. Il est donc nécessaire pour le délégué ou le président de l'association d'avoir des ressources financières (Propos recueillis à Amvam par Ngoumou Mbarga, mars 2011)

La possession des ressources financières apparait ainsi comme un enjeu dans le contrôle de la gestion. Les vraies décisions sont prises par celui « qui a les moyens de donner des gratifications » (le riche) dont le pouvoir n'est pas susceptible d'être remis en cause à court terme et non par les participants (présents) à une assemblée de concertation.

Ces prérogatives et pouvoirs reposent également sur l'art oratoire ou la force du discours qui permet à celui qui le possède (généralement les Anciens ou les vieillards) de rallier autour de lui pour une action commune l'ensemble des chefs de famille indépendants qui constituent leur segment de lignage. L'art oratoire est d'un poids généralement décisif dans les discussions. Il consiste à persuader et à posséder son auditoire en maniant et manipulant dictons, paraboles, maximes, proverbes et en alternant les hypothèses et les antithèses, sans oublier la citation des expériences vécues. Il est le privilège des adultes, sinon des vieillards. Le pouvoir de chacun se mesurera donc par l'autorité de son verbe. Par contre, comme le souligne Laburthe-Tolra (1981), les êtres sur lesquels cette autorité doit s'exercer de façon inconditionnelle (femmes, enfants, esclaves) se verront denier ce privilège masculin.

L'art oratoire, souvent exclusivement détenu par les Anciens est alors une ressource très importante dans le cadre de la gestion des forêts communautaires à Djoum. Il peut même être qualifié de ressource d'autorité primordiale puisqu'il permet à l'acteur d'évoluer de façon plus éclairée dans son environnement. Lorsqu'il ne possède pas cette force de persuasion, il dépend alors de celui qui la possède. Nous avons pu constater qu'une bonne partie des populations était exclue de la gestion des forêts communautaires parce qu'elle ne trouvait aucun intérêt à y participer. En effet, les grands notables détiennent des informations qu'ils ne diffusent qu'à demi-mots. L'usage de la langue de bois, le recours aux proverbes et à divers artifices oratoires, l'usage des calembours ambigus au cours des assemblées villageoises nécessitent qu'on soit initié à ce mode de communication qui stéréotype les débats. Ainsi seule une poignée d'initiés peut véritablement comprendre le vrai sens d'un point de vue d'un orateur donné, qui le plus souvent exprime un avis différent. Dans ces conditions, les assemblées générales attirent peu de monde (les jeunes de moins en moins). Ce qui induit le contrôle de la gestion par une poignée de personnes.

II.4. La concertation : un enjeu de la gestion communautaire des forêts à Djoum

La concertation désigne l'action de se concerter, de s'accorder, de se consulter pour mettre au point un projet commun. Lascoumes et Le Galès (2004) soulignent que la concertation est considérée comme un mode de gouvernance et renvoie aux idées de transparence, de répartition plus juste des pouvoirs et des compétences, de constitution d'un intérêt collectif, et de démocratie participative (Bacqué, Rey, & Sintomer, 2005). La gestion forestière par les communautés étudiées s'inscrit dans cette analyse, puisque les aspects légaux et administratifs sont omniprésents pour faciliter la concertation. En effet, chacune des quatre organisations communautaires étudiées, est dotée d'un code de lois et règlements (statuts, PSG...) qui établissent les principes de fonctionnement, les actions et les activités à entreprendre, comme l'exige l'administration forestière camerounaise. Précisons que les statuts, élaborés par la communauté elle-même, sont censés encadrer les conduites et les comportements des acteurs, et établir un cadre de fonctionnement démocratique en édictant des normes et des règles sur de nombreuses questions. De plus, les organisations sont tenues au respect et à la stricte application du PSG, sur les aspects techniques de l'aménagement forestier et de l'exploitation forestière et aussi sur l'aspect du développement rural.

Si ces lois et règlements existent comme nous avons pu le vérifier, leur application cependant est sujette à débat.

Les statuts prévoient par exemple la tenue des assemblées délibérantes régulières, au cours desquelles les débats (censés être) menés de manière transparente et participative permettent de traiter des questions liées à la gestion de la forêt communautaire et d'y apporter des solutions. Mais les témoignages recueillis lors des entretiens menés dans le village de Nkolenyeng révèlent que la tenue de ces assemblées est rare et plutôt liée à une ONG locale le CED (Centre pour l'Environnement et le Développement), un acteur extérieur à cette communauté.

> Nous avons ici au village un GIC et une association (AFHAN). Mais je vais vous avouer qu'en ce qui concerne l'association, les réunions ne se font pas régulièrement. Les rares réunions qui se sont tenues, ont été organisée par le CED. Mais nous-mêmes n'avions jamais initié une réunion (Propos recueillis à Nkolenyeng par Ngoumou Mbarga, février 2011).

Cette remarque n'est pas une particularité de la communauté AFHAN. Elle est au contraire vérifiable pour les trois autres communautés (AMOTA, MAD et Oyo Momo). La plupart des assemblées de concertation liée à l'acquisition, (voire à la phase d'exploitation) des forêts communautaires MAD et Oyo Momo s'est tenue sous l'initiative et/ou la supervision respectives de l'Organisation pour la Protection de la Forêt Camerounaise et de ses Ressources (OPFCR) et de l'Organisation pour l'environnement et le développement durable (OPED) deux ONG locales. L'exploitation du bois d'œuvre, dans le cas de la forêt communautaire AMOTA, est arrêtée depuis 2005 et depuis cette date, il n'y a plus eu d'assemblée de concertation pour relancer les activités de la forêt communautaire.

La concertation apparait donc comme un enjeu crucial de la gestion communautaire des forêts, à condition qu'elle soit délibérément et démocratiquement menée par la communauté elle-même. Sa défaillance dans ce cadre renforce plutôt le poids des acteurs intermédiaires du développement (certaines ONG locales par exemple), qui l'utilisent comme stratégie pour mieux servir leurs intérêts (voir chapitre IX).

II.5. La forêt communautaire, un nouvel espace de concertation des acteurs villageois.

Si pour Garrett Hardin (1968), les biens communs sont uniquement des ressources disponibles, pour Ostrom (1990), ils sont aussi des lieux de négociations (il n'y a pas de communs sans communauté), gérés par des individus qui communiquent, et parmi lesquels une partie au moins n'est pas guidée par un intérêt immédiat, mais par un sens collectif. Les forêts communautaires à Djoum n'échappent pas à cette analyse, puisqu'elles représentent un nouveau lieu de rencontre entre les acteurs villageois. Cet espace de rencontre requiert une mise en commun des idées et des actions concertées pour sa gestion collective, laquelle est le cadre institutionnel qui rassemble les communautés autour d'un projet socioéconomique d'exploitation et d'utilisation des ressources communes et de construction du développement rural. La gestion des forêts communautaires constitue donc le lieu des interactions des acteurs villageois. Sa gestion nécessite la participation de tous les membres de la communauté et l'action collective locale de ce point de vue apparait comme l'outil sans lequel cette gestion ne peut être envisagée de manière idoine. Sa mise en œuvre ici peut être éclairée à travers l'analyse des stratégies de mobilisation villageoise individuelles ou collectives, elles-mêmes tributaires des représentations sociales et identitaires que les communautés se font d'elles-mêmes et de leur territoire habité. Les représentations sociales et identitaires ici, renvoient aux valeurs culturelles et aux priorités défendues par les acteurs villageois et questionnent la manière dont les villageois articulent leurs intérêts particuliers à l'intérêt collectif représenté par la gestion collective de leur forêt. Or ces représentations sociales peuvent fortement influencer les règles formelles de gestion ainsi que les comportements et impacter le jeu de construction d'une prise de décision concertée. Nous avons effectué une immersion au sein des communautés concernées pour tenter d'identifier et révéler les non-dits ou règles institutionnelles informelles susceptibles d'affecter la dynamique de mobilisation communautaire pour l'action collective et/ou l'atteinte des objectifs du développement. Dans ce contexte, nous avons laissé les villageois faire eux-mêmes l'auto-analyse des interactions, des intentions, des visées stratégiques qui influencent ou non le rapport des acteurs communautaires au processus de gestion d'une part et d'autre part le rapport de chacun aux autres.

III. L'identité territoriale et la gestion des forêts

Dans la conception des populations bantous (Bëti, Boulou, Zamane et Fang) du Sud-Cameroun, l'appartenance à un territoire donné fonde l'identité lignagère et par extension territoriale. En effet, l'identification d'une personne passe avant tout par la référence à son appartenance lignagère ou clanique. Autrement dit, pour identifier un individu ici, on lui demande de décliner son appartenance clanique en ces termes : « de quel *Ayöng* es-tu ? ». Le terme « *Ayöng* » est traduit tantôt par « race », tantôt par « tribu » ou encore par « peuple ». Philippe Laburthe-Tolra (1981) fait correspondre ce terme à « clan » pour désigner un groupe d'hommes (non nécessairement exogames) revendiquant une parenté ou un ancêtre communs, sans pouvoir toujours préciser leurs liens généalogiques. Ainsi, dans son acception sociale, « *Ayöng* » peut alors correspondre à « lignage » et désigner : (i) tantôt l'ensemble des frères utérins groupés autour de leur mère, ou des fils autour de leur père, (ii) tantôt l'ensemble des descendants de l'homme fondateur ou de la femme fondatrice mais en ligne agnatique, (iii) tantôt leur lieu de résidence ou l'espace de vie correspondant à une configuration territoriale donnée (Figure 27). Alors que le lignage est un groupe de filiation exogame dont tous les membres se considèrent descendant d'un ancêtre commun identifiable, le clan est endogame et l'ancêtre commun non identifiable.

La dimension symbolique du territoire ici, renvoie à un ensemble de représentations et croyances collectives, sociales et culturelles, qui procèdent de l'ordre du visible (l'abondance des ressources forestières) et de l'invisible (domaine de l'occulte et de l'imaginaire, événements historiques, mythes, récits, tabous…).

Figure 27 : Organisation socio-territoriale de l'ethnie Fang à Djoum

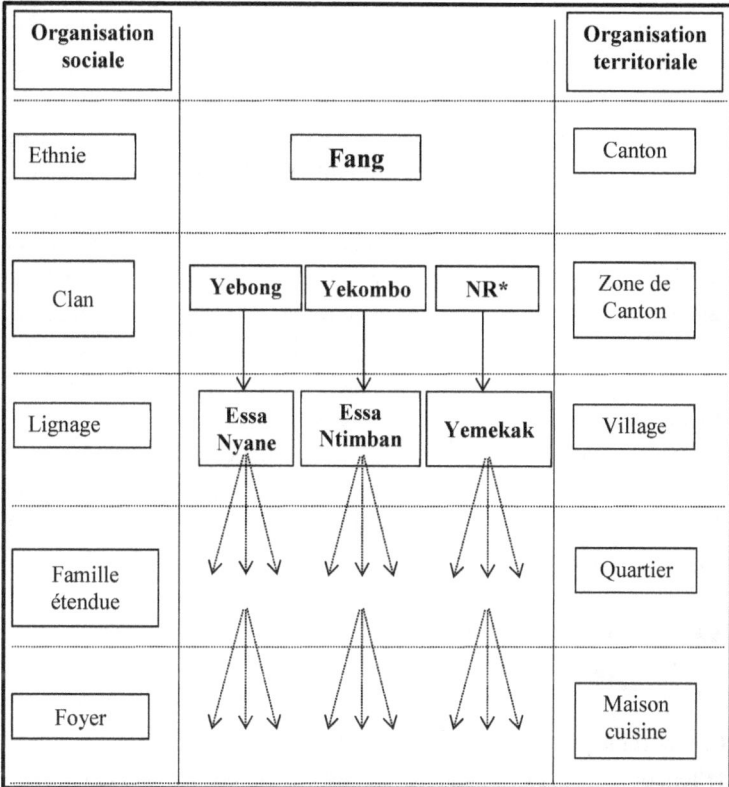

Organisation sociale				Organisation territoriale
Ethnie		**Fang**		Canton
Clan	Yebong	Yekombo	NR*	Zone de Canton
Lignage	Essa Nyane	Essa Ntimban	Yemekak	Village
Famille étendue				Quartier
Foyer				Maison cuisine

Source modifiée : Poissonnet (2005) (Non renseigné)*

Le respect des codes sociaux traditionnels et coutumiers (l'appartenance lignagère, le culte des esprits des ancêtres[107], les

---

[107] Le culte du *Ngui* par exemple. Le mot « *Ngui* » veut dire en Fang « *haute pratique ou encore haute science* ». Il désigne le culte des Esprits et se caractérise par des rituels d'initiation, d'expiation du mal ou de protection à la fois individuelle et collective se déroulant en pleine forêt. Le *Ngui* symbolise chez les Fang, l'esprit des ancêtres. Il sert

interdits alimentaires, les rituels d'initiation, d'expiation du mal ou de protection, la croyance au sacré, le respect des vieux et autres tabous…) est le trait caractéristique qui sous-tend le principe de l'identité et de l'appartenance territoriale. Le territoire chez les agriculteurs bantou de Djoum est alors cet ensemble de lieux vécus et représentés, où s'imbriquent des règles sociales implicites des sociétés lignagères[108] segmentaires - caractérisées par des pratiques qui ne se sont pas transformées du tout, et celles qui se transforment en restant les mêmes, c'est-à-dire les pratiques qui, tout en se croyant innovatrices (participation), reproduisent de vieux modèles, ou au contraire celles qui, tout en se prétendant traditionnelles (solidarité, égalité sociale), ont en réalité changé de sens, (Laburthe-Tolra, 1981) - et les règles formelles imposées par le fonctionnement démocratique, comme l'exige la réglementation en matière de gestion communautaire des forêts. Le village réfère ainsi à ce lieu de vie, de pensée et d'action dans lequel et grâce auquel le villageois ou la communauté d'ici se reconnaît, dote ce qui l'entoure de sens et se dote lui-même de sens, met en route un processus identificatoire et identitaire (Kourtessi-Philippakis, 2011).

III.1. Les non-dits de l'entrave à participation

Contrairement aux apparences qui peuvent laisser croire le contraire, le fonctionnement des entités de gestion ne repose pas très clairement sur les principes et règles démocratiques édictés dans leurs statuts.

---

de médium entre les vivants et Dieu, et veille aux bons usages des règles traditionnelles sur les ressources naturelles (Tabous, interdits alimentaires, pratiques et comportements en forêt). Seuls, les doyens c'est-à-dire les hommes mûrs étaient initiés au *Ngui*. Ils rentraient en forêt en emportant avec eux les crânes de leurs ancêtres. Les initiés au culte de *Ngui* étaient craints car détenteurs de pouvoir mystiques (Mogba, 1999).

[108] Les sociétés lignagères ne fonctionnent pas spontanément de manière démocratique et ont souvent du mal à gérer les problèmes dépassant le cadre lignager. Qu'elles soient spontanées ou suscitées de l'extérieur, les assemblées villageoises obéissent à des règles sociales implicites qui brident leur fonctionnement démocratique (Blanc-Pamard & Fauroux, 2004).

Ces regroupements ou associations fonctionnent plus discrètement sur la base des us et coutumes villageois où le respect des codes sociaux, traditionnels et coutumiers biaise le débat participatif. Leur fonctionnement est plus calqué sur le modèle des sociétés lignagères dont le trait politique le plus caractéristique de la société est sa segmentation et l'indépendance politique des segments lignagers obtenus, composés chacun d'un chef, de son épouse et enfants, de frères célibataires du chef, de clients attachés au foyer etc. (Laburthe-Tolra, 1981). Si les chefs de famille (ou frères utérins) fondateurs du village (segment de lignage), revendiquent ou prônent une égalité sociale entre eux, il faut cependant reconnaitre que l'inégalité et la hiérarchisation vont de soi au sein de chaque unité familiale où la préséance est reconnue à l'ainesse *(ntöl)*, comme l'avaient décrit Laburthe-Tolra (1981) dans le cas des sociétés bëti, tout comme Blanc-Pamard et Fauroux (2004) dans le cas de l'Ouest et du Sud-Ouest malgaches :

> *le droit à la parole est extrêmement réglementé. Ne parle pas qui veut (les femmes et les jeunes hommes doivent normalement se taire). Si un animateur veut transgresser cette règle, par exemple en donnant autoritairement la parole à un jeune dont il considère le point de vue « intéressant », celui-ci sera le plus souvent très mal à l'aise, s'embrouillera dans son discours et ne parviendra pas (ou renoncera) à vraiment donner son opinion. De plus, celui qui a le droit de parler ne parle pas quand il veut. Il existe un ordre de préséance qui concède au plus ancien l'obligation de parler en premier lieu. Quand l'Ancien a parlé, il est très difficile (parfois impossible) à un plus jeune d'exprimer un point de vue différent. Même si celui-ci y parvient et même s'il a vivement intéressé l'auditoire avec une suggestion nouvelle, son point de vue ne sera probablement pas retenu au moment de la décision finale (Blanc-Pamard & Fauroux, 2004).*

Lors des entretiens de groupe que nous avons menés avec les membres des bureaux des entités de gestion respectives, nous avons pu constater que la parole était réservée en prime au plus ancien, ou au notable du village, certainement parce que son point de vue est considéré comme le plus éclairé et le mieux éclairant pour orienter un débat. De manière générale, les jeunes générations boycottent les réunions organisées, parce que leurs avis, facilement qualifiés de méprisants à l'endroit des vieux, sont le plus souvent rejetés. Les notables rencontrés à Nkolenyeng (AFHAN) et à Yen (Oyo Momo), nous ont confié que les jeunes s'illustrent par le mépris à leur égard. À la question de savoir pourquoi et comment, Emmanuel, chef du village de Nkolenyeng, membre de l'entité de gestion de la forêt communautaire AFHAN a confié :

> Il est courant que les personnes âgées se réunissent pour les questions qui concernent la communauté. Mais très souvent la jeunesse balaie ces arrangements par mépris, parce qu'elle estime qu'elle est allée à l'école du blanc et qu'elle possède des connaissances...

> Notre combat pour le développement profite surtout à la jeunesse. Lorsqu'on fait des réunions, la jeunesse ne veut pas participer et passe son temps à errer dans le village. À quel moment pourrait-elle s'approprier le savoir que nous avons ? Mais lorsqu'on adopte des résolutions et des actions à entreprendre, les jeunes sont les premiers à les boycotter, à les saboter...

Le mépris dont il question ici est surtout une stratégie régulièrement utilisée par les notables qui ne supportent pas un avis contrariant de la part des jeunes. Dans le propos rapporté ci-dessus, les jeunes sont « méprisants » simplement parce qu'ils ont été à « l'école du blanc ». Cette image leur coûte de ne plus être identifiés comme des sujets du milieu d'appartenance. Leurs avis contrariants, non pas qu'ils soient nécessairement infondés, bousculent les habitudes, c'est-à-dire ce qui est perçu comme étant la conformité, la normalité, tout ce qui s'accommode à la convenance des notables détenteurs des « savoirs et savoir-faire ». Ce genre d'opinions, chargés de toute la puissance symbolique des représentations, et émanant des notables, dont la parole est considérée comme « sacrée » a des conséquences lourdes dans le processus de gestion.

Le droit de parler lors d'une assemblée générale par exemple est extrêmement contrôlé par un nombre réduit de personnes dont l'influence n'est pas susceptible d'être mise en cause. C'est le cas par exemple des vieux qui usent des stratagèmes comme le tabou, l'interdit, pour contrôler les jeunes ou les femmes.

> Je remarque qu'au temps des parents, le contexte n'était pas celui que nous avons aujourd'hui. En effet, la jeunesse de cette époque était très respectueuse

> *des us et coutumes du village. Il n'était pas permis à un jeune, pire à une femme, de manger la vipère ou l'hyène si son père ne lui en autorisait. Ainsi, lorsque le jeune attrapait un de ces gibiers frappés d'interdit, il l'offrait spontanément à ses parents ou au plus âgé de la communauté et attendait sagement le moment où les parents lui accorderaient volontairement la possibilité d'en manger, en lui offrant un morceau. Mais les jeunes de nos jours s'enferment dans les maisons avec leurs jeunes épouses et mangent ces animaux, au mépris des us et coutumes de nos ancêtres. C'est une honte ! Comment pensez-vous que je puisse m'asseoir avec ce genre d'enfant pour discuter ou m'associer pour tel ou tel projet ?*

Ce genre de clichés et d'idées reçues sont monnaie courante dans les sociétés traditionnelles d'ici. Ce sont les ingrédients qui altèrent la parole libérée, qui ne facilitent pas l'expression de la créativité, et par conséquent peuvent anéantir la gestion communautaire des forêts. Ils rendent les débats stériles car, même si les problèmes peuvent être clairement identifiés et posés, les solutions apportées souffrent d'objectivité, puisqu'elles sont contrôlées par une poignée de décideurs.

Dans ces conditions, les décisions s'appuient rarement sur des délibérations, notamment parce que l'art oratoire et la possession des richesses sont des attributs importants du pouvoir traditionnel. Plus on est haut dans l'échelle sociale et économique villageoise, plus on a l'étoffe d'être un chef et d'exercer le commandement (*njôô bôt* c'est-à-dire celui qui parle aux hommes ou *nkukuma* forme absolue de *nkukum* « riche ») (Pierre, 1965; Laburthe-Tolra, 1981). Les décisions « participatives » ne sont appliquées que si elles sont conformes à celles des notables. Lors des entretiens menés à Djoum, les notables rencontrés n'ont pas eu de cesse d'aller puiser dans le passé lointain et nostalgique du temps de leurs Ancêtres, dont ils se rappellent avec le chagrin d'avoir perdu ou de n'avoir pas su perpétuer les valeurs.

> *Au temps de nos parents, les gens vivaient ensembles, mangeaient ensemble, faisaient tout en communauté. Les gens s'aimaient, il y'avait l'amour. Les femmes n'appartenaient à personne, tout appartenait à tout le monde. Si on identifiait un fauteur de troubles, celui-là était banni de la communauté. Mais de*

nos jours la division a fait que personne n'écoute personne. Chacun fait à sa guise.

Cette référence sans cesse aux Ancêtres dont les notables sont les successeurs hiérarchiques influence fortement les décisions ici. En tout cas, les discours semblent dire que le « chao » qui règne dans les villages aujourd'hui résulte du non-respect de l'esprit des Ancêtres et par extension de leurs représentants naturels (les notables). L'application des décisions s'opère donc sans discussion car le notable ou l'Ancien, représentant naturel des Ancêtres, a toujours raison.

III.2. L'utopie d'une organisation communautaire participative à la gestion des forêts

Si nous considérons que le concept de territoire décrit, en se fondant sur les données (spatiales) de la géographie, l'insertion de chaque sujet dans un groupe, voire dans plusieurs groupes sociaux de référence et qu'au terme de ces itinéraires personnels, se construit l'identité collective (Di Méo, 1998), il y a lieu de s'interroger sur la nature des liens sociaux entre les individus qui composent les villages de Djoum. À en croire les avis recueillis lors des échanges discursifs avec les villageois, le processus de gestion communautaire des forêts, loin de constituer un cadre de cohabitation favorisant le façonnement des rapports plus étroits, la consolidation des relations sentimentales et affectives entre individus, est au contraire le lieu d'expression de la discorde, de la division et des conflits. Ce constat tire son fondement sur l'effritement des liens humains de confiance et de solidarité, qui selon les populations rencontrées, existaient jadis à l'époque de leurs Ancêtres et qui constituaient le lien interindividuel permettant d'apaiser les dissensions et de résoudre les différends au sein de la communauté. Ainsi, les relations sociales construites ou ce qui en fait office aujourd'hui, ne réfèrent plus à des rapports directs de face à face, c'est-à-dire intimes et authentiques.

C'est à l'époque de nos grands-parents que les membres d'une communauté s'associaient, mais à notre époque ce n'est pas le cas. Il se trouve qu'à la base nous avons perdu l'esprit de solidarité qui a jadis existé chez nos parents.

Les villageois reconnaissent que l'individualisme prime aujourd'hui sur la communauté et que cette situation rend difficile l'expression des solidarités et d'une harmonie sociale propres à la conduite d'un projet communautaire de gestion forestière. Même l'existence des statuts pour contrôler, réguler et coordonner leurs interactions au sein des entités de gestion mises en place, est sans effet. La poursuite d'intérêts particuliers mine l'atteinte d'un objectif collectif selon les discours des acteurs concernés.

Je pense que l'homme fang en particulier, voire l'homme du sud Cameroun en général est individualiste. L'individualisme règne au sein de nos communautés, c'est chacun qui veut évoluer seul... Chacun cherche son profit privé, chacun veut s'occuper que de ses petites affaires...Nous avons raté plusieurs projets à cause de cet individualisme...

Le caractère individualiste de l'homme Fang, dénoncé par les villageois eux-mêmes, ce repli personnel de chaque sujet sur soi-même, a selon les populations rencontrées, une incidence sur l'organisation communautaire de gestion des forêts.

Nous ne sommes plus soudés les uns les autres... c'est l'individualisme qui a pris le pas sur le communautaire. Chacun se met dans son petit coin et regarde les autres comme des indésirables. Le climat de soupçon qui règne détruit le tissu des liens séculaires et fait paraître l'autre potentiellement comme un ennemi.

Ce que les propos ci-dessus veulent mettre en valeur, c'est d'abord la mise à distance ou l'éloignement qui s'est établi entre les membres de la communauté villageoise. Cet éloignement mutuel empêche alors toute communication possible entre eux, car chacun tend à s'affirmer individuellement et indépendamment des autres. Par conséquent, ils n'ont plus rien en commun. Ils sont donc voués à la séparation et à rendre impossible la création d'un projet commun.

Cependant, si on peut remarquer aujourd'hui comme hier, que les communautés forestières de Djoum aspirent fortement à la solidarité qui selon elles, a jadis existé au temps de leurs ancêtres, force est de reconnaitre que l'histoire de leur organisation sociale révèle des contradictions intéressantes. En effet, nous avons montré que les communautés d'ici sont des sociétés lignagères segmentaires, qui prônent l'indépendance politique des frères ou chefs des segments de lignage. Par conséquent, l'absence d'une autorité supérieure ou d'un *Leader* dont la prééminence soit la moins contestable ou la moins contestée possible n'était pas de nature à favoriser la création entre (frères) égaux des fonctions institutionnelles de commandement. À ce titre Laburthe-Tolra parlant des Bëti souligne *« les fréquentes dissidences qui venaient en fait altérer l'unanimité des frères. Le notable fâché qui quitte l'assemblée pour n'en faire qu'à sa tête est une figure banale »*. Ainsi, à côté de ce vœu de solidarité, l'histoire de l'organisation sociale propose à chacun une exhortation à se montrer aussi indépendant que possible.

> *« Dans le même discours qu'il me tenait sur la solidarité, Abega Esomba me donnait ces conseils pratiques : « Si dans votre groupe vous êtes cinq, débrouille-toi, place-toi seul, occupe la première place. Mon père disait toujours : « Fabrique toi-même tes choses avec tes mains » et son ami Ntsama Leka, un Etenga : « Fabrique toi-même tes choses et conserve-les » (Laburthe-Tolra, 1981).*

Contrairement aux allégations servies par les communautés rencontrées et qui prétendent que l'individualisme (principale mise en cause dans la crise de gestion communautaire des forêts) serait un fait social nouveau, l'histoire de leur organisation sociale révèle qu'il n'en est rien. La segmentation qui est à la base de l'organisation sociale en est clairement l'agent. Elle pouvait être opérée de manière pacifique et conforme aux rituels d'initiation et de transmission d'autorité et d'indépendance et aboutissait à étendre l'aire du lignage en tâche d'huile. Elle pouvait aussi être opérée par force, dans une atmosphère de crise, de tension sociale pour affirmer son autorité et son indépendance, entre frères utérins ou dans le sens père-fils et avait pour effet, d'éclater le lignage et d'en projeter les segments à une distance relativement considérable. De surcroit, l'indépendance que postule l'organisation sociale s'oppose même à l'idée de solidarité ou de l'interdépendance des membres du groupe. Par conséquent, si l'individualisme et l'absence de solidarité peuvent paraitre comme les causes explicatives de la crise de la gestion des forêts communautaires ici, il est cependant vrai qu'ils sont plutôt la conséquence des pratiques sociales qui ne se sont pas transformées du tout, ou alors qui se transforment en restant les mêmes, tout en se croyant innovatrices et reproduisent de vieux modèles.

III.3. La non-adhésion villageoise aux entités de gestion

Comme nous l'avons développé dans le paragraphe II.3 de ce chapitre, les quatre forêts communautaires retenues dans notre étude ne démontraient pas une bonne vitalité de leurs activités d'exploitation forestière. Deux seulement, MAD et Oyo Momo, présentaient des signes d'une activité d'exploitation récente. Certainement parce qu'elles étaient les nouveau-nés (Juin 2009) de la foresterie communautaire à Djoum. Les deux autres, AFHAN et AMOTA au contraire, présentaient des signes d'une latence inquiétante, mais à des degrés différents.

Les investigations et observations faites sur le terrain montrent que c'est essentiellement le bureau exécutif de l'entité de gestion (pour la plupart composé d'environ dix membres de la communauté), qui essaye tant bien que mal, d'animer et de faire vivre l'organisation communautaire de gestion, du moins tant que les membres perçoivent toujours quelques intérêts. Le reste de la communauté, tenue à l'écart, soit par auto-exclusion, soit par manque d'informations, soit en raison de conflits divers produisant de la relégation, des dissensions, de l'exclusion, ou bien en raison de l'individualisme évoqué plus haut, ne s'investit pas dans une mise en commun des efforts pour participer au processus de gestion.

Il ne faut pas s'étonner de cette démobilisation générale qui semble caractériser cette gestion. En effet, en l'absence d'une autorité ou d'un leader consensuel, et en vertu de l'indépendance et de l'égalité reconnue aux membres du groupe, aucune sanction autre que religieuse[109] ne peut être envisagée contre un membre du groupe pour sa non-participation ou son désintérêt à la gestion communautaire des forêts. Par ailleurs, si le principal objectif poursuivi par les forêts communautaires étudiées est économique, voire financière, à travers l'exploitation commerciale du bois d'œuvre comme nous avons pu l'observer sur le terrain, alors l'absence de retombées monétaires peut aussi décourager toute motivation à se mobiliser pour participer au processus.

III.4. Le mensonge et le manque de transparence dans les actions communes entreprises

Les villageois interrogés sur les raisons de la rupture des relations de solidarité, d'aide et d'entraide qui selon eux, ont jadis existé à l'époque de leurs ascendants, évoquent quantité d'allégations comme tentatives d'explication. Parmi ces allégations, la duperie (le mensonge) et le manque de transparence dans les actions communes entreprises, viennent au premier rang.

À tort ou à raison, les discours affirment que la duperie et le manque de transparence sont les usages qui s'observent dans les interactions quotidiennes de la vie communautaire d'aujourd'hui, voire dans les partenariats qui les lient avec d'autres parties prenantes comme nous le verrons au chapitre IX. Beaucoup d'individus disent avoir observé que, certains parmi eux cherchent à duper les autres et à profiter d'eux, chaque fois qu'il y a quelques avantages ou bénéfices à tirer d'une situation comme la gestion communautaire d'une forêt. Ce contexte désobligeant les renvoie alors sans cesse à un passé lointain

---

[109] C'est-à-dire la certitude que la justice immanente va se manifester, que le monde invisible va intervenir pour rétablir ou obliger à rétablir l'équilibre des échanges. Inversement, tout malheur est le signe que l'invisible intervient : tout changement est le signe que l'invisible doit être concerné (Laburthe-Tolra, 1981).

et nostalgique du temps de leurs Ancêtres, dont ils se rappellent avec le chagrin d'avoir perdu ou de n'avoir pas su perpétuer les valeurs.

Par conséquent, le village est perçu comme un espace qui ne favorise pas un agir-ensemble. C'est au contraire un espace de soupçons et de défiance interindividuels. La perception du village comme un espace qui ne favorise pas un agir-collectif, conduit d'autres à reconnaitre qu'il manque de l'authenticité dans les rapports avec autrui, car les individus sont stratèges (ont des intentions, des visées, des intérêts…), composites (capables de jouer plusieurs rôles, de diversifier leur intervention et présence, de changer de rôle ou de camp…) et ne font plus ce qu'ils prétendent ou disent. Cette situation crée un climat de soupçons et de défiance au sein de la communauté qui aboutit à instaurer une méfiance singulière entre les sujets. La conséquence est que le territoire villageois n'est plus perçu comme un lieu qui assure la sécurité de ses membres, un espace qui protège sa communauté, un espace où chaque sujet peut mener une vie tranquille, rassurante, sans surprise déstabilisante.

L'insertion de chaque sujet dans de tels cheminements ou itinéraires de vie, participe au final à la déconstruction de l'image du territoire villageois comme l'échelle de décision forte pour les enjeux de toutes sortes : sociaux, écologiques, culturels, économiques… puisqu'elle aboutit à la division des membres au sein de la communauté.

> *J'insiste sur le climat de tromperie qui s'est installé entre les membres de la communauté. Si chacun acceptait la transparence et des relations de vérité et de face à face, il n'y aurait pas de soupçons possibles et nous serions solidaires. Ce flou dans les relations est un facteur sûr de division, lorsque certains utilisent la duperie vis-à-vis des autres.*

Comment peut-on alors restaurer ou rétablir l'équilibre dans ces circonstances où le village se trouve en crise ou remise en question ? L'entente ici, on le voit n'a des chances de se réaliser en pratique que par la fidélité de chacun à ce projet commun qu'est la gestion communautaire des forêts et par la communion de tous à la réalisation de ce but. Il y a là un cadre de références commun, qui, dépassant par essence l'individu, peut faciliter l'agir collectif sans froisser l'individu. Mais il n'en est rien, les représentations (magico-religieuse) ne permettant pas d'opérer ce changement.

III.5. L'usage des ressources symboliques

Simples présupposés ou réalité, duperie ou pas, notre objectif n'est pas d'infirmer ou de confirmer les opinions des personnes rencontrées. Nous les soulignons simplement pour montrer à quel point le territoire vécu des villageois peut constituer un remarquable champ symbolique et de représentations.

En effet, les représentations que se font les villageois sur les rapports sociaux au sein de leur communauté se fondent sur l'imaginaire, celui d'une communauté parfaite (sans mensonge et transparente de l'époque de leurs Ancêtres) à laquelle il est impossible de ressembler ou de se conformer. Les villageois s'accusent mutuellement d'abuser les uns des autres. Ils se jugent mutuellement et bien entendu, leurs comportements déçoivent leurs attentes. La conséquence immédiate est qu'ils se sanctionnent et se culpabilisent mutuellement. Le degré de ce rejet mutuel dépend de la force des représentations et des convictions qu'ils se font d'eux-mêmes et de la communauté dans laquelle ils vivent. Plus les représentations et les convictions sont négatives, plus le rejet mutuel est fort et énergique pour paralyser toute tentative de regroupement en vue d'un agir-collectif. Tout se passe comme si chaque sujet dégage une force de répulsion chaque fois qu'il entre en interaction avec autrui.

En conséquence, ces imaginaires qui produisent une image dévalorisante de soi, génèrent de la relégation, des dissensions, de l'exclusion, de la discrimination, de la ségrégation, de la séparation…

Ce sont des ressources que les villageois tirent de l'usage de la dimension spatiale de leur communauté, c'est-à-dire ce qu'ils acquièrent par leurs pratiques spatiales, leurs connaissances et leur appropriation des lieux. Ce sont ces déterminations interindividuelles qui constituent les énergies paralysantes influant sur le processus de gestion communautaire des espaces forestiers.

Encadré 3 : les ressources pour agir

Une autre des composantes pour agir semble bien être celle de la ressource : l'interconnaissance, l'aide, l'entraide, les réseaux, les lobbys, les groupes de pressions, les associés, les effets de lieux, la proximité... permettent de sortir l'acteur, doté de capacités à agir mais seul, de sa solitude pour lui permettre d'agir. La ressource pour agir est donc toujours contenue dans le rapport à d'autres acteurs dans une situation spatiale donnée, comme si agir avec effets nécessitait de cumuler des capacités afin de se doter de ressources collectives [comme le propose Sébastien Jacquot].

Source : (Hoyaux, et al., 2008)

L'analyse ci-dessus décrit le mieux les interactions quotidiennes des communautés villageoises appelées à se regrouper et à s'organiser pour gérer leur forêt. Au-delà de l'image des communautés consensuelles souvent offerte, très bien organisées sur le papier, la réalité masque en fait des communautés en proie à de multiples divisions, conflits et antagonismes qu'Olivier de Sardan (2008) qualifie de « mythe d'une communauté villageoise consensuelle ». Les croyances sociales dont nous parlons ici ne sont pas que de simples pensées que les populations tiennent pour vraies. Ce sont au contraire des représentations fortement ancrées qui ont force de loi pour les individus. Elles s'expriment avec force dans leur façon de communiquer et se manifestent dans les comportements et les événements de la vie quotidienne. Elles se substituent à toute règle ou loi formelle et constituent le cadre institutionnel de référence qui dicte les comportements.

C'est le cas par exemple des intrigues occultes dont la plus redoutée est la sorcellerie. Elle constitue une source permanente de conflits, de confrontations, de peur et de divisions dans les villages en zone forestière. La croyance à la sorcellerie agit sur les paysanneries locales comme un sort. Elle induit chez les individus des comportements psychotiques de méfiance et de suspicions inhibitrices de l'agir-collectif. Elle contraint en quelque sorte les individus à un isolement par la peur qu'elle véhicule. Peu importe que la sorcellerie existe ou pas, qu'elle ait quelques pouvoirs ou pas. Ce qui est déterminant ici, c'est l'acceptation mentale, c'est le fait que les représentations se fondent sur l'hypothèse que ce phénomène est « vrai » et « réel ». Il est alors très courant d'attribuer l'échec scolaire de ses enfants à un tel, ou d'attribuer le décès d'un proche à un tel autre, ou encore de tenir un tel pour responsable des mauvaises récoltes des autres… Ce sont ces stéréotypes qui alimentent de façon ouverte ou latente, les haines, les conflits, les divisions entre individus, entre familles dans les territoires villageois. Pour illustrer nos propos, Zibi (2010), nous fournit l'exemple suivant :

> Certains grands planteurs, dépassant l'entraide tontinière traditionnelle, ont embauché des ouvriers pour augmenter leur production cacaoyère. Le succès de ces expériences a contribué à leur attirer au contraire des suspicions permanentes dans leurs villages et les environs, de vendeurs d'âmes en sorcellerie. Cette perception des choses condamnait leur méthode au rejet collectif, c'est-à-dire avec zéro chance d'être reproduite par les autres villageois. Ces croyances selon lesquelles on ne réussit pas sans sacrifier des vies ou une vie sont toujours d'actualité parmi les communautés forestières du Sud Cameroun.

L'accusation de sorcellerie surgit encore de nos jours dès qu'un déséquilibre autrement inexplicable se produit[110], et comme elle ne peut plus être résorbée maintenant, comme elle l'était jadis, par les vieux rituels abolis, elle crée cette atmosphère « de méfiance et de jalousie » (...) irrespirable » qui entache la vie sociale de bien des villages bëti (Laburthe-Tolra, 1981).

---

[110] Tous les cas où le sort de l'homme ne parait dépendre ni de lui, ni de ce qu'il voit, mais être régi par des puissances qui le dépassent, appartenant à un monde invisible dont celui-ci n'est qu'une sorte de justice immanente. Inversement, tout malheur est le signe que l'invisible intervient : tout changement est le signe que l'invisible doit être concerné (Laburthe-Tolra, 1981).

IV. La vie communautaire ou l'institution inhibitrice de l'agir-collectif

La vie communautaire peut se définir comme l'ensemble des acquis (sociaux, culturels, matériels, symboliques, …) tirés de l'usage de la dimension spatiale d'une communauté donnée, et qui la différencient des autres. Elle prédispose à un mimétisme qui consiste à reproduire les codes, les règles, les comportements et les croyances de l'entourage proche de chaque membre et à assimiler ces éléments comme des valeurs de référence. Elle a un pouvoir « d'éducation » sur chaque membre, en lui permettant d'apprendre comment se comporter, que croire ou ne pas croire, ce qui est interdit ou permis, ce qui est juste ou faux. Pour tout dire, elle oblige à se conformer à ce qu'elle offre comme modèle. Pour le cas précis des communautés forestières étudiées, elle offre à chaque membre un encadrement inhibiteur de l'agir-collectif, du moins sur les aspects soulignés et décrits plus haut.

De ce point de vue, il ne fait pas de doute que sa prédominance est une source considérable d'inhibition des efforts individuels à entrer en relation avec les autres et de l'ambition de réalisation de soi, tout comme celle de la communauté entière. Cela est possible à partir du moment où elle oblige chaque membre à une soumission aux « règles communautaires » afin de se reconnaitre une appartenance à la communauté. Son principe est d'apprendre à chacun de ses membres à vivre en concordance avec les besoins des autres membres communautaires, à vivre en conformité avec les opinions et les croyances sociales établies sous peine de sanctions ou de rejet par la communauté. Elle a donc un rôle fixateur, c'est-à-dire qu'elle empêche à chacun d'établir des relations pour une réussite économique commune.

Les comportements mimétiques et l'encadrement qu'elle offre font en sorte de mettre à l'écart, ou de distraire les objectifs collectifs poursuivis. La gestion des forêts, les projets de développement communautaires sont minés par les pressions exercées par les acteurs porteurs de logiques différentes. Les énergies sont orientées à gérer des conflits et les tensions (voire à les alimenter). Dans un tel contexte, peu de projets (la gestion des forêts communautaires avec) sont susceptibles d'aboutir à une production collective.

En toute logique, l'insertion de l'individu dans de tels itinéraires de vie (le territoire villageois), lui impose implicitement, un fonctionnement basé sur le modèle des sociétés dites lignagères, où les tabous, les interdits, les croyances au sacrée (même non justifié), les rituels de toute sorte, le respect des anciens… sont les codes sociaux, culturels et territoriaux qui encadrent les interactions. Même l'initiative gouvernementale de regrouper les villageois en entités de gestion (dans le but d'instaurer une base démocratique et participative de fonctionnement) n'a pas réussi à induire une transformation sociale des systèmes établis de relation et de perception. L'accommodation à la vie communautaire afin de se reconnaitre une appartenance à son territoire de vie est l'élément déterminant qui permet d'entretenir le statu quo. Or, comme nous avons tenté de le démontrer plus haut, la vie communautaire offre à chacun de ses membres un encadrement inhibiteur de l'agir-collectif. La sphère villageoise a contribué à instaurer l'individualisme qui, plutôt que de favoriser la solidarité entre les villageois, a plus contribué à les opposer, à les éloigner mutuellement, au point de rendre impossible la poursuite d'un objectif commun.

Enfin, des mutations socioéconomiques passées ont façonné chez les communautés, une appropriation du concept de développement sur sa seule dimension économique (financière). Cette appropriation erronée du développement a de lourdes incidences dans la gestion des espaces forestiers chez les sociétés traditionnelles d'ici, comme nous allons tenter de le démontrer au chapitre IX.

Chapitre IX

Essai d'une approche explicative de la faillite de l'organisation communautaire de la gestion des forêts

Ce chapitre explore la sphère des mutations culturelles et socioéconomiques qui ont contribué à façonner chez les communautés, une appropriation erronée du concept de développement, en le réduisant à sa seule dimension économique. Cette exploration se poursuit à travers la dénonciation d'une approche du processus fondé sur le gain d'argent que les promoteurs ont consolidé chez les communautés rencontrées. Nous tentons de montrer que l'échec des initiatives de gestion collective des espaces forestiers par les communautés villageoises est aussi en partie fondé sur le fait que celles-ci sont non porteuses d'une pédagogie du développement social (surtout personnel) et du vivre ensemble. Sur ce, nous retournons à notre hypothèse de départ afin de dégager les principaux éléments de dysfonctionnement que notre étude a permis de relever avant de proposer des réponses en guise de recommandations.

I. Pourquoi la foresterie communautaire pour analyser l'appropriation villageoise du concept de développement ?

Le choix de la gestion des forêts communautaires est justifié d'abord parce que la forêt est une réalité indissociable au milieu rural ici. Elle est par essence l'élément qui structure l'identité du paysage rural en milieu forestier camerounais et le substrat spatial de vie des communautés qui y vivent. Ensuite, outre les avantages social, écologique, environnemental et d'existence qu'on lui connait, elle est la principale source à partir de laquelle les communautés rurales d'ici tirent leurs ressources alimentaires. C'est alors un élément dont la durabilité doit être garantie si on veut préserver la survie ici. Enfin, depuis environ quinze ans, la forêt est intégrée dans le système économique rural comme une activité déterminante au service des communautés, pour améliorer leur condition de vie et assurer leur développement, entendu économique.

Par conséquent, l'intégration de la forêt dans le système économique rural à travers la gestion et l'exploitation des forêts communautaires, génère quantité de de représentations en matière de développement comme on en trouve au Cameroun en général. En effet, les communautés rurales dans une très grande majorité se sont lancées dans l'acquisition des espaces forestiers, jusqu'alors restés la seule propriété de l'État et des exploitants forestiers, pour gagner beaucoup, si non autant d'argent que ceux-ci, à travers l'exploitation forestière. Pour preuve, la mise en valeur de tous les espaces forestiers acquis, même s'elle reste assujettie à des règles contraignantes d'aménagement, passe par l'exploitation forestière du bois d'œuvre chez toutes les communautés bénéficiaires. L'intérêt du gain d'argent reste donc le principal, si non l'unique motivation qui les pousse à demander une forêt. Chaque communauté villageoise crée sa forêt dans l'espoir de gagner beaucoup d'argent pour améliorer son niveau de vie et assurer son développement (économique). Analyser l'appropriation villageoise du concept de développement présagée par la gestion communautaire des forêts est selon nous, révélateur des symptômes de l'échec de la foresterie communautaire à Djoum en particulier et du Cameroun en général.

I.1. Les déterminants historiques de l'appropriation du concept de développement en milieu forestier camerounais

I.1.1. La pratique de l'agriculture de rente comme fil conducteur des perceptions villageoises du concept de développement

Les cultures de rente ont longtemps été présentées comme l'outil économique par lequel les populations paysannes de la région du Sud Cameroun, l'une des grandes productrices de cacao dans le pays, pouvaient accéder à la prospérité matérielle et surtout financière. Introduites dans les colonies pour répondre à la demande des industries de la métropole, les cultures industrielles n'ont jamais été d'un grand intérêt pour les paysans qui les produisaient, sauf l'intérêt qu'assurait la métropole en garantissant l'exportation de la production à des prix fixes et supérieurs aux cours internationaux. Toute la production du cacao par exemple est destinée à l'exportation et la majorité des paysans ici, exclusivement confinés au rôle de fournisseur de produits d'exportation dont sont friandes les industries du Nord, ignore encore jusqu'à ce jour les modes de consommation de ce produit qu'ils produisent et vendent. Dans ces conditions il est évident que l'unique intérêt qui pouvait motiver l'investissement au travail de la cacao-culture était le gain d'argent.

I.1.2. L'investissement à la production agricole de rente était motivé par le gain d'argent

La plupart des villageois se sont investis à la production cacaoyère en ne pensant qu'au jour de vente de leur produit et à l'argent que leur travail allait leur procurer. Ils attendaient avec impatience la saison cacaoyère. Ils ne travaillaient que pour la récompense qu'allait leur apporter la récolte qu'ils espéraient bonne. Gagner de l'argent était alors la principale incitation qui a motivé chaque famille paysanne à créer son exploitation. Qui plus est, cette activité était très lucrative grâce au soutien apporté par des sociétés parapubliques[111] créées jadis pour soutenir les paysans dans leurs activités agricoles de production et de commercialisation, et dans l'acquisition des crédits, voire du matériel agricole. Ils travaillaient dur toute l'année, peinant à leur tâche, subissant leur activité, non parce qu'ils le voulaient, mais parce qu'ils pensaient y être obligés. Ils devaient travailler et espérer gagner de l'argent pour payer la scolarité de leurs enfants, pour se soigner et subvenir aux besoins de leur famille.

Le premier corollaire a été la conquête de la propriété terrienne à travers la création d'une plantation cacaoyère sur des terres qui étaient restées jusque-là une propriété lignagère indivise, régie par le droit coutumier (Zibi, 2010). Le deuxième corollaire a été l'introduction du paysan dans l'économie du marché sans aucune préparation, qui le prédisposait à rompre avec ses traditions de solidarité et d'échange et le préparait à un libéralisme économique à sa manière. Sur ce point, Elong (2005) souligne l'influence que l'insertion du village de la zone forestière dans l'économie monétaire exerce désormais sur les rapports sociaux et ajoute :

> sans en contester le bienfondé, cette insertion se présente comme le facteur exogène qui a déstructuré les liens de dépendance communautaire dans les villages freinant ainsi les efforts de ces derniers dans la construction de leurs territoires et territorialités...

En réalité, les paysans n'ont pas encore adopté totalement ce type d'économie, parce que les échanges monétaires qui en sont issus, depuis la colonisation, ont mis au point des stratégies libérales de gains financiers qui privilégient les individus[112], sans l'obligation de

---

111 L'Office National de Commercialisation des Produits de Base (ONCPB) ou la Société de Développement du Cacao (SODECAO) par exemple.

112 Le système monétaire est fondé sur le dynamisme, le sens des responsabilités individuelles et celui des compétitions. C'est dire que le développement économique dépend de l'esprit d'entreprise de l'individu, vu comme l'agent économique le plus efficace et moins de la communauté.

solidarité qui fonde l'économie sociale traditionnelle qui s'appuie davantage sur la quête de la survie quotidienne, la sécurisation de l'individu, la satisfaction des besoins sociaux et religieux (Ouédraogo, 1990). Le troisième corolaire est que, la conscience identitaire des groupes humains, jusqu'alors fondée sur l'appartenance lignagère, s'est progressivement fixée sur le territoire (la terre). Car la terre, jusqu'alors propriété lignagère indivise, était devenue une ressource potentiellement appropriable de ce fait.

Depuis ce temps, on a assisté à la course individuelle des familles à la recherche de l'argent qui permettait à son détenteur de pourvoir à tous ses besoins : (i) le pouvoir en devenant « *ntomba* » (homme distingué) ; (ii) le prestige social et l'allégeance des autres en devenant « *mfan mot* » (vrai homme) ; (iii) et enfin les biens matériels que l'on peut redistribuer d'abord à ses descendants, mais aussi à ses parents, à ses frères, à ses voisins, voire aussi à l'étranger à travers l'hospitalité en devenant « *nkukuma* » (homme vraiment riche). L'homme qui cumule ces qualités est considéré comme le premier dans la société, celui chez qui on est certain de trouver de quoi manger, celui toujours prêt à offrir d'éminents services ou à résoudre les problèmes dans sa communauté, celui capable d'offrir l'hospitalité à l'étranger. Cet homme-là incarne un modèle de réussite économiquement et socialement parlant. C'est l'homme développé c'est-à-dire, celui qui par une « économie d'apparence » suscite l'admiration, le respect, les honneurs de sa communauté.

Gagner de l'argent aura ainsi longtemps participé à la construction du concept de développement qu'on trouve aujourd'hui en zone forestière en particulier et au Cameroun en général. C'est donc par expérience, forgée par la pratique et la répétition, que les communautés ont perçu le développement comme une donnée économique exclusive. Ainsi pour une large majorité des communautés rurales en zone forestière ici, le concept de développement se cantonne au développement économique, plus précisément à la possession d'argent. Cette perception s'étend et se vérifie dans la quasi-totalité des activités de la vie économique ici et, la foresterie communautaire n'est pas en reste comme nous le verrons plus loin.

I.1.3. La crise économique de 1987 et la transformation sociale

La crise économique qui survient au Cameroun en 1987, suite au contrechoc pétrolier et aux fortes fluctuations du dollar qui ont entrainé la chute des cours du prix du cacao, a contraint l'État à se désengager de son rôle de soutien au secteur rural. Dans ce contexte, il entame un vaste programme de restructuration et de liquidation des sociétés parapubliques dans ce domaine. La Société de Développement du Cacao (SODECAO) se décharge de ses missions d'approvisionnement et de distribution des intrants et du matériel agricole aux planteurs. Elle se décharge aussi de la création et de l'entretien des pistes cacaoyères, du traitement phytosanitaire, de l'encadrement technique des planteurs et de la collecte de la production. Elle n'est plus un moyen de protection des planteurs contre les pressions des acheteurs privés chevronnés (Elong, 2005). Pendant la campagne agricole de 1994-1995, la libéralisation de l'exportation du cacao se fait, les planteurs de cacao doivent affronter eux-mêmes le marché en engageant des négociations avec des organismes exportateurs. Ce concours de circonstances entraine le prix du kilogramme de cacao à son niveau le plus bas jamais égalé. Ainsi le cacao ne pouvant plus assurer aux paysans un gain d'argent lui garantissant son « développement » va décider ces derniers à élaborer d'autres stratégies individuelles ou collectives.

I.1.4. La reconstruction organisationnelle : une tentative étatique pour dynamiser l'action collective communautaire

Le contexte de crise économique et du désengagement de l'État comme principal animateur du secteur économique, a favorisé un intérêt accru pour le monde communautaire. La réforme rurale et de la reconstruction organisationnelle intervient alors dans la même période, avec la promulgation en 1990 de la loi sur la liberté d'association suivie en 1992 de celle sur les groupes d'initiative commune et les coopératives. Cette volonté de l'État de promouvoir le mouvement associatif en définissant une réglementation propice et souple, a été l'opportunité pour les communautés rurales de mettre en œuvre des stratégies collectives à travers la mise en commun des idées, des moyens matériels et humains dans la recherche du bien-être collectif en milieu rural (Oyono & Temple, 2003; Elong, 2005). L'idée qui a sous-tendu la démarche paysanne de création des mouvements associatifs était de modifier le rôle d'assisté et d'assujetti traditionnellement dévolu au monde communautaire et de l'inciter à se transformer en entreprise d'économie sociale. Autrement dit, il était question d'amener les paysans à regrouper et à fusionner leurs efforts socioéconomiques en en orientant le potentiel vers la production économique et l'amélioration des revenus. Face à ce contexte où les communautés rurales ont plutôt assisté à des changements résultant des interventions de l'État, une question peut alors être posée. Comment s'est opéré ce changement ?

I.1.4.1. La prolifération et l'inflation des GIC motivées par la course solitaire à la recherche d'argent

La prolifération et l'inflation sans précédent d'organisations rurales qui a accompagné cette refonte du paysage organisationnel en milieu rural camerounais a plutôt été révélatrice des motivations pécuniaires et individuelles des promoteurs de ces associations. L'évolution observée a démontré la confirmation d'une course solitaire vers la recherche d'argent. Les GIC créés ont plutôt renforcé le travail individuel et familial du fait que l'adhésion, régie par la proximité sociale, était négociée dans le terreau des liens familiaux et villageois. Oyono & Temple (2003) ont démontré que de nombreux GIC créés n'étaient que des constructions circonstancielles, le plus souvent utilisés comme des ressources sociopolitiques et des vecteurs d'ascension individuelle.

« Le décryptage de la composition des membres d'une union de GIC, Solidarité pour le développement de la zone Akak-Melan (province du Centre), a montré que 80 % des groupes disposent d'une base sociale essentiellement familiale ».

Ces auteurs ajoutent que selon les membres de beaucoup de GIC interviewés, les demandes d'appui (ou de financement) n'émanaient pas très souvent des bénéficiaires eux-mêmes : ce sont les ONG qui en imposaient généralement le contenu. Dans plusieurs cas, la négociation n'était effectuée qu'avec les responsables du GIC.

« L'interprétation des propos et des « non-dits » des promoteurs des GIC montre que collecter au passage des ressources financières (subventions et micro-crédits) reste la visée majeure dans de nombreux cas. C'est la raison pour laquelle plusieurs GIC, en proie à des enjeux « alimentaires », ont disparu ».

Il s'ensuit que de nombreux GIC, après avoir reçu les fonds, étaient subitement frappés de paralysie et disparaissaient progressivement du paysage des organisations communautaires. Ce d'autant plus qu'aucun mécanisme de reddition des comptes n'était mis en place.

I.1.4.2. La faillite des comités de gestion de la RFA : un symptôme de l'utilisation privée détournée de l'argent communautaire

I.1.4.3. Rappel du contexte et du fonctionnement de la RFA

Comme nous l'avions déjà mentionné au chapitre III, le nouveau code forestier élaboré par le Cameroun en 1994 a introduit des dispositions accordant aux communautés et aux collectivités locales, outre la possibilité de gérer et d'exploiter jusqu'à 5000 ou 15000 hectares de forêt de leurs terroirs coutumier ou communal, le droit exclusif de bénéficier des redevances forestières annuelles (RFA). Nous rappelons que le produit de la RFA est réparti entre l'État (50%), la commune ou les communes où la concession est implantée (40%), et les villages riverains de la concession (10%). Pour ce faire, chaque exploitant forestier émet trois chèques proportionnels à la répartition ci-dessus du montant total de la RFA à payer, et les dépose au Programme de Sécurisation des Recettes Forestières (PSRF) du Ministère des Finances. Celui-ci procède ensuite à la rétrocession des chèques aux communes concernées à la fois pour la part communale et la part villageoise, puisque les villages ne sont pas dotés d'une personnalité juridique. Ils doivent par conséquent se constituer en entités morales officielles, pour utiliser leur part de la RFA. C'est dans ce contexte que l'utilisation des sommes versées à leur bénéfice est réglementée par l'arrêté n°122/MINEFI/MINAT du 29/04/1998 révisé le 28/05/2010, qui impose trois conditions majeures :

- les communautés paysannes pouvant bénéficier de la RFA sont celles qui vivent ou résident à l'intérieur ou à proximité de l'UFA et qui ont des droits d'usage ou coutumier à l'intérieur de celle-ci;

- la RFA communautaire est gérée par un comité riverain de gestion, créé auprès de chaque communauté bénéficiaire. Il est constitué, au minimum, de 8 membres statutaires : un président élu par la ou les communautés concernées, un chef traditionnel élu par ses pairs comme vice-président, un conseiller municipal originaire de la localité est rapporteur, le receveur municipal de la commune de localisation et quatre membres représentant respectivement les villages riverains, les populations autochtones, l'administration locale chargée des forêts, et le ou les présidents des entités juridiques des forêts communautaires ;

- la RFA communautaire vise à promouvoir le développement local de la communauté, et ne peut être utilisée que pour sept catégories d'investissements : (1) adduction d'eau ; (2) électrification rurale ; (3) construction et entretien de routes, de ponts, d'ouvrages d'art ou d'équipements sportifs ; (4) construction ou entretien d'établissements scolaires et de santé ; (5) acquisition de médicaments ; (6) le reboisement et la protection des ressources fauniques ; (7) toute autre réalisation d'intérêt communautaire décidée par la communauté elle-même (bourses d'études, formations, recyclage…).

I.1.4.4. Les causes endogènes de la faillite des RFA

Une décennie après la mise en œuvre de la RFA, divers auteurs sont arrivés au constat de son faible impact socioéconomique. Les raisons endogènes avancées de cet échec sont principalement : les malversations financières et l'utilisation détournée ou inappropriée de l'argent reçu. Selon le maire de Djoum aux affaires jusqu'en 2007 :

> Les comités de gestion (par village) des RFA du Canton Fang, cinq ans après leur démarrage, ont montré leurs limites, leurs défaillances et leur incapacité à promouvoir un véritable développement des communautés villageoises. Ils constituent en outre des pôles de désunion des populations, générateurs de conflits et de distorsions divers. Le constat aujourd'hui est décevant, car la plupart de ces chefs (désignés d'office comme présidents des comités de gestion) ont brillé par la dictature, et la confiscation de l'argent qui leur était remis. Certains en ont usé pour acheter de la nourriture et de la boisson (maquereaux, vin rouge etc.), ce qui constitue un détournement des deniers publics. Beaucoup sont allés jusqu'à la perte de leur autorité vis-à-vis de leurs administrés, et d'autres sont incapables de donner les bilans des travaux réalisés. (Propos recueillis par Ngoumou Mbarga (2005)).

Un villageois rencontré dans le village Yen ajoute à ce propos :

> Les Chefs sont très friands d'argent et ne savent pas l'utilité et le but réservé à l'argent de la RFA. Ils confondent également le commandement et pensent que tout argent qui arrive doit être sous leur pouvoir de gestion. Le chef a l'habitude de suspendre l'exécution des travaux pour prendre le reste d'argent. C'est ce qui s'est passé avec les travaux de construction du corps de garde. Après la construction de huit poteaux, il a ordonné l'arrêt des travaux et a réclamé au trésorier le reste d'argent, nous a confié le commissaire aux comptes du Comité de Gestion du village de Yen (propos recueillis par Ngoumou Mbarga, 2005).

Cette analyse montre à quel point la recherche personnelle d'argent a une influence sur la dynamique sociale et impacte toutes les initiatives en faveur du développement local. En effet, dès qu'il est question d'argent, tout se passe comme si l'individu perdait sa nature sociale et ne se sentait plus comme un membre de la communauté. À ce propos, le commentaire de M Nkou Nguini, Responsable des opérations forestières de AMOTA, rencontré lors des entretiens menés dans le village Amvam, est assez parlant :

> *Nous avons un problème ici en Afrique. Ce problème, contrairement à l'acception commune, n'est pas la pauvreté. C'est à mon avis la soif des richesses que j'appelle la cupidité. Cette soif de richesse aiguise en nous une avidité incontrôlée lorsqu'on est en présence de la richesse (l'argent), c'est ce qui nous expose à la tentation de détournement chaque fois que nous sommes en présence de la richesse. Voilà exactement le problème qui mine l'Afrique. Il y a là un problème moral, c'est-à-dire, cette propension à s'approprier de manière illégitime et sans déshonneur, les richesses communes.*

L'appropriation d'un développement centré sur la seule donne économique, c'est-à-dire la recherche d'argent, a une incidence assez négative sur la communauté, car elle a contribué à la rendre perméable, vulnérable et non étanche, entendu pas soudée par des liens forts de solidarité, puisque sa dynamique peut être modifiée par des déterminants individuels.

II. Les forêts communautaires non porteuses d'une pédagogie de développement et de l'existence commune

Le concept de développement en tant que coalition des dynamiques d'action et de moyens mettant en œuvre une production économique et sociale dont chacun se sent réellement bénéficiaire, reste très loin de l'horizon vers lequel tendent aujourd'hui les communautés forestières de Djoum. L'appropriation que les populations de Djoum ont faite des forêts communautaires, semble dépourvue d'un projet de structuration de l'existence en commun. Autrement dit, l'existence en commun ne représente pas encore une question pour laquelle, chaque villageois se sent prêt à engager sa responsabilité individuelle, en vue de sa résolution. Pour porter un projet communautaire, les acteurs doivent définir un mode de fonctionnement fondé sur les fraternités et les solidarités, l'interconnaissance, l'aide et l'entraide, la proximité et les effets des lieux. Cela nécessite que des accords, des rapports de complicité et de convivialité se fassent entre eux afin de faire face aux contraintes nouvelles qu'un projet de développement participatif, comme la gestion d'une forêt communautaire, induit nécessairement.

Toutefois dans le cadre de Djoum, les rapports de proximité ont démontré l'incapacité des communautés villageoises à promouvoir une véritable production économique marchande et non marchande, au service de l'intérêt collectif. En effet, toutes les organisations communautaires autour des forêts étudiées sombraient dans la léthargie à cause de nombreux obstacles internes (dans les perceptions, les comportements et, les rapports entre individus) qui empêchent une connexion véritable entre les membres. La conséquence au plan structurel et institutionnel est claire et profonde. On observe une représentation, juxtaposée dans l'individu, de « l'union fait la force » ou agir en communauté pour des activités au service de tous et, l'agir concret essentiellement orienté vers l'individualisme et l'intérêt personnel. Tout se passe comme si à tous les niveaux, en agissant collectivement ou pour la communauté, l'individu se souvenait toujours, qu'il doit d'abord agir seul et pour soi. Comme s'il ne percevait aucun intérêt ou bénéfice à agir pour la communauté, ou pour l'intérêt commun. Depuis toujours et, de plus en plus, l'individu dans l'action collective (pour l'intérêt commun) vit ce conflit profond entre l'intérêt général et l'intérêt privé (Zibi, 2010). Rien à ce jour ne permet à l'individu de Djoum d'entamer l'unification en lui, entre l'intérêt général et l'intérêt personnel, ou de faire dialoguer l'un et l'autre, afin que l'un se reconnaisse en l'autre.

Les rapports de proximité renvoient à la première dimension où les relations s'instaurent autour de la définition d'un projet. Si nous considérons que l'accroissement de la production économique et sociale d'une communauté donnée est en étroite relation avec les relations sociales construites et entretenues autour d'un projet donné, alors il est évident que la faillite de la foresterie communautaire à façonner une production économique et sociale dans le cas de Djoum, ne peut être que le fruit de l'ensemble des relations qui ont été construites autour de la gestion forestière mise en place. Autrement dit, la gestion des forêts communautaires étudiées est révélatrice de la faillite des relations sociales internes au sein des communautés d'ici. Faire l'économie d'une telle analyse permet de déplacer le regard sur la « mise en scène » habituellement servie par les communautés, et interroger la question à l'aulne des comportements, des perceptions et des pratiques communautaires habituels. Une telle absence dans l'analyse sur l'échec des projets de développement produit la situation que nous observons à Djoum, et probablement dans le Cameroun rural tout entier.

II.1. Une approche du processus fondée sur l'appât du gain

Les acteurs extérieurs au monde rural qui ont procédé à la mobilisation des communautés pour l'acquisition et la gestion des forêts communautaires se sont plus appuyés sur les aspects financiers, en particuliers sur les bénéfices financiers attendus. Ces acteurs que sont principalement l'État, les ONG, les élites, et beaucoup d'autres encore (les sans-emploi retournés au village, les candidats en campagne électorale etc.) ont fait miroiter aux communautés villageoises le rêve qu'elles allaient gagner beaucoup d'argent en créant des forêts communautaires. Le manuel des procédures d'attribution et des normes de gestion des forêts communautaires, élaboré en 1998 et révisé en 2009 par le MINEF, formalise les étapes de mise en œuvre d'une forêt communautaire et fait la part belle au volet exploitation et utilisation des revenus monétaires des forêts communautaires.

II.1.1. Le rôle joué par les organisations non gouvernementales locales dans la création des forêts communautaires

Le rôle joué par les ONG dans la création des forêts communautaires a été déterminant, mais il doit être remis en cause aujourd'hui. Si la stratégie gouvernementale du Cameroun, visant à renforcer la contribution du secteur forestier au développement socioéconomique grâce à l'implication des ONG locales, peut paraitre comme une bonne intention, il faut reconnaitre que certaines, voire la majorité parmi elles, se sont engagées dans des campagnes de sensibilisation pour susciter la création des forêts communautaires, afin de justifier leur capacité de mobilisation des communautés et, s'attirer les financements auprès des bailleurs de fonds nationaux et internationaux.

Marie est responsable d'une ONG qui opère à Djoum. Interrogée sur le rôle joué par les ONG, elle a déclaré ce qui suit :

> Il se trouve que c'est nous (les acteurs extérieurs) qui pensons aider les communautés, qui sommes à l'origine d'un certain nombre de problèmes. Parce qu'on ne prend pas la peine de comprendre ces communautés, on ne prend pas la peine d'étudier le milieu pour comprendre à quel niveau on peut commencer à les structurer. On a écrit un projet, on a eu un financement et on se lance sur le terrain. Notre préoccupation c'est d'avoir une entité juridique qui s'engage au processus des forêts communautaires. Notre souci n'est pas de savoir si les populations adhérent ou pas. Notre approche contraint les populations à aboutir à ce que nous voulons (Propos recueillis à Djoum par Ngoumou Mbarga, janvier 2011).

Ces propos illustrent bien le contexte délétère qui a présidé à la création des forêts communautaires et dans lequel des ONG locales utilisent les populations villageoises pour atteindre leurs objectifs pécuniaires. C'est dire que les approches participatives promues dans les discours de tous les jours restent sur les papiers, car l'implication des populations est formellement arrangée sur le papier pour servir les besoins de ces acteurs extérieurs.

Nous impliquons les populations, mais elles s'impliquent de façon passive et ce, généralement pour nous satisfaire, pour faire ce que nous qui venons les accompagner, nous voulons comme objectifs... Ça fait finalement qu'il y a des communautés qui sont très bien organisées sur le papier (Propos recueillis à Djoum par Ngoumou Mbarga, janvier 2011).

II.1.2. Le monnayage de l'attention des communautés : une stratégie des ONG locales pour mieux servir leurs intérêts

Pour amener les populations à adhérer à leurs initiatives et les convier à « participer » à des réunions afin de se constituer des fiches de présence bien fournies à adresser aux bailleurs de fonds, la plupart des ONG locales utilisent des présents (argent, nourriture, boissons etc.), pour démontrer leur capacité de mobilisation. La moralité est que les populations assistent aux réunions organisées par les leaders de ces ONG, juste pour bénéficier des petits avantages offerts et non pour l'intérêt de l'action que veulent mener ces partenaires.

Ces approches qui consistent à monnayer l'attention des villageois sont monnaie courante dans les villages et ont fini par s'ancrer dans les habitudes et les pratiques des communautés d'ici. Pire ce sont les communautés qui sont devenues friandes de ce monnayage et contribuent à perpétuer cette situation, au point où quand il n'y a plus d'argent ou des présents, l'intérêt pour l'activité disparait aussi.

Nous avons ici au village un GIC et une association. Mais je vais vous avouer qu'en ce qui concerne l'association, les réunions ne se font pas régulièrement. Les rares réunions qui se sont tenues, ont été organisée par le CED (Centre pour l'Environnement et le Développement). Mais nous-mêmes n'avions jamais initié une réunion (Propos recueillis à Nkolenyeng par Ngoumou Mbarga, février 2011).

Il est donc aisé de comprendre pourquoi la plupart des projets meurent avec le départ du partenaire ou de l'ONG, les motivations silencieuses ayant disparu. Et on repart au point zéro. Et si un autre partenaire revient avec une autre approche que celle sus-présentée, il ne trouve pas de volontaires pour le suivre dans son projet.

II.1.3. L'argument du gain d'argent généré par l'exploitation forestière : une incitation à la pseudo-mobilisation des populations

D'autres ONG locales, pour parvenir à mobiliser les paysans, ont utilisé l'argument du gain d'argent que l'exploitation d'une forêt communautaire allait engendrer. Pour preuve, les multiples brochures éditées en direction des communautés, exposant les avantages financiers de l'exploitation commerciale du bois que peuvent générer les forêts communautaires. Résultat, comme dans le cas des GIC (Oyono & Temple, 2003 ; Elong, 2005), depuis la signature de la première convention de gestion en 1997, le nombre de demandes de forêts communautaires enregistré par le MINFOF a progressivement augmenté pour atteindre environ 480 demandes d'attribution en 2010. Cette apparente adhésion des communautés à la mise en œuvre du processus, a sans doute bénéficié de l'effet de levier que l'impact de toute la publicité menée sur ce sujet par divers intervenants (dont les ONG locales) a eu auprès des populations concernées...

Selon le discours officiel de l'État camerounais, relayé par des ONG locales (voire certains candidats lors des campagnes électorales...) les raisons incitatives à la foresterie communautaires sont multiples. En effet, la forêt communautaire :

- est un moyen de lutte contre la pauvreté ;
- offre des opportunités de diversification des revenus et des activités comme l'exploitation du bois et des PFnL, la valorisation de l'éco-tourisme, l'exploitation des zones de chasse à gestion communautaire ;
- constitue un potentiel important pour le développement local (formations, emplois locaux de longue durée, ressources pour le développement...) ;
- garantit à long terme les profits et intérêts de la forêt et permet de participer activement à sa protection ;

- permet d'acquérir plus de dignité et de considération vis-à-vis de l'industrie forestière ;
- permet à la communauté de mettre librement en œuvre sa propre vision du développement local ;
- favorise une bonne organisation de la communauté pour la défense de ses intérêts ;
- favorise un apprentissage de la gestion démocratique des ressources communes...

Cette énumération est non exhaustive, mais constitue un extrait des multiples retombées positives prêtées aux forêts communautaires, qu'on retrouve autant dans les discours que dans la multitude de brochures produites par les autorités et par les ONG locales à l'attention des communautés.

Il est donc assez aisé pour le lecteur de comprendre pourquoi l'expérience de la foresterie communautaire a montré un engouement sans cesse croissant depuis 1994, année déterminante de ce processus.

II.1.4. La dénonciation par les villageois de la relation de clientélisme avec les ONG

Comme nous l'avons dit plus haut, les populations habituées au monnayage de leur participation, en sont devenues friandes. La conséquence est qu'elles n'hésitent plus à dénoncer les relations de clientélisme que certaines ONG ont développées avec elles. Dans ce contexte, des interrogations et des doutes ont été soulevés par les communautés rencontrées, au sujet des activités menées par les ONG locales, lesquelles sont soupçonnées de faire du business sur le dos des communautés, comme l'illustrent ces propos :

les ONG ont reçu des financements sur notre dos. L'OPFC de Sangmélima a perçu 7 000 000 FCFA pour l'union des forêts communautaires (UFC) de Djoum. Cette ONG a aussi perçu le même montant pour l'union des forêts communautaires de Sangmélima. L'utilisation de cet argent nous a amené à nous interroger sur l'utilité des ONG, car nous nous rendons compte que ces

ONG sont devenues des commerçantes... On s'est rendu compte que la personne mandatée par la SNV s'est associée à l'OPFC, et venaient régulièrement nous voir simplement pour divertir l'utilisation de l'argent qu'ils ont perçus. Pourtant ils ne nous apportaient plus aucun appui mais faisaient leur business personnel.

II.2. L'investissement des élites dans la création des forêts communautaires : une stratégie pour l'ascension sociale et économique

Les élites se sont aussi investies dans la création des forêts communautaires, c'est le cas par exemple des forêts communautaires Oyo Momo, AMOTA et AFHAN. En effet, du fait de leur position honorable dans la communauté, les élites ont une parole respectée, et plus encore en ce qui touche au développement. Mais les activités socioéconomiques entreprises et les relations que certaines élites entretiennent avec leur village d'origine ne sont pas toujours gratuites et la création des forêts communautaires ne fait pas exception à cette règle. Elle se révèle même comme une sorte de compétition quotidienne pour l'ascension sociale, politique et économique permettant d'accéder au bien-être social pour garantir sa survie et celle de sa famille. C'est notamment le cas d'Oyo Momo où l'élite, cadre supérieure au MINFOF et de surcroît actuel maire de la municipalité de Djoum, est au cœur de cette forêt communautaire. Toute la dynamique de la forêt communautaire repose sur elle car, elle est principalement l'initiatrice de celle-ci, ce qui lui donne une légitimité certaine à la décision et accroit son influence sur la communauté.

Son appropriation du GIC Oyo Momo et son influence sur les communautés villageoises sont telles qu'elle n'a pas hésité à attribuer le nom « *Oyo Momo* » à sa boîte de nuit construite dans la ville de Djoum (Figure 28), sans se soucier de l'interprétation que l'appropriation de la chose commune à des fins privées pourrait susciter. Il est pourtant clair qu'elle n'a pas fait don du bien en question à la communauté. Comment expliquer alors que cette élite se soit librement autorisée d'attribuer la dénomination « *Oyo Momo* » à son bien privé ? Est-ce une manœuvre détournée pour échapper au paiement de l'impôt libératoire ou pour mieux gérer ses affaires privées sous le couvert du GIC Oyo Momo ? Les éléments des enquêtes réalisées ne permettent pas de répondre de manière claire à cette question, car cette élite n'a pas souhaité répondre à nos questions en se soustrayant à tous les rendez-vous fixés.

Figure 28 : Boîte de nuit Oyo Momo à Djoum ville

© *Ngoumou Mbarga H., Djoum-ville, janvier 2011*

II.3. Une analyse scientifique de la faillite de la foresterie communautaire disculpant les communautés

Une opinion scientifique cherche à innocenter les populations villageoises dans la faillite de la foresterie communautaire au Cameroun et désigne les coupables ailleurs. En rappel, certains pointent du doigt l'impasse d'un processus en butte à sa difficile législation (Julve, Vandenhaute, Vermeulen, Castadot, Ekodeck, & Delvingt, 2007), ou à sa difficile institutionnalisation (Karsenty, Lescuyer, Ezzine de Blas, Sembres, & Vermeulen, 2010). Pour ceux-ci, le processus d'acquisition d'une forêt communautaire est jugé très long (parce qu'il faut en moyenne 5 ans d'attente pour qu'une communauté qui fait la demande d'une forêt puisse régulièrement l'obtenir (Julve & Vermeulen, 2008)) et très complexe (parce qu'il nécessite la réalisation : du plan simple de gestion, des enquêtes socioéconomiques, des études d'impact environnemental (EIE) et des inventaires d'aménagement et d'exploitation). Pour d'autres, le processus d'acquisition d'une forêt communautaire est très coûteux (parce que le temps long de la procédure ajouté à la complexité du processus rendent très onéreux l'acquisition d'une forêt communautaire pour des populations dont on veut sortir de la pauvreté) et trop technique (parce qu'il nécessite la mobilisation des connaissances techniques et scientifiques spécialisées).

Pourtant les populations savent faire preuve de patience et arrivent à surmonter les obstacles liés au processus d'acquisition des forêts communautaires, jusqu'à la conclusion de la convention de gestion avec l'administration forestière. La question est alors de savoir pourquoi après tant d'efforts et de patience les projets tombent dans la léthargie ? Nous pensons que, l'analyse ci-dessus résumée est vraie à plus d'un titre. Mais il faut reconnaitre qu'elle n'aide pas davantage les communautés qui s'en servent pour évacuer leurs responsabilités et se confortent dans le rôle de victime.

En effet, s'il est de notoriété aujourd'hui que les éléments de la diversité biologique sont parvenus jusqu'à nous grâce à une utilisation parcimonieuse et grâce aux efforts et savoirs que les sociétés humaines locales ont su développer depuis des millénaires[113], nous nous interrogeons légitimement sur les savoirs collectifs locaux des communautés d'aujourd'hui, et en particulier celles de Djoum. Plus précisément, les communautés détentrices des espaces forestiers dans la commune de Djoum ont-elles développé suffisamment de savoirs et d'efforts tant organisationnels (individuel et collectif) que gestionnaires (utilisation durable des ressources) pour réaliser le triple objectif assigné au processus d'octroi et de gestion des forêts communautaires[114] ? La réponse à cette question selon nous est non. Nous pensons qu'une grande part des responsabilités sur l'échec des projets de développement incombe aux communautés comme nous tentons de le montrer dans les lignes qui suivent.

---

113 L'alinéa j de l'article 8 de la Convention sur la Diversité Biologique reconnaît la dépendance des peuples autochtones vis-à-vis de leur environnement naturel et leur rôle clef dans la conservation de leur milieu : « les communautés autochtones et locales dépendent très étroitement de leur environnement naturel et des ressources matérielles et immatérielles issues des éléments de la biodiversité. En retour ceux-ci n'existent et ne sont maintenus jusqu'à nos jours que grâce à une utilisation parcimonieuse (durable!) et aux efforts et savoir-faire que les sociétés humaines locales ont su développer depuis des millénaires... » (Roussel, 2003)

114 À titre de rappel, ces objectifs sont : (i) améliorer la participation des populations à la conservation et à la gestion des ressources forestières, (ii) permettre aux communautés de créer une production économique pour sortir de la pauvreté, (iii) enclencher enfin le développement local

II.4. La forte demande des partenaires d'encadrement : aveu d'impuissance ou besoin d'appuis complémentaires ?

Le fait pour les communautés rencontrées de rechercher en permanence le soutien d'un individu (élite), d'une organisation (ONG), ou d'un tuteur pour tout dire, qu'elles estiment puissant et sans le soutien duquel elles se disent qu'elles ne peuvent rien, s'apparente à un aveu d'impuissance, à un manque de courage, à l'absence d'initiative, à un défaut de création, à une carence d'ingéniosité. Ainsi la forte demande des partenaires au développement relevée au cours de nos investigations sur le terrain, est liée non pas à un besoin complémentaire de ressources (pour agir et enclencher une transformation sociale) nécessairement contenues dans le rapport à d'autres acteurs, mais plutôt à une évacuation du débat et des responsabilités. Elle est la résultante de l'attente inhibitrice. Les communautés espèrent et veulent que le tuteur donne tout ce qu'il faut, parce qu'il est un bienfaiteur, un étai, un protecteur attendu etc.

> *Il est important que les populations prennent elles-mêmes en charge leur développement. Pour cela, les populations ont besoin de formation pour une bonne gestion, avec l'appui technique des ONG...*

Si les propos ci-dessus semblent montrer des communautés à la recherche d'un encadrement et d'un accompagnement, force est de constater qu'ils masquent en réalité des communautés désorganisées et démobilisées. Certes, il est vrai que certaines ONG jouent un rôle capital dans la sensibilisation, la formation, l'information, le renforcement des capacités, la création d'un espace de concertation entre les parties prenantes et les populations, ainsi que dans le renforcement de la réflexion sur la planification des actions ou le recensement des besoins en développement. Mais ce rôle important attribué au tuteur semble servir, selon nous, à exonérer les populations de leurs responsabilités, et à les inciter à s'en remettre totalement au « bienfaiteur ».

Devant ce détournement des responsabilités, la gouvernance communautaire des forêts ne peut alors produire les résultats escomptés, ni combler les espoirs suscités lors de sa mise en place. Le fonctionnement des forêts communautaires est paralysé parce que l'accompagnement par l'ONG est arrêté. C'est le cas par exemple de la forêt communautaire AFHAN, dont l'échec de l'accompagnement par le CED a abouti à l'arrêt de son fonctionnement. Les entités ne peuvent plus rien entreprendre, parce que le tuteur n'est plus là pour prodiguer des conseils. Les communautés sont incapables d'entreprendre la moindre initiative parce qu'elles sont convaincues que seules les idées et façons du tuteur sont meilleures. Elles ne se rendent même pas compte que, ce réflexe de toujours s'en remettre à un bienfaiteur « externe à la communauté » renforce le poids et l'influence de celui-ci ou plus généralement des acteurs de niveau intermédiaire. Ce constat remet en surface la question généralement posée des capacités des communautés rurales, qui pour nous n'est qu'un élément de façade, la question de fond étant la reconnaissance et la valorisation des savoirs et savoir-faire locaux par les acteurs locaux eux-mêmes et les acteurs supra-locaux.

II.5. Les savoirs et savoir-faire communautaires : pour quel usage ?

En admettant que les savoirs sont intégrés dans l'action et que la connaissance procède de l'expérience, nous nous demandons si les savoirs et savoir-faire communautaires existent et ce que les communautés en font ? En effet, lors de nos rencontres avec les communautés, alors que nous pensions plus apprendre de ces dernières, c'est l'effet inverse qui a plutôt semblé se produire : les communautés attendaient plus de nous. Nous étions perçus comme un puits de savoir et de recette-solution aux difficultés qu'elles rencontrent. Or si les savoirs et savoir-faire communautaires existent – ce dont nous en sommes convaincus – alors l'expérience des forêts communautaires de Djoum laisse croire que les communautés rencontrées ne s'en servent que très peu, voire pas du tout. Autrement dit les savoirs et savoir-faire locaux ne sont pas reconnus et valorisés par les acteurs locaux eux-mêmes. Pourtant la majorité de l'élite intellectuelle locale s'accorde à reconnaître que les échecs et les difficultés auxquels se heurte la mise en œuvre du développement dans cette partie du Cameroun trouvent leur explication dans la non-appropriation par les acteurs locaux des concepts « nouveaux » liés à ce processus. Cependant, il est tout aussi intéressant d'examiner le problème dans le sens inverse. C'est-à-dire : comment mettre au service du développement la mobilisation collective qui, tout en s'appuyant sur les valeurs transmises (savoirs collectifs locaux), reste ouverte aux changements mondiaux ?

Nous pensons que la réussite de cette expérience passe par la réappropriation des modes de vie, des systèmes de pensée, des savoirs et savoir-faire locaux traditionnels. Il est certain que l'abandon de ces derniers peut être un handicap à la créativité des communautés, comme le pense Xiang Xianming (2004) :

> Quand la culture traditionnelle est obligée d'être explicitée par les discours académiques de l'Occident afin qu'elle puisse être acceptée et reconnue par la communauté scientifique, nous ne trouvons plus les appuis académiques qui soient vraiment des produits locaux afin de soutenir l'ambition dans la création...

II.6. Des comportements d'indigence propres à promouvoir une prédation féroce des bénéfices monétaires (par le détournement et la surfacturation)

Certains comportements d'indigence, telles les demandes de boisson et de nourriture en échange de l'attention et de la participation des communautés sont monnaie courante dans les villages de Djoum. Nous citons pour illustration l'exemple du chef de canton Zamane, qui à notre sollicitation de rencontrer les populations pour les entretiens, nous a demandé ce que gagne le paysan en échange. Autrement dit, la revendication se posait plus clairement en termes de « ventre contre entretiens, du donnant donnant ». Ces comportements de pauvreté contribuent à faire des populations, des promotrices potentielles de détournement et de surfacturation dans certains partenariats d'exploitation forestière qu'elles lient avec des parties prenantes (Encadré 4). Le partenaire fournit alors des dons en nature (nourriture, boissons, parfois quelques outils…), fournit les biens de production et le capital d'investissement. Il est facile dans ce genre de situation qu'un partenaire présente une facture dix fois plus que la nourriture et la boisson offertes ainsi que les moyens de production mobilisés, sans aucune opposition. C'est ainsi que la communauté va s'auto exclure finalement du partage équitable des bénéfices potentiels de sa forêt, en laissant la latitude à une personne tierce de s'approprier le droit de fixer les termes de la répartition. Le chef de poste forestier de Djoum l'illustre très bien :

> à l'heure d'aujourd'hui, il y a un business qui s'organise autour des forêts communautaires. Il y a des personnes qui m'appellent pour me demander si j'ai connaissance des communautés qui veulent acquérir une forêt pour financer les dépenses relatives. En échange, je recevrai des commissions…
>
> C'est pour vous dire qu'il y a aujourd'hui un marché qui se développe autour des forêts communautaires. Et qui dit marché, dit recherche de rentabilités. Ainsi, lorsque ces partenaires investissent par exemple 500 000 FCFA, ils sont libres de présenter une facture de 5 000 000 FCFA. Pourtant pour exploiter dans une forêt communautaire, il ne faut pas nécessairement faire de lourds investissements. Deux, trois tronçonneuses font très bien l'affaire…

Nous pensons que l'une des solutions à cette situation consiste à amener les populations à la prise de conscience de l'absolue nécessité d'abandonner ces pratiques et comportements de pauvreté. La participation aux dépenses dans l'acquisition et l'exploitation des forêts nous semble plus responsable, plus engageant de la part des communautés et plus stratégique dans la production économique.

Seulement, les populations préfèrent se résoudre à l'attente confiante d'un « bienfaiteur» pour financer leurs dépenses, se soustrayant à leurs obligations sous le prétexte de la pauvreté. Le chef de poste forestier rencontré à Djoum l'exprime encore parfaitement :

> on remarque que les populations villageoises ne participent pas beaucoup financièrement. Autrement dit, dès qu'on évoque la question d'argent e, ou qu'on demande des collectes financières pour faire face à certaines petites dépenses, il y a une démobilisation des populations qui refusent toute contribution financière sous prétexte qu'elles sont pauvres (propos recueillis à Djoum par Ngoumou Mbarga, février 2011).

Encadré 4 : La dépendance des communes et des communautés villageoises vis-à-vis des financements extérieurs dans les communes de Gari Gombo et de Yokadouma à l'Est du Cameroun

Le transfert des cinq forêts communales et communautaires étudiées et leur mise en exploitation ont été possibles grâce aux financements des acteurs extérieurs tels que les exploitants forestiers, les agences de coopération et de développement, les ONG environnementales, etc.

Si les appuis financiers apportés par certains de ces acteurs sont sans contrepartie, ceux des exploitants forestiers auxquels les gestionnaires des forêts communales et communautaires ont le plus fait recours, sont des prêts remboursables sur une durée déterminée. Ces prêts ont en effet permis aux opérateurs économiques de s'assurer une exploitation prioritaire et/ou exclusive de ces forêts, et d'avoir un pouvoir considérable sur les négociations des termes et des clauses des accords ou des contrats de partenariat établis avec les communes et les communautés villageoises. Ces dernières, sous le poids de l'endettement, sont en position de faiblesse pour négocier avec leurs créanciers des prix intéressants de vente du bois et d'autres clauses concernant par exemple la régénération forestière.

Certes, le recours aux financements des exploitants forestiers a permis aux communes et aux communautés villageoises de bénéficier des forêts et de les mettre en exploitation, mais il les a également amenées à hypothéquer l'exploitation de leurs forêts. L'endettement de ces communes les rend également très dépendantes de leurs partenaires forestiers qui contrôlent l'exploitation des cinq forêts. En effet, les sociétés GVI et STBK préfinancent les dépenses d'acquisition des forêts communales et communautaires, réalisent les inventaires forestiers d'exploitation, s'occupent des démarches administratives pour la mise en exploitation de ces forêts, fixent les prix d'achat du bois [à leur avantage] et extraient des forêts les essences de leurs choix…

Source : (Kouna Eloundou, 2012)

Il est évident que l'obligation de participation aux dépenses peut créer le sentiment d'appropriation, ce qui peut davantage inciter les populations à se mobiliser et à s'intéresser à la gestion et à l'exploitation réelles de leur forêt. Nous rappelons, pour appuyer nos arguments, que l'une des quatre composantes du PNDP qui est le fonds d'appui au développement des communautés rurales, a pour objectif d'apporter des subventions en complément des contributions des communautés villageoises pour la mise en œuvre de projets amorcés par les bénéficiaires. Seulement, les communautés villageoises ne montrent aucune détermination allant dans ce sens et attendent patiemment que la manne tombe du ciel.

Ce qui nous conduit à penser que, si les communautés investissent leurs ressources (aussi petites soient-elles) dans une dépense quelconque, non seulement elles pourraient bénéficier des fonds d'appui comme ceux mis en place par le PNDP, mais aussi et surtout, elles auront le souci de leur gestion efficiente. Elles se sentiront dans l'obligation de contrôler et de revendiquer les résultats. Le fait de souvent attendre que ce soit des personnes extérieures qui prennent en charge les dépenses, les rend davantage vulnérables et à la merci des prédateurs de tout genre.

II.7. L'exploitation en partenariat des forêts : une diminution programmée des bénéfices communautaires

L'idée qui incite à un partenariat pour l'exploitation des forêts communautaires (pauvres en ressources ligneuses exploitables par unité de surface comme nous l'avons vu au chapitre VII), multiplie les parties prenantes et, divise fortement le bénéfice qui revient à la communauté. Car en plus de la communauté, il faut ajouter l'entité exploitante, l'entité qui fait aboutir le processus d'obtention, la convention d'exploitation et le plan simple de gestion... trois parties prenantes au minimum qui doivent se partager les fruits maigres de l'exploitation de la forêt communautaire. Fin de compte, la forêt communautaire sera exploitée mais, la communauté ne tirera pas un grand profit comme le témoignent les propos de M Nkou Nguini, rencontré à Amvam en janvier 2011 :

> nous avons aussi des difficultés avec les partenaires locaux. Très souvent, il arrive qu'après leur exploitation, des problèmes commencent pour diverses raisons (soit que les dimensions des sciages ne sont pas aux normes, soit c'est la qualité du bois qui est mise en cause...), et finalement après leur exploitation, nous ne gagnons rien...

> tous les partenaires avec qui on a traité jusque-là ne sont pas honnêtes. Ils viennent, coupent le bois et s'en vont et au final on ne profite de rien.

Il y a donc nécessité de faire prendre conscience aux communautés que la réalisation de leur développement socioéconomique passe par de vrais sacrifices et efforts à accomplir. Un travail doit être fait à la base pour amener le paysan à comprendre que dépenser aujourd'hui c'est investir pour demain. Il faut lui inculquer la notion de gain et d'intérêt pour qu'il apprenne que s'il dépense aujourd'hui, il pourra récolter tel résultat ou tel gain demain.

II.8. Demander aux paysans de se regrouper n'a pas suffi à dynamiser l'action collective

L'analyse qui précède traduit le fait que demander simplement aux paysans de se regrouper n'a pas réussi à les organiser dans un élan stratégique de recherche du bien-être collectif. La poursuite d'intérêts particuliers mine l'atteinte d'un objectif collectif et ne permet pas à l'individu de se sentir concerné par le sort économique d'autrui, au-delà de la parenté, ou plus largement, au niveau de sa région ou de son pays. On observe que la solidarité n'existe plus au sein de ces communautés. L'individualisme a pris le pas sur le communautaire. Les égoïsmes ont eu raison sur l'intérêt commun. Les entités constituées pour la gestion des forêts communautaires sont de simples agrégats d'humains, pas des communautés au sens de Proulx. Les gens ici n'ont pas les mêmes objectifs, n'ont pas les mêmes idées et ne poursuivent pas un but commun. Pire la vie communautaire, par le pouvoir « d'éducation et l'encadrement inhibiteurs » qu'elle offre à chaque membre de la communauté, empêche à chacun d'établir des relations pour une réussite économique commune. Il en résulte un rejet et une forme de résistance conduisant à l'inaction (le refus de participer à l'effort collectif) ou à la resquille (en profitant des avantages produits par l'effort des autres). L'appropriation d'un développement centré sur la seule donne économique d'une part, sur l'intérêt individuel et familial d'autre part, neutralise ainsi toute dynamique de l'action collective au service de l'intérêt général.

Ce bref rappel des éléments constitutifs de la rationalité sociale et économique des communautés de Djoum en particulier, et forestières du Sud Cameroun en général, fournit des repères pour comprendre la plupart des difficultés liées à la gestion communautaire des espaces forestiers et donne un aperçu des origines de la faillite actuelle de la tradition communautaire à s'organiser collectivement. Les résultats de notre analyse démontrent clairement que l'échec permanent de la plupart des projets de développement rural trouve son explication dans la faillite de la tradition communautaire à s'organiser collectivement et solidairement.

III. Retour à l'hypothèse

Nous avons posé comme hypothèse que les forêts communautaires seraient pleinement au service du développement rural et de la lutte contre la pauvreté, si elles sont à la hauteur d'une production économique soutenue et durable d'une part et si l'action collective communautaire permet leur gestion idoine d'autre part. Cette hypothèse pose deux dimensions de la réussite des initiatives gouvernementales d'octroi et de gestion communautaire des ressources forestières : l'une qui s'intéresse à la capacité réelle des forêts communautaires à soutenir une production de bois d'œuvre capable de réaliser l'objectif socioéconomique de la réduction de la pauvreté et d'amélioration du niveau de vie des communautés, sans compromettre les objectifs de conservation et, l'autre qui soulève la problématique de l'action collective communautaire comme un levier du développement local.

III.1. Sur la productivité économiques des ressources étudiées

Sur la base d'une productivité forestière et économique soutenue, les communautés villageoises disposeraient des ressources suffisamment riches permettant de supporter le coût de l'organisation de l'action collective. Nous rejoignons alors la thèse d'Ostrom (1990) et pensons que dans ces conditions, les communautés pourraient trouver une motivation à s'investir dans l'action au service de la gestion des espaces forestiers acquis et, par conséquent, s'investir activement à la recherche de l'intérêt général.

Cependant l'analyse de la productivité des forêts communautaires étudiées a permis de remettre en question la possibilité intrinsèque de production offerte par celles-ci. En effet, il ressort de notre analyse, que le potentiel ligneux dans les forêts communautaires étudiées est mal estimé et fournit une base fausse de calcul non seulement des paramètres d'aménagement, mais aussi et surtout des recettes financières attendues de celles-ci. De plus, les forêts communautaires sont assises sur le domaine forestier non-permanent qui, selon la politique forestière du gouvernement camerounais, est l'ensemble des terres à vocation agricoles, sylvicoles, pastorales... Par conséquent, nous nous inscrivons en faux par rapport à l'assertion de Kouna Eloundou (2012) qui soutient que :

> Les forêts communautaires [...] regorgent d'une diversité de ressources ligneuses et non ligneuses, dont l'exploitation rationnelle pourrait générer des revenus substantiels à même de contribuer à l'amélioration des moyens de subsistance des populations locales et à la réalisation des projets de développement local.

Contrairement à l'argument selon lequel, l'exploitation commerciale sélective de bois d'œuvre réduirait fortement le potentiel économique des FC, soutenu par cette chercheuse, nous pensons que cette situation de fait est une externalité écologique positive dans le cas des FC. Autrement dit, si les faibles volumes de bois d'œuvre prélevés dans les FC étudiées peuvent constituer une désillusion économique pour les communautés concernées, ils sont plutôt un avantage écologique pour lesdites forêts, puisque la sélection induit des faibles prélèvements d'arbres par unité de surface. Ce qui se traduit par de faibles impacts sur l'écosystème, l'exploitation artisanale étant le type prescrit dans les FC. Par contre si toutes espèces ligneuses des FC étaient soumises à un prélèvement commercial non sélectif, ces écosystèmes seraient exposés davantage à des dégradations irréversibles, vu les niveaux de perturbation auxquels elles ont été exposées dans le passé et leur taille relativement réduites. La plupart du temps, ces forêts (cas d'AFHAN et Oyo Momo) ont fait l'objet d'une intense exploitation industrielle de bois d'œuvre (par vente de coupe) dans le passé.

En définitive, les forêts communautaires ne sont pas, du moins dans la situation actuelle de leur orientation sur la production de bois d'œuvre, à la hauteur pour soutenir une production ligneuse permettant de réaliser l'objectif socioéconomique de réduction de la pauvreté et du développement rural.

En outre, la vocation de production de bois d'œuvre dans les FC est un loupé sur le triple plan économique, écologique et politique.

III.1.1. Loupé économique

Le développement socioéconomique local attendu de la gouvernance des FC de Djoum s'appuie essentiellement sur l'exploitation commerciale du bois d'œuvre. Or comme nous l'avons démontré au chapitre VII, les volumes de bois à exploiter annuellement sont négligeables et leur production discontinue, voire arrêtée dans le temps. Ces faibles volumes génèrent des revenus largement inférieurs aux recettes prévisionnelles et se traduisent par une absence de réalisations socioéconomiques collectives.

Nous avons aussi souligné dans les analyses précédentes que la création d'emplois était l'une des retombées escomptées de la foresterie communautaire pour les populations attributaires des FC. Toutefois, les quelques emplois qui ont été créés sont non qualifiés, temporaires et précaires.

Enfin, l'option d'exploitation en partenariat choisie par l'ensemble des communautés rencontrées multiplie, comme nous l'avons souligné plus haut, les parties prenantes et, divise fortement le bénéfice qui revient à la communauté.

III.1.2. Loupé écologique

L'un des objectifs clés de la gouvernance multi-niveaux des ressources était d'associer les savoirs et savoir-faire des communautés locales à la conservation des ressources. Or, nous avons relevé dans nos observations le niveau élevé de perturbation des FC étudiées en soulignant la nécessité que des efforts particuliers sur leur régénération soient consentis, afin de garantir leur pérennité sur la fourniture du bois d'œuvre. Cependant, les résultats de nos investigations sur le terrain indiquent qu'aucun arbre n'a été planté dans celles-ci depuis le début de l'exploitation commerciale du bois. Par conséquent, l'exploitation actuelle des FC présage leur appauvrissement rapide et l'échec de la politique gouvernementale d'octroi et de gestion communautaire des forêts afin que les populations attributaires participent à la conservation des ressources.

III.1.3. Loupé politique

Nous avons montré au paragraphe III du chapitre II que dans son principe, la décentralisation est un projet politique visant à mieux associer les administrés à la gestion du pouvoir et des affaires publiques et aux prises de décision les concernant. Dans le cas particulier du Cameroun, la décentralisation forestière ambitionnait de réduire la pauvreté et de favoriser l'appropriation des actions du développement au service de l'épanouissement des populations, via l'action collective communautaire à travers la gestion responsable et durable des espaces forestiers que l'État octroyait aux communautés qui en faisaient la demande. Cette appropriation de la gestion des forêts communautaires et des actions de développement par les acteurs locaux devait permettre de les responsabiliser, de les autonomiser à produire plus de richesses qui leur seraient directement profitables. Or, les résultats de nos recherches montrent qu'on est très loin du compte.

Enfin, l'idée d'installer les FC sur le DFnP, domaine par excellence des espaces appropriés, et qui de surcroit abrite des écosystèmes à vocation non forestière et fortement perturbés, ne nous semble pas très opportune. En nous référant à l'exploitation forestière du bois d'œuvre, l'incitation dont l'État s'est servi pour mobiliser les communautés locales, nous pensons qu'il était plus rationnel que l'État cède des espaces forestiers sur le DFP, qui recèle encore des forêts exploitables. Cette perspective aurait également écarté leur chevauchement d'avec les espaces appropriés, soldant au passage la question du partage des revenus issus de leur exploitation. Nous pensons en outre que la question de leur rentabilité économique serait un peu plus évidente.

III.2. Sur l'organisation communautaire de la gestion des ressources

Sur le plan de l'organisation communautaire, la deuxième dimension de notre hypothèse s'intéressait aux entités de gestion comme des assemblées facilitant l'élaboration des stratégies collectives prenant en compte les solidarités existantes et valorisant l'intérêt général. Une immersion au sein des communautés étudiées a permis de rendre compte des systèmes villageois de relation et leurs interactions avec la gestion des forêts communautaires. L'analyse de la sphère des mutations psychosociales, culturelles, relationnelles et socioéconomiques des communautés étudiées a permis de rendre compte de la complexité de ces relations et les multiples approches observées localement.

En marge de la faible richesse en bois d'œuvre des forêts communautaires, la léthargie dans laquelle sombre l'organisation communautaire de la gestion des forêts pose la question du dynamisme des responsables des entités de gestion. Il ne suffit pas de revendiquer au nom de la démocratie ou de la communauté, la gestion de la forêt. Il faut d'abord avoir l'audace et la pugnacité nécessaires pour porter un tel projet. Ce qui est en cause, c'est davantage la défaillance des acteurs communautaires à se situer par rapport à leur objectif, ce sont leurs capacités à s'approprier un projet et à mettre en œuvre une vraie stratégie de mobilisation collective et de solidarité communautaire qui s'appuie sur les savoirs et savoir-faire locaux. L'analyse a permis de montrer que, les organisations communautaires étudiées sont minées par : (i) les pressions exercées par les acteurs porteurs de logiques différentes et qui parfois s'opposent fermement et, (ii) des stéréotypes et des représentations qui inhibent plutôt l'action collective communautaire. Les énergies sont plus orientées à gérer des conflits et des tensions dans l'organisation. Dans un tel contexte, il n'est pas surprenant que la gestion communautaire ne trouve pas une issue positive compte tenu des divergences des acteurs au sein de la communauté.

IV. La gestion communautaire des ressources forestières : les leçons tirées et les perspectives

Est-ce à dire que les objectifs d'amélioration des conditions de vie et de réduction de la pauvreté ainsi que les perspectives de développement rural sont pour autant impossibles pour les communautés d'ici ? Nous ne le pensons pas un seul instant. Selon nous, il est clair que pour assurer leur avenir, les communautés doivent s'approprier et rendre prioritaire l'enjeu de développement. Pour cela, il est fondamental de mettre en œuvre une véritable pédagogie de l'existence en commun en vue d'une meilleure transformation sociale. Les communautés n'ont pas un autre choix que celui de se constituer en entité fortement structurée et mobilisée. Cela passe par la mobilisation et l'implication de tous les acteurs locaux dans la recherche et l'élaboration collective des solutions, et des actions de développement. L'action collective locale, de ce point de vue, apparaît comme l'outil sans lequel une revitalisation n'est pas envisageable. Toute la question est donc de savoir comment ces acteurs locaux peuvent-ils s'organiser afin de se positionner comme un acteur sérieux et légitime. Il faut pour ce faire que la communauté soit solidaire à la base. Une des conditions nécessaires pour réactiver les liens de solidarité et permettre une action collective véritable est le développement personnel ou ce que nous appelons la pédagogie du vivre en commun. Le premier pas vers cet objectif consiste à se révolter contre le modèle qu'offre la vie communautaire.

IV.1. Se révolter contre le modèle qu'offre la vie communautaire : le premier pas vers la transformation sociale

Nous avons tenté de démontrer au chapitre précédent que la vie communautaire est l'institution informelle qui fixe les codes, établit les règles, dicte les comportements et impose les croyances des acteurs en situation d'action chez les communautés d'ici. L'insertion de l'individu dans le territoire villageois ici, lui impose encore implicitement, un fonctionnement basé sur le modèle des sociétés dites lignagères, où les tabous, les interdits, les croyances au sacrée (même non justifié), les rituels de toute sorte, le respect des anciens... sont les codes sociaux, culturels et territoriaux qui encadrent les interactions. Cette analyse permet d'appuyer notre thèse selon laquelle, la vie communautaire a participé à développer un modèle de vie et des habitudes qui sont sources d'inhibitions pour une transformation sociale véritable et, dont les communautés ne sont même pas conscientes. De ce point de vue, elle apparait comme le guide moral auquel chacun se conforme pour se reconnaitre une appartenance à la communauté. Par conséquent, tout ce qu'elle offre comme modèle est à s'approprier sans l'ombre d'un doute.

Nous avons par ailleurs tenté de démontrer que le modèle qu'offre la vie communautaire a hérité d'un concept du développement qui se réduit à la donnée économique exclusive (la possession d'argent). En effet, gagner de l'argent a longtemps participé à la construction du concept de développement qu'on trouve aujourd'hui en zone forestière en particulier et, cette conception se traduit et se vérifie dans les orientations de gestion que toutes les communautés ont assigné à leurs forêts. Par conséquent, le développement, en tant que coalition des dynamiques d'action et de moyens mettant en place une production économique et sociale dont chacun se sent réellement bénéficiaire est absent dans le modèle qu'offre de nos jours la vie communautaire.

Nous pensons que, si nous voulons aider les communautés à retrouver leur autonomie et leur liberté pour améliorer leurs conditions de vie et réduire la pauvreté, il faut les amener à cette prise de conscience et les inciter à se révolter contre ce modèle communautaire de vie.

IV.2. Déconstruire les stéréotypes : le premier pas vers l'agir en commun

Travailler à déconstruire les stéréotypes, les opinions et les idées reçues, est le premier pas à franchir si nous voulons espérer redonner la liberté et l'autonomie aux populations villageoises pour construire leur développement local. La vraie transformation sociale passe par la transformation personnelle de chaque sujet. L'homme ne se transforme que d'une seule façon : par l'évolution de son esprit. Travailler à reconstruire le développement humain (personnel) c'est construire le premier développement sans lequel le développement à une autre échelle ne peut être envisageable. C'est peut-être à ce niveau qu'un vrai accompagnement des communautés est indispensable et peut produire des résultats positifs.

> *Les systèmes économiques qui négligent les facteurs moraux et sentimentaux sont comme des statues de cire : ils ont l'air d'être vivants et pourtant il leur manque la vie de l'être en chair et en os (Mahatma Gandhi, Extrait des Lettres à l'Ashram).*

Le développement rural comme champ de recherche est très riche d'enseignements pour la science. Le plus important à retenir est que les théories idéologiques, économiques et politiques macro, proposant tel ou tel autre modèle de développement ne constituent pas une clé passe partout. La permanence de l'échec ou la multiplication des dérives dans le contexte particulier des communautés locales d'ici, loin d'encourager à l'abandon, doit plutôt interpeller la science et les méthodes utilisées.

IV.3. Réorienter l'approche de mobilisation des communautés à la gestion des forêts

Nous avons souligné plus haut que les acteurs, c'est-à-dire l'État, les ONG locales, les élites…, qui ont procédé à la mobilisation des communautés pour l'acquisition et la gestion des forêts communautaires se sont plus appuyés sur les aspects financiers, en particuliers sur l'exploitation des forêts communautaires et les bénéfices financiers attendus. Ils ont fait miroiter aux communautés villageoises le rêve qu'elles allaient gagner beaucoup d'argent en créant des forêts communautaires. L'un des corollaires a été le renforcement de la conception erronée du développement en zone forestière. Les faits démontrent aujourd'hui que cette approche est fondée sur des bases fausses. Les forêts communautaires, du moins dans leur orientation actuelle de production de bois d'œuvre, ne feront pas gagner de l'argent, beaucoup d'argent à leurs détenteurs. Au contraire, s'appuyer sur de telles incitations expose les forêts communautaires à la surexploitation, mieux, à l'exploitation frauduleuse du bois d'œuvre. Selon nous, il est préférable de mettre en avant les aspects environnementaux et la valeur patrimoniale des forêts communautaires comme éléments incitatifs.

IV.4. Reconstruire l'harmonie sociale et revaloriser les savoirs et savoir-faire traditionnels

Nous avons développé plus haut d'autres aspects susceptibles d'entretenir la faillite de l'organisation communautaire et l'échec du développement. Nous avons souligné par exemple l'analyse de la plupart des chercheurs, qui disculpe les communautés et désigne les acteurs extra-communauté comme des coupables, confortant ainsi les communautés dans un rôle de victimes. Nous avons aussi souligné que, pour mieux jouer ce rôle de victime, les communautés évacuaient leur responsabilité pour s'en remettre à des partenaires extérieurs considérés comme des bienfaiteurs, ou des protecteurs attendus etc. Paradoxalement, comme nous l'avons souligné dans le cadre de certains partenariats noués avec des ONG locales, les mêmes communautés accusent par la suite celles-ci d'abuser d'elles. Nous pensons donc que la forte demande de ces partenaires n'est qu'un aveu d'impuissance, car les communautés ne reconnaissent pas et n'utilisent pas leurs savoirs et savoir-faire. Nous avons enfin souligné ce que nous avons appelé des comportements d'indigence, qui contribuent à faire des communautés, des promotrices potentielles de détournement et de surfacturation dont elles sont victimes dans certains partenariats qu'elles lient avec des parties prenantes.

Pour corriger ces anomalies, nous pensons que des états généraux de la vie communautaire doivent être organisés. Concrètement, il est indispensable de créer une interface permettant la réappropriation des modes de vie, des systèmes de pensée, des savoirs et savoir-faire locaux traditionnels tout en restant ouverte aux changements mondiaux. Nous pensons que dans le modèle qu'offre aujourd'hui la vie communautaire dans les villages étudiés, on y trouve des éléments déstabilisateurs et inhibiteurs de l'agir et du vivre ensemble. Il y a donc lieu de faire un tri des valeurs à promouvoir comme patrimoine identitaire et culturel. Cette étape semble fondamentale pour reconstruire l'harmonie sociale et revaloriser les savoirs et savoir-faire traditionnels.

Nous ne pouvons pas nier l'évidence qu'aujourd'hui n'est pas comme il y a cinquante ou cent ans. Il faut avoir dans la conscience qu'il y a des mœurs, des usages, des règles qui, hier étaient adaptés au contexte social et économique d'ici et qui, aujourd'hui ont subi l'usure du temps et du changement social, politique et économique. Il y a alors la nécessité de les réactualiser pour les adapter au contexte actuel, si elles ne tombent pas encore dans la désuétude. Pour ce faire, il faut des instances de réflexion initiées, animées et portées par les acteurs locaux eux-mêmes, capables d'assurer l'interface entre les valeurs traditionnelles à promouvoir et l'innovation dans le changement social à s'approprier. Nous pensons qu'il y a amalgame autant dans la compréhension de certains concepts que dans l'action et la pratique de beaucoup de choses. Cet amalgame est justifié par le fait que l'interface qui devait assurer la transition vers la modernité n'existe pas. Autrement dit, l'instance de réflexion qui devait assurer ce travail à la base n'a jamais existé. La conséquence logique est le manque de capacités cognitives traditionnelles permettant une accommodation raisonnée avec l'innovation sociale, économique et politique. Nous pensons en ce sens que, ce sont ces capacités-là qui, ont prioritairement besoin d'être renforcées. Les communautés seules ne pourront pas franchir ce cap. Cette responsabilité incombe à tous. Selon nous, c'est vers ces horizons que la recherche devrait se pencher.

Conclusion troisième partie

Cette partie avait pour objectif d'analyser la question des territoires villageois et la gouvernance communautaire des forêts.

Partant de l'analyse comparative des PSG des forêts communautaires étudiées, le chapitre VII se proposait de questionner leur capacité à soutenir l'objectif socioéconomique de réduction de la pauvreté et d'amélioration du niveau de vie des communautés attributaires.

Nous avons alors en première analyse ressorti leurs paramètres qualitatifs. Les résultats obtenus ont montré que, si les quatre forêts communautaires se distinguent sur le plan de la superficie, de la sectorisation de leur espace, des communautés qui les gèrent, des périodes et moyens de leur acquisition et sur bien d'autres paramètres, elles présentent cependant des similitudes sur plusieurs aspects.

Premièrement, ce sont des espaces spécialisés en plusieurs zones, chaque zone ayant sa fonction propre et correspondant à des usages particuliers. Ce qui signifie que ces forêts ont une vocation multi usages qui est d'ailleurs promue par la directive nationale de gestion des ressources forestières. Par conséquent, outre de la production du bois, la gestion forestière multi usages doit refléter de façon appropriée et rigoureuse la mise en œuvre des autres usages dans les PSG. Cependant, c'est l'exploitation du bois d'œuvre qui focalise exclusivement les communautés, quoique les autres usages soient mentionnés sur les PSG.

Deuxièmement, ces forêts ont été fortement perturbées dans le passé, soit sous forme d'une exploitation industrielle intense de bois d'œuvre (cas de AFHAN et Oyo Momo) soit sous forme de la pratique des activités agricoles, de l'exploitation informelle des bois et de la vente des arbres des champs (cas de toutes les forêts communautaires). Le niveau élevé de perturbation de ces écosystèmes est un indicateur qui, s'il était pris en compte, les destinerait aux activités sylvicoles favorisant la régénération naturelle, la conservation des sauvageons et des semenciers et la restauration des zones profondément dégradées. Or, nos investigations sur le terrain indiquent qu'aucune initiative dans ce sens n'a été engagée dans celles-ci depuis le début de l'exploitation commerciale du bois. Ce qui présage, selon notre point de vue, leur dégradation irréversible et augure l'échec de la politique gouvernementale d'octroi et de gestion communautaire des forêts afin que les populations attributaires participent à la conservation des ressources, élèvent leur niveau de vie et assurent leur développement local.

En deuxième analyse, nous nous sommes intéressés aux inventaires d'aménagement ou multi ressources réalisés dans les forêts communautaires étudiées afin d'apprécier la qualité des estimations de leur potentiel ligneux. La confrontation du taux de sondage (2%) pratiqué ici, d'avec différents taux pratiqués dans différents scénarii d'inventaires appliqués dans d'autres forêts communautaires, a permis de récuser le taux de 2% adopté par les quatre FC pour l'estimation de leur potentiel ligneux. Nous avons montré que ce taux est assez bas pour refléter le potentiel ligneux réel des forêts étudiées. En conséquence, le potentiel ligneux dans les forêts communautaires étudiées est mal estimé et fournit une base fausse de calcul non seulement des paramètres d'aménagement, mais aussi et surtout des avantages économiques procurés par celles-ci sur la seule base de l'exploitation du bois d'œuvre.

Cette hypothèse est soutenue par le bilan économique des activités d'exploitation de bois d'œuvre desdites forêts, que nous avons présenté en dernière analyse. Car, nous avons démontré que les faibles volumes de bois récoltés dans les forêts communautaires MAD et Oyo Momo et leurs difficultés à satisfaire les commandes reçues illustrent leur faible capacité à produire du bois d'œuvre suffisamment et durablement pour soutenir l'ambition socioéconomique de réduction de la pauvreté et de réalisation du développement local.

De même, nous avons établi que les volumes de bois (débités) exploités par AAC dans les quatre FC, n'excédaient pas 70 m³, ce qui est absurde, comparé aux estimations confortables fournies dans les PSG (le cas de la FC MAD indique une possibilité moyenne par AAC de 2 332 m³).

Partant du fait que, l'une des retombées escomptées de la foresterie communautaire pour les populations locales est la création des emplois stables, nous avons démontré que ces emplois, au contraire étaient précaires, non qualifiés, temporaires et regroupent les têteurs, les chargeurs bord de route, les aides-abatteurs/scieurs. Seuls les scieurs, les abatteurs et le responsable des opérations forestières, peuvent être considérés comme des emplois qualifiés.

Nous avons aussi montré que l'activité d'exploitation du bois d'œuvre n'a généré jusqu'ici, aucune infrastructure ni réalisation socioéconomique collectives (excepté le groupe électrogène acheté à crédit par la communauté Oyo Momo), puisque les revenus ex post générés restent largement inférieurs aux prévisions financières ex ante de l'exploitation du bois d'œuvre desdites forêts, même si nous ne pouvons pas nier le fait que quelques salaires ont été perçus à titre individuel. À contrario, la trésorerie de certaines communautés est déficitaire, rendant l'activité discontinue, car celles-ci sont dans l'incapacité d'assumer les coûts et charges d'investissement.

En somme, le développement socioéconomique local attendu de la gouvernance des FC est très loin des espoirs engendrés, car les réalisations socio-économiques collectives prévisionnelles s'avèrent plutôt hypothétiques.

Ce constat nous a conduit au chapitre VIII, qui aborde la question des territoires villageois comme échelle de référence pour la gouvernance des forêts communautaires, et le lieu d'expression de l'action collective communautaire.

Partant de l'analyse de l'espace d'interaction créé par la cohabitation des acteurs villageois en situation de gestion communautaire des forêts pour comprendre la faillite de l'organisation communautaire dans la gestion des espaces forestiers ici, nous avons tenté de saisir l'influence de l'identité spatiale, c'est-à-dire ce que les acteurs villageois ont acquis par leurs pratiques spatiales, leurs connaissances et leur appropriation des lieux habités, et son impact sur l'organisation communautaire de la gestion des espaces forestiers.

L'analyse fine de l'espace d'interaction entre communautés et processus de gestion des forêts a permis de récuser l'idée généralement admise des communautés consensuelles. Certes les organes de gestion des FC mis en place ont largement traduit dans les faits la participation en intégrant en leur sein aussi bien des agriculteurs, des chasseurs-cueilleurs, des petits artisans, des enseignants, des étudiants, des ménagères ou encore des chefs de village ou des notables et certains retraités ou élites. Cependant, derrière cette diversité apparente, se cache un statut social lié à chaque membre lequel lui attribue ou non des prérogatives et/ou des pouvoirs qui reposent soit sur une position généalogique, soit sur les ressources financières, soit sur la force du discours ou l'art oratoire et qui confèrent à son détenteur un contrôle sur la gestion des FC. Les résultats de notre étude ont ainsi montré que le fonctionnement des entités de gestion ne repose pas très clairement sur les principes et règles démocratiques édictés dans leurs statuts, Contrairement aux apparences qui peuvent laisser croire le contraire. Ces organes fonctionnent plus discrètement sur la base des us et coutumes villageois où le respect des codes sociaux, traditionnels et coutumiers biaise le débat participatif.

Des même, si l'individualisme et l'absence de solidarité sont formellement dénoncés par les communautés comme les causes explicatives de la défaillance communautaire à s'approprier un projet et à mettre en œuvre une vraie stratégie de mobilisation collective, il est cependant vrai qu'ils sont plutôt la conséquence des pratiques sociales qui ne se sont pas transformées du tout, ou alors qui se transforment en restant les mêmes, tout en se croyant innovatrices et reproduisent de vieux modèles. Cette assertion se vérifie à travers l'histoire de leur organisation sociale, laquelle révèle que la segmentation qui est à la base de l'organisation sociale en est clairement l'agent.

En définitive, l'obstruction de l'expression participative et la difficulté de la mise en place d'une décision concertée impactent fortement l'agir-collectif communautaire. Le mécanisme opérant est la vie communautaire que nous avons définie comme l'ensemble des acquis (sociaux, culturels, matériels, symboliques, …) tirés de l'usage de la dimension spatiale d'une communauté donnée, et qui la différencie des autres.

Demander simplement aux communautés villageoises de se constituer en entités de gestion ne suffit pas à les doter d'une base de fonctionnement démocratique et participatif authentique. C'est probablement une illusion qui risque de conduire la gestion des forêts communautaires une fois de plus à ce scénario classique : une perspective nouvelle pour aider les populations locales à s'autodéterminer économiquement est proposée et largement adoptée. Les années suivantes, elle s'essouffle et tombe dans l'abandon sans que personne n'explique clairement les causes de cet échec.

Enfin, le chapitre IX essaye par une approche, d'expliquer la faillite de l'organisation communautaire de gestion des espaces forestiers à Djoum. Partant des mutations culturelles et socioéconomiques chez les communautés d'ici, nous avons montré qu'elles ont contribué à forger une appropriation erronée du concept de développement, en le réduisant à sa seule dimension économique. Cette appropriation réductrice du concept de développement explique en partie, voire essentiellement l'échec des initiatives de gestion collective des espaces forestiers par les communautés villageoises de Djoum.

En nous appuyant sur la pratique de l'agriculture de rente, nous avons montré que la seule vraie motivation pour les paysans à pratiquer cette activité était de gagner de l'argent qui permettait à son détenteur de pourvoir à tous ses besoins (le pouvoir, le prestige social et l'allégeance des autres ainsi que les biens matériels). Cette perception réductrice du développement (gagner de l'argent) s'est étendue et se vérifie dans toutes les activités de la vie économique et dans la foresterie communautaire en particulier.

Nous avons montré que la crise économique de 1987 et ses conséquences désastreuses sur les producteurs agricoles de rente fournissent une belle illustration, car elles ont été à l'origine d'une réforme rurale visant à inciter les paysans à se regrouper au sein des mouvements associatifs, pour coaliser des dynamiques d'action et des moyens mettant en œuvre une production économique et sociale dont chacun se sent réellement bénéficiaire. Mais, la prolifération et l'inflation des organisations rurales qui ont accompagné cette réforme ont encore démontré que les vraies motivations de leurs promoteurs étaient la course solitaire à la recherche d'argent. Nous avons également établi que les acteurs extérieurs au monde rural (l'État, les ONG, les élites, et beaucoup d'autres encore) qui ont procédé à la mobilisation des communautés pour l'acquisition et la gestion des forêts communautaires, leur ont fait miroiter le rêve qu'elles allaient gagner beaucoup d'argent en créant des forêts communautaires. Cette incitation basée sur le gain d'argent que les forêts communautaires allaient permettre, a été l'élément central déterminant la volonté populaire à braver les obstacles liés aux lourdeurs procédurales, aux coûts exorbitants et à aller jusqu'à obtenir leur forêt. Nous avons aussi relevé que les causes endogènes de la faillite de la gestion de la RFA ont essentiellement été la propension des gestionnaires à une utilisation privée détournée de l'argent communautaire.

Ces quelques éléments d'analyse ont permis de montrer à quel point la recherche personnelle d'argent impacte la dynamique sociale et toutes les initiatives en faveur du développement local. Car, dès qu'il est question d'argent, tout se passe comme si l'individu perdait sa nature sociale et ne se sentait plus comme un membre de la communauté, compromettant par-là, les rapports de proximité.

Ces arguments ont permis d'établir que le concept de développement en tant que coalition des dynamiques d'action et de moyens mettant en œuvre une production économique et sociale dont chacun se sent réellement bénéficiaire, reste très loin de l'horizon vers lequel tendent aujourd'hui les communautés forestières de Djoum. Par conséquent, la faillite de la foresterie communautaire à façonner une production économique et sociale dans ce cas de Djoum, ne peut être que le fruit de l'ensemble des relations qui ont été construites autour de la gestion forestière mise en place.

Conclusion générale

La mise en œuvre du processus de forêts communautaires au Cameroun reposait sur deux principales hypothèses. La première se fondait sur l'idée d'une forte corrélation entre action collective communautaire, gestion des forêts communautaires et développement socioéconomique et la deuxième s'appuyait sur l'idée que le village constitue l'échelle forte de référence pour la gouvernance communautaire des ressources naturelles, puisqu'il serait le lieu d'élaboration des stratégies collectives prenant en compte les solidarités existantes et valorisant l'intérêt général. Vérifier ou infirmer ces deux hypothèses a nécessité d'analyser au regard du géographe, l'action collective appliquée à la gestion communautaire des ressources forestières à Djoum, pour rendre compte :

- de la capacité des forêts communautaires à répondre à l'objectif du gouvernement camerounais, d'améliorer la participation des populations à la conservation et à la gestion des ressources forestières, de contribuer à la réduction de leur pauvreté et, à l'élévation de leur niveau de vie ;
- de la question des territoires villageois comme échelle de référence pour la gouvernance des forêts communautaires ;
- et de l'influence de l'identité spatiale, c'est-à-dire ce que les acteurs villageois ont acquis par leurs pratiques spatiales, leurs connaissances et leur appropriation des lieux habités, sur l'organisation communautaire de la gestion des espaces forestiers.

Pour ce faire, nous avons structuré notre recherche en trois parties suivant une approche pluridisciplinaire qui emprunte à : la géographie, l'histoire, l'économie, la sociologie, l'anthropologie, l'écologie, …

Dans un premier temps nous avons fait le tour de quelques défis mondiaux se rapportant à la question du développement pour analyser les enjeux dans les sociétés locales, notamment celles d'Afrique subsaharienne. Par cette analyse, nous avons mis en exergue la relation d'interdépendance entre les pays du monde et les interactions d'échelles spatiales qui en résultent. Cette relation d'interdépendance rappelle que toute réflexion sur le phénomène de développement, peut difficilement faire fi des conditionnements macro et micro économiques ou sociologiques et de leur impact sur le local.

Par ailleurs, cette relation d'interdépendance a justifié le débat international qui s'est construit et les nouvelles formes de régulation sociopolitique et économique proposées à cette échelle, pour faire face à ces défis. Ce contexte a abouti à la reconnaissance des communautés locales, comme des acteurs sérieux, appelés à prendre en main leur destin pour s'autodéterminer économiquement et insuffler une nouvelle dynamique sur leurs relations avec les différentes instances économique et politique supra-locales.

En ce sens, nous avons présenté les corpus d'idées nouvelles et les approches renouvelées que les praticiens du développement se sont attachés à apporter pour autonomiser les acteurs locaux. Cependant, ces approches n'ont pas toujours permis de créer une dynamique autonome d'auto-détermination, permettant aux acteurs locaux d'éradiquer la pauvreté et de réaliser le bien-être socioéconomique auquel ils aspirent.

C'est dans cet environnement que la décentralisation de la gestion des ressources forestières est intervenue au Cameroun. Celle-ci, dans son itinéraire qui a abouti à la possibilité pour les communautés, de demander et d'obtenir une forêt communautaire, a constitué un grand espoir pour ces dernières. La foresterie communautaire est apparue comme une chance offerte aux communautés de s'exprimer et l'occasion de se positionner, de s'organiser collectivement et de mettre en œuvre des actions en tant qu'acteurs formellement reconnus. Mais ont-elles réellement saisi cette opportunité offerte ?

Nous avons ensuite, en deuxième temps, revisité très succinctement la notion d'action collective et la gestion des ressources communes pour lever les équivoques sur le sens avec lequel nous l'avons abordé dans notre recherche. En empruntant à Elionor Ostrom, pour qui l'action collective est abordée comme une approche permettant de résoudre des dilemmes sociaux liés à des situations d'interdépendance des acteurs par des « institutions », nous avons défini l'action collective communautaire comme un ensemble de pratiques, de savoir-faire et d'attitudes mobilisés intentionnellement par des acteurs villageois en interaction autour de l'acquisition et de la gestion d'une forêt, qui les réunit par l'importance et la valeur qu'ils accordent à leur espace vécu. Cela dit, les notions de communauté, de territoire et de territorialité qui lui sont liées, ont aussi été précisées pour souligner que chez les Bantous de Djoum, le respect des codes sociaux, traditionnels et coutumiers est un élément construisant son appartenance territoriale.

Après cette mise au point, nous avons présenté les techniques utilisées et les procédures réalisées pour collecter nos données et, nous avons situé et de présenté géographiquement et historiquement l'arrondissement de Djoum. Celui-ci est situé dans la région du Sud, département du Dja et Lobo, entre 2°13' et 3°3' de latitude Nord et 12°18' et 13°14' de longitude Est. Il couvre une superficie de 5 607 km², pour un périmètre total de 408,2 km. Il est administrativement organisé en trois cantons et sa population était estimée à 18 050 habitants en 2005. Djoum-ville est le résultat du démantèlement de l'ancien poste militaire d'Akoafem, créé par les allemands en 1906 au sud, et de sa reconstruction au nord de l'arrondissement du même nom par les français en 1922. Les principaux groupes humains qu'on y rencontre sont dans l'ordre de leur installation, les pygmées Baka et Kaka, les Fang, les Boulou et les Zamane.

Quant au portrait socioéconomique de cette commune, il apparait que la forêt est sans conteste, la dominante de son paysage. Elle conditionne les activités économiques, parce qu'elle est en la principale ressource. Elle représente aussi un élément capital pour la vie et la survie des populations locales, qui y mènent plusieurs activités de subsistance comme l'agriculture, la chasse, la pêche et la cueillette, et plus récemment la foresterie communautaire. Outre ces aspects, Djoum présente les indices d'une dévitalisation prononcée avec un manque d'eau courante et potable, un niveau de chômage élevé, une couverture sanitaire insuffisante, un niveau d'enclavement poussé. Pour ce qui est de ses recettes fiscales, jusqu'en 2009, le principal poste des recettes était la redevance forestière annuelle, laquelle contribuait à 94% au budget de fonctionnement de la commune. Mais depuis le démarrage de l'exploitation de la forêt communale en 2010, sa rentabilité financière était estimée à près de 70% des recettes communales, surclassant ainsi la célèbre RFA, dont le payement est en diminution progressive depuis 2008.

Enfin, dans la troisième et dernière partie de notre recherche, nous avons analysé les territoires villageois en tant qu'échelle de référence pour la gouvernance communautaire des forêts et les effets de cette gouvernance sur les plans socioéconomique et écologique. Nous avons également essayé, à travers une approche qui s'inspire des éléments constitutifs de la rationalité sociale et économique des communautés étudiées, d'expliquer la faillite de l'organisation communautaire de gestion des espaces forestiers à Djoum.

Sur le développement socioéconomique local et la conservation des ressources naturelles attendus de la gouvernance des FC, les résultats de notre étude montrent qu'ils sont très loin des espoirs engendrés. En effet, plusieurs arguments que nous avons relevés appuient ce constat. Il apparait d'abord que les FC étudiées sont des espaces spécialisés en plusieurs zones et chaque zone a sa fonction propre correspondant à des usages particuliers. Cette sectorisation de l'espace est un indicateur, qui implique à ramener la fonction de production de bois d'œuvre, la plus visée par toutes les forêts communautaires, à sa superficie réelle et à prendre comme référence cette base pour le calcul des paramètres de gestion et d'aménagement de la forêt. Pourtant toutes les forêts communautaires sont divisées en secteurs quinquennaux parfois iso volumes eux-mêmes divisés en parcelles annuelles iso surfaces d'exploitation de bois d'œuvre. Ensuite, ces forêts ont été fortement perturbées dans le passé. Cet autre indicateur devrait être un critère à prendre en compte pour les destiner davantage aux activités sylvicoles favorisant leur régénération et leur conservation pour une meilleure valorisation future. Mais ce n'est pas le cas, toutes ayant opté pour leur exploitation, à l'exception de la communauté AFHAN qui était sur le point d'abandonner cette option, pour s'orienter vers le processus de conservation à travers le projet de paiements des services environnementaux. Nous avons aussi relevé que les volumes de bois exploités dans ces forêts sont très faibles, ce qui atteste clairement que les possibilités qu'on leur attribue dans les PSG sont fausses.

Sur le plan des réalisations socioéconomiques et des emplois créés, le bilan montre encore une fois de plus, qu'on est très éloigné des espoirs engendrés. En effet, les quelques emplois qui ont été créés sont de type temporaire, précaires et non qualifiés. Par ailleurs, l'exploitation du bois d'œuvre n'a généré jusqu'ici, aucune infrastructure ni réalisation socioéconomique collectives (excepté le groupe électrogène acheté à crédit par la communauté Oyo Momo), puisque les revenus ex post générés restent largement inférieurs aux prévisions financières ex ante de l'exploitation du bois d'œuvre. Pire, la trésorerie de certaines communautés est déficitaire, rendant l'activité discontinue, car celles-ci sont dans l'incapacité d'assumer les coûts et les charges d'investissement.

Enfin, ces forêts sont assises sur des espaces appropriés au sens propre du terme. Cette situation soulève des équivoques sur leur statut supposé de biens communs et pose la question du partage de leurs retombées économiques. Certaines communautés (cas de MAD) excluent les arbres des espaces appropriés de l'exploitation ou conditionnent leur exploitation à des négociations avec les propriétaires qui percevront alors un pourcentage sur le prix de vente en tenant compte des dommages occasionnés lors de l'exploitation.

Outre ces faiblesses qualifiées de structurelles, il existe d'autres faiblesses dites conjoncturelles. La léthargie dans laquelle sombre l'organisation communautaire de la gestion des forêts pose la question du dynamisme des responsables des entités de gestion. Il ne suffit pas de revendiquer au nom de la démocratie ou de la communauté, la gestion de la forêt. Il faut d'abord avoir l'audace et la pugnacité nécessaires pour porter un tel projet. Nos résultats ont montré la défaillance des acteurs communautaires à se situer par rapport à leur objectif et leurs capacités à s'approprier un projet et à mettre en œuvre une vraie stratégie de mobilisation collective et de solidarité communautaire qui s'appuie sur les savoirs et savoir-faire locaux.

Sur les territoires villageois comme échelle de référence pour la gouvernance des FC, il ressort de notre recherche que l'obstruction de l'expression participative et la difficulté de la mise en place d'une décision concertée impactent fortement l'agir-collectif communautaire. En effet, l'insertion de l'individu dans le territoire villageois ici, lui impose encore implicitement, un fonctionnement basé sur le modèle des sociétés dites lignagères, où les tabous, les interdits, les croyances au sacrée (même non justifié), le respect des anciens… sont les codes sociaux, culturels et territoriaux qui encadrent les interactions. Même l'initiative gouvernementale de les regrouper en entités de gestion (dans le but d'instaurer une base démocratique et participative de fonctionnement) n'a pas réussi à induire une transformation sociale des systèmes établis de relation et de perception. L'organisation sociale, par le fait traditionnel de sa segmentation, participe à éloigner mutuellement les membres et à renforcer l'individualisme. Et prétendre que cet « individualisme » est un fait social post-ancestral (comme en témoignent les communautés), c'est dénier la réalité et cela implique un faux diagnostic du problème. L'accommodation à la vie communautaire, héritage des Ancêtres, afin de se reconnaitre une appartenance à son territoire de vie est l'élément déterminant qui permet d'entretenir le statu quo. Or, comme nous avons tenté de le démontrer, la vie communautaire offre à chacun de ses membres un encadrement inhibiteur de l'agir-collectif.

Ce bref rappel des éléments constitutifs de la rationalité sociale et économique des communautés de Djoum en particulier, et des sociétés forestières lignagères segmentaires de la zone tropicale en général, fournit des repères pour comprendre la plupart des difficultés liées à la gestion communautaire des espaces forestiers et donne un aperçu des origines de la faillite de la tradition communautaire à s'organiser collectivement. Les résultats de notre analyse démontrent clairement que l'échec permanent de la plupart des projets de développement rural trouve son explication dans la faillite de la tradition communautaire à s'organiser collectivement et solidairement.

Nous avons enfin, pour terminer notre étude, montré que le concept de développement en tant que coalition des dynamiques d'action et des moyens mettant en œuvre une production économique et sociale dont chacun se sent réellement bénéficiaire, reste très loin de l'horizon vers lequel tendent aujourd'hui les communautés attributaires des forêts de Djoum. Cette disposition est l'aboutissement d'un long processus qui, au fil du temps, a été une mauvaise appropriation de ce concept, en le réduisant à sa seule donne économique, précisément à la possession d'argent. Les FC produisant peu ou pas d'argent, fournissent alors une clé de lecture permettant d'expliquer le sens de la démobilisation collective ici.

Toutefois, est-ce à dire que les objectifs d'amélioration des conditions de vie et de réduction de la pauvreté ainsi que les perspectives de développement rural sont pour autant impossibles pour les communautés d'ici ? Nous ne le pensons pas un seul instant. L'hypothèse selon laquelle les communautés doivent s'approprier et rendre prioritaire l'enjeu de développement pour assurer leur avenir ne souffre d'aucune contestation. Cependant, sa réussite nécessite plusieurs choses à régler :

- mettre prioritairement en œuvre une véritable pédagogie de l'existence en commun en vue d'une meilleure transformation sociale ;
- mettre en œuvre de vraies stratégies de mobilisation et d'implication de tous les acteurs locaux dans la recherche et l'élaboration collective des solutions, et des actions de développement ;
- se constituer en entité fortement structurée et mobilisée.

L'action collective locale, de ce point de vue, apparaît comme l'outil sans lequel l'atteinte des objectifs d'amélioration des conditions de vie, de réduction de la pauvreté et les perspectives de développement rural, n'est pas envisageable. Cela passe par la réactivation des liens de solidarité et le développement personnel ou ce que nous appelons la pédagogie du vivre en commun.

Nous avons proposé pour ce faire :

- de se rebeller contre le modèle qu'offre la vie communautaire, qui selon nous, a participé à développer un modèle de vie et des habitudes qui sont sources d'inhibitions pour une transformation sociale véritable et, dont les communautés ne sont même pas conscientes ;

- de déconstruire les stéréotypes, car l'homme ne se transforme que par l'évolution de son esprit. Selon nous, travailler à reconstruire les vraies valeurs, c'est construire le premier développement sans lequel le développement à une autre échelle ne peut être envisageable. C'est peut-être à ce niveau qu'un vrai accompagnement des communautés est indispensable et peut produire des résultats positifs ;

- de réorienter l'approche de mobilisation des communautés à la gestion des forêts. À ce propos, le cas de la communauté AFHAN, qui après l'échec de l'exploitation et de la commercialisation du bois, a décidé de se lancer dans le processus de conservation à travers le projet de paiements des services environnementaux (PSE), est à promouvoir ;

- enfin de reconstruire l'harmonie sociale et revaloriser les savoirs et savoir-faire traditionnels.

Bibliographie

Agrawal, A., & Ribot, J. (1999). Accountability in Decentralization: A framework with South Asian and African Cases . *Journal of Developing Areas.*

Albaladejo, C., & Casabianca, F. (1997). La recherche-actio. Ambitions, pratiques, débats. *Etudes et Recherches sur les Systèmes Agraires et le Développement*(30).

Angulo Sánchez, N. (2008, Décembre 18). *Les obstacles au droit au développement.* Consulté le Décembre 13, 2010, sur CADTM: http://www.cadtm.org/IMG/article_PDF/article_3955.pdf

Aquino (d'), P. (2002). *Accompagner une maîtrise ascendante des territoires. Prémices d'une géographie de l'action territoriale.* Habilitation à diriger les recherches, Université de Provence Aix-Marseille I, Aix en Provence.

Auton, Y. (2000, Mai 5). *Etude internet et développement local. Première partie: le développement local.* Consulté le Mai 12, 2010, sur Admiroutes : Sciences, techniques et démocratie: http://www.admiroutes.asso.fr/espace/proxim/auton/partie1.htm

Avenier, M. (1992). Recherche-action et épistémologies constructivistes, modélisation systémique et organisations socio-économiques complexes. (Dunod, Éd.) *Rev. Int. System.*(4), pp. 403-420.

Barbier, M. (1998). *Pratiques de recherche et invention d'une situation de gestion d'un risque de nuisance. D'une étude de cas à une recherche-intervention.* thèse de Doctorat, Université Lyon 3, Lyon.

Bates, R. (1987). *Trainers manual: how to conduct a development planning and management workshop.* Washington D.C.: Transcentury Foundation.

Beaudry, R., & Dionne, H. (1996). Vivre quelque part comme agir subversif: les solidarités territoriales. *Recherches sociographiques, XXXVII*(3), 537-557.

Bedu, L., Martin, C., Knepfler, M., CIRAD-DSA, Tallec, M., Urbino, A., et al. (1987). *Appui pédagogique à l'analyse du milieu rural dans une perspective de développement.* Montpellier: CIRAD-DSA.

Benko, G., & Lipietz, A. (1992). *Les régions qui gagnent.* Paris: PUF.

Berthomé, J., & Mercoiret, J. (1993). *Méthode de planification locale pour les organisations paysannes d'Afrique sahélienne.* Paris: L'Harmattan.

Bierschenk, T., Chauveau, J.-P., & Olivier de Sardan, J. P. (2000). *Courtiers en développement. Les villages africains en quête de projets.* Paris: Karthala.

Bigombe Logo, P. (1996, Février). Contestation de l'État et attestation d'une identité spatiale au Cameroun méridional forestier. *Polis, Revue Camerounaise de Science Politique*, pp. 129-139.

Bigombé Logo, P. (2003). *The decentralized forestry taxation system in Cameroon, local management and state logic.* Washington, D.C: World Resource Institute. Working paper 10, Environmental Governance in Africa Series.

BIRD. (2000). BIRD, 2000. "Decentralization: rethinking government". entering the , chapter 5. . Dans W. Bank, *Entering the 21st century: World Development Report* (pp. 107-124). Oxford Univers Press.

Bourdin, A. (1990). Territoires et localités. *Espaces et Sociétés*(58), pp. 135-139.

Brassard, M.-J. (2002). *La valorisation et la reconnaissance des savoirs collectifs locaux: un outil de transformation sociale pour les petites communautés?* Québec: Université du Québec à Chicoutimi.

Bruneau, J.-C. (2003). De l'ethnie au parler commun : espaces et cultures au Camerounl. Dans P. Cosaert, & F. Bart (Éd.), *Patrimoines et développement dans les pays tropicaux. 18*, pp. 529-547. Bordeaux: Presses Universitaires de Bordeaux.

Brunet, R. (1987). *La carte, mode d'emploi.* Paris: Fayard.

Brunet, R., Ferras, R., & Thery, H. (2001). *Les Mots de la Géographie. Dictionnaire critique, cinquième édition* (éd. 5e). Paris: La Documentation française.

BUCREP. (2010). *3ème Recensement Général de la Population et de l'Habitat du Cameroun.* . Yaoundé: BUCREP.

Buijsrogge, L. (1989). *Initiatives paysannes en Afrique de l'Ouest.* Institut d'Etudes Sociales. Paris: Harmattan.

Buttoud, G. (2001). *Gérer les forêts du Sud. L'essentiel sur la politique et l'économie forestières dans les pays en développement.* Paris: L'Harmattan.

Calame, P. (1994). *Un territoire pour l'homme.* La Tour d'Aigues: Editions de l'Aube.

CARFAD. (2006). *Bilan des acquis de la foresterie communautaire au Cameroun et définition de nouvelles orientations* . Yaoundé: MINFOF.

Caron, P., & Mota, D. (1996). Proposition méthodologique pour un diagnostic territorial rapide. *Séminaire international. Enquêtes rapides, enquêtes participatives, la recherche agricole à l'épreuve des savoirs paysans.*

Carret, J.-C. (2002). Les enjeux de l'aménagement durable : le cas des forêts denses camerounaises. *Bois et Forêts des Tropiques, I*(271), 61-78.

Carroué, L. (2002). *Géographie de la mondialisation.* Paris: Armand Colin.

Carroué, L. (2008). Crise des subprimes : la fin de l'hégémonie américaine ? Dans F. Bost, L. Carroué, S. Colin, C. Girault, R. Le Goix, J. Radvanyi, et al., *Images économiques du monde. Géoéconomie - géopolitique 2009* (p. 414). Paris: Armand Colin.

Castel, R. (1995). *Les métamorphoses de la question sociale*. Paris: Fayard.

Chambers, R., & Belshaw, D. (1973). *Managing rural development : lessons of Eastern Africa*. Brighton: Institute of Development.

Chauveau, J. (1994). Participation paysanne et populisme bureautique. Essai d'histoire et de sociologie du développement. Dans J. Jacob, P. Lavigne-Delville, & Kharthala (Éd.), *Les associations paysannes en Afrique* (pp. 221-234). Paris: IUED.

Chauveau, J. (1995). Projets de développement rural, approche participative et exclusion des groupes vulnérables en Afrique de l'ouest. *Le développement peut-il être social ? Pauvreté, chômage, exclusion dans les pays du sud*. Royaumont: ORSTOM.

CIRAD. (1994). *Séminaire international sur les recherches-système en agriculture et développement rural* (Vol. I et II). Montpellier: Centre International de Recherche Agronomique pour le Développement (CIRAD).

CIRAD. (2006). *Audit économique et financier du secteur forestier au Cameroun*. Yaoundé: CIRAD.

Clouet, J. (1993). *Bilan de gestion de terroir et des ressources naturelles*. Observatoire du Sahara et du Sahel, CIRAD, Montpellier.

Collectif. (1993). *Gestion de terroir. Problèmes identifiés par les opérateurs de terrain en Afrique et à Madagascar*. Travaux de recherche-développement, CIRAD, Montpellier.

Comeliau, C. (2000). Le postulat de la croissance indéfinie. *Revue internationale des sciences sociales,, 166*, pp. 519-527.

Commere, R. (1989). *Le développement local en milieu rural*. Université de Saint Etienne, Saint Etienne.

Commune Djoum. (2005). Etude socio économique réalisée dans le cadre de l'aménagement de la forêt communale de Djoum. Djoum, Dja-et-Lobo, Sud-Cameroun.

Cour, J.-M. (2007). Peuplement, urbanisation et développement rural en Afrique sub-saharienne : un cadre d'analyse démoéconomique. *Afrique contemporaine, 3-4(223)*, pp. 363-401.

Courade, G. (1989). Organisations paysannes, sociétés rurales, Etat et développement au Cameroun (1960-1980). *Colloque sur l'économie politique du Cameroun - Perspectives historiques. I*, pp. 57-93. Leiden: African Studies Centre.

Cuny, P., Abe'ele, P., Nguenang, G.-M., Djeukam, R., Eboule, S., & Eyene, E. (2003). *Etat des lieux de la foresterie communautaire au Cameroun.* Yaoundé: Ministère des Eaux et Forêts.

Dahl, R. (1971). *Qui gouverne?* Paris: Armand Collin.

Dale, R. (1996). Towards an Analysis of the Effects of globalisation on Education. *Paper presented at the Faculdade de Psichologia e de Ciências da Educaçào.* University of Oporto.

Dauphine, A. (1998). Les concepts de la géographie humaine. Dans A. Bailly, *Espace et pouvoir* (pp. 51-62). Paris: Armand Colin.

de Wachter, P. (1997). *Économie et impact de l'agriculture itinérante Badjoué [sud-Cameroun].* Consulté le Mars 31, 2010, sur Revues.org: http://civilisations.revues.org/index1611.html

Deberre, J.-C. (2007). Décentralisation et développement local. *Afrique contemporaine, 1*(221), pp. 45-54.

Defourny, J. (1994). *Développer l'entreprise sociale, (direction de l'ouvrage).* Bruxelles: Fondation Roi Beaudoin.

Defourny, J., Favreau, L., & Laville, J.-L. (1998). *Insertion et nouvelle économie sociale, un bilan international,, Paris.* Paris: Desclée de Brouwer.

Di Méo, G. (1998). *Géographie sociale et territoire.* Paris: Nathan.

Di Méo, G. (2006). Territoires des acteurs, territoires de l'action. *Bulletin de la Société géographique de Liège,* 7-17.

Diaw, M. C., & Oyono, P. R. (2001). *Les dimensions sociales du classement et de l'aménagement des unités forestières de gestion. Enseignements théoriques sur la démarche et l'expérience du Projet "Forêts & Terroirs" de Dimako.* Rapport non publié, CIFOR, Youndé.

Dionne, H. (1996). L'art de vivre : base des mobilisations villageoises. *Revue du CIRIEC Canada (Centre interdisciplinaire de recherche et d'information sur les entreprises collectives) , 28*(1), pp. 19-30.

Dionne, H., & Beaudry, R. (1996). Vivre quelque part comme agir subversif : les solidarités territoriales . *Recherches sociographiques, XXXVII*(3), pp. 537-557.

Dionne, H., & Mukakayumba, E. (1998). Territoire de communauté et développement enraciné. Dans N. Bouchard, M.-A. Couillard, J.-P. Deslauriers, H. Dionne, C. Gilbert, E. Mukakayumba, et al., *Des communautés... au communautaire* (pp. 19-36). Québec: UQAC - GRIR.

Dionne, H., & Tremblay, P.-A. (1999). Mobilisation, communauté et société civile sur la complexité des rapports sociaux contemporains, Actes du colloque, GRI. *Vers un nouveau pacte social ? État, entreprises, communautés et territoire régional* (pp. 89-104). Québec: GRIR - Université du Québec à Chicoutimi.

Dolfus, O., Grataloup, C., & Lévy, J. (1999). Trois ou quatre choses que la mondialisation dit au géographe. (Armand-Collin, Éd.) *l'Espace géographique*(1), pp. 1-11.

Duhem, C. (1996). *Mise au point d'une méthodologie d'étude des systèmes agroforestiers au Gabon.* Rapport de consultation SODETEG pour le compte du Projet Forêt et Environnement (Gabon), Libreville.

Duvernay, J. (1989). *Le local en action.* Association Nationale pour le Développement Local et les Pays (ANDLP), Institut de Formation en Développement Communautaire (IFDEC). Paris: editions de l'épargne.

Ebel, R. (1998). Logic of decentralization and worldwide overview: talking points. *Paper presented at the Mediterranean Development Forum II.* Marrakech.

Ebela, P. (2011). *La production et la commercialisation des cultures vivrières dans le département du Ntem de 1964 à 1992 : essai d'analyse historique.* Master 2, Université de Yaoundé I, Yaoundé.

Edmunds, D., & Wollenberg, E. (2003). *Locacal forest management. The impact of devolution policies.* London: Earthscan publications.

Ela, J.-M. (1983). *La ville en Afrique noire.* Paris: Karthala.

Ellsworth, L., Diamé, F., Diop, S., & Thieba, D. (1992). *Rural appraisal.* Dakar: PRAAP.

Elong, G. (2005, Avril). Organisations paysannes et construction des pouvoirs dans le Cameroun forestier. *Collection Sociétés.*

Eyenga, J. (1996). *L'impact socio-économique du cacao sur son producteur camerounais : essai de sociologie rural .* Thèse de Doctorat 3e cycle, Université de Yaoundé I, Yaoundé.

FAO. (1978). *Le rôle des forêts dans le développement des collectivités locales.* Rome: FAO, Département des forêts.

FAO. (1991). *Foresterie communautaire. Un examen de dix ans d'activité.* Rome: FAO, Département des forêts.

FAO. (2009). *L'état de l'insécurité alimentaire dans le monde. Crises économiques - répercussions et enseignements.* Rome: FAO.

FAO. (2013). *FAOSTAT.* Consulté le Février 16, 2014, sur faostat3.fao.org: http://faostat3.fao.org/faostat-gateway/go/to/download/O/OA/F

Favreau, L. (2000). Économie sociale et développement dans les sociétés du Sud. *Economie et solidarité, 31*(2), pp. 45-63.

Favreau, L. (2005). *Économie sociale et politiques publiques : la question du renouvellement de l'État social au Nord et de sa construction au Sud.* Québec: Chaire de recherche du Canada en développement des collectivités (CRDC).

Favreau, L., & Lévesque, B. (1996 et 1999). *Développement économique communautaire. Economie sociale et intervention, collections pratiques et politiques sociales.* Sainte-Foy: Presses de l'Université du Québec.

Favreau, L., Frechette, L., & Larose, G. (2002). Economie sociale, Développement local et solidarité internationale : esquisse d'une problématique. *15*(1), 15-24.

Fernandez, A. P., Mascarenhas, J., & Ramachandran, V. (1991). Sharing ou limited experience for trainers : participatory rural appraisal or participatory learning methods. *RRA Notes*(13).

Figueiredo, J., & de Haan, A. (1998). *Social exclusion : an ILO perspective.* Genève: ILO Geneva.

Friedmann, J., & Douglass, D. (1998). *Cities for citizens : planning and the rise of civil society in a global age.* Chichester.

Froger, G., & Meral, P. (2008). Introduction. *Mondes en développement*, 7-10.

Gagnon, C. (1995). Développement local viable : approches, stratégies et défis pour les communautés. *Coopérative et développement, XXVI*(2), pp. 61-82.

Gariépy, M., Ouellet, B., Domon, G., & Phaneuf, Y. (1986). *Bilan et étude comparative de procédures d'évaluation et d'examen des impacts.* Montréal: Institut d'Urbanisme, Université de Montréal.

Genieux, M. (1958). Climatologie du Cameroun . *Atlas du Cameroun.*

Giddens, A. (1987). *La constitution de la société.* Paris : Presses Universitaires de France.

Girin, J. (1987). L'objectivation des données subjectives. Eléménts pour une théorie du dispositif dans la recherche interactive. *Qualité des informations scientifiques en gestion. Méthodologie fondamentales en gestion*, pp. 170-186.

GRAAP. (1987). *Pour une pédagogie de l'auto-promotion.* GRAAP. Bobbo-Dioulasso: GRAAP.

Grandin, B. E. (1992). *Consulting report on PRA/RRA training undertaken as part of the Community Natural Resources Management Projects.* Government of Lesotho. Lesotho: USAID.

Gregersen, H., Draper, S., & Elz, D. (1989). People and trees, the role of social forestry in sustainable development. *EDI seminar Series.* Washington: The World Bank.

Guigou, J. (1983). Coopération intercommunale et développement à la base. Dans B. Planque (Éd.), *Le développement décentralisé. Dynamique spatiale de l'économie et planification régionale* (pp. 187-210). Paris: LITEC.

Gutelman, M. (1989). L'agriculture itinérante sur brûlis. . *La Recherche, 20*(216).

Hardin, G. (1968). The Tragedy of the Commons. *Science, 162*(3859), 1243-1248.

Hochet, A., & Aliba, N. (1995). *Développement rural et méthodes participatives en Afrique : la recherche-action-développement, une écoute, un engagement, une pratique.* Paris: L'Harmattan.

Hope, A., & Timmel, S. (1984). *Training for transformation : an hand book for community workers.* Gweru: Manbo Press.

Houée, P. (1996). *Les politiques de développement rural.* (Economica, Éd.) Paris: INRA, .

Hoyaux, A.-F., Lajarge, R., Gaudin, S., Guyot, S., Keerle, R., Koumba, J., et al. (2008, Mars). Atelier "acteurs". Peut-on parler d'un tournant actoriel? Synthèse collective. *Espaces et Sociétés - UMR 6590* , pp. 17-40.

Hyden, G., & Bratton, M. (1992). *Governance and Politics in Africa* . Boulder : Lynne Rienner Publishers.

ICRA. (1996). *Enquêtes rapides, enquêtes participatives, la recherche agricole à l'épreuve des savoirs paysans. Séminaire international.* Cotonou.

IGN. (1972). *Carte du Cameroun à 1/200 000. 3e édition.* Paris: Institut Géographique National.

INRA. (2000). *Recherche pour et sur le développement territorial.* Symposium, INRA, Montpellier.

Ion, J. (1990). Le travail social à l'épreuve du territoire. *coll. Pratiques sociales.*

Juillet, L., & Andrew, C. (1999). Développement durable et nouveaux modes de gouvernance locale : le cas de la ville d'Ottawa. *Économie et Solidarités, XXX*(2), pp. 75-93.

Julve, C., & Vermeulen, C. (2008). Bilan de dix ans de foresterie communautaire au Cameroun. *Projet "Développement d'alternatives communautaires à l'exploitation forestière illégale".*

Julve, C., Vandenhaute, M., Vermeulen, C., Castadot, B., Ekodeck, H., & Delvingt, W. (2007, Juin). Séduisante théorie, douloureuse pratique: la foresterie communautaire camerounaise en butte à sa propre législation. *Forêt Dense Humide Tropicale Africaine : Parcs et réserves*, pp. 18-24.

Julve, C., Vandenhaute, M., Vermeulen, C., Castadot, B., Ekodeck, H., & Delvingt, W. (2007, Juin). Séduisante théorie, douloureuse pratique: la foresterie communautaire camerounaise en butte à sa propre législation. *Parcs et Réserves*, pp. 18-24.

Karsenty, A., Lescuyer, G., Ezzine de Blas, L., Sembres, T., & Vermeulen, C. (2010). *Community forests in central Africa: present hurdles and prospective evolutions.* Colloques et congrès scientifiques : Communication orale non publiée, CIFOR, IRD, CIRAD, Montpellier.

Katz, A. (1993). *Self help in America : a social movement perspective.* New-York: Twayne.

Keita, J. (1996). Les perspectives de la FAO sur la conservation et l'utilisation durable des forêts d'Afrique Centrale. *Les écosystèmes de forêts denses et humides d'Afrique Centrale : Actes de la conférence* (p. 183). Brazzaville: UICN/USAID/CIFOR.

Kouna Eloundou, C. (2012). *Dcécentralisation forestière et Gouvernance locale des forêts au Cameroun. Le cas des forêts communales et communautaires dans la région Est.* Thèse de doctorat, Université du Maine, Le Mans.

Kourtessi-Philippakis, G. (2011). La notion de territoire : définitions et approches. Dans G. Kourtessi-Philippakis, R. Treuil, & Collectif, *Archéologie du territoire, de l'Egée au Sahara* (pp. 7-13). Paris: Publications de la Sorbonne .

Lacoste, Y. (2004). *De la géopolitique aux paysages, Dictionnaire de la géographie.* Paris: Armand Colin.

Lallement, M. (1999). Gouvernance locale, communautés d'action collective et emploi. *Économie et Solidarités, XXX*(2), pp. 41-59.

Laurent, P., & Peemans, J. (2003). Les dimensions socio-économique du développement local en Afrique au Sud du Sahara : quelles stratégies pour quels acteurs ?, Bulletin APAD, n°15, 1998,. *Bulletin de l'APAD Les dimensions sociales et économiques du développement local et la décentralisation en Afrique au Sud du Sahara , [En ligne], mis en ligne le : 20 décembre 2006. URL : http://apad.revues.org/document553.html. Consulté le 23 mai 2010.*(15).

Lautier, B. (1994). *L'économie informelle dans le tiers monde,.* Paris: Éditions La Découverte " Repères ".

Laville, J.-L. (1994 et 2000). *L'économie solidaire, une perspective internationale.* Paris: Desclée de Brouwer.

Lazarev, G., & Arab, M. (2002). *Développement local et communautés rurales : Approches et instruments pour une dynamique de concertation.* Paris: Karthala.

Lazarev, G., PNUD, F., de Kalbermatten, G., & Michel, B. (1993). *Vers un éco-développement participatif : leçons et synthèse d'une étude thématique.* (d. K. G., & M. B., Éds.) Paris: L'harmattan.

Leach, M. (1991). DELTA and Village level planning in Sierra Leone : possibilities and pitfalls. *RRA notes*(11), pp. 42-44.

Lefevre, R. (1967). Aspect de la pluviométrie dans la région du Mont Cameroun. *Cahiers ORSTOM. Série Hydrologie, IV*(1967), pp. 15-44.

Lémery, B., Barbier, M., & Chia, E. (1997). Larecherche-action en pratique. Réflexions autour d'une étude de cas. *Etudes et Recherches sur les Systèmes Agraires et le Développement*(27), pp. 71-89.

Lescuyer, G. (2004). critères et indicateurs de gestion durable de la forêt: quelques enseignements tirés des expériences actuelles en Afrique centrale. *Actes du colloque international "développement durable: leçons et perspectives"*. Ouagadougou: Organisation Internationale de la Francophonie.

Lescuyer, G., Ngoumou Mbarga, H., & Bigombé Logo, P. (2008). Use and misuse of forest in come by rural communities in Cameroon. *Forests, Trees and Livelihoods, XVIII*, 291–304.

Letouzey, R. (1985). *Notice de la carte phytogéographique du Cameroun au 1/500.000*. Toulouse & Yaoundé: Inst. Carte Intern. Végétation & Inst. Rech. Agron.

Leurs, R. (1993). *A resource manual for trainers and partitioners of Participatory Rural Apraisal*. University of Birmingham, Birmingham.

Martin, D., & Segalen, P. (1966). *Notice explicative. Carte pédologique du Cameroun oriental au 1/1000000*. Paris: ORSTOM.

Mayer, R., & Ouellet, F. (1991). *Méthodologie de recherche pour les intervenants sociaux*. Boucherville: Gaëtan Morin.

Mayer, R., Ouellet, F., Saint-Jacques, M.-C., & Turcotte, D. (2000). *Méthodes de recherche en intervention sociale*. Boucherville: Gaëtan Morin.

Mengin, J. (1989). *Guide du développement local et du développement social*. Paris: L'harmattan.

Mertens, B., Steil, M., Ayenika Nsoyuni, L., Neba Shu, G., & Minnemeyer, S. (2007). *Atlas forestier interactif du Cameroun (Version 2.0) : Document de synthèse*. Yaoundé: World Resources Institute en collaborationavec le Ministère des Forêts et de la Faune du Cameroun.

Milol, A. C., & Pierre, J. M. (2000). *Impact de la fiscalité décentralisée sur le développement local et les pratiques d'utilisation des ressources forestières au Cameroun. Volet additionnel de l'audit économique et financier du secteur forestier*. Yaoundé: CIRAD-forêt.

MINFOF. (2009). *Manuel des procédures d'attribution et des normes de gestion des forêts communautaires*. Yaoundé: MINFOF.

MINFOF. (2009). *Nouveau Manuel de Procédure d'Attribution et de Gestion des Forêts Communautaires*. Yaoundé: MINFOF.

Mogba, Z. (1999). *Étude des system locaux de gestion des ressources forestières à Djoum république du Cameroun*. Yaoundé: CARPE.

Mosse, D. (1993). Authority, gender and knowledge :theoretical reflections on the practice of Partipatory Rural Appraisal. *Agricultural Administration Network Paper*(44).

Muan Chi, A. (1999). *Co-Management of Forest in Cameroon: The compatibility of governement policies with indigenous cultural practices.* Twente: University of Twente Press.

Mukakayumba, É. (1994). Jeunesse urbaine en Afrique: permanences et ruptures. *Pop Sahel*, 16-23.

Mveng, E. (1963). *Histoire du Cameroun.* Paris: Présence africaine.

Ndume-Engone, H.-C. (2010). *Analyse financière des impacts de l'exploitation du bois d'œuvre dans les économies villageoises du Sud-Cameroun.* ENGREF. Montpellier: ENGREF.

Ngoufo, R. (1996). Nourrir la sensibilisation en puisant dans le tréfonds culturel. *Moabi (Bulletin d'information de la réserve du Dja), IV*(2).

Ngoumou Mbarga, H. (2005). *Étude empirique de la fiscalité forestière décentralisée au Cameroun : un levier de développement local ? .* MSc thesis, ENGREF, Montpellier.

Ngoumou Mbarga, H. (2009). *L'action collective locale : un outil pour la revitalisation des communautés rurales au Cameroun?* Montpellier: Université Paul Valéry.

Nguenang, G. (1999). *NGUENANG, G.M. (1999). Inventaire des ressources ligneuses et non ligneusesde la forêt communautaire de Kabilone1 (Est-Cameroun). Contribution à l'élaboration d'un plan simple de gestion.* Rapport PFC-UEDGVII.

Nguinguiri, J. (1998). approche participative et développement local en Afrique subsaharienne : faut-il repenser la forme contemporaine du modèle participatif? *Bulletins Arbres, Forêts et communautés Rurales*(15-16), pp. 44-48.

Okali, C., Sumberg, J., & Farrington, J. (1994). *Farmer participatory research, rhetoric and reality.* Intermediate Technology publications, ODI, Brighton.

Olivier de Sardan, J., & Paquot, E. (1991). *D'un savoir à l'autre. Les agents de développement comme médiateurs.* GRET, Ministère français de la Coopération. Paris: La Documentation Française.

Olivier de Sardan, J.-P. (2008, Mars 10). *Le développement comme champ politique local.* (Revue.org, Éd.) Consulté le Août 24, 2012, sur Bulletin de L'A.P.A.D: http://apad.revues.org/2473

Olivry, J. (1986). Fleuves et rivières du Cameroun. Monographies hydrologiques,. *MESRES/ORSTOM*(9).

Olson, M. (1965). *The Logic of Collective Action : Public goods and the Theory of Groups.* Cambridge : Harvard University Press.

ONU. (2009, Mars 11). *World Population Prospects: The 2008 Revision. Population database.* Consulté le Avril 22, 2010, sur United Nations Population division: http://esa.un.org/unpp/

ONU. (2012, Février 1). *World Population Prospects, the 2012 Revision.* Consulté le Février 16, 2014, sur esa.un.org: http://esa.un.org/unpd/wpp/unpp/panel_population.htm

Ossah Mvondo, J. (1993, Juin). Prospection des Sites d'Habitat dans les Arrondissements de Djoum et Mintom (Sud-Cameroun) . *NYAME AKUMA*(39).

Ostrom, E. (1990). *Governing the Commons. The Evolution of Institutions for Collective Action.* Cambridge: Cambridge University Press.

Ostrom, E. (1990). *Governing the Commons. The Evolution of Institutions for Collective Action.* Cambridge: Cambridge University Press.

Ostrom, E. (1998). A behavioral approach to the rational choice theory of collective action. *American Political Science Review, 92,* 1-22.

Ostrom, E., Gardner, R., & Walker, J. (1994). *Rules, Games, and Common-Pool Resources.* Ann Arbor: The University of Michigan Press.

Ouédraogo, B. L. (1990). *Entraide villageoise et développement.* Paris: L'harmattan.

Oyono, P. (2005). Profiling local-level outcomes of environmental decentralizations: the case of Cameroon's forests in the Congo Basin. *Journal of Environment &Development, XIV*(2), 1-21.

Oyono, P. R. (2001). *Infrastructure organisationnelle et dynamiques de la gestion décentralisée des forêts au Cameroun. Eléments d'anthropologie écologique et leçons intermédiaires.* Yaoundé: CIFOR (West and Central Africa Regional Office).

Oyono, P. R. (2004). The social and organisational roots of ecological uncertainties in Cameroon's forest management decentralization model. *European Journal of Development Research,* 174-191.

Oyono, P.-R., & Temple, L. (2003). Métamorphose des organisations rurales au Cameroun. Implications pour la recherche-développement et la gestion des ressources naturelles. *Revue Internationale de l'Economie Sociale*(288), pp. 68-79.

Pecqueur, B. (1989). *Le développement local : mode ou modèle.* Paris: Syros.

Pénelon, A., Mendouga, L., & Karsenty, A. (1997). *L'identification des finages villageois en zone forestière : justification, analyse et guide méthodologique.* Montpellier: CIRAD-Forêt.

Perret, B., & Roustang, G. (1993). *L'économie contre la société (affronter la crise de l'intégration sociale et culturelle).* Paris: Le Seuil.

PFC Dja. (2003). *Note technique sur les inventaires dans les forêts communautaires - 18_64_102.pdf* . Consulté le Janvier 21, 2012, sur Note technique n°3. Approches méthodologiques des inventaires des ressources ligneuses dans les forêts communauataires: http://data.cameroun-foret.com/system/files/18_64_102.pdf

PFC Dja. (2003). *Note technique sur les inventaires dans les forêts communautaires - 18_64_102.pdf* . Consulté le Janvier 21, 2012, sur Note technique n°3: Approches méthodologiques des inventaires des ressources ligneuses dans les forêts communauataires: http://data.cameroun-foret.com/system/files/18_64_102.pdf

Pijnenburg, B., & cavane, E. (1997). *Community participation and the use of PRA in the LDF-Nampula project.* Evaluation report, FAEF, UEM, Maputo.

Plane, J. (1999). Considérations sur l'approche ethnométhodologique des organisations. *Revue Française de Gestion*(123), pp. 44-53.

Poissonnet, M. (2005). *Mise en oeuvre de la gestion forestière décentralisée au Cameroun : impacts politiques, socio-économiques et environnementaux d'un processus en apprentissage.* Mémoire de Master, ENGREF, Montpellier.

Posey, D. A. (1999). *Cultural and spiritual values of biodiversity.* Nairobi: UNEP.

Pretty, J., Guit, J., & Scoones, I. (1995). *Participatory Learning in Action. A Trainer's Guide for Participatory Learning in Action.* Participatory Methodology Series, International Institutes for Environment an Development (IIED), London.

Reijntjes, C., Haverkort, B., & Watter-Bayer, A. (1995). *Une agriculture pour l'avenir : une introduction à l'agriculture durable avec peu d'intrants externes.* Paris: Karthala.

Rémy, J. (1988). Les courants fondateurs de la sociologie urbaine américaine : des origines à 1970. *Espaces et Sociétés*(56), pp. 7-38.

Resweber, J. (1995). *La recherche-action.* (C. QSJ, Éd.) Paris: Presses Universitaires de France.

Ribot, J. (2002). *La décentralisation des ressources naturelles. Institutionnaliser la participation populaire.* Washington: World Resources Institute.

Ribot, J. (2004). *Waiting for democracy. the politics of choice in natural resource decentralization.* Washington D.C.: WRI.

Ribot, J. (2007). *Dans l'attente de la démocratie : la politique des choix dans la décentralisation de la gestion des ressources naturelles*. Washington: WRI.

Ribot, J., Agrawal, A., & Larson, A. (2006). The decentralization of natural resource management: theory meets political reality. *World Devvelopment*(34), pp. 1864–1886.

Richardson, H. (1977). *City size and national spatial strategies in developing countries*. World Bank. Wasnington: Staff Working Paper.

Rock, C. (1995). Le financement du développement communautaire aux Etats-Unis. Dans I. Vidal, *Insercion social por el trabajo: una vision internacional* (pp. 197-216). Barcelone: CIES.

Rodier, J. (1964). *Régimes hydrologiques de l'Afrique Noire à l'Ouest du Congo*. Paris: ORSTOM.

Rossi, M. (2008). *Evolution d'un projet de foresterie communautaire au Cameroun: la certification est-elle possible?* Mémoire de fin d'études, AgroParisTech - ENGREF, Montpellier.

Roussel, B. (2003, Février). *La convention sur la diversité biologique : les savoirs locaux au cœur des débats internationaux*. Consulté le 12 15, 2013, sur www.iddri.org: http://www.iddri.org/Publications/Collections/Syntheses/sy_0302_rousse l.pdf

Sack, R. D. (1986). *Human Territoriality: Its Theory and History*. Cambridge: Cambridge University Press.

Saint-Martin, A. (1981). La recherche-action : enjeux et pratiques. *Revue Internationale d'Action Communautaire*.

Samoff, J. (1996). which priorities and strategies for education. , vol. 16, n° 3,. *Journal of Education Development, 16*(3).

Santoir, C. (1995). Le peuplement en 1910. Dans C. Santoir, & A. Bopda, *Atlas régional du Sud Cameroun*. Paris, Yaoundé: ORSTOM, MINREST.

Santoir, C. (1995). L'oro-hydrographie. Dans C. Santoir, & A. Bopda, *Atlas régional du Sud Cameroun*. Paris, Yaoundé: ORSTOM, MINREST.

Savall, H., & Zardet, V. (1995). *Ingénierie stratégique de réseau*. Paris: Economica.

Schoonmaker Freudenberger, F. (1994). *Tree and land tenure : rapid appraisal tools*. Community Forestry Manual, FAO, Roma.

Scoones, I., & Thomson, J. (1994). *Beyond Farmer First : Rural People's Knowledge, Agricultural research and Extension Practice*. Intermediate Technology Publications, International Institute for Environment and Development (IIED), London.

Sighomnou, D. (2004). *Analyse et redéfinition des régimes climatiques et hydrologiques du Cameroun : perspectives d'évolution des ressources en eau.* Thèse de doctorat, Université de Yaoundé I, Youndé.

Stiglitz, J. E. (2009, Mars 15). Où va le monde Monsieur Stiglitz? 6 heures d'entretiens exclusifs avec Joseph Eugene Stiglitz, le Prix Nobel d'économie 2001. (J. Sarasin, Intervieweur)

Stöhr, W. (1978). *Center-down-and-outward development versus periphery-up-and-inward development : a comparison of two paradigms.* University of economics, Wien.

Suchel, J. (1987). *Les climats du Cameroun. Thèse. Doc. d'Etat, Université de Bordeaux III.* Thèse de doctorat, Université de Bordeaux 3, Bordeaux.

Tchatchou, T. H. (1997). *Etude socioéconomique et inventaire des ressources ligneuses et non ligneuses. Application à la problématique de forêtcommunautaire dans le village Kompia (Est-Cameroun).* Université de Liège. Liège: FUSAGx.

Tonneau, J., Caron, P., & Clouet, Y. (1998). L'agriculture familliale au Nordeste (Brésil). Une recherche par analyses spatiales. *Natures, Sciences, Sociétés*(53), pp. 39-49.

Tremblay, P.-A. (1998). Des communautés au communautaire : Avancée de la société civile, ou retour du refoulé? Dans N. Bouchard, M.-A. Couillard, J.-P. Deslauriers, H. Dionne, C. Gilbert, E. Mukakayumba, et al., *Des communautés... au communautaire* (pp. 7-18). Québec: UQAC - GRIR.

Uphoff, N., Chen, J., & Goldsmith, A. (1979). *Feasibility and application of rural development participation : a state-of-the-art paper.* Cornell University. Ithaca: Center for International studies.

USAID. (2000). *Decentralization and democratic local governance programming handbook.* Washington D.C.: USAID Center for Democracy and Governance Technical Publication Series.

Vabi, M. (1998). Problèmes liés à l'utilisation des méthodes participatives : enseignements tirés de l'application sur le terrain des PRA/RRA dans certains pays de la sous-région de l'Afrique centrale. *Bulletin Arbres, Forêts et communautés Rurales*(15-16), pp. 49-55.

Vachon, B. (1993). *Le développement local. Théorie et pratique.* Montréal: Gaëtan Morin.

Vallerie, M. (1973). Contribution à l'étude des sols du Centre-Sud-Cameroun. Types de différentiation morphologique et pédogénétique sous climat subéquatorial. *III* (29).

Veltz, P. (1994). *Des territoires pour apprendre et innover.* La Tour d4aigues: Editions de lAube.

Veltz, P. (1997). *Mondialisation, villes et territoires. L'économie d'archipel.* Paris: Presse Universitaires Françaises.

Vermeulen, C., Vandenhaute, M., Dethier, M., Ekodeck, H., Nguenang, G.-M., & Delvingt, W. (2006, Mai). De Kompia à Djolempoum : sur les sentiers tortueux de l'aménagement et de l'exploitation des forêts communautaires au Cameroun. *VertigO – La revue en sciences de l'environnement.*

Véron, R., Williams, G., Corbridge, S., & Srivastava, M. (2006). Decentralized corruption or corrupt decentralization? Community monitoring of poverty-alleviation schemes in eastern india. *World Development, 34*(11), pp. 1922-1941.

Vidal, A. (1993). Reviews : Rebuilding communities: A National Study of Urban Community Development Corporations. *Bratt Journal of Planning Education and Research*(12), pp. 259-251.

Villiers, J.-F. (1995). La végétation. Dans C. Santoir, & A. Bopda, *Atlas régional du Sud Cameroun.* Paris, Yaoundé: ORSTOM, MINREST.

Water-Bayer, A., & Bayer, W. (1995). *Planification avec des pasteurs. MARP et au-delà, un compte-rendu de méthodes centré sur l'Afrique.* GTZ, Göttingen.

Whyte, W. (1981). *Participatory action research.* Newbury Park, London: Sage.

World Bank. (2013). *The World Bank DataBank - Create Widgets or Advanced Reports and Share.* Consulté le Janvier 20, 2013, sur databank.worldbank.org: http://databank.worldbank.org/Data/Views/VariableSelection/SelectVaria bles.aspx?source=International%20Debt%20Statistics

Zibi, J. (2010). *L'ingénierie sociale du développement. A l'école de l'eau.* Paris: L'Harmattan.

Annexe 1 : Présentation des forêts communautaires étudiées

Les communautés de Yen et Kobi : le groupe d'initiative commune Oyo Momo

Le groupe d'initiative commune Oyo Momo est une organisation communautaire regroupant les habitants de Yen et de Kobi, deux villages (chefferies de troisième degré) de l'arrondissement de Djoum. Situés à 30 km de Djoum-ville, ces deux villages-rue à structure linéaire s'étirent sur une distance de 4,2 km sur la départementale n°36 (D36) reliant la commune de Djoum à celle d'Oveng.

Kobi, autrefois petit hameau de Yen qui en compte quatre (Yen-centre, Elik-Melen, Djalobo et Elon), est un petit village situé entre Djalobo et Elon, récemment promu au rang de chefferie de troisième degré (

Carte 15). Sa particularité est de regrouper la minorité ethnique Kaka[115]. La communauté de Yen est majoritairement constituée par le groupe ethnique Fang, mais on y retrouve aussi des Béti, Boulou, Bassa, ou Mabea, conséquence de la pratique du mariage inter-ethnique. On y rencontre également beaucoup d'allogènes (Mambila, Bamoun, Bamiléké, Eton, Tikar pour les camerounais, auxquels s'ajoutent des maliens, centrafricains, tchadiens, nigériens, nigérians, togolais etc.) en transit vers les mines d'or de Minkébé (en territoire gabonais), ou employés saisonnièrement dans les plantations cacaoyères, ou pour le commerce du gibier.

Selon les données recueillies auprès des autorités traditionnelles locales, la population de Yen et Kobi, au dernier recensement de la population en 2006, s'évalue à 700 habitants, répartis ainsi qu'il suit (Tableau 31) :

Tableau 31: répartition de la population par village et hameaux (2006)

VILLAGES	HAMEAUX	POPULATION APPROXIMATIVE	TOTAL PAR VILLAGE
Yen	Yen Centre	432	664
	Elik Melen	52	
	Djalobo	95	
	Elone	85	
Kobi	Kobi	36	36
Total			700

La pyramide des âges de cette population (Graphique 20) montre une base élargie traduisant l'extrême jeunesse de la population (59,59%

---

[115] Les Kaka sont un groupe de pygmées qui seraient venus de la région de l'Est Cameroun, précisément de Batouri. Selon la majesté Zé Mba Albert, chef de village de Yen, leur migration est très récente et se situe vers 1962. Il dit leur avoir cédé un espace (Kobi) pour s'établir à leur arrivée en 1962.

contre 56% pour la moyenne nationale) et l'importance numérique de la population féminine (51,97%).

Graphique 20 : Pyramide des âges de Yen et Kobi

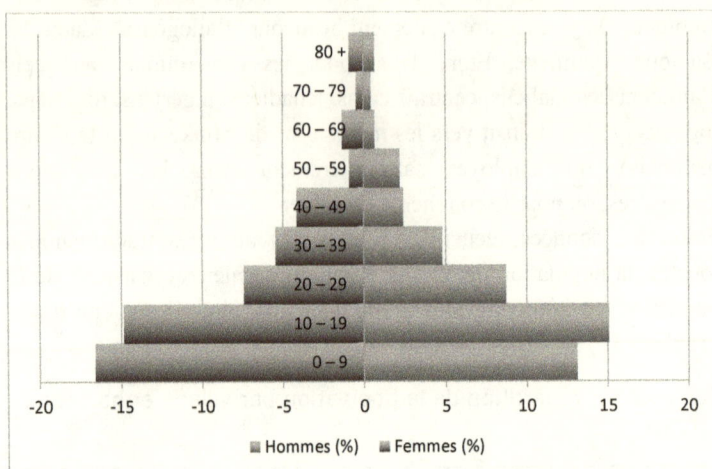

Source : Données fournies par le Chef du village Yen (archives)

Sur le plan éducatif, Yen dispose d'une école publique. Les données de l'étude socioéconomique réalisée dans le cadre du PSG de la forêt communautaire, montrent que plus de 21% de jeunes n'ont jamais été à l'école, 30% ont pu faire une classe de sixième. 25% des jeunes scolarisés sont non-résidents, ce qui peut s'expliquer par le fait que la communauté ne dispose pas d'un établissement d'enseignement secondaire. On observe une forte émigration des jeunes pour des raisons scolaires et de recherche d'emplois.

Le périmètre rural des villages de Yen et Kobi a un potentiel faunique très riche, en raison sans doute de sa proximité territoriale avec le sanctuaire à gorilles de Mengamé (une aire protégée réputée abriter une faune riche et diversifiée). Selon un rapport du MINEF en 1994, cette région abriterait 54 espèces de grands mammifères, 90 espèces d'oiseaux parmi les 384 inventoriés dans le Sud du Cameroun et 120 espèces de poisson. Cette localisation favorise une intense activité de chasse, voire de braconnage ici, dont dépendent de nombreuses familles[116].

Genèse de la forêt communautaire Oyo Momo

Le projet de forêt communautaire Oyo Momo naît sur l'initiative de l'actuel maire de la commune de Djoum, à la fois délégué départemental des forêts du département de Dja et Lobo. Digne fils du village de Yen et cadre de l'administration forestière, le maire apparait comme l'élite ressource, informée du processus, par qui les communautés de Yen et Kobi sont redevables de la création du groupe d'initiative commune Oyo Momo le 04 février 2006 pour l'attribution et la gestion de la forêt communautaire du même nom. Conformément aux recommandations textuelles, cette entité entame son processus d'acquisition de forêt communautaire en organisant le 07 juillet 2006 la réunion de concertation sous la supervision du sous-préfet de l'arrondissement de Djoum, assisté du chef de poste forestier. Grâce à l'appui technique de l'Organisation pour l'environnement et le développement durable (OPED)[117], une ONG basée à Yaoundé, et sous le financement des fonds PPTE à travers le projet de renforcement des initiatives de gestion communautaire (RIGC) du MINFOF, les études socioéconomiques ont été effectuées et le plan simple de gestion élaboré. Ce processus a duré trois ans, et s'est terminé en juin 2009 avec la signature de la convention de gestion de la forêt communautaire Oyo Momo.

---

[116] Qui vivent de la vente des produits de la chasse (intensive)
[117] OPED est le prestataire de service qui a assuré l'interface entre le projet RIGC du MINFOF (bailleur de fonds) et la communauté Oyo Momo, pour l'élaboration et la mise en œuvre du plan simple de gestion.

Les utilisations passées de la forêt communautaire Oyo Momo

La forêt communautaire Oyo Momo, à l'origine, avait fait l'objet d'une intense exploitation forestière industrielle. Initialement octroyée à la société malaisienne WTK (dont les pratiques d'exploitation ont longtemps été décriées par les ONG environnementales) en 1997, cette superficie forestière sera successivement concédée aux sociétés forestières SFID en 1998, Bois 2000 en 2000 et enfin COFA (Patrice Bois) en 2002 sous la forme de l'UFA 09 004b. Mais le plan d'aménagement de cette concession approuvé par le MINFOF en 2004, a modifié cette UFA et a déclassé l'aire actuelle de la forêt communautaire Oyo Momo de la série de production parce qu'elle était occupée par les populations[118] pour la reclasser comme série agroforestière du domaine privé de l'État.

Localisation et potentiel en ressources de la forêt communautaire Oyo Momo

La forêt communautaire Oyo Momo est localisée entre 12°37'11'' et 12°42'14'' de longitude Est et 2°19'50'' et 2°24'57'' de latitude Nord. Elle couvre une superficie de 4873 hectares. Elle partage sa limite ouest avec le sanctuaire à gorilles de Memgamé, et ses limites sud et est avec l'UFA 09 004b (Carte 15).

Les affectations des terres dans la forêt communautaire Oyo Momo se partagent entre les forêts de production, les forêts de régénération, les zones d'habitation, d'agroforesterie, de chasse ou de pêche. Le mode d'appropriation des terres agricoles est tributaire du droit

---

[118] Les hameaux Abang et Melen se retrouvaient presqu'à l'intérieur de l'UFA (Carte 15).

coutumier. Pour les membres de la communauté, l'accès peut se faire directement par défrichement d'un pan de terre de forêt non encore mis en valeur.

Sur la base des inventaires multi ressources réalisés dans le cadre de l'élaboration du PSG, le potentiel ligneux de la forêt communautaire Oyo Momo fait ressortir les essences suivantes, regroupées en deux catégories selon les critères adoptés par l'étude du CERNA[119] (Carret, 2002). Les essence de première catégorie sont celles actuellement plus exploitées par les exploitants industriels et représentent 91% de l'abattage en 2000-2001. Elles sont représentées dans le Tableau 32 avec leur transformation industrielle optimale et leur catégorie d'export.

---

[119] Centre d'Économie Industrielle de l'École des mines de Paris

Tableau 32 : Les essences de première catégorie retrouvées dans la forêt communautaire Oyo Momo

ESSENCES	NOM PILOTE	NOM SCIENTIFIQUE	DME ADMINISTRATIF	TRANSFORMATION OPTIMALE
Ayous	Samba	Triplochyton scleroxylon	80	Déroulage
Dibetou	Bibolo	Lovoa trichilioides	80	Tranchage
Azobe	Okoga	Lophira alata	60	Sciage
Tali		Erythrophleum ivorense	50	Sciage
Frake	Limba	Terminalia superba	60	Déroulage
Doussié		Afzelia africana	80	Sciage
Iroko	Abang	Milicia excelsa	100	Sciage
Sapelli		Entandrophragma cylindricum	100	Tranchage
Movingui	Evingui	Disthemonanthus benthamianus	60	Tranchage
Moabi		Baillonella toxisperma	100	Tranchage
Kossipo	Atom assié	Entandrophragma candollei	80	Tranchage

Les essences de deuxième catégorie sont assimilées aux essences de promotion (Tableau 33). Cependant la transformation optimale des bois dans ces deux tableaux est à titre indicatif. En effet, la loi prescrit une exploitation (quel que soit le type d'exploitation adopté par la communauté, i-e par vente de coupe, par permis d'exploitation, en régie ou par autorisation personnelle de coupe) artisanale[120] ou

---

[120] L'exploitation artisanale se définit comme une exploitation forestière à petite échelle telle que prévue dans le plan simple de gestion. La transformation de bois se fait dans la forêt communautaire, avec des équipements simples tels que les tronçonneuses, les scies portatives, les scieries mobiles etc.

semi-industrielle à faible impact environnemental. Ainsi l'Ayous par exemple, essence la plus exploitée et destinée au déroulage en industrie, ne l'est pas pour les communautés qui ne disposent pas des équipements de sa transformation à valeur ajoutée.

Tableau 33 : Les essences de promotion de la forêt communautaire Oyo Momo

ESSENCES	NOM PILOTE	NOM SCIENTIFIQUE	DME ADMINISTRATIF	TRANSFORMATION OPTIMALE
Moambé jaune				
Aiélé	Abel	Canarium schweinfurthii	60	Déroulage
Bubinga	Ovengkol	Guibourtia spp.	80	Tranchage
Ébène	Mevini	Diospyros crassiflora	60	Sciage
Padouk blanc		Pterocarpus mildbraedii	60	Tranchage
Emien		Alstonia boonei	50	Déroulage
Fromager	Ceiba	Ceiba pentandra	50	Déroulage

Carte 15 : Plan de localisation de la forêt communautaire Oyo Momo

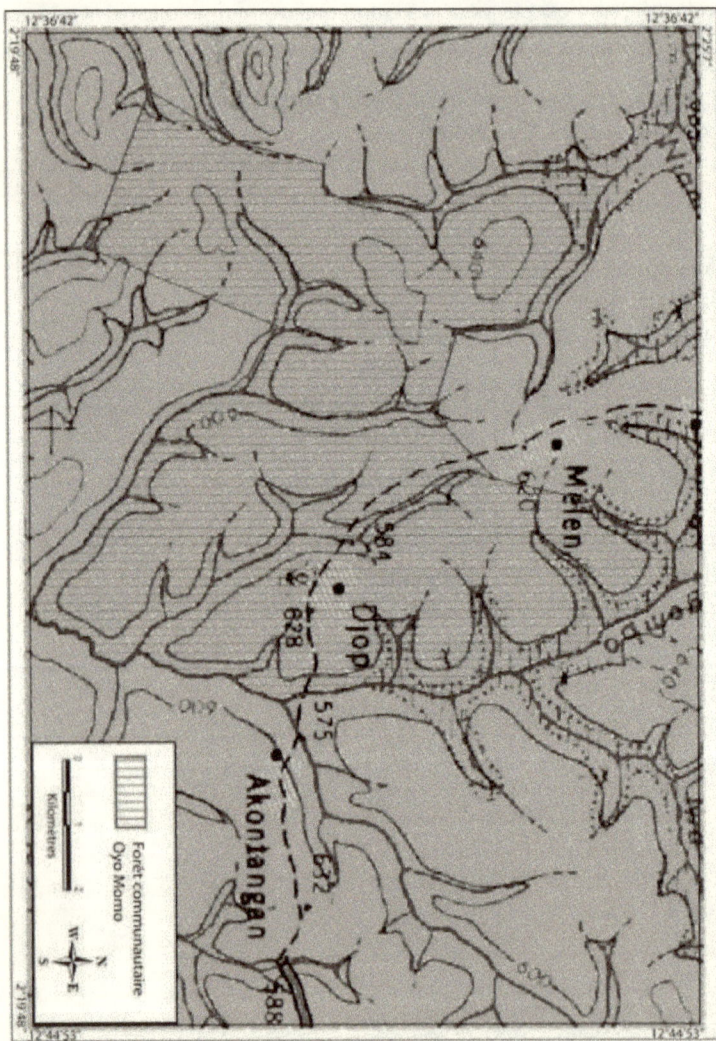

Les objectifs assignés à la forêt communautaire Oyo Momo

Conformément aux dispositions légales contenues dans le nouveau manuel des procédures, le PSG est un document qui ressort des indications sur le potentiel des ressources disponibles dans une forêt communautaire, la planification des activités à mener dans ladite forêt, les affectations des terres et les modes de gestion communautaire desdites ressources et des revenus générés. Les objectifs prioritaires assignés à la forêt communautaire Oyo Momo et consignés dans son PSG sont :

- la production soutenue et durable des produits forestiers ligneux et non ligneux ;
- la chasse durable et toute autre utilisation telle que spécifiée dans ledit PSG ;
- et la collecte durable des plantes médicinales.

Ces trois objectifs sont les mêmes pour les trois autres forêts communautaires retenues pour l'étude, c'est-à-dire les forêts communautaire AFHAN, AMOTA et MAD.

En matière de développement de la communauté, les objectifs ont été répartis prioritairement dans les domaines suivants :

- l'aménagement des points d'eau potable ;
- la construction d'un centre de santé, d'une salle de classe pour la maternelle et d'un hangar pour abriter le marché périodique ;
- la création d'un économat agricole et des exploitations agricoles pour lutter contre le chômage des jeunes ;
- le parachèvement de la construction du foyer culturel pour abriter les réunions ;
- et enfin l'acquisition d'un générateur pour l'électrification collective.

Les communautés de Minko'o, Akontangan et djop : le groupe d'initiative commune MAD

Le groupe d'initiative commune MAD est une organisation communautaire regroupant les habitants de Minko'o, Akongtangan et Djop (MAD), trois villages (chefferies de troisième degré) de l'arrondissement de Djoum. Situés respectivement à 5, 7, et 9 km par rapport à Djoum-ville. Cette communauté s'étend sur une distance d'environ 7 km sur la départementale n°36 (D36) reliant Djoum à Oveng.

Ces trois villages ont presque la même histoire, malgré quelques spécificités liées à chacun d'entre eux. Leurs populations ont pour berceau Akoafem, d'où elles sont venues après la dislocation de la ville et sa reconstruction à Djoum en 1922. Elles se sont établies le long de la D36 sous la houlette de l'administration coloniale française.

Selon l'étude socioéconomique réalisée dans le cadre du PSG de la forêt communautaire, les populations de ces trois villages sont réparties de la manière suivante (Tableau 34 et Graphique 21) :

Tableau 34 : Données démographiques des villages Minko'o, Akontangan et Djop en 2008

VILLAGE	POPULATIONS				
	BAKA	HOMMES	FEMMES	ENFANTS	TOTAL
Minko'o	230	252	345	383	980
Akontangan		110	212	184	506
Djop		154	256	202	612
Les données démographiques ci-dessus portent sur la population permanente de la communauté					

Graphique 21 : Répartition de la population dans les villages Minko'o, Akontangan et Djop en 2008

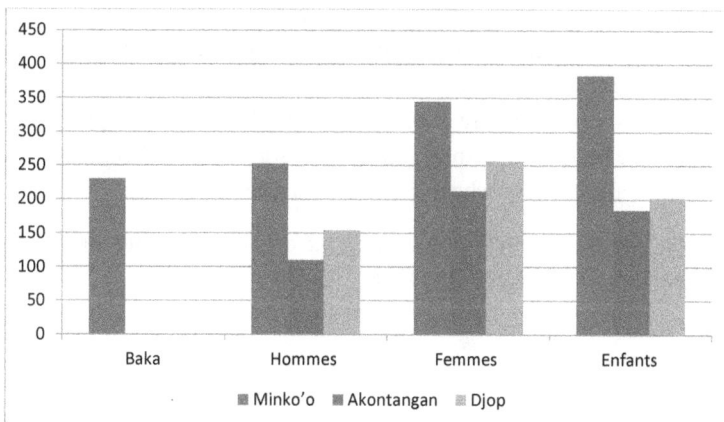

Source : (Commune Djoum, 2005)

La Graphique 21 montre l'importance numérique de la population féminine et des jeunes. Les hommes ici sont plus sujets à l'exode rural pour des raisons de recherche d'emplois (pour les actifs) et de scolarisation pour les jeunes.

Au plan éducatif, il existe une école primaire à Minko'o et une autre à Akontangan. Cependant on note une insuffisance des salles de classe et de maîtres. De ce fait, des classes multi-niveaux sont créées pour pallier cette double insuffisance (Tableau 35). Les jeunes du village Djop sont scolarisés à Akontangan.

Tableau 35 : Effectifs et jumelage des classes par niveau à Minko'o et Akontangan en 2008

	NIVEAU 1		NIVEAU 2		NIVEAU 3		TOTAL
	SIL	CP	CE1	CE2	CM1	CM2	
Garçons	42	35	33	31	31	31	203
Filles	49	41	40	40	27	21	218
Total	91	76	73	71	58	52	421

La Graphique 22 montre que l'effectif décroit des niveaux inférieurs vers les niveaux supérieurs, à cause de l'échec scolaire et le décrochage de certains enfants. L'explication serait un encadrement insuffisant (jumelage des classes et manque de maîtres) et l'analphabétisme de certains parents qui ne perçoivent pas l'intérêt pour leurs enfants d'être scolarisés et les détournent au profit des activités extra-scolaires plus utiles à la survie immédiate (cas des enfants Baka qui décrochent très vite pour aller chasser).

Graphique 22 : Effectifs par sexe, par classe et par niveau à Minko'o et Akontangan en 2008

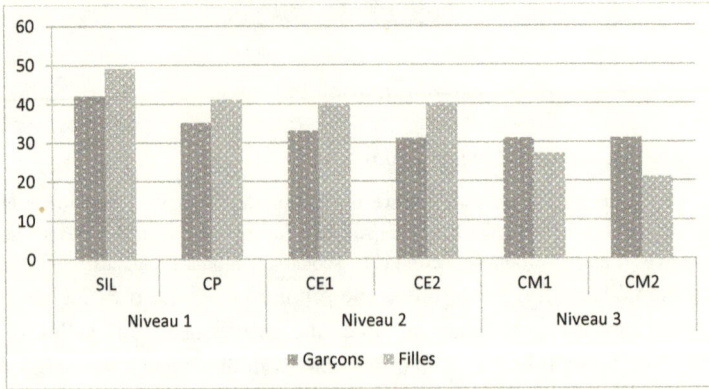

Source : (Commune Djoum, 2005)

La communauté MAD est majoritairement constituée des Fang et d'une minorité de Pygmées Baka, localisés dans un campement à Minko'o. L'habitat chez les Fang, de type linéaire le long de la D36, est fait à plus de 90% de maisons en terre battue, avec une toiture en tôle. Toutefois, la brique de terre et le parpaing remplacent la terre battue chez les plus nantis de la population. Chez les Baka par contre, l'habitat qui a quitté le stade traditionnel (huttes en forme de demi-sphère, faites en feuilles, brindilles et écorces d'arbre) demeure encore rudimentaire et précaire (en terre battue avec toiture en feuilles de raphia) (Figure 29).

Figure 29 : Case principale du chef Baka(à gauche) du village Minko'o

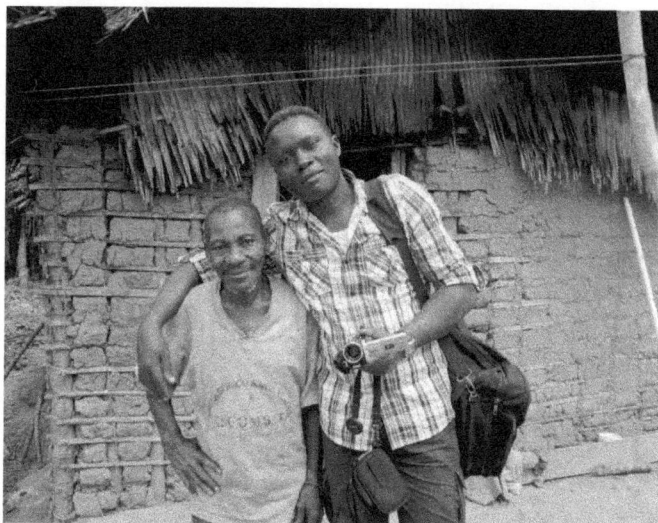

© *Ngoumou Mbarga H., Minko'o (Djoum), janvier 2011*

Genèse du groupe d'initiative commune Minko'o Akongntangan et Djop

Si le besoin d'acquérir une forêt communautaire est venu des populations ou d'une élite pour l'ensemble des forêts de Djoum, le cas de Minko'o, Akongntangan et Djop est particulier. Après la publication de l'arrêté ministériel n° 518/MINEF/CAB du 21 décembre 2001 instituant le droit de préemption, c'est un avis au public daté du 20 mars 2002, et signé du MINEF, qui a informé les communautés de Minko'o, Akongntangan et Djop que l'actuelle zone de la forêt communautaire MAD, qui était susceptible d'être classée comme une vente de coupe, pouvait être reclassée comme série agroforestière du domaine privé de l'État, si ces communautés en faisaient la demande. Le 16 décembre 2003, le groupe d'initiative commune MAD a vu le jour au cours d'une assemblée générale qui a regroupé les populations des trois villages pour l'attribution et la gestion de la forêt communautaire du même nom. Conformément aux recommandations textuelles, cette entité a entamé son processus d'acquisition de forêt communautaire en organisant le 10 mars 2004 la réunion de concertation sous la supervision du sous-préfet de l'arrondissement de Djoum, assisté du chef de poste forestier. Grâce à l'appui technique de l'Organisation pour la Protection de la Forêt Camerounaise et de ses Ressources (OPFCR), une ONG basée à Sangmélima et sous le financement de la SNV, les études socioéconomiques et l'élaboration du plan simple de gestion ont été réalisées. Ce processus a duré cinq ans, et s'est terminé en juin 2009 avec la signature de la convention de gestion de la forêt communautaire MAD.

Les utilisations passées de la forêt communautaire MAD

La superficie allouée à la forêt communautaire MAD n'a jamais subi d'exploitation forestière industrielle. Seules les activités agricoles, l'exploitation informelle des bois et la vente des arbres des champs ont contribué au fil du temps à modifier la physionomie du paysage forestier réservé à la forêt communautaire. Aux forêts originelles, se superposent les cultures, les jachères à Chromolaena odorata, les forêts secondaires à parasolier (Musanga cecropioides) et la forêt dense. Bien plus, les populations déplorent la rareté ou la disparition de certaines espèces comme : l'Oniè (Garcinea kola) dont la graine et l'écorce sont utilisées comme ferment de vin de palme[121], Monodora myristica et Afrostyrax lepidophyllus dont la graine et l'écorce sont respectivement utilisées comme condiment. Ces espèces font l'objet d'une intense exploitation par les populations pour l'autoconsommation et aussi pour la commercialisation.

---

[121] Le vin de palme est une boisson alcoolisée obtenue par fermentation naturelle de sève de palmier. C'est une boisson traditionnelle dans la plupart des régions tropicales

Localisation et potentiel en ressources de la forêt communautaire MAD

La forêt communautaire MAD est localisée entre 12°36'49'' et 12°40'7'' de longitude Est et 2°35'41'' et 2°38'53'' de latitude Nord. Elle couvre une superficie de 2462 hectares. Elle partage sa limite est avec la D36 et sa limite nord avec l'hippodrome de Djoum (Carte 16). Les affectations des terres dans la forêt communautaire MAD se partagent entre les forêts de production, les forêts de régénération, les zones d'habitation, d'agroforesterie, de chasse ou de pêche. Le potentiel ligneux de la forêt communautaire MAD est de 100 849 m3 (toutes essences confondues) et correspond à un prélèvement moyen annuel d'environ 4 000 m3. Cependant, pour des besoins de marché, la communauté ne peut compter que sur les essences de 1ère (Tableau 36) et 2e catégorie répertoriées sur le Tableau 37, dont le volume total estimé est de 58 297 m3 pour 25 ans et une possibilité annuelle de prélèvement de 2 332 m3 de bois.

Tableau 36 : Essence de catégorie 1 de la forêt communautaire MAD

ESSENCES	NOM PILOTE	NOM SCIENTIFIQUE	DME ADMINISTRA-TIF	TRANSFORMATION OPTIMALE
Ayous	Samba	Triplochyton scleroxylon	80	Déroulage
Dibetou	Bibolo	Lovoa trichilioides	80	Tranchage
Acajou		Khaya grandifoliola	80	Tranchage

Tali		Erythrophleum ivorense	50	Sciage
Bossé		Guarea cedrata	80	Déroulage
Ilomba		Pycnanthus angolensis	60	Déroulage
Moving ui	Evingu i	Distemonanthus benthamianus	60	Tranchage
Kossipo		Entandrophrag ma candollei	80	Tranchage

Tableau 37 : Essences de Catégorie 2 de la forêt communautaire MAD

ESSENCES	NOM PILOTE	NOM SCIENTIFIQUE	DME ADMINISTRATIF	TRANSFORMATION OPTIMALE
Moambé jaune				
Bongo		Zenthoxylum heitzii	60	Déroulage
Aiele	Abel	Canarium schweinfurthii	60	Déroulage
Diana		Celtis spp	50	Sciage
Diana T		Celtis spp	50	Sciage
Mutondo		Funtumia elastica	50	Déroulage
Aningré		Aningeria altissima	60	Déroulage
Alep	Omang	Desbordesia glaucescens	60	
Abalé		Petersianthus macrocarpus		
Okan	Adoum	Cylicodiscus gabonensis	60	Sciage
Padouk blanc		Pterocarpus mildbraedii	60	Tranchage
Niové		Staudia kamerunensis	50	Sciage
Oboto	Abotzok	Mammea africana	50	Sciage

Les objectifs de développement de la communauté assignés à la forêt communautaire MAD

Conformément aux stipulations du nouveau manuel des procédures, les objectifs de développement assignés à la forêt communautaire MAD sont prioritairement répartis dans les domaines suivants :

– le renforcement des infrastructures éducatives, sportives et culturelles (parachèvement des travaux sur le foyer culturel de Minko'o) ;

– la construction des points d'eau potable ;

– le parachèvement, l'équipement et la mise en service de la case de santé d'Akontangan ;

– l'appui à la production et à la commercialisation des produits forestiers et agropastoraux ;

– la construction d'un hangar commercial ;

– l'amélioration de l'habitat, en particulier celui des Baka.

Carte 16 : Plan de localisation de la forêt communautaire MAD

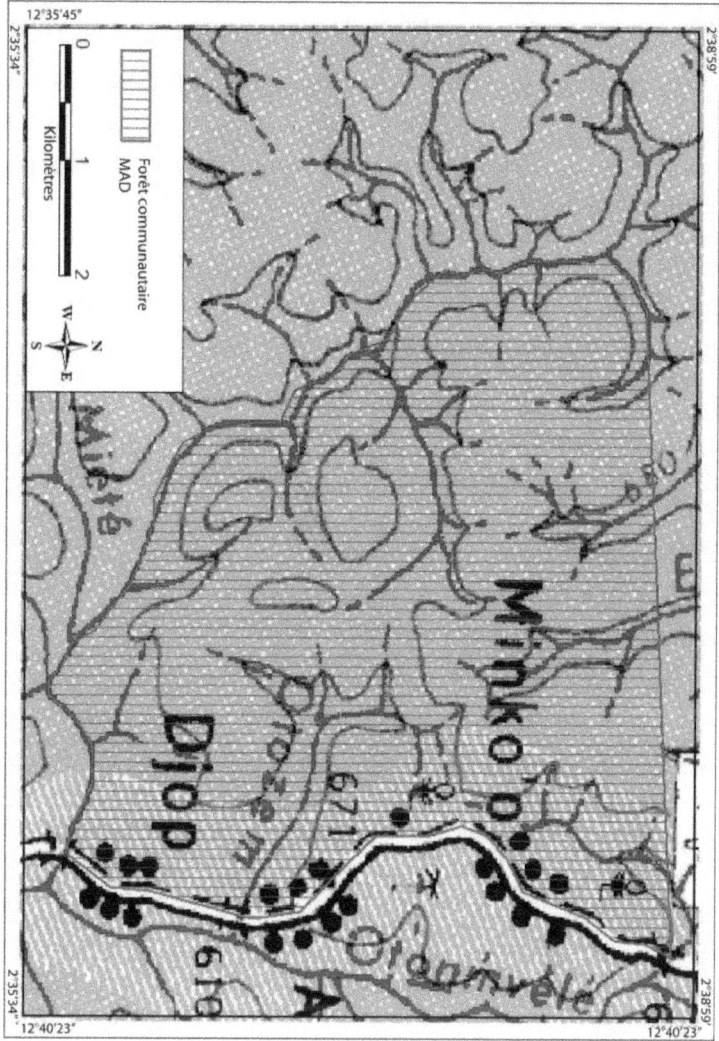

La communauté de Nkolenyeng : l'association des femmes hommes et amis de Nkolenyeng (AFHAN)

AFHAN est une association communautaire regroupant les femmes, hommes et amis du village Nkolenyeng, une chefferie de troisième degré, située sur la D36 (canton Fang) reliant Djoum à Oveng, à 42 km de Djoum-ville. C'est un village rue, à structure linéaire comme tous les autres, qui s'étend sur une distance d'environ 9 km.

Sur la base des données recueillies auprès des autorités traditionnelles, deux groupes ethniques composent ce village. Ce sont les Fang et les Pygmées Baka. Les Fang sont repartis en deux lignages : les Yemekak et les Bameboul. Plus nombreux, les Bameboul occupent deux des quatre hameaux du village. La population de Nkoleyeng au dernier recensement de 2006 s'évalue à 553 habitants répartis ainsi qu'il suit (Tableau 38 et Graphique 23).

Tableau 38 : Répartition par hameau et par sexe de la population de Nkolenyeng en 2006

VILLAGE	HAMEAUX	HOMMES	FEMMES	JEUNES	TOTAL PAR HAMEAUX
Nkoleyeng	Ekozé	47	60	150	257
	Mone Nlam	21	18	43	82
	Mintom	36	44	109	189
	Oding	10	9	6	25
Total		114	131	308	553

Graphique 23 : Répartition par sexe et par hameau de la population de Nkoleyeng en 2006

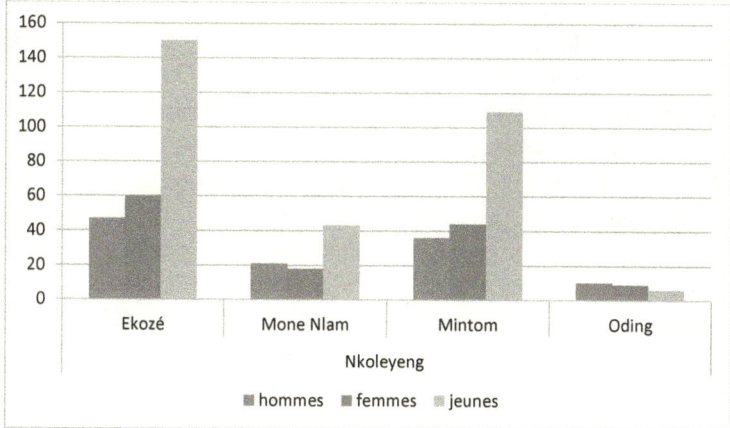

Source : Données fournies par le chef de village de Nkolenyeng

Le Graphique 23 montre une extrême jeunesse de la population traduisant une espérance de vie relativement courte ici. Cette mortalité a une incidence non négligeable sur la dynamique communautaire, car l'entité de gestion de la forêt communautaire AFHAN déplorait de nombreux décès des responsables de son bureau. On remarque également que la population féminine est assez considérable comparée au nombre d'hommes.

Au plan éducatif, la communauté dispose d'une école publique et le taux de scolarisation ici est de l'ordre de 65%.

Genèse d'AFHAN

AFHAN est née le 12 mars 2001 au cours d'une assemblée générale qui a regroupé les populations de Nkolenyeng pour l'attribution et la gestion de la forêt communautaire du même nom. Son statut d'association s'est superposé à celui du groupe d'initiative commune (GIC) AFAN (association des femmes agricultrices et éleveurs de

Nkoleyeng) qui existait déjà depuis 1998, avec une vocation agricole. Ce sont d'ailleurs les anciens membres du bureau de ce groupe d'initiative commune AFAN qui ont encore été maintenus dans le bureau exécutif d'AFHAN association. Cette double appartenance des membres dans deux entités différentes crée un flou sur la gestion de la forêt communautaire au sein de la communauté. Nous y reviendrons plus loin sur le chapitre traitant des acteurs.

AFHAN a entamé son processus d'acquisition de la forêt communautaire en organisant le 25 juin 2001, la réunion de concertation sous la supervision du sous-préfet, assisté du chef de poste forestier et de chasse de l'arrondissement de Djoum et en présence des chefs de village voisins (Okpweng et Ngbwassa). Grâce à l'appui technique du Centre pour l'Environnement et le Développement (CED), sous le financement des fonds PPTE à travers le projet de renforcement des initiatives de gestion communautaire (RIGC) du MINFOF, les études socioéconomiques ont pu être réalisées, de même que l'élaboration du plan simple de gestion de la forêt communautaire. Ce processus a duré 4 ans et s'est achevé en mai 2005 avec la signature de la convention de gestion de la forêt communautaire AFHAN.

Localisation et potentiel en ressources de la forêt communautaire AFHAN

La forêt communautaire AFHAN est localisée entre 12°34'38'' et 12°36'5'' de longitude est et entre 2°25'56'' et 2°28'53'' de latitude nord. Elle couvre une superficie totale de 1022 ha (Carte 17). Elle partage ses limites avec l'UFA 09-012. Sa physionomie floristique se rapproche de celle de la forêt communautaire Oyo Momo, avec qui elle partage presque les mêmes familles d'essences forestières de catégorie 1 et 2. Tout comme la forêt communautaire Oyo Momo, la forêt communautaire AFHAN a subi en 1997, une intense exploitation forestière industrielle par la société malaisienne WTK sous forme de la vente de coupe n° 1381. Par la suite, cette superficie forestière a été déclassée de la série de production et reclassée comme série agroforestière du domaine privé de l'État. Cette intense exploitation malaisienne passée, couplée à la superficie relativement petite (le cinquième de la surface maximum qui est de 5000 ha), réduit la possibilité annuelle d'exploitation par surface à 41 ha.

Carte 17 : Plan de localisation de la forêt communautaire AFHAN

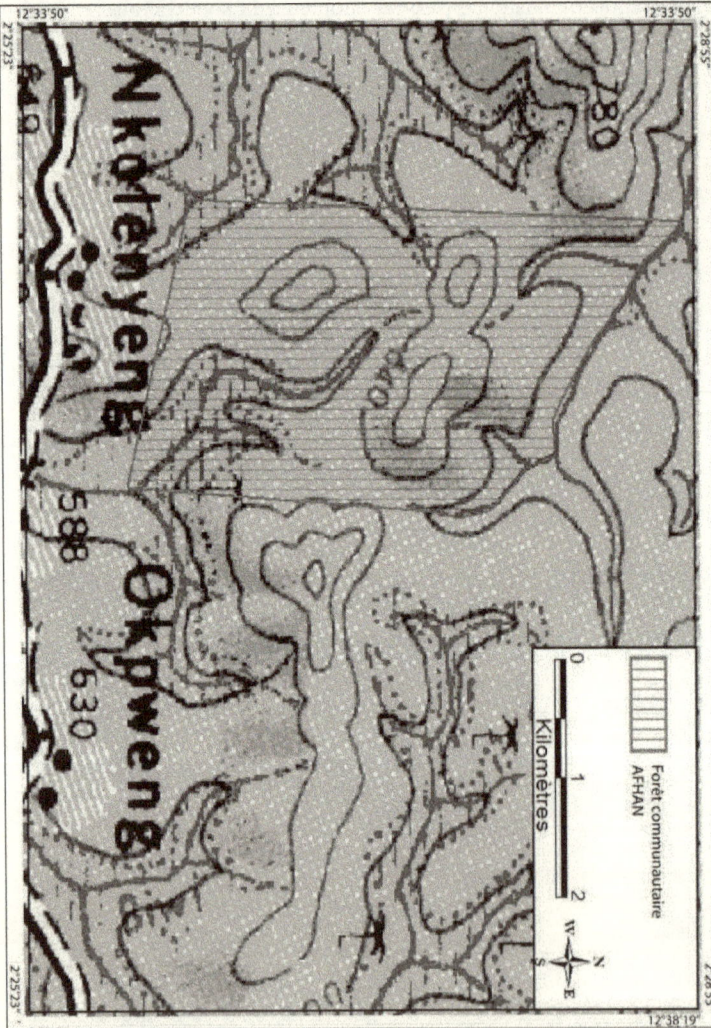

La gestion assignée à forêt communautaire AFHAN et l'utilisation attendue des bénéfices

Conformément aux prescriptions réglementaires, le PSG assigne à la forêt communautaire les objectifs d'aménagement suivants :

- l'exploitation commerciale soutenue des PFL et la promotion des PFnL ;
- la protection de la nature et la régénération forestière ;
- la protection et l'utilisation durable des essences médicinales et la conservation des usages traditionnels avec amélioration des pratiques ;
- l'agriculture et l'élevage communautaire.

Quant à l'utilisation des bénéfices dégagés par l'exploitation attendue de la forêt communautaire pour améliorer les conditions de vie des communautés, elle est affectée conformément aux besoins prioritaires de développement identifiés par les communautés ainsi qu'il suit :

- amélioration de l'eau potable ;
- achèvement et équipement du centre de santé ;
- réfection agrandissement de l'école publique du village ;
- électrification du village ;
- développement de l'élevage des aulacodes.

Les communautés de Amvam, Otong-Mbong, Akonétché et Avobengon : le groupe d'initiative commune AMOTA

Le Groupe d'Initiative Commune AMOTA est une organisation communautaire regroupant les populations des villages Amvam, Otong-Mbong, Akonétché et Avobengon. Ces villages sont des chefferies de troisième degré situés sur le canton Zamane, qui borde la nationale n°9 (N9) en direction de la commune de Mintom. Les quatre villages, de structure rue, s'étirent sur 11 km le long de la N9 et le plus rapproché de Djoum-ville (Amvam) se trouve à 18 km. Cette organisation communautaire est constituée de quatre ethnies distinctes réparties ainsi qu'il suit : Zamane et Boulou dans le village Amvam, Baka et Baya à Otong-Mbong, Kaka à Akonétché et à Avobengon.

La communauté d'Amvam, bien que constituant une chefferie de troisième degré, se plaint d'une situation qui se pose à elle. Le chef de village de cette communauté a fait le choix de déserter son village pour aller s'installer dans le village éloigné de sa compagne. Cette situation est vécue comme un déshonneur à la communauté toute entière car, le chef qui doit incarner une autorité et une dignité exemplaires est perçu comme un « ntobo[122] »

> « J'ai personnellement rencontré l'actuel sous-préfet partant, et je lui ai dit que ça fait quinze ans que notre chef a déserté le village, je lui ai demandé de trouver une solution car tous les villageois étaient déçus et frustrés par cette situation déshonorante » a rapporté un patriarche du village Amvam.

Cette situation qui dure depuis quinze années, est toutefois entretenue par le chef de canton, autorité hiérarchique qui doit appuyer la

---

122 Terme fang pour désigner un homme sans dignité et sans honneur, qui déserte ses terres natales pour aller suivre une femme dans son village.

demande des populations auprès du sous-préfet de remplacer le chef du village, mais qui se récuse à cause de l'affinité et de la complicité qui le lie au chef de village incriminé. En dépit du fait que le sous-préfet soit informé de cette situation, le chef de canton ne se gêne pas de continuer à le présenter comme le chef du village Amvam. Cette situation crée un certain nombre de difficultés de communications, tant au sein de la communauté qu'avec les autorités administratives et serait à l'origine de la faillite de la forêt communautaire AMOTA selon les populations d'ici.

Genèse de la forêt communautaire AMOTA

La forêt communautaire AMOTA est l'une des toutes premières à être attribuée à une communauté de Djoum, grâce à l'implication d'une élite du village Amvam qui, avait utilisé ses relations à l'époque. En récompense pour un service rendu à son ami fonctionnaire de la direction des forêts du MINEF en 1999, celui-ci l'a instruit de la procédure à suivre pour demander une forêt communautaire. Le groupe d'initiative commune AMOTA est ainsi créée en septembre 2000 sous l'impulsion de cette élite pour l'attribution et la gestion de la forêt communautaire du même nom. Une réunion de concertation est aussi organisée la même année en présence du sous-préfet, du chef de poste forestier et des populations villageoises. En juillet 2002, grâce au financement de la SNV et à l'expertise du CeDAC[123] pour la réalisation des inventaires et des

---

123 CeDAC : Centre pour le Développement Auto Centré est une ONG locale basée à Sangmélima. Le CeDAC a été le prestataire de service de la SNV auprès des communautés paysannes du pôle de Sangmélima pour l'élaboration des Plans Simples de Gestion dans le cadre de son programme de renforcement des capacités pour l'implication des organisations de la société civile dans la gestion durable des forêts et la lutte contre la pauvreté au Cameroun élaboré en 2002. Le CeDAC travaille sur la thématique de FC depuis 2002. En effet, en 2002 la SNV invite les ONG à un programme de renforcement des capacités dont un des objectifs est l'implication des organisations de la société civile dans la gestion durable des forêts pour la lutte contre la pauvreté au Cameroun. Les domaines d'éligibilité des micro-projets financés par la SNV pour une période de 6 mois concernent, entre autres, l'accompagnement d'une communauté villageoise dans l'élaboration du PSG et la fiscalité décentralisée. La

études socioéconomiques, l'élaboration du plan simple de gestion de la forêt communautaire AMOTA a été effective. Cependant l'avancement de ce dossier sera confronté à un blocage, car le délégué départemental des forêts de Sangmélima en charge du dossier, n'avait pas apprécié de n'avoir pas été associé comme représentant du ministère de tutelle lors des inventaires pour bénéficier des commissions attendues. Ce dernier sera dessaisi du dossier au profit du délégué provincial qui a été officiellement saisi grâce à l'intervention de cette élite. La Convention de Gestion de la forêt communautaire AMOTA est signée en juin 2003 avant même l'approbation du plan simple qui suivra cinq mois plus tard (Novembre 2003).

Les objectifs assignés à la forêt AMOTA sont la chasse durable, la gestion durable des produits forestiers ligneux et non-ligneux, les activités agricoles, le reboisement et la protection.

Localisation de la forêt communautaire AMOTA

La forêt communautaire AMOTA est localisée entre 12°49'1,41'' et 12°54'19,68'' de longitude Est et 2°35'51,71'' et 2°40'17,94'' de latitude Nord. Elle couvre une superficie de 4323,17 hectares. Elle partage sa limite sud nord-est avec l'UFA 09 005b (Carte 18).

---

période allouée au projet est de 6 mois, il est donc nécessaire pour le CeDAC de trouver une communauté villageoise ayant déjà une réservation d'une forêt délimitée afin de les appuyer dans l'élaboration du PSG. Cette ONG, travaillant déjà dans la commune rurale de Djoum, a pris contact avec le chef de poste forestier afin de déterminer un ou des villages dont le processus d'attribution d'une FC serait en cours. ils ont identifié les villages d'Amvam, d'Otongmbong et de Akonetye dont la réservation était effectuée depuis près d'un an et qui cherchait un partenaire pour l'élaboration de son PSG.

Carte 18 : Plan de localisation de la forêt communautaire AMOTA

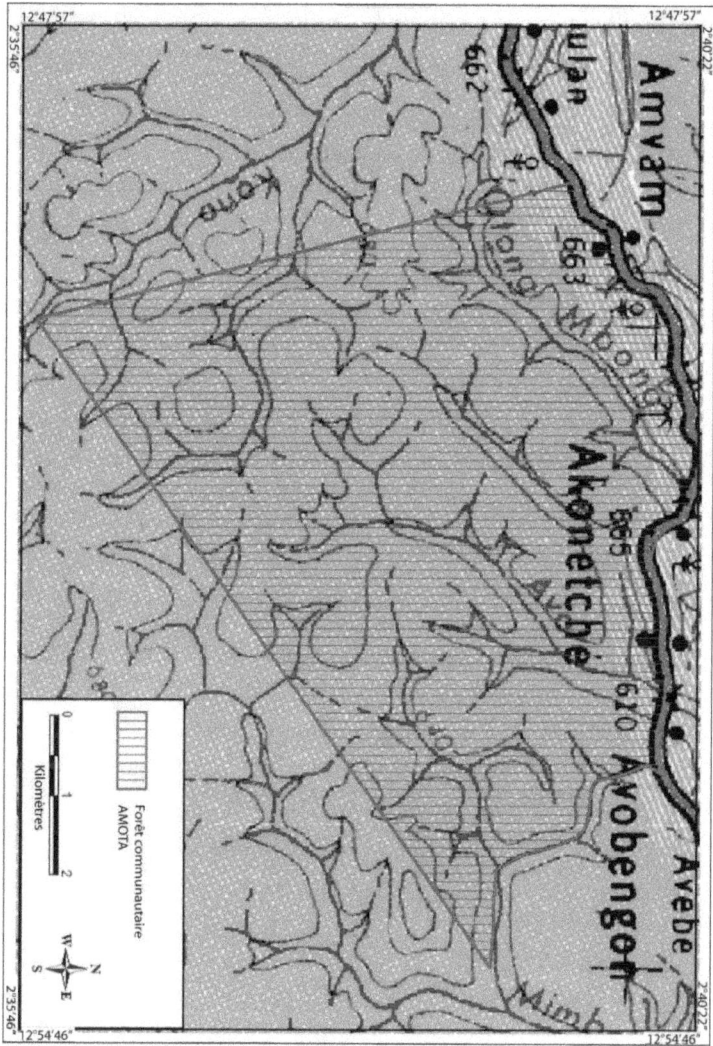

Tableau 39 : Récapitulatif des caractéristiques des quatre forêts communautaires

FORÊT COMMU-NAUTAIRE	ENTITÉ DE GESTION	SUPERFI-CIE EN HA	RÉSERVA-TION	PSG APPROUVÉ	CONVEN-TION SIGNÉE
AFHAN	Association	1022	2002	Juillet 2004	Mai 2005
AMOTA	Groupe d'initiative commune	4323	Octobre 1999	Novembre 2003	Juin 2003
MAD	Groupe d'initiative commune	2362	2004	Décembre 2008	Juin 2009
OYO MOMO	Groupe d'initiative commune	4873	Février 2006	Décembre 2008	Juin 2009

Annexe 2 : Quelques Caractéristiques socioéconomiques des Communautés villageoises étudiées

ENTITÉ	VILLAGES	POPULA-TION	ETHNIES CONSTI-TUANTES	INFRASTRUC-TURES SCOLAIRES	ETABLISSE-MENTS DE SANTÉ	APPROVIS NEMENT
MAD	Minko'o	980	Baka; Fang	Ecole maternelle; Ecole publique	Aucun	Forage; Puits ; Rivière ; Source
	Djop	612	Fang	Aucune	Aucun	Forage; Rivière; Source
	Akong-ntangan	506	Fang	Ecole publique	Aucun	Forage; Rivière; Source
AMOTA	Avo-bengon	nd*	Kaka	Aucune	Aucun	Rivière; Source
	Akonétché	nd	Kaka	Aucune	Aucun	Rivière; Source
	Otong-Mbong	nd	Baka; Baya	Aucune	Aucun	Rivière; Source
	Amvam	50	Boulou; Zamane	Aucune	Aucun	Forage; Rivière
AFHAN	Nkol-engneng	553	Baka; Fang	Ecole publique	Centre de santé	Forage; Rivière; Source
OYO MOMO	Yen	664	Fang	Ecole publique	Aucun	Forage; Rivière; Source
	Kobi	36	Kaka	Aucune	Aucun	Rivière; Source

* : non disponible

Annexe 3 : Liste des adhérents par entité

ASSOCIATION	NOM ET PRÉNOM	SEXE	AGE	NIVEAU D'ÉTUDES	POSTE OCCUPÉ
AFHAN	Mbia Oye Salomé	Féminin			Déléguée
	Atyam Rose	Féminin			Conseillère2
	Zé Marinette	Féminin			Animatrice 1
	Oye Adang Florence	Féminin			Commissaire aux comptes 2
	Nnanga Solange	Féminin			Animatrice 2
	Mbang Rosalie	Féminin			Conseillère 1
	Disse Jacqueline	Féminin			Trésorière
	Bite'e Obam François	Masculin	+50	CEP	Secrétaire général
	Oyono Jean François	Masculin	48	BEPC	Chargé des opérations Forestières
	Mengue Adang Paul Dieudonné	Masculin			Responsable des opérations Forestières
	Mbaatan Daniel	Masculin	67	CEP	Membre du Conseil des sages
	Bifane Elle Emmanuel	Masculin	48	Probatoire	Commissaire aux comptes 1

ASSOCIATION	NOM ET PRÉNOM	SEXE	AGE	NIVEAU D'ÉTUDES	POSTE OCCUPÉ
	12				
GIC AMOTA	Menorko Jeannette	Féminin	45	CEP	Trésorière
	Nkou'ou Adrienne	Féminin	57	BEPC	Membre
	Zeh	Masculin	26	Bac +	Membre
	Abolo Sylvain	Masculin	44	BEPC	Membre
	Baleba Joel	Masculin	23	Bac +	Membre
	Ngoudou Jean	Masculin	76	CEP	Membre
	Nkou'ou Nguini Remy	Masculin	65	Bac	Chargé de gestion
	Ekanga Julien	Masculin	38	CEP	Secrétaire Général
	Yanga Marcel	Masculin	60	CEP	Délégué
	9				
GIC MAD	Mbang Sara	Féminin	34	CEP	Délégué aux Conflits 2
	Mvondo Oyé Paul	Masculin	62	CEP	Secrétaire général
	Mbita Mvele David	Masculin	65	BEPC	Conseiller 1
	Nyama Simon	Masculin	32	CEP	Gardien 2
	Emane Ndongo Jean Bernard	Masculin	32	CEP	Gardien 1

ASSOCIATION	NOM ET PRÉNOM	SEXE	AGE	NIVEAU D'ÉTUDES	POSTE OCCUPÉ
	Nko'o Assong Casimir	Masculin	61	CEP	Magasinier 2
	Bite'e Otya'a Jean	Masculin	78	CEP	Magasinier 1
	Nyangono Essa'a	Masculin	58	BEPC	Délégué
	Evindi Jean	Masculin	48	CEP	Conseiller 2
	Banga Pamphile	Masculin		BEPC	Chargé des Opérations Forestières
	Emane Mvondo	Masculin	50	CEP	Commissaire aux Comptes 2
	Ebong Mvele Emmanuel	Masculin	54	BEPC	Commissaire aux comptes 1
	Okono Emmanuel	Masculin	57	Probatoire	Secrétaire général adjoint
	Ndongo Marvis	Masculin	56	CEP	Délégué Adjoint
	Ngo'o Ngo'o Jean	Masculin	92	CEP	Délégué aux conflits 1
	15				
GIC OYO MOMO	Abé Clémence	Féminin	39	CEP	Présidente
	Bite'e Léa	Féminin	45	CEP	Secrétaire adjoint
	Etitane albertine	Féminin	57		Animatrice 2
	Angue Sabine	Féminin	65		Conseillère 2

ASSOCIATION	NOM ET PRÉNOM	SEXE	AGE	NIVEAU D'ÉTUDES	POSTE OCCUPÉ
	Nnanga Maxime	Masculin	35	Probatoire	Secrétaire Général
	Bite'e Roger	Masculin	43	CEP	Trésorier
	Beh Marcelin	Masculin	53	BEPC	Commissaire aux Comptes
	Akondjo Roger	Masculin	38	CEP	Animateur 1
	Meye Mbé Levis	Masculin	70	CEP	Conseiller 1
	Bidja Joseph	Masculin	49	Bac	Membre
	Zo'o Mba Etienne	Masculin	67	CEP	Membre
	Akoumba Eto'o Benjamin	Masculin	46	BEPC	Délégué
	12				
	Total 48				

Annexe 4 : Répartition des adhérents par genre et par entité

SEXE	ENTITÉ	NOM	POSTE OCCUPÉ	VILLAGE
Féminin	AFHAN	Atyam Rose	Conseillère 2	Nkolenyeng
		Zé Marinette	Animatrice 1	
		Mbang Rosalie	Conseillère 1	
		Nnanga Solange	Animatrice 2	
		Disse Jacqueline	Trésorière	
		Mbia Oye Salomé	Déléguée	
		Oye Adang Florence	Commissaire aux comptes 2	
	AMOTA	Menorko Jeannette	Trésorière	Otong-Mbong
		Nkou'ou Adrienne	Membre	Amvam
	MAD	Mbang Sara	Délégué aux conflits 2	Akongtangan
	OYO MOMO	Bite'e Léa	Sécrétaire adjoint	Yen
		Angue Sabine	Conseillère 2	
		Etitane albertine	Animatrice 2	
		Abé Clémence	Présidente	
	14			
	29.17%			
Masculin	AFHAN	Mbaatan Daniel	Membre du conseil des sages	Nkolenyeng
		Mengue Adang Paul Dieudonné	Responsable des opérations forestières	
		Oyono Jean François	Chargé des opérations forestières	
		Bite'e Obam François	Secrétaire général	
		Bifane Elle Emmanuel	Commissaire aux comptes 1	
	AMOTA	Abolo Sylvain	Membre	Amvam

SEXE	ENTITÉ	NOM	POSTE OCCUPÉ	VILLAGE
		Zeh	Membre	
		Ekanga Julien	Sécrétaire général	
		Ngoudou Jean	Membre	
		Nkou'ou Nguini Remy	Chargé de gestion	
		Baleba Joel	Membre	
		Yanga Marcel	Délégué	Avobengon
	MAD	Mvondo Oyé Paul	Secrétaire général	Akontangan
		Emane Mvondo	Commissaire aux comptes 2	Akontangan
		Evindi Jean	Conseiller 2	Akontangan
		Bite'e Otya'a Jean	Magasinier 1	Djop
		Ebong Mvele Emmanuel	Commissaire aux comptes 1	
		Ndongo Marvis	Délégué Adjoint	
		Mbita Mvele David	Conseiller 1	
		Ngo'o Ngo'o Jean	Délégué aux conflits 1	Minko'o
		Banga Pamphile	Chargé des opérations forestières	
		Okono Emmanuel	Secrétaire général adjoint	
		Nko'o Assong Casimir	Magasinier 2	
		Emane Ndongo Jean Bernard	Gardien 1	
		Nyama Simon	Gardien 2	
		Nyangono Essa'a	Délégué	
	OYO MOMO	Nnanga Maxime	Sécretaire général	Yen
		Bite'e Roger	Trésorier	
		Beh Marcelin	Commissaire aux comptes	
		Akondjo Roger	Animateur 1	

SEXE	ENTITÉ	NOM	POSTE OCCUPÉ	VILLAGE
		Meye Mbé Levis	Conseiller 1	
		Bidja Joseph	Membre	
		Zo'o Mba Etienne	Membre	
		Akoumba Eto'o Benjamin	Délégué	
	34			
	70.83%			
Total 48				

Annexe 5 : Répartition des adhérents par ethnie et par entité

ETHNIE	ENTITÉ	NOM	SEXE	POSTE OCCUPÉ	VILLAGE
Baka	GIC MAD	Nyama Simon	Masculin	Gardien 2	Minko'o
		Emane Ndongo Jean Bernard	Masculin	Gardien 1	
	2				
	4.17%				
Bamiléké	GIC OYO MOMO	Akondjo Roger	Masculin	Animateur 1	Yen
	1				
	2.08%				
Baya	GIC AMOT A	Menorko Jeannette	Feminin	Trésorière	Otong-Mbong
	1				
	2.08%				
Boulou	GIC AMOT A	Ekanga Julien	Masculin	Sécrétaire général	Amvam
		Abolo Sylvain	Masculin	Membre	
		Zeh	Masculin	Membre	
		Baleba Joel	Masculin	Membre	
		Ngoudou Jean	Masculin	Membre	
		Nkou'ou	Feminin	Membre	

- 505 -

ETHNIE	ENTITÉ	NOM	SEXE	POSTE OCCUPÉ	VILLAGE
		Adrienne			
		Nkou'ou Nguini Remy	Masculin	Chargé de gestion	
	7				
	14.58%				
En mariage	AFHAN	Atyam Rose	Feminin	Conseillère 2	Nkolenyeng
		Zé Marinette	Feminin	Animatrice 1	
		Nnanga Solange	Feminin	Animatrice 2	
		Oye Adang Florence	Feminin	Commissaire aux comptes 2	
	4				
	8.33%				
En mariage	GIC MAD	Mbang Sara	Feminin	Délégué aux conflits 2	Akong-tangan
	1				
	2.08%				
En mariage	GIC OYO MOMO	Abé Clémence	Feminin	Présidente	Yen
	GIC OYO MOMO	Etitane albertine	Feminin	Animatrice 2	
	2				
	4.17%				
Fang	AFHAN	Oyono Jean François	Masculin	Chargé des opérations forestières	Nkolenyeng

ETHNIE	ENTITÉ	NOM	SEXE	POSTE OCCUPÉ	VILLAGE
		Mbaatan Daniel	Masculin	Membre du conseil des sages	
		Mbia Oye Salomé	Feminin	Déléguée	
		Bite'e Obam François	Masculin	Secrétaire général	
		Mengue Adang Paul Dieudonné	Masculin	Responsable des opérations forestières	
		Disse Jacqueline	Feminin	Trésorière	
		Mbang Rosalie	Feminin	Conseillère 1	
		Bifane Elle Emmanuel	Masculin	Commissaire aux comptes 1	
	8				
	16.67%				
Fang	GIC MAD	Okono Emmanuel	Masculin	Secrétaire général adjoint	Minko'o
		Banga Pamphile	Masculin	Chargé des opérations forestières	
		Nyangono Essa'a	Masculin	Délégué	
		Ngo'o Ngo'o Jean	Masculin	Délégué aux conflits 1	
		Nko'o Assong	Masculin	Magasinier 2	

ETHNIE	ENTITÉ	NOM	SEXE	POSTE OCCUPÉ	VILLAGE
		Casimir			
		Mvondo Oyé Paul	Masculin	Secrétaire général	Akontangan
		Emane Mvondo	Masculin	Commissaire aux comptes 2	
		Evindi Jean	Masculin	Conseiller 2	
		Ebong Mvele Emmanuel	Masculin	Commissaire aux comptes 1	Djop
		Mbita Mvele David	Masculin	Conseiller 1	
		Bite'e Otya'a Jean	Masculin	Magasinier 1	
		Ndongo Marvis	Masculin	Délégué Adjoint	
	12				
	25.00%				
Fang	GIC OYO MOMO	Bite'e Léa	Feminin	Sécretaire adjoint	Yen
		Nnanga Maxime	Masculin	Secrétaire général	
		Bite'e Roger	Masculin	Trésorier	
		Beh Marcelin	Masculin	Commissaire aux comptes	
		Meye Mbé Levis	Masculin	Conseiller 1	

ETHNIE	ENTITÉ	NOM	SEXE	POSTE OCCUPÉ	VILLAGE
		Angue Sabine	Feminin	Conseillère 2	
		Bidja Joseph	Masculin	Membre	
		Zo'o Mba Etienne	Masculin	Membre	
		Akoumba Eto'o Benjamin	Masculin	Délégué	
	9				
	18.75%				
Kaka	GIC AMOT A	Yanga Marcel	Masculin	Délégué	Avobengon
	1				
	2.08%				
Total	**48**				
	100%				

Annexe 6 : Répartition des adhérents par profession et part entité

PROFESSION	ENTITÉ	NOM	POSTE OCCUPÉ	VILLAGE	ETHNIE
Nd*	AFHAN	Mengue Adang Paul Dieudonné	Responsable des opérations forestières	Nkolenyeng	Fang
		Oye Adang Florence	Commissaire aux comptes 2		En mariage
Agriculteur	AFHAN	Oyono Jean François	Chargé des opérations forestières	Nkolenyeng	Fang
	AFHAN	Bite'e Obam François	Secrétaire général		
	AFHAN	Mbaatan Daniel	Membre du conseil des sages		
	AMOTA	Abolo Sylvain	Membre	Amvam	Boulou
		Ngoudou Jean	Membre		
		Ekanga Julien	Sécrétaire général		
	MAD	Mvondo Oyé Paul	Secrétaire général	Akontangan	Fang
		Emane Mvondo	Commissaire aux comptes 2		
		Evindi Jean	Conseiller 2	Djop	
		Bite'e Otya'a Jean	Magasinier 1		
		Ndongo Marvis	Délégué Adjoint		
		Ngo'o Ngo'o	Délégué aux	Minko'o	

PROFESSION	ENTITÉ	NOM	POSTE OCCUPÉ	VILLAGE	ETHNIE
		Jean	conflits 1		
		Emane Ndongo Jean Bernard	Gardien 1		Baka
		Nyama Simon	Gardien 2		
	OYO MOMO	Akoumba Eto'o Benjamin	Délégué	Yen	Fang
		Beh Marcelin	Commissaire aux comptes		
		Meye Mbé Levis	Conseiller 1		
		Bidja Joseph	Membre		
		Bite'e Roger	Trésorier		
Agriculteur/ Chasseur	AMOTA	Yanga Marcel	Délégué	Avobengon	Kaka
Chef de village	AFHAN	Bifane Elle Emmanuel	Commissaire aux comptes 1	Nkolenyeng	Fang
Enseignant	MAD	Banga Pamphile	Chargé des Opérations Forestières	Minko'o	Fang
	OYO MOMO	Nnanga Maxime	Secrétaire général	Yen	Fang
Étudiant	AMOTA	Zeh	Membre	Amvam	Boulou
		Baleba Joel	Membre		
Maçon	GIC OYO MOMO	Akondjo Roger	Animateur 1	Yen	Bamiléké
Ménagère	AFHAN	Nnanga Solange	Animatrice 2	Nkolenyeng	En mariage
		Zé Marinette	Animatrice 1		
		Atyam Rose	Conseillère 2		
		Mbang	Conseillère 1		Fang

PROFESSION	ENTITÉ	NOM	POSTE OCCUPÉ	VILLAGE	ETHNIE
		Rosalie			
		Disse Jacqueline	Trésorière		
		Mbia Oye Salomé	Déléguée		
	AMOTA	Menorko Jeannette	Trésorière	Otong-Mbong	Baya
	MAD	Mbang Sara	Délégué aux conflits 2	Akongtangan	En mariage
	OYO MOMO	Bite'e Léa	Sécretaire adjoint	Yen	Fang
		Etitane albertine	Animatrice 2		En mariage
		Abé Clémence	Présidente		
		Angue Sabine	Conseillère 2		Fang
Notable	GIC OYO	Zo'o Mba Etienne	Membre	Yen	Fang
Retraité	AMOTA	Nkou'ou Adrienne	Membre	Amvam	Boulou
		Nkou'ou Nguini Remy	Chargé de gestion	Amvam	
	MAD	Mbita Mvele David	Conseiller 1	Djop	Fang
		Ebong Mvele Emmanuel	Commissaire aux comptes 1		
		Okono Emmanuel	Secrétaire général adjoint	Minko'o	
		Nyangono Essa'a	Délégué		
		Nko'o Assong Casimir	Magasinier 2		

Nd : non déterminé

Liste des cartes

Liste des figures

Liste des graphiques

Liste des tableaux

Liste des encadrés

Liste des sigles et abréviations

AAC : assiette annuelle de coupe

AFHAN : association des femmes hommes et amis de Nkoleyeng

AMOTA : communauté constituée des villages Amvam, Otong-Mbong, Akonétché et Avobengon

APIFED : Auto Promotion et Insertion des Femmes, des Jeunes et Désœuvrés

CAE : Certificats annuels d'exploitation

CCS-PPTE : Comité Consultatif et de Suivi de la Gestion de Ressources PPTE

CED : Centre pour l'Environnement et le Développement

CES : collège d'enseignement secondaire

CETIC : collège d'enseignement technique industriel et commercial

CFC : cellule de foresterie communautaire

CG : convention de gestion

CIFAN : Centre d'Instruction des Forces Armées nationales ()

CNUCED: Conférence des Nations Unies pour le Commerce et le Développement

CRTV : Cameroon radio and television

D36 : Route départementale n° 36

DBH : diamètre à hauteur de poitrine

DEC : développement économique communautaire

DFNP : Domaine forestier non permanent

DFP : Domaine forestier permanent

DME : diamètres minimum d'exploitation

DPT : Développement Participatif des Technologies

EIE : études d'impact environnemental

EP : Église presbytérienne

FAO : Food and Agriculture organization

FC : Forêt communautaire

FED: Federal Reserve System

FIT : Front Intertropical (

FMI : Fonds monétaire international

GIC : Groupe d'initiative commune

GIE : groupement d'intérêt économique

GRAAP : Groupe de Recherche et d'Appui pour l'Autopromotion Paysanne

IPRAPAF : Initiative pour la Protection des Poissons, des Rivières et des Arbres et Appui à la Production Agropastorale en Forêt

MAD : communauté constituée par les villages Minko'o, Akongntangan, Djop

MARP : Méthode Active de Recherche Participative

MINEF : Ministère de l'Environnement et des Forêts
MINEFI : ministère de l'économie et des finances
MINEP : Ministère de l'environnement et de la protection de la nature
MINFOF : Ministère des forêts et de la faune
N9 : Route nationale n° 9
OCDE : Organisation de Coopération et de développement économique
OIT: Organisation international du Travail
OMC: Organisation mondiale du commerce
OMD : Objectifs du Millénaire pour le Développement
ONG : organisation non gouvernementale
ONU : Organisation des nations unies
PAFT : Programmes d'Action Forestiers
PAS : Programmes d'Ajustement Structurel
PFL : Produit forestier ligneux
PFnL : Produit Forestier non ligneux
PNB: produit national Brut
PNDP : Programme National de Développement Participatif
PNGE : Plans de Gestion ou d'Action Environnementale
PNUD : Programme des Nations Unies pour le Développement
PPTE : Pays pauvres très endettés
PSFE : Programme Sectoriel Forêt et Environnement
PSG : Plan simple de gestion
RFA : Redevance forestière annuelle
RGPH : Recensement général de la population et de l'habitat
RIGC : Renforcement des Initiatives de Gestion Communautaire
SAR/SM : Section Artisanale Rurale et Ménagère
SDFC : Sous-Direction des Forêts Communautaires
SFID : Société Forestière Industrielle de Doumé
SODECAO : Société de Développement du Cacao
UFA : unité forestière d'aménagement
ZCIT : zone de contact ou zone de convergence intertropicale
ZICGC : zones d'intérêt cynégétique à gestion communautaire